计算机技术入门丛书

物联网技术基础

第2版

解相吾 解文博 ◎ 主编

清华大学出版社

北京

内 容 简 介

本书全面介绍物联网的概念、体系结构及其关键技术。全书共 6 章,第 1 章介绍物联网的基本概念,对物联网的特点和国内外发展现状进行全面介绍;第 2 章介绍物联网的感知技术,对 RFID 技术、传感器技术、视频监控技术和 GPS 技术等进行深入介绍;第 3 章着重介绍网络通信技术,分别对无线通信技术、局域网技术、城域网技术、超宽带技术、现场总线技术和 IP 网络技术进行阐述;第 4 章对智能技术做充分说明,详细阐述云计算技术、数据融合技术和 M2M 技术及无线单片机技术;第 5 章系统介绍典型应用案例;第 6 章的内容是物联网实验训练项目,它有助于加深学生对物联网技术的理解,提高物联网工程技术的实践操作水平,掌握物联网应用的方法。

本书基础性、实践性强,具有很高的实用价值,既可作为高等院校物联网专业的专业基础课教材,也可供电子信息类、通信类、计算机类、管理类相关专业的学生学习,还可供从事物联网研究的科研人员及广大工程技术人员参考。

图书在版编目(CIP)数据

物联网技术基础/解相吾,解文博主编. —2 版. —北京:清华大学出版社,2022.6(2023.3重印)
(计算机技术入门丛书)
ISBN 978-7-302-55262-8

Ⅰ.①物…　Ⅱ.①解…②解…　Ⅲ.①互联网络—应用—高等学校—教材②智能技术—应用—高等学校—教材　Ⅳ.①TP393.4②TP18

中国版本图书馆 CIP 数据核字(2020)第 049422 号

策划编辑:魏江江
责任编辑:王冰飞
封面设计:刘　键
责任校对:时翠兰
责任印制:丛怀宇

出版发行:清华大学出版社
　　　　网　　　址:http://www.tup.com.cn,http://www.wqbook.com
　　　　地　　　址:北京清华大学学研大厦 A 座　　　　　邮　　编:100084
　　　　社 总 机:010-83470000　　　　　　　　　　　邮　　购:010-62786544
　　　　投稿与读者服务:010-62776969,c-service@tup.tsinghua.edu.cn
　　　　质量反馈:010-62772015,zhiliang@tup.tsinghua.edu.cn
　　　　课件下载:http://www.tup.com.cn,010-83470236
印 装 者:北京同文印刷有限责任公司
经　　销:全国新华书店
开　　本:185mm×260mm　　　印　张:22.75　　　字　数:553 千字
版　　次:2014 年 6 月第 1 版　　2022 年 6 月第 2 版　　印　次:2023 年 3 月第 2 次印刷
印　　数:12501～14000
定　　价:59.80 元

产品编号:078282-01

前言
FOREWORD

物联网产业是当前最具发展潜力的产业之一,具有产业链长、涉及多个产业群的特点,其应用范围几乎覆盖了各行各业。

当前物联网行业的应用需求和领域非常广泛,潜在市场规模巨大。物联网产业在发展的同时还将带动传感器、微电子、视频识别系统一系列产业的同步发展,带来巨大的产业集群生产效益。

承蒙读者厚爱,本书自 2014 年出版以来,已经多次重印。为适应当今物联网技术的发展及需要,这次修订在原书的基础上做了精心改编,重点介绍物联网技术的基本理论、基本概念和基本技术,以及物联网领域最新技术的发展。

修订后的本书更加注重基础性,突出通用性,强化实用性,进一步紧跟物联网技术领域的发展步伐,更适合于高校的教学。

全书参考教学时数为 64 学时,各个院校可根据自身专业特点、课程设置的实际情况和教学要求进行适当调整。各章节的学时分配见下表。

章　节	名　称	学　时　数
第 1 章	概论	2
第 2 章	感知技术	16
第 3 章	网络通信技术	14
第 4 章	智能技术	12
第 5 章	应用案例	6
第 6 章	物联网实验	14
总　计		64

本书提供教学大纲、教学课件、教学进度表,扫描目录上方的二维码可以下载。

本书由解相吾、解文博主编,朱冠良、许自敏、黄新艳、徐小英等参加了编写工作。

在本书的编写过程中,参考了大量的文献和资料,书后的参考文献仅列出其中的一部分,其他出处实难一一列举,在此特向所有引用资料的作者表示衷心的感谢。同时,向为本书的出版付出了大量心血和汗水的编辑们表示衷心的感谢。

物联网技术是一门发展迅速的新兴技术,涉及领域众多。由于时间仓促,编者水平有限,书中疏漏之处在所难免,恳请广大读者批评指正。

编　者

2022 年 3 月

目录
CONTENTS

配套资源

第 1 章
CHAPTER 1 | **概　论**

1.1　初识物联网

关于物联网概念的构想最早是由施乐公司首席科学家 Mark Weiser 于 1991 年在《科学美国》杂志中提出的,他对计算机在未来的发展和应用进行了大胆预测。

1995 年,微软公司的缔造者比尔·盖茨在 *THE ROAD AHEAD*(《未来之路》)一书中提出了将虚拟世界与现实世界紧密连接的远大理想,他认为 Internet 仅实现了计算机间的联网,没有实现与世间万物的联网。由于当时网络与技术的局限性,这一构想无法真正实现。

1999 年,美国麻省理工学院 Ashton 教授在研究 RFID 时提出了依据无线射频识别(RFID)技术构建物流网络,其理念是基于射频识别(RFID)技术、电子代码(EPC)等技术,在 Internet 的基础上,构造一个实现全球物品信息实时共享的实物 Internet,即物联网。此设想有两层意思:第一,物联网的核心和基础是 Internet,是在 Internet 基础上的延伸和扩展的网络;第二,其用户端延伸和扩展到了任何物体与物体之间,并进行信息交换和通信。这是公认的最早的物联网的概念。

2005 年 11 月 17 日,在突尼斯举办的"信息社会峰会"上,国际电信联盟(ITU)正式发布了《ITU 互联网报告 2005:物联网》。该报告中物联网的定义和范围已经发生了变化,覆盖范围也有了较大的拓展,不再只是指基于 RFID 技术的物联网。该报告正式使用"The Internat of Things"(IoT)这个词组,国内译为物联网。该报告深入探讨了物联网的技术细节及其对全球商业和个人生活的影响。该报告指出:通信将进入无所不在的"物联网"时代,世界上所有的物体,从轮胎到牙刷、从房屋到公路设施、从洗发水到电冰箱都可以通过计算机互联网进行数据交换。无线射频识别(RFID)技术、传感器技术、纳米技术、智能嵌入技术等将得到更为广泛的应用。

物联网概念的提出被预言为继 Internet 之后全球信息产业的又一次科技与经济浪潮,受到各国政府、企业和学术界的重视,美国、欧盟、日本等甚至将其纳入国家和区域信息化战略。面对当前的国际形势,政府迫切需要着眼于中国国情,早一点谋划未来,制定我国的物联网发展战略,突破大规模产业化瓶颈,使其深入国民经济和社会生活的各个方面,切实解决国计民生的重大问题。物联网将带动我国相关领域科技水平的提升,保障经济安全甚至国家安全,推动信息产业新的发展浪潮,培育新的经济增长点,促进经济结构调整和转型升级,增强我国的可持续发展能力和国际竞争力。

物联网是"物物相连的互联网",也是"传感网"在国际上的通称。通俗地讲,物联网就是万物都可以上网,物体通过装入射频识别设备、红外感应器、全球定位系统或其他方式进行连接,然后接入 Internet 或移动通信网络,最终形成智能网络,通过计算机或手机实现对物体的智能化管理。物联网互联对象主要分为两类:一类是体积小、能量低、存储容量小、运算能力弱的智能小物体的互联,如传感器网络;另一类是没有上述约束的智能终端的互联,如无线 POS 机、智能家电、视频监控等。

目前,物联网产业在中国发展迅速,例如 RFID 已具有自主开发生产低频、高频与微波电子标签及读写器的技术及系统集成能力,在芯片设计与制造、标签封装、读写器设计与制造、系统集成与管理软件、网络运营、应用开发等方面取得了较大进步,市场培育和应用示范初见成果。目前,中国物联网相关企业已有数百家,物联网产业链如图 1-1 所示。从产业链角度看,它与当前的通信网络产业链是类似的,但是最大的不同点在于上游新增了 RFID、NFC 和传感器等近距离通信系统,下游新增了物联网运营商。其中,RFID、NFC 和传感器是给物品贴上身份标识和赋予智能感知能力,物联网运营商是海量数据处理和信息管理服务提供商。

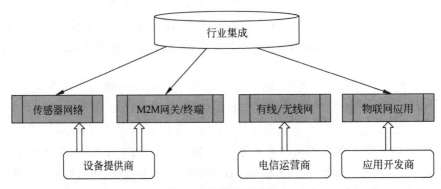

图 1-1 物联网产业链

从信息流程的角度,可以将物联网分为信息采集、信息传输和信息处理三大环节,每个环节都需要若干技术的支撑。物联网最大的革命性的变化体现在信息采集手段上,传感器、RFID、二维码以及 GPS 等关键技术实现了对物品的状态和属性的实时获取。

从物联网的参与主体角度,可以将其产业链分为上游、中游、下游三个部分,上游定义为信息采集部件及通信模块供应商,中游定义为电信运营商,下游定义为解决方案提供商。

物联网是技术变革的产物,它代表了计算技术和通信技术的未来,它的发展依靠某些领域的技术革新,包括无线射频识别技术(RFID)、云计算、软件设计和纳米技术。以简单的 RFID 系统为基础,结合已有的网络技术、数据库技术、中间件技术等,构筑一个由大量联网的阅读器和无数移动的标签组成的智能网络,通过射频信号自动识别目标对象并获取物体的特征数据,将日常生活中的物体连接到同一个网络和数据库中。

物联网是信息化向物理世界的进一步推进,它能使当前携带 Internet 信息的智能手机和平板随人移动,这就使得物联网用途广泛,遍及智能交通、环境保护、政府工作、公共安全、平安家居、智能消防、工业监测、老人护理、个人健康等多个领域。

1.1.1　物联网的定义

物联网自从问世以来,就引起了人们的极大关注,被认为是继计算机、Internet、移动通信网之后的又一次信息产业浪潮。

物联网中的"物"能够被纳入"物联网"的范围是因为:它们具有接收信息的接收器;它们具有数据传输通路;有的物体需要有一定的存储功能或者相应的操作系统;部分专用物联网中的物体有专门的应用程序;可以发送接收数据;传输数据时遵循物联网的通信协议;物体接入网络中需要具有世界网络中可被识别的唯一编号。

从技术角度来看,物联网是指物体的信息通过智能感应装置,经过传输网络,到达指定的信息处理中心,最终实现物与物、人与物之间的自动化信息交互、处理的一种智能网络;从应用角度来看,物联网是指把世界上所有的物体都连接到一个网络中,形成"物联网",然后"物联网"又与现有的"Internet"结合,实现人类社会与物理系统的整合,从而以更加精细和动态的方式去管理生产和生活。一般通俗地理解,物联网则是将无线射频识别和无线传感器网络结合使用,为用户提供生产生活的监控、指挥调度、远程数据采集和测量、远程诊断等方面服务的网络。

早在物联网的概念产生之前,在自动化领域人们就提出了 M2M 通信的控制模型,如图 1-2 所示。M2M 表达的是多种不同类型的通信技术:机器之间通信、人机交互通信、移动通信、GPS 和远程监控。M2M 技术综合了数据采集、传感器系统和流程自动化。这一类服务在自动抄表、自动售货机、公共交通系统、车队管理、工业流程自动化和城市信息化等领域已经得到了广泛的应用。因此,M2M 模型应该可以看成是物联网的前身。

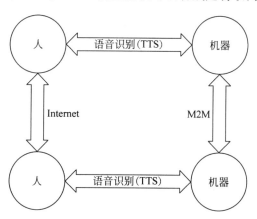

图 1-2　M2M 通信的控制模型

简而言之,物联网就是将无处不在的末端设备和设施,包括具备"内在智能"的传感器、移动终端、工业系统、楼控系统、家庭智能设施、视频监控系统等和"外在使能"(Enabled)的,如贴上 RFID 的各种资产(Assets)、携带无线终端的个人与车辆等"智能化物件或动物"或"智能尘埃"(Mote),通过各种无线和/或有线的长距离和/或短距离通信网络实现互连互通(M2M)、应用大集成以及基于云计算的 SaaS 营运等模式,在内网(Intranet)、专网(Extranet)和/或 Internet(Internet)环境下,采用适当的信息安全保障机制实现对"万物"的

"高效、节能、安全、环保"的"管、控、营"一体化。在这里,物联网的关键技术不仅是对物实现操控,它通过技术手段的扩张,实现了人与物、物与物之间的相融与沟通。物联网既不是Internet 简单的翻版,也不是 Internet 的接口,而是 Internet 的一种延伸。作为 Internet 的扩展,物联网具有 Internet 的特性,物联网不仅能够实现由人找物,而且能够实现以物找人。

目前,国内外对物联网还没有一个统一公认的标准定义,但从物联网的本质分析,物联网是现代信息技术发展到一定阶段后,才出现的一种聚合性应用与技术提升,它是将各种感知技术、现代网络技术和人工智能与自动化技术聚合与集成应用,使人与物智慧对话,创造一个智慧的世界。因此,物联网技术的发展几乎涉及信息技术的方方面面,是一种聚合性、系统性的创新应用与发展,因此被称为"信息产业的第三次革命性创新"。其本质主要体现在三方面:一是 Internet 特征,即对需要联网的物一定要有能够实现互联互通的互联网络;二是识别与通信特征,即纳入物联网的"物"一定要具备自动识别、物物通信的功能;三是智能化特征,即网络系统应具有自动化、自我反馈与智能控制的特点。

2009 年 9 月,在北京举办的物联网与企业环境中欧研讨会上,欧盟委员会信息和社会媒体司 RFID 部门负责人 Lorent Ferderix 博士给出了欧盟对物联网的定义:物联网是一个动态的全球网络基础设施,它具有基于标准和互操作通信协议的自组织能力,其中物理的和虚拟的"物"具有身份标识、物理属性、虚拟的特性和智能的接口,并与信息网络无缝整合。物联网将与媒体 Internet、服务 Internet 和企业 Internet 共同构成未来 Internet。

总体上来说,物联网可以概括为:通过传感器、射频识别技术、全球定位系统、激光扫描器等信息传感设备,实时采集任何需要监控、连接、互动的物体或过程的声、光、热、电、力学、化学、生物、位置等各种需要的信息,通过各种可能的网络接入,实现物与物、物与人的泛在连接,进行信息交换和通信,提供安全可控乃至个性化的实时在线监测、定位追溯、报警联动、调度指挥、预案管理、远程控制、安全防范、远程维保、在线升级、统计报表、决策支持、领导桌面等管理和服务功能,从而实现对物品和过程的智能化感知、识别和管理,如图 1-3 所示。

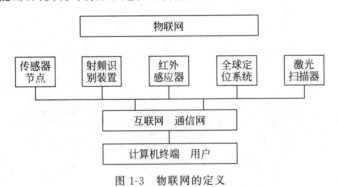

图 1-3　物联网的定义

1.1.2　物联网的特点

物联网广泛用于交通控制、取暖控制、食品管理、生产进程管理等各个方面。在物联网中,物体通过智能感知装置,经过传输网络,到达指定数据处理中心,实现人与人、物与物、人与物之间信息交互与处理。具体地说,就是把感应器嵌入和装备到电网、铁路、桥梁、隧道、公路、建筑、供水系统、大坝、油气管道等各种物体中,然后将物联网与现有的 Internet 整合起来,通过传感器侦测周边环境,如温度、湿度、光照、气体浓度、振动幅度等,并通过无线网络将收集到的信息传送给监控者或系统后端。监控者解读信息后,便可掌握现场状况,进而维护和调整关系,实现人类社会与物理系统的整合,以更加精细和动态的方式管理生产和生活,达到"智慧"状态,提高资源利用率和生产力水平,改善人与自然间的关系。这里包括三个层次:首先是传感网络,也就是包括 RFID、条码、传感器等设备在内的传感网;其次是信息传输网络,主要用于远距离传输传感网所采集的海量数据信息;最后则是信息应用网络,也就是智能化数据处理和信息服务。

物联网的核心是物与物以及人与物之间的信息交互,其基本特征可简要概括为三个方面:全面感知、可靠传输和智能处理,如图 1-4 所示。

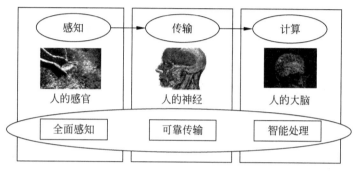

图 1-4　物联网的特征

1. 全面感知

物联网要将大量物体接入网络并进行通信活动,对各物体的全面感知是十分重要的。全面感知是指物联网随时随地获取物体的信息。要获取物体所处环境的温度、湿度、位置、运动速度等信息,就需要物联网能够全面感知物体的各种需要考虑的状态。全面感知就像人体系统中的感觉器官,眼睛收集各种图像信息,耳朵收集各种音频信息,皮肤感觉外界温度等。所有器官共同工作,才能够对人所处的环境条件进行准确的感知。物联网中各种不同的传感器如同人体的各种器官,对外界环境进行感知。物联网通过 RFID、传感器、二维码等感知设备对物体各种信息进行感知获取。

物联网正是通过遍布在各个角落和物体上的形形色色的传感器,以及由它们组成的无线传感器网络,来最终感知整个物质世界的。感知层的主要功能是信息感知与采集,主要包括二维条码标签和识读器、RFID 标签和读写器、摄像头、声音感应器和视频摄像头等,完成物联网应用的数据感知和设施控制。随着科学技术的不断发展,传统的传感器正逐步实现微型化、智能化、信息化和网络化,正经历着一个从传统传感器到智能传感器再到嵌入式Web 传感器的内涵不断丰富的发展过程。现在,传感器以其低成本、微型化、低功耗和灵活的组网方式、铺设方式以及适合移动目标等特点受到广泛重视,是关系国民经济发展和国家安全的重要技术。在传感器网络中,节点可以通过飞机布撒或人工布置等方式,大量部署在被感知对象内部或者附近。这些节点通过自组织方式构成无线网络,以协作的方式实时感知、采集和处理网络覆盖区域中的信息,并通过多跳网络将数据经由 Sink 节点和链路将整个区域内的信息传送到远程控制管理中心。传感器网络节点的基本组成包括如下几个基本单元:传感单元、处理单元、存储器、通信单元以及电源。此外,可以选择的其他功能单元包括定位系统、移动系统以及电源自供电系统等。可以说,全面感知是物联网的重要特点之一。

2. 可靠传输

可靠传输对整个网络的高效、正确运行起到了很重要的作用,是物联网的一项重要特征。可靠传输是指物联网通过对无线网络与 Internet 的融合,将物体的信息实时准确地传递给用户。获取信息是为了对信息进行分析处理从而进行相应的操作控制。将获取的信息可靠地传输给信息处理方。可靠传输在人体系统中相当于神经系统,把各器官收集到的各种不同信息传输到大脑中,方便人脑做出正确的指示。同样也将大脑做出的指示传递给各个部位进行相应的改变和动作。

物联网的可靠传递是指通过各种通信网络与 Internet 的融合,将物体接入信息网络,随时随地进行可靠的信息交互和共享,通过各种电信网络与 Internet 的融合,将物体的信息实时准确地传递出去。而网络层是各种通信网络与 Internet 形成的融合网络,不但要具备网络运营的能力,还要提升信息运营的能力,包括传感器的管理,利用云计算能力对海量信息的分类、聚合和处理,对样本库和算法库的部署等。网络层是核心承载工具,承担物联网接入层与应用层之间的数据通信任务。它主要包括现行的通信网络,如 3G/4G/5G 移动通信网、Internet、WiFi、WiMAX、无线城域网等。

3. 智能处理

在物联网系统中,智能处理部分将收集来的数据进行处理运算,然后做出相应的决策,来指导系统进行相应的改变,它是物联网应用实施的核心。智能处理指利用各种人工智能、云计算等技术对海量的数据和信息进行分析和处理,对物体实施智能化监测与控制。智能处理相当于人的大脑,根据神经系统传递来的各种信号做出决策,指导相应器官进行活动。

信息采集的过程中会从末梢节点获取大量原始数据,对于用户来说这些原始数据只有经过转换、筛选、分析处理后才有实际价值。由于物联网上有大量的传感器,那么随之而来的就是海量数据的融合和处理,这很有挑战性。对物联网的各种数据进行海量存储与快速处理,并将处理结果实时反馈给网络中的各种"控制"部件,必须依托于先进的软件工程技术和智能技术。智能分析与控制技术主要包括人工智能理论、先进的人机交互技术、海量信息处理的理论和方法、网络环境下信息的开发与利用、机器学习、语义网研究、文字及语言处理、虚拟现实技术与系统、智能控制技术与系统等。除此之外,物联网的智能控制还包括物联网管理中心、信息中心等利用下一代互联网的能力对海量数据进行智能处理的云计算功能。

所谓数据融合,是指将多种数据或信息进行处理,组合出高效、符合用户要求的信息的过程。数据融合技术需要人工智能理论的支撑,包括智能信息获取的形式方法、海量数据处理理论和方法、在网络环境下数据系统开发与利用方法以及机器学习等基础理论。

数据融合技术起源于军事领域多传感器的数据融合,是传感网中的一项重要技术。在物联网技术开发中,面临诸多技术开发方面的挑战。物联网是嵌入式系统、联网和控制系统的集成,它由计算系统、包含传感器和执行器的嵌入式系统等异构系统组成,首先需要解决物理系统与计算系统的协同处理。由于物联网应用是由大量传感网节点构成的,在信息感知的过程中,采用各个节点单独传输数据到汇聚节点的方法是不可行的,需要采用数据融合与智能技术进行处理。因为网络中存在大量冗余数据,会浪费通信带宽和能量资源,还会降低数据的采集效率及及时性。

总而言之,物联网的特点就是对物体具有全面感知的能力,对信息具有可靠传递和智能控制的能力。也就是说,全面感知、可靠传输、智能处理是物联网的基本特点。全面感知是指利用 RFID、二维条码、GPS、摄像头、传感器、语音识别、传感器网络等感知、捕获、测量、操控方面的技术手段,随时随地对物体进行信息采集和获取;智能控制是指利用模糊识别、语义服务等各种智能计算方法,对海量的跨地域、跨行业、跨部门的数据和信息进行处理,实现智能化决策和控制,而这些都离不开数据融合。随着数据融合技术的发展,其应用领域也在不断扩大。它作为一种可以消除系统的不确定因素,提供准确的观测结果和综合信息的智能化数据处理技术,必将获得普遍关注和广泛应用。

1.2　物联网的基本架构

物联网整体上可分为软件、硬件两大部分。软件部分即为物联网的应用服务层,包括应用、支撑两部分。硬件部分分为网络传输层和感知控制层,分别对应传输部分、感知部分。软件部分大都基于 Internet 的 TCP/IP 通信协议,而硬件部分则有 GPRS、传感器等通信协议。通过了解物联网的主要技术,分析其知识点、知识单元和知识体系,掌握实用的软件、硬件技术和平台,理解物联网的学科基础,从而达到真正领悟物联网本质的要求,见表 1-1。

表 1-1　物联网体系框架

	感知控制层	网络传输层	应用服务层
主要技术	EPC 编码和 RFID 技术	无线传感器网络、PLC、蓝牙、WiFi、现场总线	云计算技术、数据融合与智能技术、中间件技术
知识点	EPC 编码的标准和 RFID 的工作原理	数据传输方式、算法、原理	云连接、云安全、云存储、知识表达与获取、智能 Agent
知识单元	产品编码标准、RFID 标签、阅读器、天线、中间件	组网技术、定位技术、时间同步技术、路由协议、MAC 协议、数据融合	数据库技术、智能技术、信息安全技术
知识体系	通过对产品按照合适的标准来进行编码实现对产品的辨别,及通过射频识别技术,完成对产品的信息读取、处理和管理	技术框架、通信协议、技术标准	云计算系统、人工智能系统、分布智能系统
软件(平台)	RFID 中间件(产品信息转换软件、数据库等)	NS2、IAR、KEIL、Wave	数据库系统、中间件平台、云计算平台
硬件(平台)	RFID 应答器、阅读器、天线组成的 RFID 系统	CC2430、EM250、JENNIC LTD、FREESCALE BEE	PC 和各种嵌入式终端
相关课程	编码理论、通信原理、数据库、电子电路	无线传感器网络、电力线通信技术、蓝牙技术、现场总线技术	微机原理与操作系统、计算机网络、数据库技术、信息安全

物联网作为一种形式多样的聚合性复杂系统,涉及信息技术自上而下的每一层面,其体系结构分为感知控制层、网络传输层、应用服务层三个层面,如图 1-5 所示。

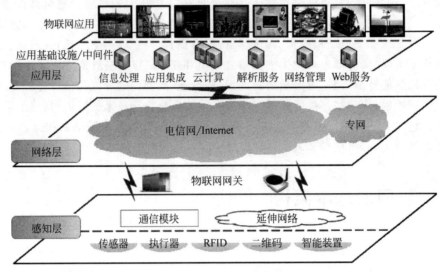

图 1-5　物联网体系框架

1.2.1　感知层

感知层是物联网发展和应用的基础,感知层在物联网中,如同人的感觉器官对人体系统的作用,用来感知外界环境的温度、湿度、压强、光照、气压、受力情况等信息,通过采集这些信息来识别物体。感知控制层由数据采集子层、短距离通信技术和协同信息处理子层组成。

数据采集子层通过各种类型的传感器、RFID、EPC 等数据采集设备,获取物理世界中发生的物理事件和数据信息,例如各种物理量、标识、音频和视频多媒体数据。物联网的数据采集涉及 RFID 技术、传感和控制技术、短距离无线通信技术以及对应的 RFID 天线阅读器研究、传感器材料技术、短距离无线通信协议、芯片开发和智能传感器节点等,也包括在数据传送到接入网关之前的小型数据处理设备和传感器网络。

短距离通信技术和协同信息处理子层将采集到的数据在局部范围内进行协同处理,以提高信息的精度,降低信息冗余度,并通过自组织能力的短距离传感网接入广域承载网络。感知层中间件技术旨在解决感知层数据与多种应用平台间的兼容性问题,包括代码管理、服务管理、状态管理、设备管理、时间同步、定位等。在有些应用中还需要通过执行器或其他智能终端对感知结果做出反应,实现智能控制。

作为一种比较廉价实用的技术,一维条码和二维条码在今后一段时间还会在各个行业中得到一定应用。然而,条形码表示的信息是有限的,而且在使用过程中需要用扫描器以一定的方向近距离地进行扫描,这对于未来物联网中动态、快读、大数据量以及有一定距离要求的数据采集、自动身份识别等有很大的限制,因此基于无线技术的射频标签(RFID)发挥了越来越重要的作用。

传感器作为一种有效的数据采集设备,在物联网感知层中扮演了重要角色。现在传感器的种类不断增多,出现了智能化传感器、小型化传感器、多功能传感器等新技术传感器。基于传感器而建的传感器网络也是目前物联网发展的一个大方向。

感知层是物联网发展的关键环节和基础部分。感知层涉及的主要技术包括资源寻址与EPC 技术、RFID 技术、传感器技术、无线传感网技术等。EPC 技术解决物品的编码标准问题,使得所有物联网中的物体都有统一的 ID。RFID 技术解决物品标识问题,可以快速识别物体,并获取其属性信息。传感器完成的任务是感知信息的采集。无线传感器网络完成了信息的获取和上传,实现无线短距离通信。通过这些技术,实现物体的标识与感知,为物联网的应用和发展提供基础。

1.2.2 传输层

网络传输层将来自感知层的各类信息通过基础承载网络传输到应用层,相当于人的神经系统。神经系统将感觉器官获得的信息传递到大脑进行处理,传输层将感知层获取的各种不同信息传递到处理中心进行处理,使得物联网能从容应对各种复杂的环境条件,这就是各种不同的应用。目前物联网传输层都是基于现有的通信网和 Internet 建立的,包括各种无线、有线网关、接入网和核心网,主要实现感知层数据和控制信息的双向传递、路由和控制。通过对有线传输系统和无线传输系统的综合使用,结合 6LoWPAN、ZigBee、蓝牙、UWB 等技术实现以数据为中心的数据管理和处理,也就是实现对数据的存储、查询、挖掘、分析以及针对不同应用的数据决策和分析。

物联网传输层技术主要是基于通信网和 Internet 的传输技术,通过各种接入设备与通信网和 Internet 相连,传输方式分为有线传输和无线传输。这两种通信方式对物联网产业来说同等重要、互相补充。

有线通信技术可分为中、长距离的广域网络(WAN,包括 PSTN、ADSL 和 HFC 数字电视 Cable 等)和短距离的现场总线(Field Bus,也包括电力线载波等技术)。

无线通信也可分为长距离的无线广域网(WWAN),中、短距离的无线局域网(WLAN)和超短距离的无线个域网(Wireless Personal Area Network,WPAN)。

传感网主要由 WLAN 或 WPAN 技术作为支撑,与传感器结合。"传感器"和"传感网"二合一的 RFID 的传输部分也是属于 WPAN 或 WLAN。

物联网传输层可分为汇聚网、接入网和承载网三部分。汇聚网的关键技术主要是短距离通信技术,如 ZigBee、蓝牙和 UWB 等技术。接入网主要采用 6LoWPAN、M2M 及全 IP融合架构实现感知数据从汇聚网到承载网的接入。承载网主要是指各种核心承载网络,如GSM、GPRS、WiMAX、3G/4G/5G、WLAN、三网融合等。

1.2.3 应用层

物联网应用涉及行业众多,涵盖面宽泛。应用服务层主要将物联网技术与行业专业系统相结合,实现广泛的物物互联的应用,通过人工智能、中间件、云计算等技术,为不同行业提供应用方案。物联网把周围世界中的人和物都联系在网络中,应用涉及广泛,包括家居、医疗、城市、环保、交通、农业、物流等方面。交通方面涉及面向公共交通工具、基于个人标识自动缴费的移动购票系统、环境监测系统以及电子导航地图；医疗方面涉及医疗对象的跟踪、身份标识和验证、身体症状感知以及数据采集系统；工控与智能楼宇方面涉及舒适的家庭/办公环境的智能控制、工厂的智能控制、博物馆和体育馆的智能控制应用；基于位置的服务方面涉及人与人之间实时交互网络、物品轨迹或人的行踪的历史查询、遗失物品查找以及防盗等应用。

物联网应用服务层主要包括业务中间件和行业应用领域。其中，物联网服务支撑子层用于支撑跨行业、跨应用、跨系统之间的信息协同、共享、互通的功能。物联网应用服务子层包括智能交通、智能医疗、智能家居、智能物流、智能电力等行业应用。

物联网应用层关键技术包括中间件技术、对象名称解析服务、嵌入式智能、云计算、物联网业务平台及安全等技术。物联网中间件处于物联网的集成服务器端和感知层、传输层的嵌入式设备中，对感知数据进行校对、过滤、汇集，有效地减少发送到应用程序的数据的冗余度，在物联网中起着很重要的作用。对象名称解析服务是联系前台中间件软件和后台服务器的网络枢纽，将 EPC 关联到这些物品相关的物联网资源。云计算技术是构建物联网运营平台的关键技术，云计算是基于网络将计算任务分布在大量计算机构成的资源池上，使用户能够借助网络按需获取计算力、存储空间和信息服务。物联网业务平台主要针对物联网不同业务，研究其系统模型、体系架构等关键技术。随着物联网发展进入物物互联阶段，由于其设备数量庞大，复杂多元，缺少有效监控，节点资源有限，结构动态离散，安全问题日渐突出，除面对 Internet 和移动通信网络的传统网络安全挑战之外，还存在着一些特殊安全挑战。

随着 Internet 时代信息与数据的快速增长，大规模和海量的数据需要处理。为了节省成本和实现系统的可扩展性，云计算的概念应运而生。云计算受到广泛推崇，是因为它可利用最小化的客户端实现复杂高效的处理和存储。云计算是一个很好的网络应用模式，物联网的发展需要"软件即服务""平台即服务"，以及按需计算等云计算模式的支撑。可以说，云计算是物联网应用发展的基石。其原因有两个：一是云计算具有超强的数据处理和存储能力；二是由于物联网无处不在的数据采集，需要大范围的支撑平台以满足其规模需求。

1.3　物联网的主要技术

物联网的发展离不开相关技术的发展，技术的发展是物联网发展的重要基础和保障。在物联网的概念没有提出之前，一些技术已经出现和使用，这些技术的不断进步、演变催生了物联网的出现。物联网不是一门技术或一项发明，而是过去、现在和将来多项技术的高度集成和创新。物联网的主要技术架构如图 1-6 所示。

1. RFID 技术

RFID 技术是物联网发展的排头兵，自然成为市场最为关注的技术。RFID 即射频识别，俗称电子标签，可以快速读写、长期跟踪管理，被认为是 21 世纪最有发展前途的信息技术之一。经过几年的发展，RFID 技术的发展也是相当迅速的。在很多关键技术点上，

RFID已日趋成熟,尤其表现在阅读器识读距离的提高,标签和识读器之间数据交互稳定性的提高,以及与无线通信技术结合等多个方面。作为一种自动识别技术,RFID通过无线射频方式进行非接触双向数据通信对目标加以识别,与传统的识别方式相比,RFID技术无须直接接触、光学可视、人工干预即可完成信息输入和处理,且操作方便快捷。目前RFID的工作频率已经从低频($30\sim300$kHz)和高频($3\sim30$MHz)发展到超高频(2.4GHz)微波频率。超高频的读写设备分为手持式和固定式两种,手持式识读距离在4m左右,而固定式识读距离则可达15m左右;2.4GHz微波的距离则可达到$70\sim80$m,甚至是3km。它能够广泛应用于生产、物流、交通、运输、医疗、防伪、跟踪、设备和资产管理等需要收集和处理数据的应用领域,并被认为是条形码标签的未来替代品。

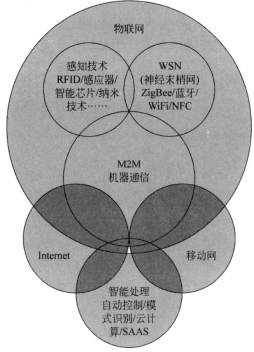

图 1-6　物联网的主要技术架构

2. EPC 编码技术

EPC(Electronic Product Code)即产品电子代码,其目标是为物理对象提供唯一标识,从而通过计算机网络来标识和访问单个物体。EPC编码体系是新一代的与全球贸易项目代码(Global Trade Item Number,GTIN)兼容的编码标准,也是EPC系统的核心。EPC的载体是RFID电子标签,并借助Internet来实现信息的传递。EPC旨在为每一件单品建立全球的、开放的标识标准,实现全球范围内对单件产品的跟踪与追溯,从而有效提高供应链管理水平,降低物流成本,是一个完整、复杂、综合的系统。

3. ZigBee 技术

ZigBee技术是一种近距离、低复杂度、低功耗、低速率、低成本的双向无线通信技术。它主要用于短距离、低功耗且传输速率不高的各种电子设备之间进行数据传输以及典型的有周期性数据、间歇性数据和低反应时间数据传输的应用。与蓝牙技术类似,它是一种新兴的短距离无线技术,用于传感控制应用,是一种高可靠的无线数据传输网络,类似于 CDMA 和 GSM 网络,并且它的数据传输模块类似于移动网络基站。其通信距离从标准的 75 米到几百米、几千米不等,并且支持无限扩展。

4. 移动 Internet 技术

移动 Internet 就是将移动通信和 Internet 二者结合起来,成为一体,同时移动 Internet 又是一个全国性的、以宽带 IP 为技术核心的,可同时提供语音、传真、数据、图像、多媒体等高品质电信服务的新一代开放的电信基础网络,是国家信息化建设的重要组成部分。在最近几年里,移动通信和 Internet 成为当今世界发展最快、市场潜力最大、前景最诱人的两大业务,它们的增长速度都是任何预测家未曾预料到的。

5. 无线传感器网络技术

无线传感器网络技术(WSN)广泛应用于军事、国家安全、环境科学、交通管理、灾害预测、医疗卫生、制造业、城市信息化建设等领域,是典型的具有交叉学科性质的军民两用战略技术。它由众多功能相同或不同的无线传感器节点组成,每一个传感器节点由数据采集模块、数据处理和控制模块、通信模块和供电模块等组成。近年来微电子机械加工(MEMS)技术的发展为传感器的微型化提供了可能,微处理技术的发展促进了传感器的智能化,MEMS 技术和射频(RF)通信技术的融合促进了无线传感器及其网络的发展。传统的传感器正逐步实现微型化、智能化、信息化和网络化。

6. 中间件技术

中间件是物联网的神经系统,处于物联网的集成服务器端和感知层、传输层的嵌入式设备中。除 OS、直接面向用户的客户端软件和数据库以外,凡是能批量生产,高度可复用的软件都可以算是中间件。中间件的种类有很多,如通用中间件、嵌入式中间件、数字电视中间件、RFID 中间件和 M2M 物联网中间件等。服务器端中间件称为物联网业务基础中间件,一般都是基于传统的中间件(应用服务器、ESB/MQ 等)构建,加入设备连接和图形化组态展示等模块;嵌入式中间件是一些支持不同通信协议的模块和运行环境。中间件的特点是它固化了很多通用功能,但在具体应用中多半需要二次开发来实现个性化的行业业务需求,因此所有物联网中间件都要提供快速开发(RAD)工具。

7. 智能技术

物联网智能是利用人工智能技术服务于物联网络的技术,是将人工智能的理论方法和技术通过具有智能处理功能的软件部署在网络服务器中去,服务于接入物联网的物品设备和人。物联网智能化也要研究解决三个层次的问题:网络思维,具体讲是网络思维、网络学习、网络诊断等;网络感知,让网络像人一样能感觉到气味、颜色、触觉;网络行为,研究网络模拟、延伸和扩展人的智能行为(例如智能监测、智能控制等行为)。

8. 云计算技术

云计算是物联网平台的关键技术,它是由分布式计算、并行处理、网格计算发展来的,是一种新兴的计算模型。目前,对于云计算的认识在不断发展变化。云计算的"云"就是存在于 Internet 上的服务器集群上的资源,它包括硬件资源(如服务器、存储器、CPU 等)和软件资源(如应用软件、集成开发环境等)。本地计算机只需要通过 Internet 发送一个需求信息,远端就会有成千上万的计算机提供需要的资源并将结果返回到本地,所有的处理都由云计算提供商所提供的计算机群来完成。云计算将所有的计算资源集中起来,并由软件实现自动管理,无须人为参与。这使得应用提供者无须为烦琐的细节而烦恼,能够更加专注于自己的业务,有利于创新和降低成本。

9. UWB 技术

UWB 超宽带(Ultra-wideband,UWB)技术是一种与其他技术有很大区别的无线通信技术,其信号带宽大于 500MHz 或信号带宽与中心频率之比大于 25%。与常见的通信方式使用连续的载波不同,UWB 采用极短的脉冲信号来传送信息,通常每个脉冲的持续时间只有几十皮秒到几纳秒,这些脉冲所占用的带宽甚至高达数吉赫兹(GHz),这样最大数据传输速率可以达到数百兆位每秒(Mb/s)。在高速通信的同时,UWB 设备发射的功率却很小,只有现有设备的几百分之一。它将为无线局域网(LAN)和个人局域网(PAN)的接口卡和接入技术带来低功耗、高带宽并且相对简单的无线通信技术。UWB 技术解决了传统无线技术困扰多年的有关传播方面的重大难题,具有对信道衰落不敏感、发射信号功率谱密度低、低截获能力、系统复杂度低以及能提供厘米级定位精度等优点。尤其适用于军事通信和室内等密集多径场所的高速无线接入。

10. MEMS 技术

微机电系统(MEMS)一般泛指特征尺度在亚微米至亚毫米范围的装置。完整的MEMS 是由微传感器、微执行器、信号处理和控制电路、通信接口和电源等部件组成的一体化的微型器件系统。其目标是把信息的获取、处理和执行集成在一起,组成具有多功能的微型系统,并集成于大尺寸系统中,从而大幅度提高系统的自动化、智能化和可靠性水平。

1.4　物联网的应用领域

物联网具有非常广泛的应用领域,例如智能交通、电网管理、农业方面溯源项目、铁路信号识别系统、电子医院、电子图书馆、超市供应链管理、食品安全等,如图 1-7 所示。

应用的另外一种方式就是将传感器嵌入和装备到电网、铁路、隧道、建筑、供水系统、大坝、油气管等各种物体中,然后将物联网与现有的网络整合起来,达到"智慧"状态,提高资源利用率和生产管理水平。

图 1-7　物联网的应用领域

1.4.1　工业控制

工业是物联网应用的重要领域。以感知和智能为特征的新技术的出现和相互融合,使得未来信息技术的发展由人类信息主导的 Internet 向物与物互联信息主导的物联网转变。面向工业自动化的物联网技术是以泛在网络为基础、以泛在感知为核心、以泛在服务为目的、以泛在智能拓展和提升为目标的综合性一体化信息处理技术,并且是物联网的关键组成部分。物联网大大加快了工业化进程,显著提高了人类的物质生活水平,并在推进我国流程工业、制造业的产业结构调整,促进工业企业节能降耗,提高产品品质,提高经济效益等方面发挥巨大推动作用。

因此,物联网在工业领域具有广阔的应用前景。物联网在工业领域的应用主要集中在以下几个方面。

(1)制造业供应链管理。物联网应用于企业原材料采购、库存、销售等领域,通过完善和优化供应链管理体系,可以提高供应链效率,降低成本。冶金流程工业、石化工业和汽车工业等是物联网技术应用的热点领域。

(2)生产工艺过程优化。物联网技术的应用提高了生产线过程检测、实时参数采集、生产设备监控以及材料消耗监测的能力和水平,使生产过程的智能监控、智能控制、智能诊断、智能决策和智能维护水平不断提高。

(3)产品设备监控管理。各种传感技术与制造技术融合,可实现对产品设备操作使用记录和设备故障诊断的远程监控。

(4)环保监测及能源管理。物联网与环保设备的融合可实现对工业生产过程中产生的各种污染源及污染治理各环节关键指标的实时监控。在重点排污企业排污口安装无线传感设备,不仅可以实时监测企业排污数据,而且可以远程关闭排污口,防止突发性环境污染事故的发生。

(5)工业安全生产管理。把感应器嵌入和装备到矿山设备、油气管道和矿工安全设备中,可能感知危险环境中工作人员、设备机器以及周边环境等方面的安全状态信息,将现有分散、独立、单一的网络监管平台提升为系统、开放、多元的综合网络监管平台,以实现对环境和人身安全的实时感知、准确辨识、快捷响应和有效控制。

总之,基于物联网的工业自动化是人机和谐、智能制造系统发展的新历史阶段,一方面,物联网将改变工业的生产和管理模式,提高生产和管理效率,增强我国工业的可持续发展能力和国际竞争力;另一方面,工业是我国"耗能污染大户"。工业用能占全国能源消费总量的 70%。工业化学需氧量、二氧化硫排放量分别占到全国总排放量的 38% 和 86%。物联网技术的研究与推广应用将是我国工业实现节能降耗总目标的重要机遇。

1.4.2　精细农牧业

在农业生产中,物联网的应用是指其可以根据用户需求,随时进行处理,为实施农业综合生态信息自动监测、对环境进行自动控制和智能化管理提供科学依据。例如,可以实时采集温室内温度、湿度信号以及光照、土壤温度、二氧化碳浓度、叶面湿度、露点温度、养分程度、电导率、pH 值、氮素等参数,经由无线信号收发模块传输数据,实现对大棚温湿度的远程控制,自动开启或者关闭指定设备,如图 1-8 所示。

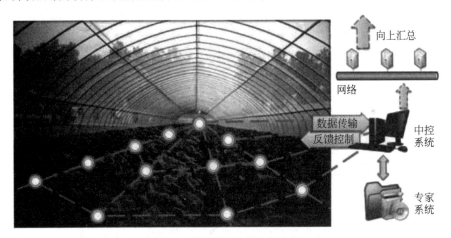

图 1-8　大棚温湿度远程控制

在粮库内安装各种温度、湿度传感器,通过联网将粮库内环境变化参数实时传到计算机或手机进行实时观察,记录现场情况以保证粮库内的温湿度平衡。

在牛、羊等畜牧体内植入传感芯片,放牧时可以对其进行跟踪,实现无人化放牧,提高重大疫病防控能力。还可以实现食品供应链的全程追踪和溯源,保证食品的安全,为食品安全、防伪打假提供法律依据。

1.4.3　仓储物流

在物流领域,通过物联网的技术手段将物流智能化,打造集信息展现、电子商务、物流配载、仓储管理、金融质押、园区安保、海关保税等功能为一体的物流园区综合信息服务平台。

例如发展较快的智能快递,就是在基于物联网的广泛应用基础上,利用先进的信息采集、信息处理、信息流通和信息管理技术,通过在需要寄递的信件和包裹上嵌入电子标签、条形码等能够存储物品信息的标识,以无线网络的方式将相关信息及时发送到后台信息处理系统。而各大信息系统可互联形成一个庞大的网络,从而达到对物品快速收寄、分发、运输、投递以及实施跟踪、监控等智能化管理的目的,并最终按照承诺时限递送到收件人或指定地点,并获得签收的新型寄递服务。

物流行业是信息化及物联网应用的重要领域,它的信息化和综合化的物流管理、流程监控不仅能为企业带来物流效率提升和物流成本控制,也从整体上提高了企业以及相关领域的信息化水平。高效的供应链和物流管理体系就是它的核心竞争能力,从而达到带动整个产业发展的目的。充分利用现代信息技术打造的供应链与物流管理体系,不仅可为公司获得成本上的优势,而且加深了它对顾客需求信息的了解、提高了它的市场反应速度。物流供应商倾向于构建 RFID 框架,RFID 在物流行业的具体应用价值主要体现在以下几个环节。

1. 生产环节

RFID 技术具有使用简便、识别工作无须人工干预、批量远距离读取、对环境要求低和使用寿命长等优点。在物品生产制造环节应用 RFID 技术,可以完成自动化生产线运作,实现在整个生产线上对原材料、半成品和产成品的识别与跟踪,减少人工识别成本和出错率,提高效率和效益,如图 1-9 所示。在生产和入库过程中,采用了 RFID 技术之后,就能通过识别电子标签来快速从品类繁多的库存中准确地找出工位所需的原材料和半成品。RFID 技术还能帮助管理人员及时根据生产进度发出补货信息,实现流水线均衡和稳步生产,同时也加强了对质量的控制与追踪。

图 1-9　企业物流配送中心

2. 存储环节和运输环节

在物品入库里,射频技术最广泛的使用是存取货物与库存盘点,它能用来实现自动化的存货和取货等操作,后台数据管理系统负责完成统计、分析、报表和管理工作,同时本地系统要及时和中心数据库保持通信,进行数据和指令的交互。在途运输的货物和车辆贴上 RFID 标签,运输线的一些检查点安装 RFID 接收转发装置,接收装置收到 RFID 标签信息后,连同接收地的位置信息上传至通信卫星,再由卫星传送给运输调度中心,送入数据库中。

在配送环节,如果到达中央配送中心的所有商品都贴有 RFID 标签,在进入中央配送中心时,托盘通过一个阅读器读取托盘上所有货箱上的标签内容。系统将这些信息与发货记录进行核对以检测出可能的错误,然后将 RFID 标签更新为最新的商品存放地点和状态。

3. 零售环节

RFID 可以改进零售商的库存管理,实现适时补货,有效跟踪运输与库存,提高效率,减少出错。不论是用条码扫描仪还是 RFID 扫描仪获取数据,都可以通过无线接入即时上传到服务器,实现在任何时间、任何地点进行实时资料收集和准确快捷的传输,提高工作效率。同时,商店还能利用 RFID 系统在付款台实现自动扫描和计费,从而取代人工收款。

1.4.4 交通运输

将先进的传感、通信和数据处理等物联网技术,应用于交通运输领域,可形成一个安全、畅通和环保的物联交通运输综合系统。它可以使交通智能化,包括动态导航服务、位置服务、车辆保障服务、安全驾驶服务等。实施交通信息采集、车辆环境监控、汽车驾驶导航、不停车收费等措施,有利于提高道路利用率,改善不良驾驶习惯,减少车辆拥堵,实现节能减排,同时也有利于提高出行效率,促进和谐交通的发展。

智能交通系统包括公交行业无线视频监控平台、智能公交站台、电子票务、车管专家和公交手机"一卡通"5 种业务。公交行业无线视频监控平台利用车载设备的无线视频监控和 GPS 定位功能,对公交运行状态进行实时监控;智能公交站台通过媒体发布中心与电子站牌的数据交互,可实现公交调度信息数据的发布和多媒体数据的发布,利用电子站牌还可实现广告的发布等;车管专家利用 GPS、CDMA、GIP 等高新技术,对车辆的位置与速度、车内外的图像、视频等各类媒体信息及其他车辆参数等进行实时管理,有效满足用户对车辆管理的各类需求,如图 1-10 所示。公交手机"一卡通"是指将手机终端作为城市公交"一卡通"的介质,除完成公交刷卡外,还可实现小额支付、空中充值等功能。测速"一卡通"通过将车辆测速系统、高清电子警察系统的车辆信息实时接入车辆管控平台,同时结合交警业务需求,基于地理信息系统,通过 3G/4G/5G 无线通信模块实现报警信息的智能、无线发布,从而达到快速处置的目的。

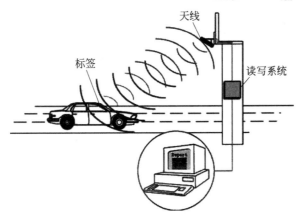

图 1-10 公路不停车收费管理

1.4.5　医疗健康

将物联网技术应用于医疗健康领域,可以解决医疗资源紧张、医疗费用昂贵、老龄化压力等各种问题。例如,借助实用的医疗传感设备,可以实时感知、处理和分析重大的医疗事件,从而快速、有效地做出响应。乡村卫生所、乡镇医院和社区医院可以无缝地连接到中心医院,从而实时地获取专家建议、安排转诊和接受培训。通过联网整合并共享各个医疗单位的医疗信息记录,从而构建一个综合的专业医疗网络。

智能医疗系统借助简易、实用的家庭医疗传感设备,可对家中病人或老人的生理指标进行自测,并将生成的生理指标数据通过固定网络或 3G/4G/5G 无线网络传送到护理人或有关医疗单位。

目前,国家医疗体系的主导思想已经从以治疗为主向治疗与预防并重的思路转变。因此,在大众医疗的预防领域,出现了许多迫切需求,原有的医疗信息系统则面临如何向外部拓展的问题,以 3G/4G/5G 为代表的无线通信技术将发挥越来越重要的作用。在新医改方案中,也可以利用物联网建立一套食品或药品质量溯源体系,发放质量安全信息追溯条码,将信息追溯条码贴在食品、药品上,实现产品的可追溯制度,实行计算机化管理,将数据及时上传到 Internet。

国内一些医院的医疗信息化建设已经取得了一些进步。国内大部分三级甲等医院已经认识到了医疗信息化在提高服务效率和提升服务质量方面的重要作用,并纷纷采用了医院信息管理系统。尤其是近年来,无线医疗崭露头角,成为医疗信息化系统的重要组成部分。据了解,早期的无线医疗中更多地采用了无线局域网的技术,主要是无线局域网与 RFID 结合实现各种组合应用,终端方面则大量采用了具备专门医疗定制服务功能的 PDA 等。目前,我国几乎所有的三级甲等医院已经不同程度地应用了 PDA 和 RFID 技术。

新医改方案中提出要积极发展面向农村及边远地区的远程医疗。远程医疗包括远程诊断、专家会诊、信息服务、在线检查和远程交流几大内容,主要涉及视频通信、会诊软件、可视电话三大模块。根据卫生领域的发展需求,从 RFID 的技术功能和技术特点出发,提出使用 RFID 在卫生领域从事类似病患定位的追踪,特别是特殊病人的定位、追踪和身份识别。

1.4.6　环境监测

物联网是实现环境信息化的重要形式,可以极大地提高环境监测能力。近年来,地震、山体滑坡、泥石流、海啸等地质灾害频发,给人类生命和生活带来严重影响。全球气候急剧变化以及全球进入地壳活动频繁期,都是地质灾害频发的重大因素。我国泥石流的暴发主要是受连续降雨影响,一般发生在多雨的夏秋季节。人类需要更加重视自然环境的变迁,更加关注如何通过科技监测自然环境的变化。而物联网在环境监测方面有其独特之处,物联网在环境监测领域的应用是通过实施地表水水质的自动监视器测量,实现水质的实时连续监测和远程监控,及时掌握主要流域重点断面水体的水质状况,预警、预报重大或流域性水质污染事故,解决跨行政区域的水污染事故纠纷,监督总量控制制度落实情况等。例如,利用物联网提前掌握山崩、落石等自然灾害的发生。另外,物联网使用无线感应技术,可以实现对大山地质和环境状况的长期监控,监控现场不再需要人为参与,而是通过无线传感器对各个山脉实现火山范围深层次监控,包括温度的变化对山坡结构的影响以及气候的变化对土质渗水的影响等。

1.4.7 安全监控

安全问题是人们越来越关注的问题,特别是学校和幼儿园的安全。目前高校都建有众多的教学楼和实验大楼等。因校园占地面积大,因此,利用现代的高科技技术手段,组成全方位防范系统是十分必要的。可以利用物联网开发出高度智能化的安全防范产品或系统,进行智能分析判断及控制,最大限度地降低因传感器问题及外部干扰造成的误报,并且能够实现高精度定位,完全由面到点的实体防御及精确打击,进行高度智能化的人机对话等功能,弥补传统安防系统的缺陷,确保人们的生命和财产安全。

人们可以在每个教室安装摄像机视频专用线连接到学校的值班人员的中控设备,通过学校内部局域网络,就可以在各个教研室、实验室、校长办公室等看到任何一间教室的教学情况和实施安全监控。

此外,物联网还可以用于烟花爆竹销售点监测、危险品运输车辆监管、火灾事故监控、气候灾害预警、智能城管、平安城市建设;还可以用于对残障人员、弱势群体(老人、儿童等)、宠物进行跟踪定位,防止走失等;还可以用于井盖、变压器等公共财产的跟踪定位,防止公共财产的丢失。

1.4.8 网上支付

物联网的诞生,把商务延伸和扩展到了任何物品上,真正实现了突破空间和时间束缚的信息采集、交换和通信,使商务活动的参与主体可以在任何时间、任何地点实时获取和采集商业信息,摆脱固定的设备和网络环境的束缚。这使得"移动支付""移动购物""手机钱包""手机银行""电子机票"等概念层出不穷。

据介绍,新一代银联手机支付业务不仅将手机与银行卡合二为一,还把银行柜台"装进"持卡人的口袋。中国人民银行在推动金融业信息化发展时,提出了基于 2.4G RFID-SIM(SD)卡的移动支付解决方案,该方案是从用户的角度出发,针对广大用户对移动支付的需求而推出的自主创新产品。申请开通该项业务时,用户无须更换手机号码,只要通过移动通信运营商或发卡银行,将定制的金融智能卡植入手机,便能借助无线通信网络,实现信用卡还款、转账充值等远程支付功能。手机网上支付系统如图 1-11 所示。

另外,通过将国家、省、市、县、乡镇的金融机构联网,建立一个各金融部门信息共享平台,可有效遏制传统金融市场因缺乏有效监管而带来的风险蔓延,维护国家经济安全

图 1-11 手机网上支付系统

和金融稳定。

1.4.9　智能家居

智能家居是利用先进的计算机、嵌入式系统和网络通信,将家庭中的各种设备(如照明、环境控制、安防系统、网络家电等)通过家庭网络连接到一起,如图 1-12 所示。一方面,智能家居让用户更方便管理家庭设备;另一方面,智能家居内的各种设备相互间可以通信,且不需要人为操作,自组织地为用户服务。

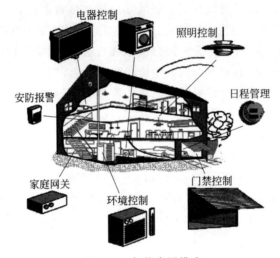

图 1-12　智能家居模式

我们意识到世界正在变"小",地球正在变"平",不论是经济、社会还是技术层面,人们的生活环境和以往任何时代相比都发生了重大的变化。当前的金融海啸、全球气候变化、能源危机或者安全问题,迫使人们审视过去。也正是各种各样的危机,使人类能够站在一个面向未来全新发展的门槛上——人们希望自己的生存环境也变得更有"智慧",由此诞生了智慧地球、感知中国、智能城市、智能社区、智能建筑、智能家居等新生名词,它们真正地影响和改变了人们的生活。

1.4.10　国防军事

物联网被许多军事专家称为"一个未探明储量的金矿",正在孕育军事变革深入发展的新契机。物联网概念的问世,对现有军事系统格局产生了巨大冲击。它的影响绝不亚于Internet 在军事领域里的广泛应用,它将触发军事变革的一次重新启动,使军队建设和作战方式发生新的重大变化。可以设想,在国防科研、军工企业及武器平台等各个环节与要素设置标签读取装置,通过无线和有线网络将其连接起来,那么每个国防要素及作战单元甚至整个国家的军事力量都将处于全信息和全数字化状态。大到卫星、导弹、飞机、舰船、坦克、火炮等装备系统,小到单兵作战装备,从通信技侦系统到后勤保障系统,从军事科学试验到军事装备工程,其应用遍及战争准备、战争实施的每一个环节。可以说,物联网扩大了未来作战的时域、空域和频域,对国防建设各个领域产生了深远影响,将引发一场划时代的军事技术革命和作战方式的变革。

当然,物联网的应用并不局限于上面的领域,用一句形象的话来说,就是"网络无所不达,应用无所不能"。但有一点是值得肯定的,那就是物联网的出现和推广必将极大地改变人们的生活。

1.5　物联网安全技术

社会的发展给物联网领域带来了巨大变革,直接影响每个人的生活,物联网逐渐演化成为一种融合了传统网络、传感器、Ad Hoc 无线网络、普适计算和云计算等信息与通信技术(Information and Communications Technology,ICT)的完整的信息产业链。物联网在空间上的开放性,使得攻击者可以很容易地窃听、拦截、篡改、重播数据包;网络中的节点能量有限,使得物联网易受到资源消耗型攻击;而且由于节点部署区域的特殊性,攻击者可能捕获节点并对节点本身进行破坏或破解。

物联网安全是指物联网硬件、软件及其系统中的数据受到保护,不受偶然的或恶意的影响而遭到破坏、更改、泄露,物联网系统可连续、可靠、正常地运行,物联网服务不中断。

1. 物联网的安全威胁

物联网市场发展迅速,终端数量剧增,安全隐患大,物联网产业链中安全环节占比低。物联网业务深入多个行业,全方位影响人们的生活,相应的安全问题也将带来严重威胁,甚至包括生命和财产安全。物联网安全体系结构如图 1-13 所示,威胁主要来自终端、网络和平台三个方面。

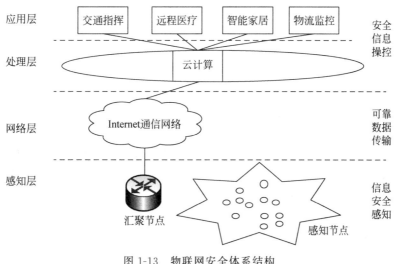

图 1-13　物联网安全体系结构

1) 终端面临的威胁

终端节点位于物联网中的感知层。

（1）非法入侵。

由于终端自身的漏洞(弱口令、版本漏洞)导致的设备被非法入侵和控制。

（2）恶意代码(病毒、木马、蠕虫)。

多数物联网终端由于成本受限、处理性能不佳等原因,自有安全防护能力差,易遭受病毒、木马、蠕虫和恶意软件的攻击,导致设备无法正常使用,信息泄露,甚至危及整个网络系统的安全。

2）网络面临的威胁

网络指的是物联网网络传输层,由接入网和核心网组成。

（1）流量攻击。

物联网接入网和核心网面临着来自终端和 Internet 的双向流量攻击威胁,消耗网络带宽,造成网络拥塞甚至瘫痪。

（2）非法入侵。

攻击者可能利用运维管理上的漏洞,对核心网元和系统发起入侵,感染病毒,篡改重要业务数据,导致网元或业务失效,甚至使整个网络瘫痪。

3）平台面临的威胁

平台属于应用管理层。平台面临的威胁有以下几种。

（1）流量攻击。

通过 Internet 对平台实施 DOS 攻击,导致平台无法服务。

（2）入侵攻击。

由于平台自身的安全漏洞,攻击者可以从 Internet 入侵平台设备。

（3）恶意代码。

平台软件系统可能感染来自 Internet 的病毒、木马、蠕虫。

2. 物联网的安全属性

物联网安全的基本属性包括机密性、完整性和可靠性,它们是处于计算机安全核心地位的三个关键目标,即 CIA 三元组,具体体现了对数据和信息的基本安全目标与计算服务。

1）机密性

机密性包括以下两个概念。

（1）数据机密性:确保隐私或机密信息不能由非授权个人利用,或不能披露给非授权个人。

（2）隐私性:确保个人能够控制个人信息的收集和存储,也能够控制这些信息可以由谁披露或向谁披露。

2）完整性

完整性包括以下两个概念。

（1）数据完整性:确保信息和程序只能在指定的和授权的方式下被改变。

（2）系统完整性:确保系统在未受损的方式下执行预期的功能,避免对系统进行有意或无意的非授权操作。

3）可靠性

可靠性应确保系统能够迅速地进行工作,并且不能拒绝对授权用户的服务。

3. 物联网的安全问题

物联网除了面对移动通信网络的传统网络安全问题之外,还存在着一些与已有移动网络安全不同的特殊安全问题。这是由于物联网是由大量的机器构成的,缺少人对设备的有效监控,并且数量庞大、设备集群。这些特殊的安全问题主要有以下几个方面。

(1)物联网机器/感知节点的本地安全问题。由于物联网的应用可以取代人来完成一些复杂、危险和机械的工作,所以物联网机器/感知节点多数部署在无人监控的场合中。那么攻击者就可以轻易地接触这些设备,对它们造成破坏,甚至通过本地操作更换机器的软硬件。

(2)感知网络的传输与信息安全问题。感知节点通常情况下功能简单(如自动温度计),携带能量少(使用电池),使得它们无法拥有复杂的安全保护能力,而感知网络多种多样,从温度测量到水文监控,从道路导航到自动控制,它们的数据传输和消息也没有特定的标准,所以无法提供统一的安全保护体系。

(3)核心网络的传输与信息安全问题。核心网络具有相对完整的安全保护能力,但是由于物联网中节点数量庞大,且以集群方式存在,因此会导致在数据传播时,大量机器的数据发送使网络拥塞,产生拒绝服务攻击。此外,现有通信网络的安全架构都是从人与人之间通信的角度设计的,并不适用于机器之间的通信,使用现有安全机制会割裂物联网机器间的逻辑关系。

(4)物联网业务的安全问题。由于物联网设备可能是先部署后连接网络,而物联网节点又无人看守,所以如何对物联网设备进行远程签约信息和业务信息配置就成了难题。另外,庞大且多样化的物联网平台必然需要一个强大而统一的安全管理平台,否则独立的平台会被各式各样的物联网应用所淹没,但如此一来,如何对物联网机器的日志等安全信息进行管理成为新的问题,并且可能割裂网络与业务平台之间的信任关系,导致新一轮安全问题的产生。

4. 物联网安全标准

社会对于物联网技术相关法规的期许是要兼顾公共安全及个人隐私,为此更需要产业、主管机关、标准组织同心协力。全国信息安全标准化技术委员会归口的 27 项国家标准已经正式发布,涉及物联网安全的有:

(1)GB/T 37044—2018《信息安全技术 物联网安全参考模型及通用要求》。
(2)GB/T 36951—2018《信息安全技术 物联网感知终端应用安全技术要求》。
(3)GB/T 37024—2018《信息安全技术 物联网感知层网关安全技术要求》。
(4)GB/T 37025—2018《信息安全技术 物联网数据传输安全技术要求》。
(5)GB/T 37093—2018《信息安全技术 物联网感知层接入通信网的安全要求》。

5. 物联网的安全技术

1)网络安全

网络安全包括无线网络与有线网络。IoT 网络现在以无线网络为主。2015 年,无线网络的流量已经超过了全球有线网络的流量。新的无线通信技术如射频 RF、无线通信协议和标准的出现,使得 IoT 设备面临着比传统有线网络更具挑战性的安全问题。

2) 身份授权

IoT 设备必须由所有合法用户进行身份验证。实现这种认证的方法包括静态口令、双因素身份认证、生物识别和数字证书。物联网的独特之处在于一台设备(例如嵌入式传感器)需要验证其他设备。

3) 加密

加密主要用于防止对数据和设备的未经授权访问。设备的样式无法统一也给加密造成困难,因为 IoT 设备以及硬件配置是各种各样的。一个完整的安全管理过程必须包括加密。

4) 安全侧信道攻击

即使有足够的加密和认证,IoT 设备也还可能面临另一个威胁,即侧信道攻击(Side Channel Attack,SCA)。这种攻击的重点不在于信息的传输工程,而在于信息的呈现方式。侧信道攻击会搜集设备的一些可操作性特性,例如执行时间、电源消耗、恢复密钥时的电磁辐射等,以进一步获取其他的价值。

5) 安全分析和威胁预测

除了监视和控制与安全有关的数据,还必须预测未来的威胁。必须对传统的方法进行改进,寻找既定策略之外的其他方案。预测需要新的算法和人工智能的应用来访问非传统攻击策略。

6) 接口保护

大多数硬件和软件设计人员通过应用程序编程接口(API)来访问设备,这些接口需要具备对需要交换数据(希望加密)的设备进行验证和授权的能力。只有经过授权,开发者和应用程序才能在这些设备之间进行通信。

7) 交付机制

需要对设备持续地更新、打补丁,以应对不断变化的网络攻击。这涉及一些修复漏洞的专业知识,尤其是修复关键软件漏洞的知识。

8) 系统开发

IoT 安全需要在网络设计中采用端到端的方法。此外,安全应该自始至终贯穿在整个产品的开发生命周期中,但是如果产品只是传感器,这就会变得有点困难。对于大多数设计者而言,安全只是一个事后的想法,是在产品实现(而不是设计)完成后的一个想法。事实上,硬件和软件设计都需要将安全考虑在整个系统当中。

1.6　物联网的发展与未来

随着计算机网络及移动通信网络的发展,物联网的概念正越来越多地被人们所接受。物联网之所以发展得如此迅速,主要源于以下几个技术方面的因素。

(1) 传感器技术的成熟应用。多年来半导体制造技术、通信技术及电池技术的改进,促进了微小的智能传感器具有感知、无线通信及信息处理的能力。也就是说,感知外部世界的各种智能传感器技术已经比较成熟,传感网技术在新兴产业中扮演着重要角色,发挥了巨大作用。传感网所带来的信息获取深刻地影响着物联网技术的发展。

（2）网络接入和带宽的变化。首先,节点的组网控制和数据融合技术有了很大进展。其次,网络层作为核心承载工具承担着物联网接入层与应用层之间的数据通信任务,接入网关完成和承载网络连接方面的技术近些年有了长足的发展。另外,IP 带宽在过去十年也有了一个很大的提高。这些都对物联网的发展产生了重要的影响。

（3）数据处理智能化。从传感网获取的信息量巨大,如果没有一种智能化处理方法是不可想象的。在过去几年中,云计算网络应运而生。云计算最基本的概念是通过网络将庞大的计算处理程序自动分拆成无数个较小的子程序,再交由多个服务器所组成的庞大系统,经搜寻、计算分析之后将处理结果回传给用户。通过云计算技术,网络服务提供者可以在数秒之内处理数以万计的数据,达到与超级计算机相同的效能。可以说,云计算技术对物联网技术的发展起着决定性的作用。

对于物联网的未来,有三个值得关注的发展趋势:一是互联互通设备数目急剧增加以及设备体积极度缩小;二是物体通过移动网络连接,永久性地被使用者所携带并可被定位;三是系统以及物体在互联互通过程中,异质性和复杂性在现有和未来的应用里变得极强。

目前,国外对物联网的研究、应用主要集中在欧、美、日、韩等少数发达国家和地区,随着 RFID、传感器技术、通信及计算机技术的发展,研究和应用领域已从商业零售、物流领域扩展到智能控制设施、生物医疗、环境监测等领域。例如,欧洲合作研发机构校际微电子中心(IMEC)利用 GPS、RFID 技术已经开发出远程环境监测、工业监测等系统,并积极研发可遥控、体积小、成本低的微电子人体传感器、自动驾驶系统等技术;IBM 提出了"智慧地球"的概念,并已经开发出了涵盖智能电力、智能医疗、智能交通、智能城市等多项物联网应用的方案。

美国作为物联网技术的主导和先行国之一,较早地开展了物联网及相关技术的研究与应用。美国将"新能源"和"物联网"作为振兴经济的两大武器,投入巨资深入研究物联网相关技术。据美国科学时报报道,物联网也被称为"继计算机、Internet 之后,世界信息产业的第三次浪潮"。"智慧地球"被认为是挽救危机、振兴经济、确立美国在 21 世纪保持和夺回竞争优势的方式。无论是基础设施、技术水平还是产业链发展程度,美国都走在世界各国的前列,已经趋于完善的通信互联网络为其物联网的发展创造了良好的先机。

日本从 20 世纪 90 年代以来推出了 e-Japan、u-Japan 和 i-Japan2015 等系列信息化战略。u-Japan 在 2004 年启动,致力于发展物联网及相关产业,并希望由此建设一个在 2010 年实现"随时、随地、任何人、任何物品"都可以上网的无所不在的网络。其网络建设的基础为 RFID、传感器网络和物联终端。日本政府希望通过物联网技术的产业化应用,减轻由于人口老龄化所带来的医疗、养老等社会负担。

国务院前总理温家宝于 2009 年 8 月在无锡考察时针对物联网提出:"要早一点谋划未来,早一点攻破核心技术。"2009 年 9 月,国家发展改革委员会、工业和信息化部发布《关于进一步做好电子信息产业振兴和技术改造项目组织工作的通知》,RFID、物联网等作为计算机产业及下一代 Internet 关键技术,被列为重点支持领域。《国家中长期科学与技术发展规划(2006—2020 年)》和"新一代宽带移动无线通信网"重大专项中均将传感网(此处为广义的传感网,与物联网等同)列入重点研究领域。2009 年 9 月 11 日,经国家标准化管理委员会批准,全国信息技术标准化技术委员会组建了传感器网络标准工作组。目前,我国传感网标准体系已形成初步框架,向国际标准化组织提交的多项标准提案均被采纳,传感网标准化工作已经取得积极进展。

中国科学院早在1999年就启动了传感网研究,在无线智能传感器网络通信技术、微型传感器、移动基站等方面取得了一些进展,逐步拥有了从材料、技术、器件、系统到网络的完整产业链。我国在国家自然科学基金、国家"863"计划、国家科技重大专项等科技计划中已部署物联网相关技术的研究。虽然物联网的概念最近才在我国得到广泛关注,但物联网的应用很早就在我国开展,目前主要以RFID、M2M、传感网三种形态为主。我国的无线通信网络已经覆盖了城乡,从繁华的城市到偏僻的农村,从海岛到珠穆朗玛峰,到处都有无线网络的覆盖。目前和物联网相关的应用包括超市的供应链管理、高速公路不停车收费、农业部溯源项目、铁路自动车号识别系统、电子医院、图书馆管理系统等。

物联网的发展,带动的不仅是技术进步,而是通过应用创新进一步带动经济社会形态、创新形态的变革,塑造了知识社会的流体特性,推动面向知识社会的下一代创新形态的形成,代表了社会信息化的发展方向。移动及无线技术、物联网的发展,使得创新更加关注用户体验,用户体验成为下一代创新的核心。开放创新、共同创新、大众创新、用户创新成为知识社会环境下的创新新特征,技术更加展现其以人为本的一面,以人为本的创新随着物联网技术的发展成为现实。

在不久的将来,汽车将及时警告驾驶员车的某一个部位或某个零件发生了故障;当你出门远行时,行李箱会提醒你忘带了某些东西;当你洗衣服时,衣服会"告诉"洗衣机需要多少度的水温;当你过马路时,红绿灯会根据行人状况,在时间上实现动态调控。

在智能家居中,你回家之前可以实时了解家中各个角落的状态,可以提前煮饭,提前打开空调,提前打开热水器等;在上班的时候,你可以通过物联网知道家里的状态:水龙头有没有关,电灯有没有关,窗帘有没有拉开等,然后可以根据需要对其进行相应控制。

物联网使物品和服务功能都发生了质的飞跃,这些新的功能将给使用者带来进一步的效率、便利和安全,由此形成基于这些功能的新兴产业。

综上所述,物联网的发展涉及计算机、电子、通信以及其他各个行业,是IT行业一个明确的发展方向。我国已经正式成立了传感网技术产业联盟。同时,工信部也宣布将牵头成立一个全国推进物联网的部际领导协调小组,以加快物联网产业化进程。2010年3月,上海物联网中心正式揭牌,该中心的成立旨在积极推进电信网、广播电视网和Internet的三网融合,加快物联网的研发应用,以及加大对战略性新兴产业的投入和政策支持。

小结

物联网的发展是随着Internet、传感器等的发展而发展的。其理念是在计算机Internet的基础上,利用射频识别、无线数据通信等技术,构造一个实现全球物品信息实时共享的实物Internet。

物联网分为硬件的感知控制层、网络传输层,以及软件的应用服务层,其中每一部分既相互独立,又密不可分。物联网标准体系既可以分为感知控制层标准、网络控制层标准、应用服务层标准,又包含共性支撑标准。

　　RFID 技术、传感控制技术、无线网络技术、组网技术以及人工智能技术是物联网发展应用的关键支撑技术,而其推广应用的主要难点包括技术标准问题、数据安全问题、IP 地址问题、终端问题。

　　物联网的显著特点是技术高度集成,学科复杂交叉,综合应用广泛,目前发展应用主要体现在智能电网、智能交通、智能物流、智能家居等领域。

　　总之,通过本章的学习,能够掌握物联网的核心问题、本质特色以及最高目标,对物联网的概念定义、基本组成结构、关键技术和主要问题以及发展应用领域有一个基本了解,并建立物联网的整体概念,为后续各章节的学习打下良好的基础。

练习与思考

1. 人们目前是怎样对物联网进行定义的?
2. 物联网的基本特征是什么?
3. 物联网的主要特点有哪些?
4. 简述物联网的框架结构。
5. 物联网的主要技术有哪些?
6. 简要介绍物联网的主要应用领域。
7. 简述物联网的发展前景。

第 2 章
CHAPTER 2
感知技术

　　与人体结构中皮肤和五官的作用相似,感知层是物联网的"皮肤"和"五官"。它的功能是识别物体和采集信息。感知层包括二维码标签和识读器、RFID 标签和读写器、摄像头、GPS、传感器、终端、传感器网络等。如果传感器的单元简单唯一,直接能接上 TCP/IP 接口(如摄像头、Web 传感器),那就能直接写接口数据。实际工程中不同装置的硬件接口各不相同,而且电压、电流也有可能不同,加之传感器往往是多种装置的集合,需要在一定条件下整合,因此感知层设计需要在嵌入式智能平台(EIP)上整合。

　　当前,在硬件设计和软件硬化中,EIP 的应用越来越广泛,特别是在通信、网络、金融、交通、视频、仪器仪表等方面,可以说,EIP 产品针对每一个具体行业提供"量体裁衣"的硬件解决方案,而且起到了软硬件设计交错互动的桥梁作用。

　　总之,物联网感知层设计裁剪方法就是在不同传感器、不同接口、不同电源电压下,在 EIP 上剪裁、整合和测试,重点是整合 GPRS DTU、CDMA DTU、GSM Modem、3G DTU 等模块(以后会有更好的开发模块),将传感器的信号和数据经过移动、电信部门发送到建立的 TCP/IP 接口上(在 Web 服务机器上)。

　　关于传感器的概念,国家标准 GB7665—1987 是这样定义的:"能感受规定的被测量并按照一定的规律转换成可用信号的器件或装置,通常由敏感元件和转换元件组成。"也就是说,传感器是一种检测装置,能感受到被测量的信息,并能将检测感受到的信息按一定规律变换成为电信号或其他所需形式的信息输出,以满足信息的传输、处理、存储、显示、记录和控制等要求。它是实现自动检测和自动控制的首要环节。

　　传感器是构成物联网的基础单元,是物联网的耳目,是物联网获取相关信息的来源。具体来说,传感器是一种能够对当前状态进行识别的元器件,当特定的状态发生变化时,传感器能够立即察觉出来,并且能够向其他的元器件发出相应的信号,以告知状态的变化。

　　目前,传感技术广泛地应用在工业生产、日常生活和军事等各个领域。

　　在工业生产领域,传感器技术是产品检验和质量控制的重要手段,同时也是产品智能化的基础。传感器技术在工业生产领域中广泛应用于产品的在线检测,如零件尺寸、产品缺陷等,实现了产品质量控制的自动化,为现代品质管理提供了可靠保障。另外,传感器技术与运动控制技术、过程控制技术相结合,应用于装配定位等生产环节,促进了工业生产的自动化,提高了生产效率。

　　传感器技术在智能汽车生产中至关重要。传感器作为汽车电子自动化控制系统的信息源、关键部件和核心技术,其技术性能将直接影响汽车的智能化水平。目前普通轿车需要安装几十个传感器,而豪华轿车上传感器的数量更是多达两百余个。发动机部分主要安装温度传感器、压力传感器、转速传感器、流量传感器、气体浓度和爆震传感器等,它们需要向发动机的电子控制单元(ECU)提供发动机的工作状况信息,对发动机的工作状况进行精确控制。汽车底盘使用车速传感器、踏板传感器、加速度传感器、节气门传感器、发动机转速传感器、水温传感器、油温传感器等,实现了控制变速器系统、悬架系统、动力转向系统、制动防抱死系统等功能。车身部分安装有温度传感器、湿度传感器、风量传感器、日照传感器、车速传感器、加速度传感器、测距传感器、图像传感器等,有效地提高了汽车的安全性、可靠性和舒适性等。

在日常生活领域,传感技术也日益成为不可或缺的一部分。首先,传感器技术广泛应用于家用电器,如数码相机和数码摄像机的自动对焦;空调、冰箱、电饭煲等的温度检测;遥控接收的红外检测等。其次,办公商务中的扫描仪和红外传输数据装置等也采用了传感器技术。第三,医疗卫生事业中的数字体温计、电子血压计、血糖测试仪等设备同样是传感器技术的产物。

在科技军事领域,传感技术的应用主要体现在地面传感器,其特点是结构简单,便于携带,易于埋伏和伪装,可用于飞机空投、火炮发射或人工埋伏到交通线上和敌人出现的地段,用来执行预警、地面搜索和监视任务。当前在军事领域使用的传感器主要有震动传感器、声响传感器、磁性传感器、红外传感器、电缆传感器、压力传感器和扰动传感器等。传感器技术在航天领域中的作用更是举足轻重,如火箭测控、飞行器测控等。

2.1　RFID 技术

RFID 是 Radio Frequency Identification(射频识别技术)的缩写,常称为感应式电子晶片或近接卡、感应卡、非接触卡、电子标签、电子条码等。一套完整的 RFID 系统由阅读器与应答器两部分组成,其动作原理为由阅读器发射一特定频率的无限电波能量给应答器,用以驱动应答器电路将内部的 ID 码送出,此时阅读器便接收此 ID 码。应答器的特殊性在于免用电池、免接触、免刷卡,故不怕脏污,且晶片密码无法复制,安全性高,寿命长。RFID 标签有两种:有源标签和无源标签。RFID 的应用非常广泛,典型应用有动物晶片、汽车晶片防盗器、门禁管制、停车场管制、生产线自动化、物料管理。

根据不同的方式,射频技术射频卡有以下几种分类。

按载波频率可分为低频射频卡、中频射频卡和高频射频卡:低频射频卡主要有 125kHz 和 134.2kHz 两种,中频射频卡频率主要为 13.56MHz,高频射频卡主要为 433MHz、915MHz、2.45GHz、5.8GHz 等。

按供电方式可分为有源卡和无源卡:有源卡是指卡内有电池提供电源,其作用距离较远,但寿命有限,体积较大,成本高,且不适合在恶劣环境下工作;无源卡内无电池,它利用波束供电技术将接收到的射频能量转化为直流电源为卡内电路供电,其作用距离比有源卡短,但寿命长且对工作环境要求不高。

按调制方式可分为主动式和被动式:主动式射频卡用自身的射频能量主动地发送数据

给读写器；被动式射频卡使用调制散射方式发射数据，它必须利用读写器的载波来调制自己的信号，该类技术适合用在门禁或交通应用中，因为读写器可以确保只激活一定范围内的射频卡。

按芯片可分为只读卡、读写卡和 CPU 卡。

按作用距离可分为密耦合卡(作用距离小于 1cm)、近耦合卡(作用距离小于 15cm)、疏耦合卡(作用距离约 1m)和远距离卡(作用距离从 1m 到 10m，甚至更远)。

RFID 技术广泛应用在社会生产生活各领域。在日常生活中，人们经常要使用各式各样的数位识别卡，如信用卡、电话卡、金融 IC 卡等。大部分识别卡都是通过与读卡机作接触式的连接来读取数位资料，常见方法有磁条刷卡或 IC 晶片定点接触，这些用接触方式识别数位资料的做法，会使识别卡长期使用后容易因磨损而造成资料判别错误，而且接触式识别卡有特定的接点，卡片有方向性，使用者常会因不当操作而无法正确判读资料。RFID 针对常用的接触式识别系统的缺点加以改良，采用射频信号以无线方式传送数位资料，因此识别卡不必与读卡机接触就能读写数位资料，这种非接触式的射频身份识别卡与读卡机之间无方向性的要求，且卡片可置于口袋、皮包内，不必取出而能直接识别，免除现代人经常要从数张卡片中找寻特定卡片的烦恼。

RFID 的主要应用领域如下。

制造业：自动化生产，生产数据的实时监控，质量追踪，仓储管理，品牌管理，单品管理，渠道管理。

物流：物流过程中的货物追踪，信息自动采集，仓储应用，港口应用，邮政快递。

零售：商品的销售数据实时统计，补货，防盗。

图书馆：书店、图书馆、出版社等应用。

汽车：制造，防盗，定位等。

航空：制造，旅客机票，行李包裹跟踪。

资产管理：各类资产(贵重的或数量大相似性高的或危险品等)。

交通：高速不停车，出租车管理，公交车枢纽管理，铁路机车识别等。

身份识别：电子护照、身份证、学生证等各种电子证件。

防伪：贵重物品(烟、酒、药品)的防伪，票证的防伪。

食品：水果、蔬菜、生鲜、食品等保鲜度管理。

医疗：医疗器械管理，病人身份识别，婴儿防盗。

动物识别：驯养动物，畜牧牲口，宠物等识别管理。

2.1.1　射频识别系统

射频识别系统最重要的优点是非接触识别，它能穿透雪、雾、冰、涂料、尘垢和条形码无法使用的恶劣环境阅读标签，并且阅读速度极快，大多数情况下不到 100ms。有源式射频识别系统的速写能力也是重要的优点，可用于流程跟踪和维修跟踪等交互式业务。

基本的射频识别系统由三个部分组成，如图 2-1 所示，一是读写器，又称阅读器，是用于读取(有时还可以写入)标签信息的设备，可设计为手持式或固定式；二是电子标签(或称射频卡、应答器等，本文统称为电子标签)，由耦合元件及芯片组成，每个标签具有唯一的电子编码,附着在物体上标识目标对象;三是天线,天线分为电子标签天线和读写器天线两大类,分别承担接收能量和发射能量的作用。RFID 系统在具体的应用过程中,根据不同的应用目的和应用环境,系统的组成会有所不同,但从 RFID 系统的工作原理来看,系统一般都由信号发射机、信号接收机、发射接收天线几部分组成。

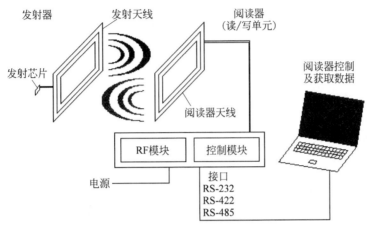

图 2-1　射频识别系统的组成示意图

图 2-1 中,读写器通过发射天线发送特定频率的射频信号,当电子标签进入有效工作区域时产生感应电流,从而获得能量被激活,使得电子标签将自身编码信息通过内置天线发射出去;读写器的接收天线接收到从标签发送来的调制信号,经天线的调制器传送到读写器信号处理模块,经解调和解码后将有效信息送到后台主机系统进行相关处理;主机系统根据逻辑运算识别该标签的身份,针对不同的设定做出相应的处理和控制,最终发出信号控制读写器完成不同的读写操作。

从电子标签到读写器之间的通信和能量感应方式来看,RFID 系统一般可以分为电感耦合(磁耦合)系统和电磁反向散射耦合(电磁场耦合)系统。电感耦合系统是通过空间高频交变磁场实现耦合,依据的是电磁感应定律;电磁反向散射耦合,即雷达原理模型,发射出去的电磁波碰到目标后反射,同时携带回目标信息,依据的是电磁波的空间传播规律。

下面以如图 2-2 所示的这种典型的 RFID 系统为例,介绍 RFID 系统的基本组成及各功能部件的作用和原理。

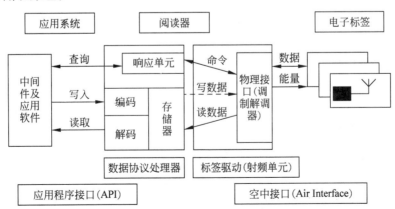

图 2-2　典型的 RFID 系统

1. 阅读器

阅读器(Reader)又称读写器,主要负责与电子标签的双向通信,同时接收来自主机系统的控制指令。阅读器的频率决定了 RFID 系统工作的频段,其功率决定了射频识别的有效距离。阅读器根据使用的结构和技术不同可以是读或读/写装置,它是 RFID 系统的信息控制和处理中心。阅读器通常由射频接口、逻辑控制单元和天线三部分组成,如图 2-3 所示。

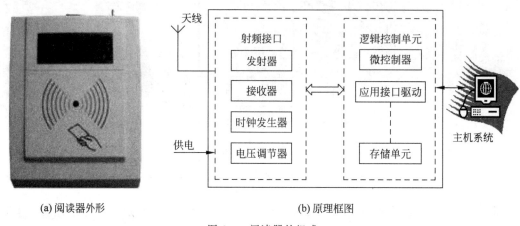

(a)阅读器外形　　　　　　　　　　　　(b)原理框图

图 2-3　阅读器的组成

1) 射频接口

射频接口模块实现的任务主要有以下两项。

(1) 第一项是实现将读写器与发往射频标签的命令调制(装载)到射频信号(也称为读写器/射频标签的射频工作频率)上,经由发射天线发送出去。发送出去的射频信号(可能包含传向标签的命令信息)经过空间传送(照射)到射频标签上,射频标签对照射到其上的射频信号做出响应,形成返回读写器天线的反射回波信号。

(2) 第二项是对射频标签返回到读写器的回波信号进行必要的加工处理,并从中解调(卸载)提取出射频标签回送的数据。

2) 逻辑控制单元

逻辑控制单元也称读写模块,主要任务和功能为:

(1) 与应用系统软件进行通信,并执行从应用系统软件发送来的指令。

(2) 控制阅读器与电子标签的通信过程。

(3) 信号的编码与解码。

(4) 对阅读器和标签之间传输的数据进行加密和解密。

(5) 执行防碰撞算法。

(6) 对阅读器和标签的身份进行验证。

3) 天线

天线是一种能将接收到的电磁波转换为电流信号,或者将电流信号转换成电磁波发射出去的装置。在 RFID 系统中,阅读器必须通过天线来发射能量,形成电磁场,通过电磁场对电子标签进行识别。因此,阅读器天线所形成的电磁场范围即为阅读器的可读区域。

对于近距离 RFID 应用,天线一般和读写器集成在一起;对于远距离 RFID 系统,天线和读写器一般采取分离式结构,通过阻抗匹配的同轴电缆连接。一般来说,方向性天线由于具有较小的回波损耗,比较适合标签应用;由于标签放置方向不可控,读写器天线一般采用圆极化方式。读写器天线要求低剖面、小型化以及多频段覆盖。对于分离式读写器,还将涉及天线阵的设计问题,例如智能波束扫描天线阵,读写器可以按照一定的处理顺序,"智能"地打开和关闭不同的天线,使系统能够感知不同天线覆盖区域的标签,增大系统覆盖范围。

4) 工作频率

RFID 读写器发送的频率称为 RFID 系统的工作频率或载波频率。RFID 载波频率基本上有三个范围:低频(30～300kHz)、高频(3～30MHz)和超高频(300MHz～3GHz)。常见的工作频率有低频 125kHz 与 134.2kHz,高频 13.56MHz,超高频 433MHz、860～930MHz、2.45GHz 等。低频系统主要用于短距离、低成本的应用中,如多数的门禁控制、校园卡、煤气表、水表等;高频系统用于需传送大量数据的应用系统;超高频系统应用于需要较长的读写距离和高读写速度的场合,其天线波束方向较窄且价格较高,在火车监控、高速公路收费等系统中应用。

低频频段能量相对较低,数据传输率较小,无线覆盖范围受限。为扩大无线覆盖范围,必须扩大标签天线尺寸。尽管低频无线覆盖范围比高频无线覆盖范围小,但天线的方向性不强,具有相对较强的绕开障碍物能力。低频频段可采用一两个天线,以实现无线作用范围的全区域覆盖。此外,低频段电子标签的成本相对较低,且具有卡状、环状、纽扣状等多种形状。

高频频段能量相对较高,适合长距离应用。低频功率损耗与传播距离的立方成正比,而高频功率损耗与传播距离的平方成正比。由于高频以波束的方式传播,故可用于智能标签定位。其缺点是容易被障碍物所阻挡,易受反射和人体扰动等因素影响,不易实现无线作用范围的全区域覆盖。高频频段的数据传输率相对较高,且通信质量较好。

超高频系统被用于各种各样的供应链管理应用中。超高频射频识别的范围和规定为:全球 860～960MHz,美国 902～928MHz,欧洲 868MHz,日本 950MHz。表 2-1 为 RFID 频段特性表。

表 2-1　RFID 频段特性表

频　段	频率范围	作用距离	穿透能力
低频(LF)	125～134kHz	45cm	能穿透大部分物体
高频(HF)	13.553～13.567MHz	1～3m	勉强能穿透金属和液体
超高频(UHF)	400～1000MHz	3～9m	穿透能力较弱
微波(Microwave)	2.45GHz	3m	穿透能力最弱

实际的 RFID 系统中,不同的频段其所采用的调制编码方式、天线类型也有很大的不同。低频 RFID 系统所采用的通信方式如图 2-4 所示。

中频 RFID 系统所采用的通信方式如图 2-5 所示。

UHF 频段 RFID 系统所采用的通信方式如图 2-6 所示。

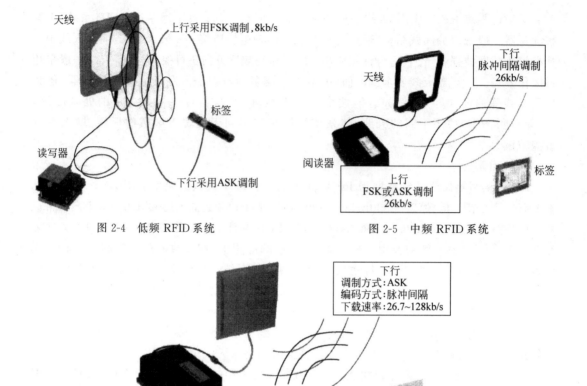

图 2-4　低频 RFID 系统

图 2-5　中频 RFID 系统

图 2-6　UHF RFID 系统

2. 电子标签

电子标签(Electronic Tag)也称为智能标签(Smart Tag),是由 IC 芯片和无线通信天线组成的超微型的小标签,其内置的射频天线用于和阅读器进行通信。电子标签是 RFID 系统中真正的数据载体。系统工作时,阅读器发出查询(能量)信号,标签(无源)在收到查询(能量)信号后将其一部分整流为直流电源供电子标签内的电路工作,一部分能量信号被电子标签内保存的数据信息调制后反射回阅读器,如图 2-7 所示。

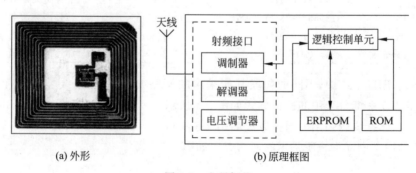

(a) 外形　　　　　　(b) 原理框图

图 2-7　电子标签

电子标签内部各模块的功能如下。

(1) 天线：用来接收由阅读器送来的信号，并把要求的数据传送回给阅读器。受应用场合的限制，RFID 标签通常需要贴在不同类型、不同形状的物体表面，甚至需要嵌入物体内部。RFID 标签在要求低成本的同时，还要求有高的可靠性。

(2) 电压调节器：把由阅读器送来的射频信号转换为直流电源，并经大电容存储能量，再通过稳压电路以提供稳定的电源。

(3) 调制器：逻辑控制电路送出的数据经调制电路调制后加载到天线返给阅读器。

(4) 解调器：去除载波，取出调制信号。

(5) 逻辑控制单元：译码阅读器送来的信号，并依据要求返回数据给阅读器。

(6) 存储单元：包括 ERPROM 和 ROM，作为系统运行及存放识别数据。

电子标签有以下两种分类方式。

依据电子标签供电方式的不同，RFID 分为被动标签(Passive tags)和主动标签(Active tags)两种。主动标签自身带有电池供电，读/写距离较远同时体积较大，与被动标签相比成本更高，也称为有源标签。被动标签由阅读器产生的磁场中获得工作所需的能量，成本很低并具有很长的使用寿命，比主动标签更小、更轻，读写距离较小，也称为无源标签。有源标签采用电池供电，工作时与阅读器的距离可以达到 10m 以上，但成本较高，应用较少；目前实际应用中多采用无源标签，依靠从阅读器发射的电磁场中提取能量来供电，工作时与阅读器的距离在 1m 左右。

依据电子标签使用频率的不同，可以分为低频标签、中高频标签、超高频与微波标签。低频标签(125～135kHz)主要用在短距离、低成本的应用中。低频标签的典型应用有动物识别、容器识别、工具识别、电子闭锁防盗(带有内置电子标签的汽车钥匙)等。中高频段射频标签的工作频率一般为 3～30MHz，典型工作频率为 13.56MHz。该频段的射频标签，从射频识别应用角度来说，其工作原理与低频标签完全相同，即采用电感耦合方式工作，阅读距离一般情况下也小于 1m。中频标签可以方便地制作成卡状，典型应用包括电子车票、电子身份证、电子闭锁防盗(电子遥控门锁控制器)等。超高频与微波频段的射频标签简称为微波射频标签，其典型工作频率为 433.92MHz、862(902)～928MHz、2.45GHz、5.8GHz。

3. 应用系统

应用系统包括中间件及应用软件，中间件是一种独立的系统软件或服务程序。分布式应用软件借助这种软件在不同的技术之间共享资源，如图 2-8 所示。中间件位于客户机、服务器的操作系统之上，管理计算机资源和网络通信。

中间件的主要任务和功能：

1) 阅读器协调控制

终端用户可以通过 RFID 中间件接口直接配置、监控以及发送指令给阅读器。一些 RFID 中间件开发商还提供了支持阅读器即插即用的功能，使终端用户新添加不同类型的阅读器时不需要增加额外的程序代码。

2) 数据过滤与处理

当标签信息传输发生错误或有冗余数据产生时，RFID 中间件可以通过一定的算法纠正错误并过滤掉冗余数据。RFID 中间件可以避免不同的阅读器读取同一电子标签的碰撞，确保了阅读的准确性。

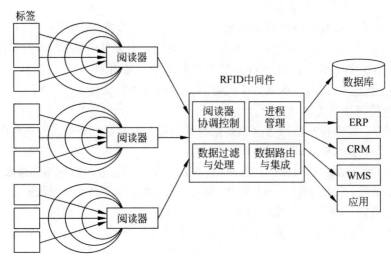

图 2-8　中间件的组成及主要作用

3）数据路由与集成

RFID 中间件能够决定将采集到的数据传递给哪一个应用。RFID 中间件可以与企业现有的企业资源计划（ERP）、客户关系管理（CRM）、仓储管理系统（WMS）等软件集成在一起,为它们提供数据的路由和集成,同时中间件可以保存数据,分批地给各个应用提交数据。

4）进程管理

RFID 中间件根据客户定制的任务负责数据的监控与事件的触发。如在仓储管理中,设置中间件来监控货品库存的数量,当库存低于设置的标准时,RFID 中间件会触发事件,通知相应的应用软件。

2.1.2　条形码

条形码在日常生活中随处可见,如书的背面、包装盒表面、香烟盒上、衣服标签上、酒瓶上等。此外,它还广泛用于通行控制、资产跟踪、图书馆和档案馆的图书和文件编目、文件管理、危险废弃物跟踪、包装跟踪以及车辆控制和识别。条形码是一种信息的图形化表示方法,可以把信息制作成条形码,然后用条码阅读机扫描得到一组反射光信号,此信号经过光电转换后变为一组与线条、空白相对应的电子信号,经解码后还原为相应的文字、数字,再传入计算机。条形码与条形码阅读器如图 2-9 所示。条形码分为一维条码和二维条码,下面分别介绍。

1.　一维条形码

一维条形码或称条码（barcode）是将宽度不等的多个黑条和空白,按一定的编码规则排列,用以表达一组信息的图形标识符。条形码可以标出物品的生产国、制造厂家、商品名称、生产日期以及图书分类号、邮件起止地点、类别、日期等信息,因此在商品流通、图书管理、邮政管理、银行系统等很多领域得到了广泛的应用。

图 2-9 条形码与条形码阅读器

一维条形码的常见码制有 EAN 码、39 码、交叉 25 码、UPC 码、128 码、93 码等。一维条形码的特点如下。

(1) 数据容量较小,仅能表示 30 个字符左右,只能包含字母和数字,并且条码尺寸相对较大(空间利用率较低),条码遭到损坏后便不能阅读。

(2) 可以识别商品的基本信息,如商品名称、价格等,但并不能提供商品更详细的信息,要调用更多的信息,需要计算机数据库的进一步配合。

(3) 几乎不可能用来表示汉字或图像信息,这在某些应用汉字的场合很不方便。

2. 二维条形码

通常一维条形码所能表示的字符集不过 10 个数字、26 个英文字母及一些特殊字符,条形码字符集最大所能表示的字符个数为 128 个 ASCII 字符,信息量非常有限,因此二维条形码诞生了。二维条形码就是将一维条形码存储信息的方式扩展到二维空间上,从而存储更多的信息,从一维条形码对物品的"标识"转为二维条形码对物品的"描述"。如图 2-10 所示是常见的二维条形码。

图 2-10 常见的二维条形码

二维条形码是在二维空间水平和竖直方向存储信息的条形码。它的优点是信息容量大,译码可靠性高,纠错能力强,制作成本低,保密与防伪性能好。

二维条形码使用固定宽度印刷的"蜂窝"或"特征"来代表 0 或 1。由于没有边缘界限,因此它能够在印刷和识读方面给予更大的包容度。二维条形码是一种电子文件,以图形作为载体,可以印刷(或打印)在任何介质上。这是二维条形码相比于以往任何便携式电子文件(如 IC 卡、磁卡等)的优越之处。

以常用的二维条形码 PDF417 码为例,可以表示字母、数字、ASCII 字符与二进制数;该编码可以表示 1850 个字符/数字、1108 字节的二进制数和 2710 个压缩的数字;PDF417码还具有纠错能力,即使条形码的某个部分遭到一定程度的损坏,也可以通过存在于其他位置的纠错码将损失的信息还原出来。

2009 年 12 月 10 日,我国铁道部对火车票进行了升级改版。新版火车票明显的变化是车票下方的一维条形码变成二维防伪条形码,火车票的防伪能力增强。进站口检票时,检票人员通过二维条形码识读设备对车票上的二维条形码进行识读,系统自动辨别车票的真伪并将相应信息存入系统中。下面给出了我国使用的一维条形码与二维条形码火车票的比较,如图 2-11 所示。

图 2-11　一维条形码与二维条形码的比较

作为一种比较廉价实用的技术,一维条形码和二维条形码在今后一段时间还会在各个行业中得到一定的应用。然而,条形码表示的信息依然很有限,而且在使用过程中需要用扫描器以一定的方向近距离地进行扫描,这对于未来物联网中动态、快读、大数据量以及有一定距离要求的数据采集、自动身份识别等有很大的限制,因此需要采用基于无线技术的射频标签(RFID)。

2.1.3　磁卡

磁卡(magnetic card)是一种卡片状的磁性记录介质,利用磁性载体记录字符与数字信息,用来识别身份或其他用途,如图 2-12 所示。

图 2-12　磁卡和读卡设备

根据使用基材的不同,磁卡可分为 PET 卡、PVC 卡和纸卡三种。

根据磁层构造的不同,磁卡可分为磁条卡和全涂磁卡两种。

　　磁卡使用方便,造价便宜,用途极为广泛,可用于制作信用卡、银行卡、地铁卡、公交卡、门票卡、电话卡、电子游戏卡、车票、机票以及各种交通收费卡等。今天在许多场合都会用到磁卡,如在食堂就餐、在商场购物、乘公共汽车、打电话、进入管制区域等不一而足。

　　磁卡由高强度、耐高温的塑料或纸质涂覆塑料制成,能防潮、耐磨且有一定的柔韧性,携带方便,使用较为稳定可靠。通常,磁卡的一面印刷有说明提示性信息,如插卡方向;另一面则有磁层或磁条,具有两三个磁道以记录有关信息数据。

　　磁卡中的信息通过刷卡器(也称磁卡读写器)读写,刷卡器的记录磁头由内有空隙的环形铁芯和绕在铁芯上的线圈构成。

　　磁卡是由一定材料的片基和均匀地涂布在片基上面的微粒磁性材料制成的。在记录时,磁卡的磁性面以一定的速度移动,或记录磁头以一定的速度移动,使记录磁头的空隙和磁性面相接触。磁头的线圈一旦通上电流,空隙处就产生与电流成比例的磁场,于是磁卡与空隙接触部分的磁性体就被磁化。如果记录信号电流随时间而变化,则当磁卡上的磁性体通过空隙时(因为磁卡或磁头是移动的),便随着电流的变化而不同程度地被磁化。磁卡被磁化之后,离开空隙的磁卡磁性层就留下相应于电流变化的剩磁。记录信号就以正弦变化的剩磁形式记录,存储在磁卡上。

2.1.4　IC 卡

　　IC 卡是集成电路卡(Integrated Circuit Card)的英文简称,在有些国家也称之为智能卡、微芯片卡等,如图 2-13 所示。它是通过在集成电路芯片上写的数据来进行识别的。IC卡与 IC 卡读写器,以及后台计算机管理系统组成了 IC 卡应用系统。

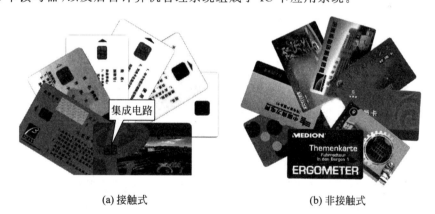

(a) 接触式　　　　　　　　　　　(b) 非接触式

图 2-13　IC 卡

　　IC 卡由 PVC 或耐高温材料、层压线圈及芯片组成。IC 卡封装芯片 S70,可胶印、个性化处理图片、丝片、喷码、防尘、防水、抗震动。

　　IC 卡分为接触式 IC 卡和非接触式 IC 卡两种。

　　接触式 IC 卡,就是在使用时,通过有形的金属电极触点将卡的集成电路与外部接口设备直接接触连接,提供集成电路工作的电源并进行数据交换的 IC 卡。

　　非接触式 IC 卡代表了 IC 卡发展的方向,同接触式 IC 卡相比其独有的优点使其能够在绝大多数场合代替接触式 IC 卡的使用,而在非接触式 IC 卡应用系统中非接触式 IC 卡读卡器是关键设备。

非接触式 IC 卡又称射频卡,是近几年发展起来的一项新技术,IC 卡在卡片靠近读卡器表面时即可完成卡中的数据的读写操作,它成功地将射频识别技术和 IC 卡技术结合起来,IC 卡解决了无源(IC 卡中无电源)和免接触这两个难题,是电子器件领域的一大突破。与接触式 IC 卡相比较,非接触式 IC 卡具有以下优点。

1. 可靠性高

非接触式 IC 卡与读写器之间无机械接触,避免了由于接触读写而产生的各种故障,例如,由于粗暴插卡,外物插入,灰尘或油污导致接触不良等原因造成的故障。此外,非接触式 IC 卡表面无裸露的芯片,无须担心脱落、静电击穿、弯曲、损坏等问题,既便于卡片的印刷,又提高了卡片使用的可能性。

2. 操作方便快捷

由于使用 IC 卡射频通信技术,读写器在 10cm 范围内就可以对 IC 卡进行读写,没有插拔卡的动作。非接触式 IC 卡使用时没有方向性,IC 卡可以任意方向掠过读写器表面,读写时间不大于 0.1s,大大提高了每次使用的速度。

3. 安全性好

非接触式 IC 卡的序列号是唯一的,制造厂家在产品出厂前已将此序列号固化,不可更改。没有任何两张卡的序列号会相同。非接触式 IC 卡与读写器之间采用双向验证机制,即读写器验证卡的合法性,同时 IC 卡也验证读写器的合法性。非接触式 IC 卡在操作前要与读写器进行三次相互认证,而且在通信过程中所有数据被加密。IC 卡中各个扇区都有自己的操作密码和访问条件。

2.2 传感器技术

传感技术是物联网的基础技术之一,是自动检测和自动转换技术的总称,处于物联网构架的感知层。作为构成物联网的基础单元,传感器在物联网信息采集层面能否完成它的使命,成为物联网成败的关键。传感技术与现代化生产和科学技术的紧密相关,使传感技术成为一门十分活跃的技术学科,几乎渗透到人类活动的各种领域,发挥着越来越重要的作用。

传感器是一种能把特定的被测信号,按一定规律转换成某种"可用信号"输出的器件或装置,通常由敏感元件和转换元件组成。所以,传感器又经常称为变换器、转换器、检测器、敏感元件、换能器等。顾名思义,传感器的功能包括感和传,即感受被测信息,并传送出去。根据传感器的功能要求,它一般应由三部分组成,即敏感元件、转换元件、转换电路。

传感器根据不同的标准可以分成不同的类别。

按照工作机理,可分为物理传感器、化学传感器和生物传感器。物理传感器是利用物质的物理现象和效应感知并检测出待测对象信息的器件,化学传感器是利用化学反应识别和检测信息的器件,生物传感器是利用生物化学反应的器件。由固定生物体材料和适当转换器件组合成的系统,与化学传感器有密切关系。

按照能量转换,可分为能量转换型传感器和能量控制型传感器。能量转换型传感器主要由能量变换元件构成,不需要外加电源,基于物理效应产生信息,如热敏电阻、光敏电阻等。能量控制型传感器是在信息变换过程中,需要外加电源供给,如霍尔传感器、电容传感器。按传感器使用材料,可分为半导体传感器、陶瓷传感器、复合材料传感器、金属材料传感器、高分子材料传感器、超导材料传感器、光纤材料传感器、纳米材料传感器等。

按照被测量参量,可分为机械量参量(如位移传感器和速度传感器)、热工参量(如温度传感器和压力传感器)、物性参量(如 PH 传感器和氧含量传感器)。

按传感器输出信号,可分为模拟传感器和数字传感器。数字传感器直接输出数字量,不需使用 A/D 转换器,就可与计算机联机,提高系统可靠性和精确度,具有抗干扰能力强、适宜远距离传输等优点,是传感器发展方向之一。这类传感器目前有振弦式传感器和光栅传感器等。

近年来,信息科学和半导体微电子技术的不断发展,使传感器与微处理器、微机有机地结合,传感器的概念又得到了进一步的扩充。例如微型传感器可以用来测量各种物理量、化学量和生物量,如位移、速度/加速度、压力、应力、应变、声、光、电、磁、热、PH 值、离子浓度及生物分子浓度等,已经对大量不同应用领域,如航空、远距离探测、医疗及工业自动化等领域的信号探测系统产生了深远影响。智能传感器是集信息检测和信息处理于一体的多功能传感器,如智能变送器、二维加速度传感器、一些含有微处理器(MCU)的单片集成压力传感器、具有多维检测能力的智能传感器和固体图像传感器(SSIS)等相继面世。与此同时,基于模糊理论的新型智能传感器和神经网络技术在智能化传感器系统的研究和发展中的重要作用也日益受到了相关研究人员的重视。与此同时在半导体材料的基础上,运用微电子加工技术发展起各种门类的敏感元件,如固态敏感元件,包括光敏元件、力敏元件、热敏元件、磁敏元件、压敏元件、气敏元件、物敏元件等。随着光通信技术的发展,近年来利用光纤的传输特性已研究开发出不少光纤传感器。

2.2.1　温度传感器

在人们的日常生活、生产和科研中,温度的测量都占有重要的地位。温度是表征物体冷热程度的物理量。温度传感器可用于家电产品中的电冰箱、空调、微波炉等;还可用在汽车发动机的控制中,如测定水温、吸气温度等;也广泛用于检测化工厂的溶液和气体的温度。

温度传感器有多种类型。根据敏感元件与被测介质接触与否,可分为接触式和非接触式两大类;按照传感器材料及电子元器件特性,可分为热电阻和热电偶两类。在选择温度传感器时,应考虑诸多因素,如被测对象的湿度范围、传感器的灵敏度、精度和噪声、响应速度、使用环境、价格等。

常见的温度传感器有热电阻传感器、热敏电阻传感器、集成(半导体)温度传感器,以及热电偶传感器等。

1. 热电阻传感器

热电阻传感器是利用导体的电阻值随温度变化而变化的原理进行测温的。热电阻广泛用来测量$-200\sim850℃$的温度,少数情况下,低温可测量至$-273℃$,高温达$1000℃$。标准铂电阻温度计的精确度高,是复现国际温标的标准仪器。热电阻传感器由热电阻、连接导线及显示仪表组成,如图 2-14 所示,热电阻也可以与温度变送器连接,将温度转换为标准电流信号输出。

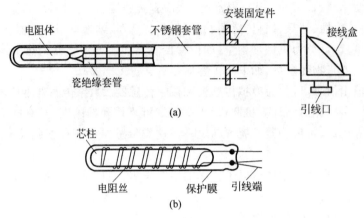

图 2-14　热电阻传感器组成

一般电阻丝采用双线并绕法绕制在具有一定形状的云母、石英或陶瓷塑料支架上,支架起支撑和绝缘作用。

工业用热电阻安装的生产现场环境复杂,所以对用于制造热电阻材料有一定的要求,用于制造热电阻的材料应具有尽可能大和稳定的电阻温度系数和电阻率,输出最好呈线性,物理化学性能稳定,复线性好。目前最常用的热电阻有铂热电阻和铜热电阻。

1) 铂热电阻

铂热电阻的特点是精度高、稳定性好、性能可靠,所以在温度传感器中得到了广泛应用。按 IEC 标准,铂热电阻的使用温度范围为$-200\sim850℃$。

目前我国规定工业用铂热电阻有 $R_0=10\Omega$ 和 $R_0=100\Omega$ 两种,它们的分度号分别为 Pt10 和 Pt100,其中以 Pt100 为常用。铂热电阻不同分度号也有相应分度表,即 R_{t-t} 的关系表,这样在实际测量中,只要测得热电阻的阻值 R_t,便可从分度表上查出对应的温度值。

2) 铜热电阻

在一些测量精度要求不高且温度较低的场合,可采用铜热电阻进行测温,它的测量范围为$-50\sim150℃$。铜热电阻在测量范围内其电阻值与温度的关系几乎是线性的。

铜热电阻的电阻温度系数较大、线性好、价格便宜。

其缺点是电阻率较低,电阻体的体积较大,热惯性较大,稳定性较差,在 100℃ 以上时容易氧化,因此只能用于低温及没有侵蚀性的介质中。

用热电阻传感器进行测温时,测量电路经常采用电桥电路。热电阻与检测仪表相隔一段距离,因此热电阻的引线对测量结果有较大的影响。

2. 热敏电阻传感器

热敏电阻是利用半导体(某些金属氧化物如 NiO、MnO_2、CuO、TiO_2)的电阻值随温度显著变化这一特性制成的一种热敏元件,其特点是电阻率随温度而显著变化。一般测温范

围为 $-50\sim+300℃$。各种热敏电阻如图 2-15 所示。

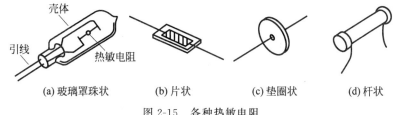

图 2-15　各种热敏电阻

1）热敏电阻的电阻-温度特性

大多数呈负温度系数。热敏电阻在不同值时的电阻-温度特性是,温度越高,阻值越小,且有明显的非线性。NTC 热敏电阻具有很高的负电阻温度系数,特别适用于 $-100\sim+300℃$ 测温。

PTC 热敏电阻的阻值随温度升高而增大,且有斜率最大的区域,当温度超过某一数值时,其电阻值朝正的方向快速变化。其用途主要是彩电消磁、各种电器设备的过热保护等。

CTR 也具有负温度系数,但在某个温度范围内电阻值急剧下降,曲线斜率在此区段特别陡,灵敏度极高,主要用作温度开关。

各种热敏电阻的阻值在常温下很大,不必采用三线制或四线制接法,给使用带来方便。

2）热敏电阻的应用

如图 2-16 所示为温度自动控制电路。该电路由降压整流滤波电源电路和温度控制电路两部分组成。其中温度控制电路由 NE555 和 R_1、$R_2\sim R_4$、W_1、W_2 等组成,且 R_1 为一个负温度系数的热敏电阻（3kΩ）,W_1 为温度下限预置调节,W_2 为温度上限预置调节,且通过调节 W_1、W_2 使 NE555②脚、⑥脚分别置于 $1/3V_{CC}$、$2/3V_{CC}$ 附近。

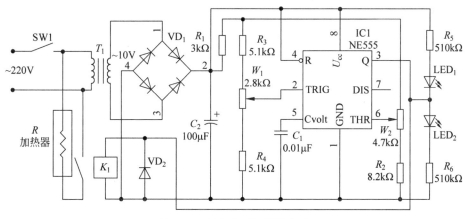

图 2-16　温度自动控制器电路

当温度低于下限温度时,R_1 的阻值变大,从而使 NE555②脚电位低于 $1/3V_{CC}$,相应 NE555 置位,③脚输出高电平,使发光二极管 LED2 点亮,继电器 K_1 吸合,触点 K_1 接通加热器电源对其进行加热。当温度升到上限温度时,R_1 的阻值变小,使 NE555⑥脚电位大于 $2/3V_{CC}$,且②脚的电位必然大于 $1/3V_{CC}$,相应 NE555 复位,③脚输出低电平,发光二极管 LED1 点亮,继电器 K_1 释放,触点 K_1 断开加热器的电源,停止加热。

3. 集成(半导体)温度传感器

美国 Dallas 半导体公司的数字化温度传感器 DS1820 是世界上第一片支持"一线总线"接口的温度传感器,在其内部使用了在板(ON-BOARD)专利技术。全部传感元件及转换电路集成在形如一只三极管的集成电路内。一线总线独特而且经济的特点,使用户可轻松地组建传感器网络,为测量系统的构建引入全新概念。

DS1820 的精度为±2℃。现场温度直接以"一线总线"的数字方式传输,大大提高了系统的抗干扰性,适合于恶劣环境的现场温度测量,如环境控制、设备或过程控制、测温类消费电子产品等。在传统的模拟信号远距离温度测量系统中,需要很好地解决引线误差补偿问题、多点测量切换误差问题和放大电路零点漂移误差问题等技术问题,才能够达到较高的测量精度。另外,一般监控现场的电磁环境都非常恶劣,各种干扰信号较强,模拟温度信号容易受到干扰而产生测量误差,影响测量精度。因此,在温度测量系统中,采用抗干扰能力强的新型数字温度传感器是解决这些问题的最有效方案。

图 2-17　DS18B20

同 DS1820 一样,现在,新一代的 DS18B20 体积更小、更经济、更灵活。DS18B20 也支持"一线总线"接口,测量温度范围为−55～+125℃,在−10～+85℃,精度为±0.5℃。与前一代产品不同,新的产品支持 3～5.5V 的电压范围,使系统设计更灵活、方便。而且新一代产品更便宜,体积更小。

1) DS18B20 的外形和内部结构

DS18B20 的外形及管脚排列如图 2-17 所示。DS18B20 内部结构主要由 4 部分组成,即 64 位光刻 ROM、温度传感器、非挥发的温度报警触发器 TH 和 TL 以及配置寄存器,如图 2-18 所示。

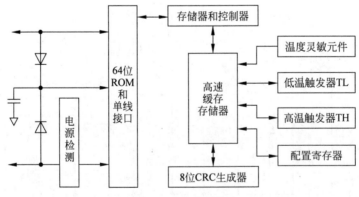

图 2-18　内部结构

DS18B20 引脚定义:①DQ 为数字信号输入/输出端;②GND 为电源地;③VDD 为外接供电电源输入端(在寄生电源接线方式时接地)。

2) DS18B20 的主要特性

(1) 适应电压范围更宽,电压范围为 3.0～5.5V,在寄生电源方式下可由数据线供电。

(2) 温度范围为−55～+125℃,在−10～+85℃时精度为±0.5℃。

(3) 独特的单线接口方式,DS18B20 在与微处理器连接时仅需要一条总线即可实现微处理器与 DS18B20 的双向通信。

（4）测量结果直接输出数字温度信号，以"一线总线"串行传送给 CPU，同时可传送 CRC 校验码，具有极强的抗干扰纠错能力。

（5）可编程的分辨率为 9～12 位，对应的可分辨温度分别为 0.5℃、0.25℃、0.125℃ 和 0.0625℃，可实现高精度测温。

（6）在 9 位分辨率时最多在 93.75ms 内把温度转换为数字，12 位分辨率时最多在 750ms 内把温度值转换为数字，速度更快。

（7）DS18B20 支持多点组网功能，多个 DS18B20 可以并联在唯一的三线上，实现组网多点测温。

（8）负压特性：电源极性接反时，芯片不会因发热而烧毁，但不能正常工作。

（9）DS18B20 在使用中不需要任何外围元件，全部传感元件及转换电路集成在形如一只三极管的集成电路内。

3）使用注意事项

DS18B20 虽然具有测温系统简单，测温精度高，连接方便，占用总线少等优点，但在实际应用中也应注意以下几方面的问题。

（1）较小的硬件开销需要相对复杂的软件进行补偿，由于 DS18B20 与微处理器间采用串行数据传送，因此，在对 DS18B20 进行读写编程时，必须严格保证读写时序，否则将无法读取测温结果。在使用 PL/M、C 等高级语言进行系统程序设计时，对 DS18B20 操作部分最好采用汇编语言实现。

（2）在 DS18B20 的有关资料中均未提及单总线上所挂 DS18B20 数量问题，容易使人误认为可以挂任意多个 DS18B20，在实际应用中并非如此。当单总线上所挂 DS18B20 超过 8 个时，就需要解决微处理器的总线驱动问题，这一点在进行多点测温系统设计时要加以注意。

（3）连接 DS18B20 的总线电缆是有长度限制的。试验中，当采用普通信号电缆且传输长度超过 50m 时，读取的测温数据将发生错误。当将总线电缆改为双绞线带屏蔽电缆时，正常通信距离可达 150m，当采用每米绞合次数更多的双绞线带屏蔽电缆时，正常通信距离进一步加长。这种情况主要是由总线分布电容使信号波形产生畸变造成的。因此，在用 DS18B20 进行长距离测温系统设计时要充分考虑总线分布电容和阻抗匹配问题。

（4）在 DS18B20 测温程序设计中，向 DS18B20 发出温度转换命令后，程序总要等待 DS18B20 的返回信号，一旦某个 DS18B20 接触不好或断线，当程序读该 DS18B20 时，将没有返回信号，程序进入死循环。这一点在进行 DS18B20 硬件连接和软件设计时也要给予一定的重视。

测温电缆线建议采用屏蔽 4 芯双绞线，其中一对线接地线与信号线，另一组接 V_{CC} 和地线，屏蔽层在源端单点接。

4. 热电偶温度传感器

热电偶（thermocouple）是温度测量仪表中常用的测温元件，它直接测量温度，并把温度信号转换成热电动势信号，通过电气仪表（二次仪表）转换成被测介质的温度。

1）基本原理

热电偶测温的基本原理是两种不同成分的材质导体组成闭合回路，如图 2-19 所示，当两端存在温度梯度时,回路中就会有电流通过,此时两端之间就存在电动势——热电动势,这就是塞贝克效应(Seebeck effect),也称热电效应。两种不同成分的均质导体为热电极,温度较高的一端为工作端,温度较低的一端为自由端,自由端通常处于某个恒定的温度下。根据热电动势与温度的函数关系,制成热电偶分度表;分度表是自由端温度在 0℃时的条件下得到的,不同的热电偶具有不同的分度表。

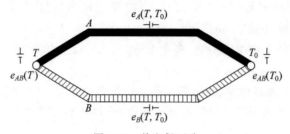

图 2-19 热电偶回路

图中,$e_{AB}(T)$ 和 $e_{AB}(T_0)$ 表示接触电动势;$e_A(T,T_0)$ 和 $e_B(T,T_0)$ 表示温差电动势。

(1) 影响因素取决于材料和接点温度,与形状、尺寸等无关。

(2) 两热电极相同时,总电动势为 0。

(3) 两接点温度相同时,总电动势为 0。

对于已选定的热电偶,当参考端温度 T_0 恒定时,$e_{AB}(T_0)=C$ 为常数,则总的热电动势就只与温度 T 成单值函数关系,即

$$E_{AB}(t,t_0)=f(t)-f(t_0)=f(t)-C=\varphi(t)$$

为了适应不同生产对象的测温要求和条件,热电偶的结构形式有普通型热电偶、特殊热电偶——铠装型热电偶、薄膜热电偶等。如图 2-20～图 2-22 所示为常见电偶形式。

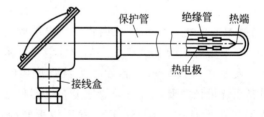

图 2-20 普通型热电偶

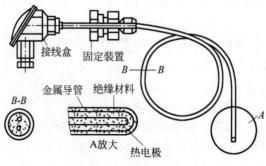

图 2-21 铠装型热电偶

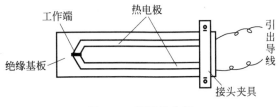

图 2-22 薄膜热电偶

铠装型热电偶测温端热容量小,动态响应快,机械强度高,挠性好,可安装在结构复杂的装置上。

薄膜热电偶的热接点可以做得很小(μm),具有热容量小、反应速度快(μs)等特点,适用于微小面积上的表面温度以及快速变化的动态温度测量。

2)热电偶的应用举例

如图 2-23 所示为热电偶测量放大电路。

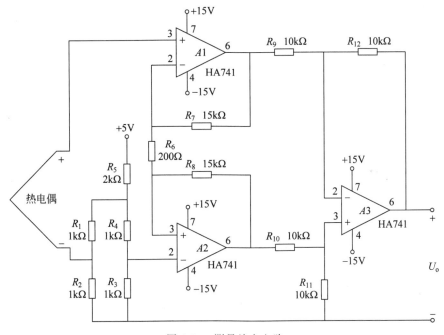

图 2-23 测量放大电路

运算放大器 $A1$、$A2$ 连接成对称的同相比例放大器,构成了差动放大,仅对差模信号有放大作用,差模增益为∞,运算放大器 $A3$ 与电阻组成一个减法电路,构成差分放大器,其增益近似为 1。

经过测量放大器放大后的电压信号,其电压范围为 0~5V,此信号为模拟信号,必须进行 A/D 转换。在实际电路中,可采用廉价的双积分式 12 位 A/D 转换器 ICL7109,如图 2-24 所示。

ICL7109 内部有一个 14 位(12 位数据、1 位极性和 1 位溢出)锁存器和一个 14 位三态输出寄存器,同时可以很方便地与各种微处理器直接连接,而无须外部加额外的锁存器。ICL7109 有两种接口方式,一种是直接接口,另一种是挂钩接口。在直接接口方式中,当

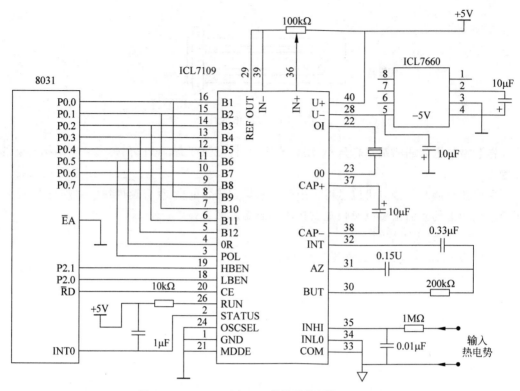

图 2-24 ICL7109 与 8031 单片机的硬件接口电路

ICL7109 转换结束时,由 STATUS 发出转换结束指令到单片机,单片机对转换后的数据分高位字节和低位字节进行读数。

2.2.2 湿度传感器

随着社会的发展,湿度及对湿度的测量和控制对人们的日常生活显得越来越重要。如气象、科研、农业、暖通、纺织、机房、航空航天、电力等部门,都需要采用湿度传感器来进行测量和控制,对湿度传感器的性能指标要求也越来越高,对环境温度、湿度的控制以及对工业材料水分值的监测与分析,都已成为比较普遍的技术环境条件之一。

湿度传感器,基本形式都为利用湿敏材料对水分子的吸附能力或对水分子产生物理效应的方法测量湿度。湿敏元件是最简单的湿度传感器。湿度传感器主要包括电阻式和电容式两个类别。还有电解质离子型湿敏元件、重量型湿敏元件(利用感湿膜重量的变化来改变振荡频率)、光强型湿敏元件、声表面波湿敏元件等。

1. 电阻式湿度传感器

电阻式湿度传感器的敏感元件为湿敏电阻,其主要材料一般为电介质、半导体、多孔陶瓷、有机物及高分子聚合物。这些材料对水的吸附能力较强,其吸附水分的多少随湿度而变化。而材料的电阻率(或电导率)也随吸附水分的多少而变化。这样,湿度的变化可导致湿敏电阻阻值的变化,电阻值的变化就可转化为需要的电信号。例如氯化锂湿敏电阻,它是在绝缘基板上形成一对电极,涂上潮解性盐-氯化锂的水溶液而制成的。氯化锂的水溶液在基板上形成薄膜,随着空气中水蒸气含量的增减,薄膜吸湿脱湿,溶液中盐的浓度降低或升高,电阻率随之增大或减小,两极间电阻也就增大或减小。又如 $MgCr_2O_4$-TiO_2 多孔陶瓷湿敏电阻,它是由 $MgCr_2O_4$ 和 TiO_2 在高温下烧制而成的多孔陶瓷,陶瓷本身是由许多小晶粒构成的。其中的气孔多与外界相通,相当于毛细管,通过气孔可以吸附水分子。在晶界处水分子被化学吸附时,有羟基和氢离子形成羟基又可对水分子进行物理吸附,从而形成水的多分子层,此时形成极高的氢离子浓度。环境湿度的变化会引起离子浓度变化,从而导致两极间电阻的变化,如图 2-25(a)所示。

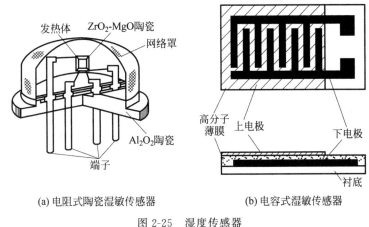

(a) 电阻式陶瓷湿敏传感器   (b) 电容式湿敏传感器

图 2-25 湿度传感器

湿敏电阻器的主要参数如下。

(1) 相对湿度是指在某一温度下,空气中所含水蒸气的实际密度与同一温度下饱和密度之比,通常用"RH"表示。例如,20%RH 表示空气相对湿度为 20%。

(2) 湿度温度系数是指在环境湿度恒定时,湿敏电阻器在温度每变化 1℃时,其湿度指示的变化量。

(3) 灵敏度是指湿敏电阻器检测湿度时的分辨率。

(4) 测湿范围是指湿敏电阻器的湿度测量范围。

(5) 湿滞效应是指湿敏电阻器在吸湿和脱湿过程中电气参数表现的滞后现象。

(6) 响应时间是指湿敏电阻器在湿度检测环境快速变化时,其电阻值的变化情况(反应速度)。

2. 电容式湿度传感器

电容式湿度传感器的敏感元件为湿敏电容,主要材料一般为高分子聚合物、金属氧化物。这些材料对水分子有较强的吸附能力,吸附水分的多少随环境湿度而变化。由于水分子有较大的电偶极矩,因此材料吸水后电容率发生变化,电容器的电容值也就发生变化。同样,把电容值的变化转变为电信号,就可以对湿度进行监测。例如,聚苯乙烯薄膜湿敏电容。通过等离子体法聚合的聚苯乙烯具有亲水性极性基团,随着环境湿度的增减,它吸湿脱湿,电容值也随之增减,从而使得到的电信号随湿度的变化而变化。

高分子电容式湿度传感器的结构如图 2-25(b)所示。它是在绝缘衬底上制作条形或梳状金属电极(Au电极),在其上面涂敷一层均匀的高分子感湿薄膜做电介质,然后在感湿膜上制作多孔浮置电极(20~50nm的Au蒸发膜),将两个电容器串联起来,焊上引线制成传感器。这种湿度传感器是利用其高分子材料的介电常数随环境的相对湿度变化的原理制成的。当传感器处于某个环境中,水分子透过网状金属电极被下面的高分子感湿膜吸附,膜中多余水分子通过上电极释放出来,使感湿膜吸水量与环境的相对湿度迅速达到平衡。

目前,国外生产集成湿度传感器的主要厂商及典型产品分别为美国 Honeywell 公司生产的 HIH-3602、HIH-3605、HIH-3610 型湿度传感器,法国 Humirel 公司生产的 HM1500、HM1520、HF3223、HTF3223 型湿度传感器和瑞士 Sensiron 公司生产的 SHT11、SHT15 型湿度传感器。

2.2.3 压力传感器

压力传感器是工业实践、仪器仪表控制中常用的一种传感器,并广泛应用于各种工业自控环境,涉及水利水电、铁路交通、生产自控、航空航天、军工、石化、油井、电力、船舶、机床、管道等众多行业。

压力传感器的种类繁多,如电阻应变片压力传感器、半导体应变片压力传感器、压阻式压力传感器、电感式压力传感器、电容式压力传感器、谐振式压力传感器及电容式加速度传感器等。但应用最为广泛的是压阻式压力传感器,它具有极低的价格、较高的精度以及较好的线性特性。

1. 电阻式压力传感器

电阻式压力传感器是将压力信号转换成电阻的变化的压力传感器。这一类型的传感器常见的有电阻应变片式压力传感器和压阻式压力传感器。

1)电阻应变式压力传感器

电阻的应变效应:导体受机械变形时,其电阻值发生变化,称为"应变效应"。

电阻应变片是一种将被测件上的应变变化转换成为一种电信号的敏感器件。它是压阻式应变传感器的主要组成部分之一。电阻应变片应用最多的是金属电阻应变片和半导体应变片两种。金属电阻应变片又有丝状应变片和金属箔状应变片两种。通常是将应变片通过特殊的黏合剂紧密地黏合在产生力学应变基体上,当基体受力发生应力变化时,电阻应变片也一起产生形变,使应变片的阻值发生改变,从而使加在电阻上的电压发生变化。这种应变片在受力时产生的阻值变化通常较小,一般这种应变片都组成应变电桥,并通过后续的仪表放大器进行放大,再传输给处理电路(通常是 A/D 转换和 CPU)或执行机构。

应变片由应变敏感元件、基片和覆盖层、引出线三部分组成,其结构如图 2-26 所示。应变敏感元件一般由金属丝、金属箔(高电阻系数材料)组成,它把机械应变转化成电阻的变化。基片和覆盖层起固定和保护敏感元件、传递应变和电气绝缘作用。

2)压阻式压力传感器

压阻效应:半导体材料在某一轴向受外力作用时,其电阻率发生变化,这一特性称为压阻效应。

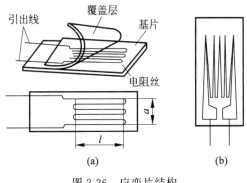

图 2-26　应变片结构

压阻式压力传感器电路如图 2-27 所示。

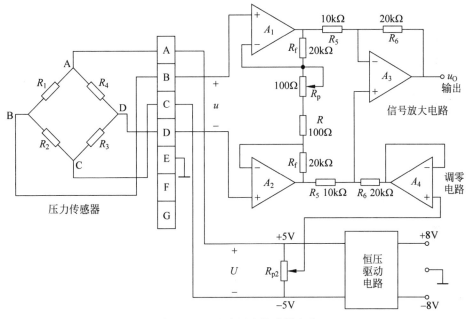

图 2-27　压阻式压力传感器电路

2. 压电式压力传感器

压电式传感器中使用的压电材料主要包括石英、酒石酸钾钠和磷酸二氢铵。其中,石英(二氧化硅)是一种天然晶体,压电效应就是在这种晶体中发现的。在一定的温度范围内,压电性质一直存在,但温度超过这个范围后,压电性质完全消失(这个高温就是所谓的"居里点")。由于随着应力的变化电场变化微小(也就说压电系数比较低),所以石英逐渐被其他的压电晶体所替代。酒石酸钾钠具有很大的压电灵敏度和压电系数,但是它只能在室温和湿度比较低的环境下才能够应用。磷酸二氢铵属于人造晶体,能够承受高温和相当高的湿度。

当某些电介质受到一定方向外力作用而变形时,其内部便会产生极化现象,在它们的上、下表面会产生符号相反的等量电荷;当外力的方向改变时,其表面产生的电荷极性也随之改变;当外力消失后又恢复不带电状态,这种现象称为压电效应。在电介质的极化方向上施加电场也将产生机械形变,这种现象称为逆压电效应(电致伸缩效应)。

压电式传感器主要应用在加速度、压力和力等的测量中。压电式加速度传感器是一种常用的加速度计,具有结构简单、体积小、重量轻、使用寿命长等优异的特点。压电式加速度传感器在飞机、汽车、船舶、桥梁和建筑的振动和冲击测量中已经得到了广泛的应用,特别是在航空和宇航领域中更有它的特殊地位;也可以用来测量发动机内部燃烧压力与真空度;还广泛应用在生物医学测量中,例如,心室导管式微音器就是由压电传感器制成的,因为测量动态压力比较普遍,所以压电传感器的应用非常广泛。

3. 电容式传感器

由绝缘介质分开的两个平行金属板组成的平板电容器,如果不考虑边缘效应,其电容量为

$$C = \frac{\varepsilon S}{d}$$

电容式传感器可分为变极距型、变面积型和变介电常数型三种。

电容式传感器具有以下特点。

1) 优点

(1) 温度稳定性好。自身发热极小,电容值与电极材料无关,有利于选择温度系数低的材料,如喷镀金或银陶瓷或石英。

(2) 结构简单,适应性强。可以制作得非常小巧,能在高温、低温、强辐射、强磁场等恶劣环境中工作。

(3) 动态响应好。可动部分可以制作得很轻、很薄,固有频率能制作得很高,动态响应好,可测量振动、瞬时压力等。

(4) 可以实现非接触测量,具有平均效应。非接触测量回转工件的偏心、振动等参数时,由于电容具有平均效应,可以减小表面粗糙度对测量的影响。

(5) 耗能低。

2) 缺点

(1) 输出阻抗高,负载能力差。电容值一般为几十到几百皮法,输出阻抗很大,易受外界的干扰,对绝缘部分的要求较高(几十兆欧以上)。

(2) 寄生电容影响大。电容传感器的初始电容值一般较小,而连接传感器的引线电缆电容(1~2m 导线可达到 800pF)、电子线路杂散电容以及周围导体的"寄生电容"却较大。这些电容一般是随机变化的,将使仪器工作不稳定,影响测量精度。因此,在设计和制作时要采取必要、有效的措施减小寄生电容的影响。

2.2.4   光敏传感器

光线照射到物体上以后,光子轰击物体表面,物体吸收了光子能量,而产生电的效应,就叫光电效应。

光敏传感器可以分为光敏电阻以及光电传感器两大类。

1. 光敏电阻

1）光敏电阻的结构原理

光敏电阻是基于光电导效应工作的。在无光照时,光敏电阻具有很高的阻值;在有光照时,当光子的能量大于材料禁带宽度,价带中的电子吸收光子能量后跃迁到导带,激发出可以导电的电子-空穴对,使电阻降低;光线越强,激发出的电子-空穴对越多,电阻值越低;光照停止后,自由电子与空穴复合,导电性能下降,电阻恢复原值。制作光敏电阻的材料常用硫化镉(CdS)、硒化镉(CdSe)、硫化铅(PbS)、硒化铅(PbSe)和锑化铟(InSb)等。光敏电阻的结构如图 2-28 所示。

2）光敏电阻的基本特性和主要参数

（1）暗电阻、暗电流、亮电阻、亮电流和光电流。

室温条件下,光敏电阻在全暗后经过一定时间测得的电阻值,称为暗电阻。此时在给定工作电压下流过光敏电阻的电流称为暗电流。

光敏电阻在某一光照下的阻值,称为该光照下的亮电阻,此时流过的电流称为亮电流。

亮电流与暗电流之差称为光电流。

（2）光照特性。

光敏电阻的光电流与光强之间的关系,称为光敏电阻的光照特性。不同类型的光敏电阻,光照特性不同。但多数光敏电阻的光照特性类似于图 2-29 中的曲线形状。

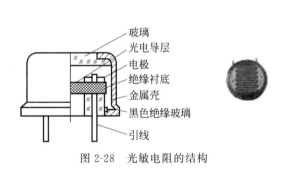

图 2-28   光敏电阻的结构 　　　　　　　图 2-29   光敏电阻的光照特性

（3）光谱特性。

光敏电阻对不同波长的光,光谱灵敏度不同,而且不同种类光敏电阻峰值波长也不同。光敏电阻的光谱灵敏度和峰值波长与所采用材料、掺杂浓度有关。

（4）伏安特性。

在一定照度下,光敏电阻两端所加的电压与光电流之间的关系,称为伏安特性。在一定的光照度下,电压越大,光电流越大,且没有饱和现象。但是不能无限制地提高电压,任何光敏电阻都有最大额定功率、最高工作电压和最大额定电流。超过最大工作电压和最大额定电流,都可能导致光敏电阻永久性损坏。光敏电阻的最高工作电压是由耗散功率决定的,而光敏电阻的耗散功率又与面积大小以及散热条件等因素有关。

（5）稳定性。

初制成的光敏电阻,光电性能不稳定,需进行人工老化处理,即人为地加温、光照和加负载,经过一两个星期的老化,使其光电性能趋向稳定。人工老化后,光电性能就基本上不变了。

2. 光电传感器

光电传感器主要包括光敏二极管和光敏三极管,这两种器件都是利用半导体器件对光照的敏感性。光敏二极管的反向饱和电流在光照的作用下会显著变大,而光敏三极管在光照时其集电极、发射极导通,类似于受光照控制的开关。此外,为方便使用,市场上出现了把光敏二极管和光敏三极管与后续信号处理电路制作成一个芯片的集成光传感器,如图 2-30 所示。

光电二极管是利用 PN 结单向导电性的结型光电器件,结构与一般二极管类似。PN 结安装在管的顶部,便于接受光照。外壳上面有一透镜制成的窗口以使光线集中在敏感面上。为了获得尽可能大的光生电流,PN 结的面积比一般二极管要大。为了使光电转换效率高,PN 结的深度较一般二极管浅。光电二极管可工作在两种工作状态。大多数情况下工作在反向偏压状态。

图 2-30   光敏三极管和集成
光传感器

不同种类的光传感器可以覆盖可见光、红外线(热辐射),以及紫外线等波长范围的传感应用。例如,热释电传感器利用热释电效应来检测受光面的温度升高值,得知光的辐射强度,工作在红外波段内。这种传感器在常温下工作稳定可靠,使用简单,时间响应能到微秒数量级,已得到广泛使用。

2.2.5   气体传感器

气体传感器是用来检测气体的成分和含量的传感器。气体传感器是一种将某种气体体积分数转化成对应电信号的转换器。探测头通过气体传感器对气体样品进行调理,通常包括滤除杂质和干扰气体、干燥或制冷处理。

气体传感器通常以气敏特性来分类,主要有半导体传感器(电阻型和非电阻型)、绝缘体传感器(接触燃烧式和电容式)、电化学式(恒电位电解式和伽伐尼电池式),还有红外吸收型、石英振荡型、光纤型、热传导型、声表面波型、气体色谱法等。

1. 半导体式气体传感器

它是利用在一定温度下,一些金属氧化物半导体材料的电导率随环境气体成分的变化而变化的原理制造的。例如,酒精传感器,就是利用二氧化锡在高温下遇到酒精气体时,电阻会急剧减小的原理制备的。

半导体式气体传感器可以有效地用于甲烷、乙烷、丙烷、丁烷、酒精、甲醛、一氧化碳、二氧化碳、乙烯、乙炔、氯乙烯、苯乙烯、丙烯酸等很多气体的检测。这种传感器成本低廉,适宜于民用气体检测的需求。半导体式气体传感器如图 2-31 所示。

半导体式气体传感器的应用十分广泛,按其用途可分为以下几种类型。

(1)检漏仪或称探测器。它是利用气敏元件的气敏特性,将其作为电路中的气-电转换元件,配以相应的电路、指示仪表或声光显示部分而组成的气体探测仪器。这类仪器通常都要求有高灵敏度。

(a) 酒精传感器　　　　　　　　(b) 可燃性气体传感器

图 2-31　半导体气体传感器

（2）报警器。这类仪器是对泄漏气体达到危险限值时自动进行报警的仪器。

（3）自动控制仪器。它是利用气敏元件的气敏特性实现电气设备自动控制的仪器，如换气扇自动换气控制等。

（4）气体浓度测试仪器。它是利用气敏元件对不同气体具有不同的元件电阻度关系来测量、确定气体种类和浓度的。这种应用对气敏元件的性能要求较高，测试部分也要配以高精度测量电路。

半导体式气体传感器分为电阻型和非电阻型两种。

1）电阻型半导体气体传感器

这类气敏传感器由于结构简单，不需要专门的放大电路来放大信号，因此很早被重视，并已商品化，应用广泛。它们主要用于检测可燃气体，具有灵敏度高、响应快等优点。

电阻型半导体气体传感器的气敏元件的材料多数为氧化锡、氧化锌等较难还原的金属氧化物，为了提高对气体检测的选择性和灵敏度，一般都掺有少量的贵金属（如铂、钯、银等）。

测量原理：金属氧化物在常温下是绝缘的，制成半导体后却显示气敏特性。通常器件工作在空气中，空气中的氧和 NO_2 这样的电子兼容性大的气体，接受来自半导体材料的电子而吸附负电荷，结果使 N 型半导体材料的表面空间电荷层区域的传导电子减少，使表面电导减小，从而使器件处于高阻状态。一旦元件与被测还原性气体接触，就会与吸附的氧起反应，将被氧束缚的电子释放出来，敏感膜表面电导增加，使元件电阻减小。

电阻型半导体气敏元件有三种构造形式：烧结体型、薄膜型、厚膜型，如图 2-32 所示为烧结体型气敏元件结构和基本应用电路。

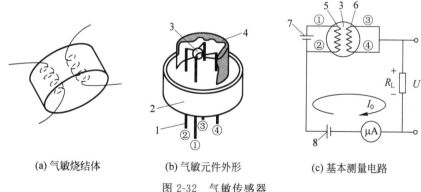

(a) 气敏烧结体　　　　(b) 气敏元件外形　　　　(c) 基本测量电路

图 2-32　气敏传感器

1—引脚；2—塑料底座；3—烧结体；4—不锈钢网罩；5—加热电极；

6—工作电极；7—加热回路电源；8—测量回路电源

三种结构形式的气敏元件都有加热器。加热器的作用是将附着在敏感元件表面上的尘埃、油雾等烧掉,加速气体的吸附,提高其灵敏度和响应速度,加热器的温度一般控制在200～400℃。加热方式一般有直热式和旁热式两种,因而形成了直热式和旁热式气敏元件。直热式是将加热丝直接埋入氧化锡、氧化锌粉末中烧结而成,因此,直热式常用于烧结型气敏结构。

目前最常用的是氧化锡(SnO_2)烧结型气敏元件,它的加热温度较低,一般在200～300℃,SnO_2气敏半导体对许多可燃性气体如氢、一氧化碳、甲烷、丙烷、乙醇等都有较高的灵敏度。

2) 非电阻式半导体气体传感器

非电阻式半导体气体传感器包括MOS二极管式半导体气体传感器、结型二极管式半导体气体传感器以及场效应管式(MOSFET)半导体气体传感器。其电流或电压随着气体含量而变化,主要检测氢和硅烷气等可燃性气体。其中,MOSFET气体传感器工作原理是挥发性有机化合物(VOC)与催化金属接触发生反应,反应产物扩散到MOSFET的栅极,改变了器件的性能。通过分析器件性能的变化而识别VOC。通过改变催化金属的种类和膜厚可优化灵敏度和选择性,并可改变工作温度。MOSFET气体传感器灵敏度高,但制作工艺比较复杂,成本高。

2. 接触燃烧式气体传感器

接触燃烧式气体传感器可分为直接接触燃烧式气体传感器和催化接触燃烧式气体传感器,其工作原理是气敏材料(如Pt电热丝等)在通电状态下,可燃性气体氧化燃烧或者在催化剂作用下氧化燃烧,电热丝由于燃烧而升温,从而使其电阻值发生变化。

催化燃烧式气体传感器选择性地检测可燃性气体:凡是可以燃烧的,都能够检测;凡是不能燃烧的,传感器都没有任何响应。当然,"凡是可以燃烧的,都能够检测"这句有很多例外,但是,总地来讲,上述选择性是成立的。

这种传感器是在白金电阻的表面制备耐高温的催化剂层,在一定的温度下,可燃性气体在其表面催化燃烧,燃烧使白金电阻温度升高,电阻变化,变化值是可燃性气体浓度的函数。

催化燃烧式气体传感器计量准确,响应快速,寿命较长。传感器的输出与环境的爆炸危险直接相关,在安全检测领域是一类处于主导地位的传感器。

缺点:①在可燃性气体范围内,无选择性;②暗火工作,有引燃爆炸的危险;③大部分元素有机蒸汽对传感器都有中毒作用。

图2-33　电化学式气体传感器

3. 电化学式气体传感器

图2-33是一种电化学式气体传感器。有相当一部分可燃的有毒有害气体都有电化学活性,可以被电化学氧化或者还原。利用这些反应,可以分辨气体成分,检测气体浓度。

电化学式气体传感器分为以下子类。

(1) 原电池型气体传感器(也称加伏尼电池型气体传感器,也有称燃料电池型气体传感器,也有称自发电池型气体传感器)。其原理类似于干电池,只是电池的碳锰电极被气体电极替代了。以氧气传感器为例,氧在阴极被还原,电子通过电流表流到阳极,在那里铅金属被氧化。电流的大小与氧气的浓度直接相关。这种传感器可以有效地检测氧气、二氧化硫、氯气等。

（2）恒定电位电解池型气体传感器。这种传感器用于检测还原性气体非常有效,它的原理与原电池型传感器不一样,它的电化学反应是在电流强制下发生的,是一种真正的库仑分析的传感器。这种传感器已经成功地用于一氧化碳、硫化氢、氢气、氨气、肼等气体的检测,是目前有毒有害气体检测的主流传感器。

（3）浓差电池型气体传感器。具有电化学活性的气体在电化学电池的两侧,会自发形成浓差电动势,电动势的大小与气体的浓度有关,这种传感器的成功实例就是汽车用氧气传感器和固体电解质型二氧化碳传感器。

（4）极限电流型气体传感器。有一种测量氧气浓度的传感器利用电化学电池中的极限电流与载流子浓度相关的原理制备氧(气)浓度传感器,用于汽车的氧气检测和钢水中氧浓度检测。

目前这种传感器的主要供应商遍布全世界,主要在德国、日本、美国,最近新加入欧洲的几个供应商,如英国、瑞士等。中国在这个领域起步很早,但是产业化进程效果不佳。

4. 热导池式气体传感器

每一种气体都有自己特定的热导率,当两个或多个气体的热导率差别较大时,可以利用热导元件,分辨其中一个组分的含量。这种传感器已经广泛地用于氢气、二氧化碳、高浓度甲烷的检测,如图 2-34 所示。

这种气体传感器可应用范围较窄,限制因素较多。

这是一种老式产品,世界各地都有制造商,产品质量大同小异。

图 2-34　热导池式气体传感器

5. 光学式气体传感器

光学式气体传感器包括红外吸收型、光谱吸收型、荧光型、光纤化学材料型等,主要以红外吸收型气体分析仪为主,由于不同气体的红外吸收峰不同,因此可通过测量和分析红外吸收峰来检测气体。大部分的气体在中红外区都有特征吸收峰,检测特征吸收峰位置的吸收情况,就可以确定某气体的浓度。

这种传感器过去都是大型的分析仪器,但是近些年,随着以 MEMS 技术为基础的传感器工业的发展,这种传感器的体积已经由 10L、45kg 的巨无霸,减小到 2ml(拇指大小)左右。使用无须调制光源的红外探测器使得仪器完全没有机械运动部件,完全实现免维护化。

红外线气体传感器可以有效地分辨气体的种类,准确测定气体浓度。这种传感器成功地用于二氧化碳、甲烷的检测。

6. 磁性氧气传感器

这是磁性氧气分析仪的核心,但是目前也已经实现了"传感器化"进程。它是利用空气中的氧气可以被强磁场吸引的原理制备的。

这种传感器只能用于氧气的检测,选择性极好。大气环境中只有氮氧化物能够产生微小的影响,但是由于这些干扰气体的含量往往很少,所以,磁氧分析技术的选择性几乎是唯一的。

7. 高分子气体传感器

近年来,国外在高分子气敏材料的研究和开发上有了很大的进展,高分子气敏材料由于具有易操作性、工艺简单、常温选择性好、价格低廉、易与微结构传感器和声表面波器件相结合等特点,在毒性气体和食品鲜度等方面的检测具有重要作用。高分子气体传感器对特定气体分子的灵敏度高,选择性好,并且它结构简单,可在常温下使用,补充其他气体传感器的不足,发展前景良好。

2.2.6 霍尔传感器

霍尔传感器是利用霍尔效应制成的一种磁性传感器。

霍尔效应是指把一个金属或者半导体材料薄片置于磁场中,当有电流流过时,由于形成电流的电子在磁场中运动而受到磁场的作用力,会使得材料中产生与电流方向垂直的电压差。可以通过测量霍尔传感器所产生的电压的大小来计算磁场的强度。

根据霍尔效应,人们用半导体材料制成的元件叫霍尔元件。它具有对磁场敏感、结构简单、体积小、频率响应宽、输出电压变化大和使用寿命长等优点,用它可以检测磁场及其变化,可在各种与磁场有关的场合中使用。

由于霍尔元件产生的电势差很小,故通常将霍尔元件与放大器电路、温度补偿电路及稳压电源电路等集成在一个芯片上,称为霍尔传感器,如图 2-35 所示。目前常用的霍尔元件材料是 N 型硅,霍尔元件的壳体可用塑料、环氧树脂等制造。

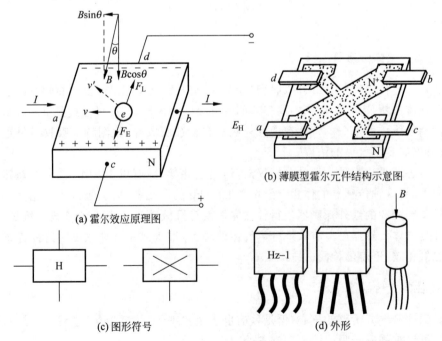

(a) 霍尔效应原理图 (b) 薄膜型霍尔元件结构示意图

(c) 图形符号 (d) 外形

图 2-35 霍尔传感器

1. 霍尔传感器的分类

霍尔传感器分为线性型霍尔传感器和开关型霍尔传感器两种。

(1) 线性型霍尔传感器由霍尔元件、线性放大器和射极跟随器组成,它输出模拟量。

(2) 开关型霍尔传感器由稳压器、霍尔元件、差分放大器、斯密特触发器和输出级组成,它输出数字量。

2. 霍尔传感器的主要参数

(1) 输入电阻 R_i。霍尔元件两激励电流端的直流电阻称为输入电阻。它的数值从几十欧到几百欧,视不同型号的元件而定。温度升高,输入电阻变小,从而使输入电流 I_{ab} 变大,最终引起霍尔电动势变大。使用恒流源可以稳定霍尔原件的激励电流。

(2) 输入电阻 R_o。霍尔电极之间的电阻称为输出电阻 R_o。

(3) 最大激励电流 I_m。激励电流增大,霍尔元件的功耗增大,元件的温度升高,从而引起霍尔电动势的温漂增大,因此每种型号的元件均规定了相应的最大激励电流,它的数值为几毫安至十几毫安。

(4) 最大磁感应强度 B_m。磁感应强度超过 B_m 时,霍尔电动势的非线性误差将明显增大,B_m 的数值一般小于零点几特斯拉。

(5) 额定激励电流 I_N。霍尔元件在空气中产生的温升为 10℃ 时,所对应的激励电流称为额定激励电流 I_N。

(6) 不等位电势和不等位电阻。

当霍尔元件的激励电流为额定值 I_N 时,若元件所处位置的磁感应强度为零,则它的霍尔电势应该为零,但实际不为零,这时测得的空载霍尔电势称为不等位电势。

产生原因:主要由霍尔电极安装不对称造成,由于半导体材料的电阻率不均匀、基片的厚度和宽度不一致、霍尔电极与基片的接触不良(部分接触)等原因,即使霍尔电极的装配绝对对称,也会产生不等位电势。

(7) 交流不等位电势与寄生直流电势。

在不加外磁场的情况下,霍尔元件使用交流激励时,霍尔电极间的开路交流电势称为交流不等位电势。在此情况下输出的直流电势称为寄生直流电势。

产生交流不等位电势的原因与不等位电势相同,而寄生直流电势的产生则是由于:

① 霍尔电极与基片间的非完全欧姆接触而产生的整流效应。

② 霍尔电极与基片间的非完全欧姆接触而产生的整流效应,使激励电流中包含直流分量,通过霍尔元件的不等位电势的作用反映出来。一般情况下,不等位电势越小,寄生直流电势也越小。

③ 当两个霍尔电极的焊点大小不同时,由于它们的热容量、热耗散等情况不同,引起两电极温度不同而产生温差电势,也是寄生直流电势的一部分。

(8) 霍尔电势温度系数 α。在一定磁感应强度和激励电流下,温度每变化 1℃ 时霍尔电势变化的百分率,称为霍尔电势温度系数。

(9) 霍尔灵敏系数 K_H。在单位控制电流和单位磁感应强度作用下,霍尔器件输出端的开路电压,称为霍尔灵敏系数,其单位为 V/(A·T)。

3. 霍尔传感器的应用

由于霍尔传感器具有在静态状态下感受磁场的独特能力,而且它具有结构简单、体积小、重量轻、频带宽(从直流到微波)、动态特性好和寿命长、无触点等许多优点,因此在测量技术、自动化技术和信息处理等方面有着广泛应用,如图 2-36 所示。

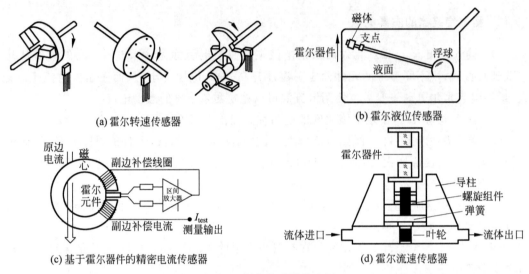

(a) 霍尔转速传感器

(b) 霍尔液位传感器

(c) 基于霍尔器件的精密电流传感器

(d) 霍尔流速传感器

图 2-36　霍尔传感器的应用

归纳起来,霍尔传感器有三个方面的用途。

(1) 当控制电流不变时,传感器处于非均匀磁场中,传感器的霍尔电势正比于磁感应强度,利用这一关系可反映位置、角度或励磁电流的变化。

(2) 当控制电流与磁感应强度皆为变量时,传感器的输出与这两者乘积成正比。在这方面的应用有乘法器、功率计以及除法、倒数、开方等运算器,此外,也可用于混频、调制、解调等环节中,但由于霍尔元件有变换频率低、温度影响较显著等缺点,在这方面的应用受到一定的限制,这有待于元件的材料、工艺等方面的改进或电路上的补偿措施。

(3) 若保持磁感应强度恒定不变,则利用霍尔电压与控制电流成正比的关系,可以组成回转器、隔离器和环行器等控制装置。

霍尔传感器结合不同的结构,能够间接测量电流、振动、位移、速度、加速度、转速等,具有广泛的应用价值。

2.2.7　超声波传感器

振动在弹性介质内的传播称为波动,简称波。频率为 $16 \sim 2 \times 10^4$ Hz,能被人耳听见的机械波,称为声波;频率低于 16 Hz 的机械波,称为次声波;频率高于 2×10^4 Hz 的机械波,称为超声波,如图 2-37 所示。

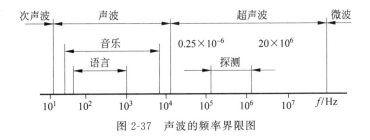

图 2-37　声波的频率界限图

1. 超声波的特性

1）超声波的波形及其转换

由于声源在介质中施力方向与波在介质中传播方向的不同,声波的波形也不同。通常有:

(1) 纵波——质点振动方向与波的传播方向一致的波。

(2) 横波——质点振动方向垂直于传播方向的波。

(3) 表面波——质点的振动介于横波与纵波之间,沿着表面传播的波。横波只能在固体中传播,纵波能在固体、液体和气体中传播,表面波随深度增加衰减很快。

为了测量各种状态下的物理量,应多采用纵波。

纵波、横波及其表面波的传播速度取决于介质的弹性常数及介质密度,气体中声速为 344 m/s,液体中声速在 900~1900 m/s。

当纵波以某一角度入射到第二介质(固体)的界面上时,除有纵波的反射、折射外,还发生横波的反射和折射,在某种情况下,还能产生表面波。

2）超声波的反射和折射

当超声波由一种介质入射到另一种介质时,由于在两种介质中传播速度不同,在介质面上会产生反射、折射和波形转换等现象,如图 2-38 所示。

由物理学知,当波在界面上产生反射时,入射角 α 的正弦与反射角 α' 的正弦之比等于波速之比。当波在界面处产生折射时,入射角 α 的正弦与折射角 β 的正弦之比,等于入射波在第一介质中的波速 C_1 与折射波在第二介质中的波速 C_2 之比,即

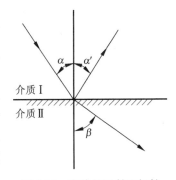

图 2-38　声波的反射和折射

$$\frac{\sin\alpha}{\sin\beta} = \frac{C_1}{C_2}$$

3）超声波的衰减

声波在介质中传播时,随着传播距离的增加,能量逐渐衰减,其衰减的程度与声波的扩散、散射及吸收等因素有关。其声压和声强的衰减规律为

$$P_X = P_0 e^{-ax}$$
$$I_X = I_0 e^{-2ax}$$

式中:P_X、I_X——距声源 X 处的声压和声强;

　　　X——声波与声源间的距离;

　　　a——衰减系数,单位为 Np/m(奈培/米)。

声波在介质中传播时,能量的衰减决定于声波的扩散、散射和吸收,在理想介质中,声波的衰减仅来自声波的扩散,即随声波传播距离增加而引起声能的减弱。散射衰减是固体介质中的颗粒界面或流体介质中的悬浮粒子使声波散射。吸收衰减是由介质的导热性、黏滞性及弹性滞后造成的,介质吸收声能并转换为热能。

利用超声波在超声场中的物理特性和各种效应而研制的装置可称为超声波换能器、探测器或传感器。

超声波探头按其工作原理可分为压电式、磁致伸缩式、电磁式等,而以压电式最为常用。压电式超声波探头常用的材料是压电晶体和压电陶瓷。它是利用压电材料的压电效应来工作的:逆压电效应将高频电振动转换成高频机械振动,从而产生超声波,可作为发射探头;而利用正压电效应,将超声振动波转换成电信号,可用为接收探头。

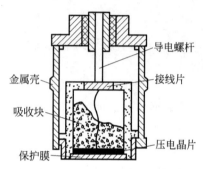

图 2-39　压电式超声波传感器结构

超声波探头结构如图 2-39 所示,主要由压电晶片、吸收块(阻尼块)、保护膜组成。压电晶片多为圆板形,厚度为 δ。超声波频率 f 与其厚度 δ 成反比。压电晶片的两面镀有银层,作导电的极板。阻尼块的作用是降低晶片的机械品质,吸收声能量。如果没有阻尼块,当激励的电脉冲信号停止时,晶片将会继续振荡,加长超声波的脉冲宽度,使分辨率变差。

2. 超声波传感器的应用

1) 超声波物位传感器

超声波物位传感器是利用超声波在两种介质的分界面上的反射特性而制成的。如果从发射超声脉冲开始到接收换能器接收到反射波为止的这个时间间隔为已知,就可以求出分界面的位置,利用这种方法可以对物位进行测量。根据发射和接收换能器的功能,传感器又可分为单换能器和双换能器。单换能器的传感器发射和接收超声波均使用一个换能器,而双换能器的传感器发射和接收各由一个换能器担任。

图 2-40 给出了几种超声物位传感器的结构示意图。超声波发射和接收换能器可设置于水中,让超声波在液体中传播。由于超声波在液体中衰减比较小,所以即使发生的超声脉冲幅度较小也可以传播。超声波发射和接收换能器也可以安装在液面的上方,让超声波在空气中传播,这种方式便于安装和维修,但超声波在空气中的衰减比较厉害。

对于单换能器来说,超声波从发射到液面,又从液面反射到换能器的时间为

$$t = \frac{2h}{v}$$

$$h = \frac{vt}{2}$$

式中:h——换能器距液面的距离;

v——超声波在介质中传播的速度。

对于双换能器来说,超声波从发射到被接收经过的路程为 $2s$,而 $s = vt$,因此液位高度为

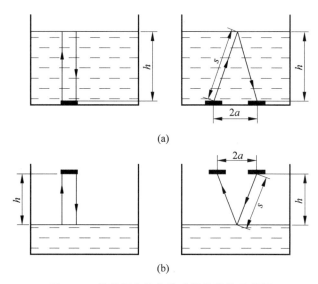

(a)

(b)

图 2-40　几种超声物位传感器的结构示意图

$$h = (s^2 - a^2)^{1/2}$$

式中：s——超声波反射点到换能器的距离；

　　　a——两换能器间距之半。

从以上公式中可以看出，只要测得超声波脉冲从发射到接收的间隔时间，便可以求得待测的物位。

超声物位传感器具有精度高和使用寿命长的特点，但若液体中有气泡或液面发生波动，便会有较大的误差。在一般使用条件下，它的测量误差为 $\pm 0.1\%$，检测物位的范围为 $10^{-2} \sim 10^4 \, \mathrm{m}$。

2）超声波流量传感器

超声波流量传感器的测定原理是多样的，如传播速度变化法、波速移动法、多普勒效应法、流动听声法等。但目前应用较广的主要是超声波传输时间差法。

超声波在流体中传输时，在静止流体和流动流体中的传输速度是不同的，利用这一特点可以求出流体的速度，再根据管道流体的截面积，便可知道流体的流量。

如果在流体中设置两个超声波传感器，它们可以发射超声波又可以接收超声波，一个装在上游，另一个装在下游，其距离为 L，如图 2-41 所示。如设顺流方向的传输时间为 t_1，逆流方向的传输时间为 t_2，流体静止时的超声波传输速度为 c，流体流动速度为 v，则

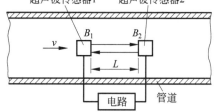

图 2-41　超声波测流量原理图

$$t_1 = \frac{L}{c + v}; \qquad t_2 = \frac{L}{c - v}$$

一般来说，流体的流速远小于超声波在流体中的传播速度，那么超声波传播时间差为

$$\Delta t = t_2 - t_1 = \frac{2Lv}{c^2 - v^2}$$

由于 $c > v$,因此从上式便可得到流体的流速,即

$$v = \frac{c^2}{2L}\Delta t$$

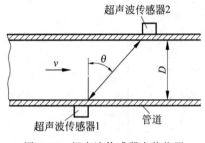

图 2-42 超声波传感器安装位置

在实际应用中,超声波传感器安装在管道的外部,从管道的外面透过管壁发射和接收超声波不会给管路内流动的流体带来影响,如图 2-42 所示。

超声波流量传感器具有不阻碍流体流动的特点,可测流体种类很多,不论是非导电的流体、高黏度的流体、浆状流体,只要能传输超声波的流体都可以进行测量。超声波流量计可用来对自来水、工业用水、农业用水等进行测量,还可用于下水道、农业灌溉、河流等流速的测量。

2.2.8 微机电传感器

微机电系统(Micro-Electro-Mechanical Systems,MEMS)是一种由微电子、微机械部件构成的微型器件,多采用半导体工艺加工。目前已经出现的微机电器件包括压力传感器、加速度计、微陀螺仪和硬盘驱动头等。微机电系统的出现体现了当前的器件微型化发展趋势。

完整的 MEMS 是由微传感器、微执行器、信号处理和控制电路、通信接口和电源等部件组成的一体化的微型器件系统。其目标是把信息的获取、处理和执行集成在一起,组成具有多功能的微型系统,并集成于大尺寸系统中,从而大幅度地提高系统的自动化、智能化和可靠性水平。

MEMS 具有以下几个主要特点。

(1) 微型化。MEMS 器件体积小,精度高,重量轻,耗能低,惯性小,响应时间短。其体积可达亚微米以下,尺寸精度达纳米级,重量可至纳克。

(2) 以硅为主要材料,机械电气性能优良,硅材料的强度、硬度和杨氏模量与铁相当,密度类似铝,热传导率接近钼和钨。

(3) 能耗低且灵敏度和工作效率高。很多的微机械装置所消耗的能量远小于传统机械的 1/10,但却能以 10 倍以上的速度完成同样的工作。

(4) 批量生产。用硅微加工工艺在一片硅片上可以同时制造成百上千个微机械部件或完整的 MEMS,批量生产可以大大降低生产成本。

(5) 集成化。可以把不同功能、不同敏感和制动方向的多个传感器或执行器集成于一体,形成微传感器阵列或微执行器阵列,甚至可以把器件集成在一起以形成更为复杂的微系统。微传感器、执行器和 IC 集成在一起可以制造出高可靠性和高稳定性的 MEMS。

(6) 学科上的交叉综合,以微电子及机械加工技术为依托,范围涉及微电子学、机械学、力学、自动控制学、材料学等多种工程技术和学科。

(7) 应用上的高度广泛。MEMS 的应用领域包括信息、生物、医疗、环保、电子、机械、

航空、航天等。它不仅可形成新的产业,还能通过产品的性能提高、成本降低,有力地改造传统产业。

常用的 MEMS 传感器有以下几种。

1. 微机电压力传感器

从信号检测方式来看,微机电压力传感器分为压阻式和电容式两类,分别以微机械加工技术和牺牲层技术为基础制造。从敏感膜结构来看,有圆形、方形、矩形、E 形等多种结构。目前,压阻式压力传感器的精度可达 0.05%～0.01%,年稳定性达 0.1%/F·s,温度误差为 0.0002%,耐压可达几百兆帕,过电压保护范围可达传感器量程的 20 倍以上,并能进行大范围全温补偿。某轮胎压力传感器的内部结构以及外观如图 2-43 所示。该压力传感器利用了传感器中的硅应变电阻在压力作用下发生形变而改变了电阻来测量压力,测试时使用了传感器内部集成的测量电桥。

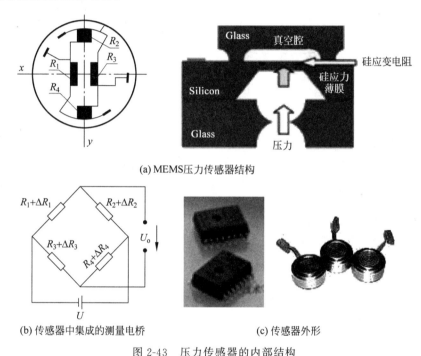

(a) MEMS压力传感器结构

(b) 传感器中集成的测量电桥   (c) 传感器外形

图 2-43 压力传感器的内部结构

2. 微机电加速度传感器

微机电加速度传感器的主要类型有压阻式、电容式、力平衡式和谐振式,如图 2-44 所示。微机电加速度传感器主要通过半导体工艺在硅片中加工出可以在加速运动中发生形变的结构,并且能够引起电特性的改变,如变化的电阻和电容。

3. 微机电气体流速传感器

微机电气体流速传感器不仅外形尺寸小,能达到很低的测量量级,而且死区容量小,响应时间短,适合于微流体的精密测量和控制。图 2-45 所示的气体流速传感器可以用于空调等设备的监测与控制。

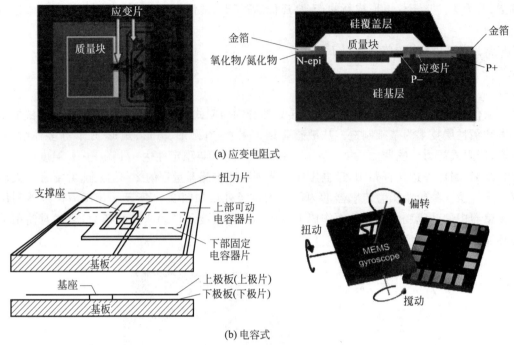

(a) 应变电阻式

(b) 电容式

图 2-44 微机电加速度传感器

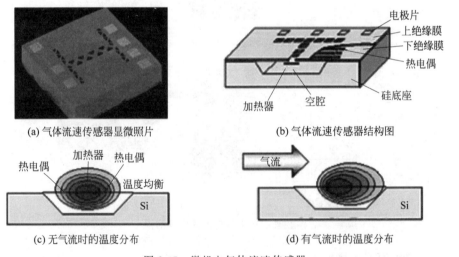

(a) 气体流速传感器显微照片

(b) 气体流速传感器结构图

(c) 无气流时的温度分布

(d) 有气流时的温度分布

图 2-45 微机电气体流速传感器

4. 微机械陀螺仪

角速度一般是用陀螺仪测量的。传统的陀螺仪是利用高速转动的物体具有保持其角动量的特性来测量角速度的,如图 2-46 所示。

这种陀螺仪的精度很高,但它的结构复杂,使用寿命短,成本高,一般仅用于导航方面而难以在一般的运动控制系统中应用。实际上,如果不是受成本限制,角速度传感器可在诸如汽车牵引控制系统、摄像机的稳定系统、医用仪器、军事仪器、运动机械、计算机惯性鼠标、军事等领域有广泛的应用前景。因此,近年来人们把目光投向微机械加工技术,希望研制出低成本、可批量生产的固态陀螺。目前,常见的微机械角速度传感器有双平衡环结构、悬臂梁结构、音叉结构、振动环结构等。

 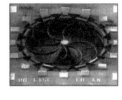 

(a) 传统陀螺仪   (b) MEMS陀螺仪

图 2-46 陀螺仪的结构

2.2.9 智能传感器

近年来,智能传感器(smart sensor)广泛应用在航天、航空、国防、科技和工农业生产等各个领域,特别是随着高科技的发展,智能传感器备受青睐。智能传感器是一种具有一定信息处理能力的传感器,目前多采用把传统的传感器与微处理器结合的方式来制造。由于微处理器充分发挥了各种软件的功能,可以完成硬件难以完成的任务,因此大大降低了传感器制造的难度,提高了传感器的性能,降低了成本。

目前,传感器一般都是用单片机控制规则进行控制的,智能性不高,并没有达到真正意义上的智能。传感器只有结合嵌入式微处理机功能和人工智能技术,才能实现真正意义上的智能。本节内容介绍嵌入式理论与传感器技术相结合的产物——嵌入式智能传感器的定义及特点,论证它的可行性,并给出嵌入式智能传感器的一般结构框图及智能控制模块的功能。

利用嵌入式微处理器、智能理论(人工智能技术、神经网技术、模糊技术)、传感器技术等集成而得到的新型传感器称为嵌入式智能传感器。

嵌入式智能化传感器是一种带嵌入式微处理器的传感器,是由嵌入式微处理器、智能控制理论和传感器技术相结合而成的,它兼有检测、判断、网络、通信和信息处理等功能。与传统的传感器相比,嵌入式智能化传感器具有以下特点:①具有思维、判断和信息处理功能,能对测量值进行修正、误差补偿,可提高测量精度;②具有知识性,可多传感器参数进行测量综合处理;③根据需要可进行自诊断和自校准,提高数据的可靠性;④对测量数据进行存取,使用方便;⑤有数据通信接口,能与微型计算机直接通信,实现远程控制;⑥可在网上传送数据,实现全球监测控制;⑦可实现无线传输;⑧主要由嵌入式微处理器和软件组成,成本低。

1. 嵌入式微处理器的功能特点

1) 硬件方面

(1) 体积小、低功耗、低成本、高性能。

(2) 可以实现网上控制;支持 Thumb(16 位)/ARM(32 位)双指令集。

(3) Flash 存储器容量大,成本低,可以存储大量的智能程序,执行速度更快。

(4) 寻址方式灵活简单,执行效率高。

(5) 指令长度固定,因此嵌入式智能传感器在硬件方面已具备了条件。

2) 软件方面

目前嵌入式软件都是与嵌入式微处理器相配套的,功能比较完善,虽然还没有通用的嵌入式系统软件,但并不影响开发智能嵌入式电子设备;也可以用通用语言(如 VC++等)进行开发。

2. 嵌入式智能传感器的一般结构

一个完整的嵌入式智能传感器包括嵌入式微处理器、智能控制模块、交互接口单元和传感器系统,如图 2-47 所示。智能控制模块是一个智能程序,它可以模拟人类专家解决问题的思维过程,该系统能进行有效的推理,具有一定的获得知识的能力,具有灵活性、透明性、交互性,有一定的复杂性和难度。智能控制模块通常由知识库、推理机、知识获取程序和综合数据库四部分组成,并存放在嵌入式微处理器中,如图 2-48 所示。

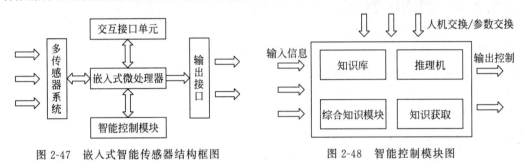

图 2-47　嵌入式智能传感器结构框图　　　　图 2-48　智能控制模块图

1) 智能控制模块的功能分析

(1) 知识库。

用于存放嵌入式智能传感器运行过程中所需要的专家知识、经验值及传感器的基本参数,知识库中的知识是推理机发出命令的依据。

(2) 综合数据模块。

用于存放嵌入式智能传感器的原始数据、各种常用数据及各种参数。

(3) 推理机。

根据传感器及综合数据中的数据,利用知识库中的知识进行思维、判断、推理后做出判断,并对嵌入式智能传感器的各种参数进行修改。

2) 交互接口单元

用于外界对嵌入式智能传感器系统进行交互,包括对数据修改和添加,进行一致性、完整性的维护等功能。

3) 多传感器系统模块

该模块由各种类型的普通传感器组成,负责提供外界信息。

4) 输出单元

输出单元用于输出正确的传感器信息,供用户使用。

5) 嵌入式微处理器

嵌入式微处理器负责对数据的采集、处理、存储、管理、传送等任务。对不同的嵌入式智能传感器控制策略有所不同,一般的控制策略是不断检测电路中相关的参数,分析查找有无异常数据,再根据检测数据的情况,由推理机综合数据库中的知识(数据)对数据进行处理的专家型智能控制方式,具体的控制方式可采用模糊控制、神经网控制、常规控制等。

3. 智能传感器的应用

如图 2-49 所示,在传统的传感器构成的应用系统中,传感器所采集的信号通常要传输到系统中的主机中进行分析处理;而由智能传感器构成的应用系统中,其包含的微处理器能够对采集的信号进行分析处理,然后把处理结果发送给系统中的主机。

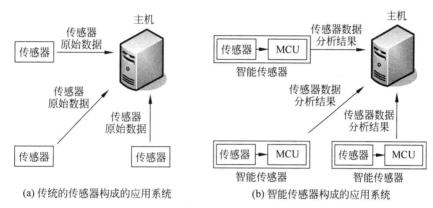

图 2-49　传感器构成的应用系统

智能传感器能够显著减小传感器与主机之间的通信量,并简化了主机软件的复杂程度,使得包含多种不同类别的传感器应用系统易于实现;此外,智能传感器常常还能进行自检、诊断和校正。

目前已经实用化的智能传感器有很多种类,如智能检测传感器、智能流量传感器、智能位置传感器、智能压力传感器、智能加速度传感器等。

1) 智能压力传感器

图 2-50 显示的是 Honeywell 公司开发的 PPT 系列智能压力传感器的外形以及内部结构。

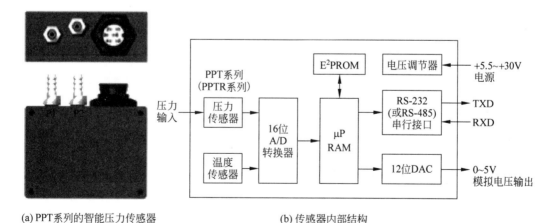

图 2-50　智能压力传感器的外形以及内部结构

如图 2-51 所示的是一种车用智能压力传感器的芯片布局图。该芯片中把微机电压力传感器、模拟接口、8 位模-数转换器、微处理器(摩托罗拉 69HC08)、存储器,以及串行接口

(SPI)等集成在一个芯片上,主要用于汽车的各种压力传感。

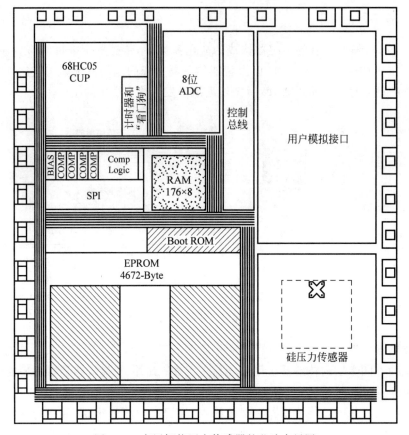

图 2-51　车用智能压力传感器的芯片布局图

2)智能温湿度传感器

如图 2-52 所示为 Sensirion 公司推出的 SHT11/15 智能温湿度传感器的外形、引脚,以及内部框图。

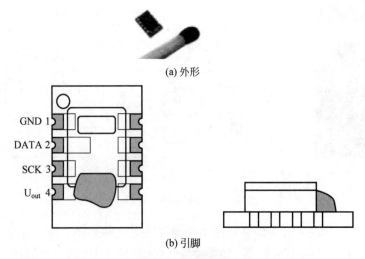

(a) 外形

(b) 引脚

图 2-52　智能温湿度传感器

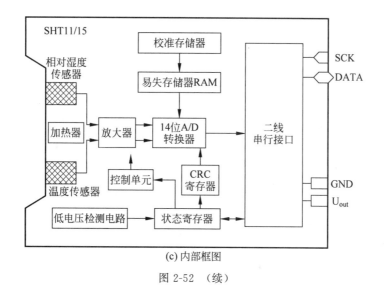

图 2-52 （续）

(c) 内部框图

3）智能液体浑浊度传感器

如图 2-53 所示为 Honeywell 公司推出的 AMPS-10G 型智能液体浑浊度传感器的外形、测量原理，以及内部框图。

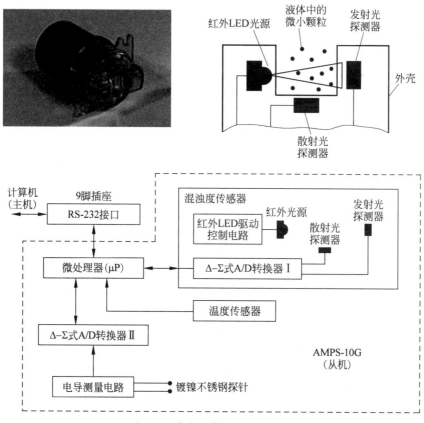

图 2-53 智能液体浑浊度传感器

2.3 视频监控技术

20 世纪 80 年代,安全技术防范在我国民用领域率先兴起,视频监控成为当时主要的技术防范手段之一。当时的视频监控技术比较简单,都是直接采用视频同轴电缆将视频图像从前端监控点传回监控中心,并逐一显示在监视器上。随着监控点的增多,问题随之显现出来:视频显示设备和录像设备的大幅增多,增加了建设成本,加大了管理难度。

随着社会发展,技术进步,视频监控技术应用越来越广,尤其是 2003 年,由于 SARS 影响,网络视频监控的发展更加令人关注,总地来看,视频监控的发展大致经历了以下三个阶段。

第一阶段,20 世纪 70 年代末到 20 世纪 90 年代中期,这个阶段以闭路电视监控系统为主,也就是第一代模拟电视监控系统,其传输媒介为视频线缆,由控制主机进行模拟处理。主要应用于银行、政府机关等高档场所。

第二阶段,20 世纪 90 年代中期至 20 世纪 90 年代末,以基于 PC 插卡式的视频监控系统为主,此阶段也被业内人士称为半数字时代。其传输媒介依然是视频线缆,由多媒体控制主机或硬盘录像主机(DVR)进行数字处理与存储。此阶段的应用也多限于对安全程度要求较高的场所。

第三阶段,20 世纪 90 年代末至今,以嵌入式技术为依托,以网络、通信技术为平台,以智能图像分析为特色的网络视频监控系统为主,自此,网络视频监控的发展也进入了数字时代。网络视频监控的应用不再局限于安全防护,逐渐也被用于远程办公、远程医疗、远程教学等领域。

目前,视频监控已进入高速发展阶段,数字化、网络化是 21 世纪的时代特征,视频监控的数字化是监控技术的必然趋势。

2.3.1 视频监控系统的工作原理

近十几年,随着计算机、网络以及图像处理、传输技术的飞速发展,视频监控技术有了长足的发展,数字化、网络化、智能化已成为一种发展趋势。

视频监控系统利用摄像机(头)的 CCD,将被摄物体的反射光线传播到镜头,经镜头聚焦到 CCD 芯片上,CCD 根据光的强弱积聚相应的电荷,经周期性放电,产生表示一幅幅画面的电信号,经过滤波、放大处理,通过摄像头的输出端子输出一个标准的复合视频信号,然后将这个视频信号通过线缆输出给电视机显示出来,就构成了一个视频监控系统。

CCD 电荷耦合元件图像传感器,它能够根据照射在其面上的光线产生相应的电荷信号,再通过模数转换器芯片转换成“0”或“1”的数字信号,这种数字信号经过压缩和程序排列后,可由光信号转换成计算机能识别的电子图像信号(TTL 工艺下的 CCD 成像质量要优于 CMOS 工艺下的 CCD)。

全模拟视频监控系统主要由摄像机、视频矩阵、监视器、模拟录像机等组成,设备之间通过视频线、控制线缆等电缆连接在一起。由于系统为纯模拟方式传输,采用视频电缆(少数采用光纤)的传输距离不能太远,所以系统主要应用于小范围内的监控,如大楼监控等,监控图像一般只能在控制中心查看。

2.3.2　摄像头

摄像头分为数字摄像头和模拟摄像头两大类。数字摄像头可以将视频采集设备产生的模拟视频信号转换成数字信号,然后通过串、并口或者 USB 接口将其储存在计算机里。模拟摄像头捕捉到的视频信号必须经过摄像头特定的视频捕捉卡将模拟信号转换成数字模式,并加以压缩后才可以转换到计算机上运用。

摄像头主要构件由镜头、图像传感器、预中放、AGC、A/D、同步信号发生器、CCD 驱动器、图像信号形成电路、D/A 转换电路和电源的电路构成。其中,图像传感器作为摄像头的核心部件,又分为 CCD 传感器和 CMOS 传感器。在当今各个科学领域,摄像头传感器得到越来越广泛的应用,其重要性不言而喻。

1. 镜头

透镜由几片透镜组成,有树脂透镜或玻璃透镜。

镜头由透镜组成,摄像头的镜头一般是由玻璃镜片或者塑料镜片组成的。玻璃镜头能获得比塑料镜头更清晰的影像。这是因为光线穿过普通玻璃镜片通常只有 5%～9% 的光损失,而塑料镜片的光损失高达 11%～20%。有些镜头还采用了多层光学镀膜技术,有效减少了光的折射并过滤杂波,提高了通光率,从而获得更清晰的影像。

现在市面上大多数摄像头采用的都是五玻镜头。另外,镜头还有一个重要的参数就是光圈,通过调整光圈可以控制通过镜头到达传感器的光线的多少,除了控制通光量,光圈还具有控制景深的功能,即光圈越大,则景深越小。

2. 图像传感器

图像传感器可以分为两类:电荷耦合器件(Charge Couple Device,CCD)和互补金属氧化物半导体(Complementary Metal Oxide Semiconductor,CMOS)。CCD 的优点是灵敏度高,噪声小,信噪比大;缺点是生产工艺复杂,成本高,功耗高。CMOS 的优点是集成度高,功耗低(不到 CCD 的 1/3),成本低;缺点是噪声比较大,灵敏度较低,对光源要求高。在相同像素下,CCD 的成像往往通透性、明锐度都很好,色彩还原、曝光可以保证基本准确。而CMOS 的产品往往通透性一般,对实物的色彩还原能力偏弱,曝光也都不太好。

2.3.3　监控中心

在 20 世纪 90 年代以前,主要使用以模拟设备为主的闭路电视监控系统,称为第一代模拟监控系统。图像信息采用视频电缆,以模拟方式传输,一般传输距离不能太远,主要应用于小范围内的监控,监控图像一般只能在控制中心查看。该系统主要由摄像机、视频矩阵、监视器、录像机等组成,利用视频传输线将来自摄像机的视频连接到监视器上,利用视频矩阵主机,采用键盘进行切换和控制,录像采用使用磁带的长时间录像机;远距离图像传输采用模拟光纤,利用光端机进行视频的传输。

　　20 世纪 90 年代中期,第二代数字视频监控系统(DVR)——基于 PC 的多媒体监控,随着数字视频压缩编码技术的发展而产生。系统在远端有若干个摄像机、各种检测和报警探头与数据设备,获取图像信息,通过各自的传输线路汇接到多媒体监控终端上,然后再通过通信网络,将这些信息传到一个或多个监控中心。监控终端机可以是一台 PC,也可以是专用的工业控制机。

　　这类监控系统功能较强,便于现场操作;但稳定性不够好,结构复杂,视频前端(如 CCD 等视频信号的采集、压缩、通信)较为复杂,可靠性不高;功耗高,费用高;需要有多人值守;同时,软件的开放性也不好,传输距离明显受限。PC 也需要专人管理,特别是在环境或空间不适宜的监控点,这种方式不理想。

　　这其实是半模拟-半数字的监控系统,目前在一些小型的、要求比较简单的场所应用比较广泛。只是随着技术的发展,工控机变成了嵌入式的硬盘录像机,该机性能较好,可无人值守,还有网络功能。

　　基于嵌入式技术的网络数字监控系统不需处理模拟视频信号的 PC,直接把摄像机输出的模拟视频信号通过嵌入式视频编码器直接转换成 IP 数字信号。嵌入式视频编码器具备视频编码处理、网络通信、自动控制等强大功能,直接支持网络视频传输和网络管理,这类系统可以直接连入以太网,省掉了各种复杂的电缆,具有方便灵活、即插即看等特点,使得监控范围达到前所未有的广度。这就是以视频网络服务器和视频综合管理平台为核心的数字化网络视频监控系统,是"模拟-数字"监控系统(DVR)的延伸——DVS。

　　除了编码器外,还有嵌入式解码器、控制器、录像服务器等独立的硬件模块,它们可单独安装,不同厂家设备可实现互连。

　　DVS 是目前比较主流的监控系统,性能优于第一代和 DVR,比第三代有价格优势,技术也相对成熟,虽然某些时候施工布线会比较复杂,但总体来说瑕不掩瑜。

　　第三代视频监控是完全使用 IP 技术的视频监控系统 IPVS。

　　全 IP 视频监控系统与前面几代视频监控相比存在显著区别。该系统的优势是摄像机内置 Web 服务器,并直接提供以太网端口,摄像机内集成了各种协议,支持热插拔和直接访问。这些摄像机生成 JPEG 或 MPEG-4 数据文件,可供任何经授权客户机从网络中任何位置访问、监视、记录并打印,而不是生成连续模拟视频信号形式图像。更具高科技含量的是可以通过移动的 3G 网络实现无线传输,可以通过笔记本、手机、PDA 等无线终端随处查看视频。

　　视频监控系统是通过在某些地点安装摄像头等视频采集设备对现场进行拍摄监控,然后通过一定的传输网络将视频采集设备采集到的视频信号传送到指定的监控中心,监控中心通过人工监控或者将视频信号存储到存储设备上对现场进行视频监控。

　　视频监控系统分为:前端监控设备,包括云台、护罩、摄像机、支架、镜头、解码器等设备;后端监控设备,包括视频监控主机、数字视频矩阵、监视器等设备。

　　前端监控设备的功能:摄像机采集视频信号或者图像;云台控制摄像机的转动,调整监视范围;镜头可以调整摄像机的焦距,从而调整图像的清晰度和图像的远近;解码器是接收控制主机的控制信号,对云台和镜头进行控制,以控制云台的运动方向以及控制镜头的焦距,从而保证监控中心对现场进行全方位的实时监控。

后端监控设备的功能：视频监控主机负责对前端监控设备发送指令，获取前端监控设备反馈的一些参数，从而起到控制前端监控设备的作用；监视器用来显示视频信号的设备。由于监视器价格昂贵，如果要每一个摄像头都相应地连接一台监视器，则相应的成本将非常高，而且监控中心的工作人员也不能完全兼顾到如此多的监视器，所以使用数字视频矩阵对摄像头和监视器进行切换，既可以监控所有的现场，又可以节约成本。

视频监控信号的传输可以分为模拟传输和数字传输，现在随着科学技术不断进步，计算机更加深入各行各业，数字技术日益发展，模拟传输现在已经基本被淘汰。

数字传输又可以分为电话线传输、DDN 线路传输、ISDN 线路传输、光纤信道传输、无线信道传输和卫星线路传输。随着 TCP/IP 网络的带宽越来越大，目前越来越多地通过 TCP/IP 网络进行数字传输。

2.3.4　视频监控中的主要设备与器材介绍

1. 光端机

1）光端机的工作原理

光端机是用来将光信号和电信号互相转换的一种设备，它对所传信号不会进行任何压缩。它的作用主要就是实现电-光转换和光-电转换。

2）光端机的典型物理接口

BNC 接口是指同轴电缆接口，用于 75Ω 同轴电缆连接，提供收（RX）、发（TX）两个通道，它用于非平衡信号的连接。

光纤接口是用来连接光纤线缆的物理接口，通常有 SC、ST、FC 等几种类型，由日本 NTT 公司开发。ST 接口通常用于 10Base-F，SC 接口通常用于 100Base-FX。FC 是 Ferrule Connector 的缩写，其外部加强方式是采用金属套，紧固方式为螺丝扣。

RS-485 采用平衡发送和差分接收方式实现通信：发送端将串行口的 TTL 电平信号转换成差分信号 A、B 两路输出，经过线缆传输之后在接收端将差分信号还原成 TTL 电平信号。由于传输线通常使用双绞线，又是差分传输，所以有极强的抗共模干扰的能力，总线收发器灵敏度很高，可以检测到低至 200mV 的电压。故传输信号在千米之外都是可以恢复的。RS-485 最大的通信距离约为 1219m，最大传输速率为 10Mb/s，传输速率与传输距离成反比，在 100kb/s 的传输速率下，可以达到最大的通信距离。

2. 光缆终端盒

光缆终端盒主要用于光缆终端的固定、光缆与尾纤的熔接及余纤的收容和保护。终端盒是光缆的端头接入的地方，然后通过光跳线接入光交换机。因此，终端盒通常是安装在机架上的，可以容纳光缆端头的数量比较多。终端盒就是将光缆与尾纤连接起来起保护作用的。

3. 云台

云台是承载摄像机进行水平和垂直两个方向转动的装置，内置两个交流电机，负责水平和垂直的运动；水平转动的角度一般为 350°，垂直转动的角度一般为 75°，而且，水平和垂直转动的角度均可以通过调节限位开关进行调整。云台的外形如图 2-54 所示。

图 2-54　云台的外形

4. 云台解码器

云台解码器是为带有云台、变焦镜头等可控设备提供驱动电源并与控制设备如矩阵进行通信的前端设备。通常,解码器可以控制云台的上、下、左、右旋转,变焦镜头的变焦、聚焦、光圈,以及防护罩雨刷器、摄像机电源、灯光等设备,还可以提供若干个辅助功能开关,以满足不同用户的实际需要。

5. 视频矩阵

将视频图像从任意一个输入通道切换到任意一个输出通道显示。一般来讲,一个 $M \times N$ 矩阵表示它可以同时支持 M 路图像输入和 N 路图像输出。这里需要强调的是,必须要做到任意,即任意的一个输入和任意的一个输出。

6. 硬盘录像机

硬盘录像机(Digital Video Recorder,DVR),即数字视频录像机,它采用硬盘录像,故常常被称为硬盘录像机,也被称为 DVR。它是一套进行图像存储处理的计算机系统,具有对图像/语音进行长时间录像、录音、远程监视和控制的功能。DVR 集合了录像机、画面分割器、云台镜头控制、报警控制、网络传输 5 种功能于一身,用一台设备就能取代模拟监控系统一大堆设备的功能,而且在价格上也逐渐占有优势。DVR 采用的是数字记录技术,在图像处理、图像储存、检索、备份,以及网络传递、远程控制等方面也远远优于模拟监控设备,DVR 代表了电视监控系统的发展方向,是目前市面上电视监控系统的首选产品。

7. 监控摄像机

监控摄像机由外壳、镜头、CCD 感光元件、基本电路板(含 Q9 头)、电源模块(一般是 220V 转 12V 的变压器)组成,其中镜头是实现光圈开关、变动焦距功能的器件。

CCD 感光元件是摄像机中重要的组成部分,它的好坏直接影响摄像机的质量,感光元件在效果中的体现为视频画面的清晰度,也就是常说的 420 线、480 线、520 线等参数。还有的将 CCD 按规格划分,常见的有 1/3、1/4 规格,当然还有 1/2、2/3、1 的规格。考虑成本,大部分生产商会生产成本较低的 1/4、1/3 规格的 CCD。

基本电路板就相当于计算机的主板,也称为"系统总线",所有的器件都要通过它来实现自己的功能。电源模块其实就是变压器,为电路板和与电路板相连接的器件提供稳定持续的电力供应(220V 转 12V)。

2.4　卫星定位和导航技术

卫星空间定位作为一种全新的现代定位方法,已逐渐在越来越多的领域取代了常规光学和电子仪器。20 世纪 80 年代以来,尤其是进入 20 世纪 90 年代以来,GPS 卫星定位和导航技术与现代通信技术相结合,在空间定位技术方面引起了革命性的变化。

用 GPS 同时测定三维坐标的方法将测绘定位技术从陆地和近海扩展到整个海洋和外层空间,从静态扩展到动态,从单点定位扩展到局部与广域差分,从事后处理扩展到实时(准实时)定位与导航,绝对和相对精度扩展到米级、厘米级乃至亚毫米级,从而大大拓宽了它的应用范围和在各行各业中的作用。GPS 定位的基本原理是根据高速运动的卫星瞬间位置作为已知的起算数据,采用空间距离后方交会的方法,确定待测点的位置。

目前 GPS 系统提供的定位精度是优于 10m,而为了得到更高的定位精度,通常采用差分 GPS 技术,将一台 GPS 接收机安置在基准站上进行观测。根据基准站已知精密坐标,计算出基准站到卫星的距离改正数,并由基准站实时将这一数据发送出去。用户接收机在进行 GPS 观测的同时,也接收到基准站发出的改正数,并对其定位结果进行改正,从而提高定位精度。

差分 GPS 分为两大类:伪距差分和载波相位差分。伪距差分是应用最广的一种差分,即在基准站上观测所有卫星,根据基准站已知坐标和各卫星的坐标,求出每颗卫星每一时刻到基准站的真实距离,再与测得的伪距比较,得出伪距改正数,将其传输至用户接收机,提高定位精度。这种差分能得到米级定位精度,如沿海广泛使用的"信标差分"。载波相位差分技术又称 RTK(Real Time Kinematic)技术,是实时处理两个测站载波相位观测量的差分方法,即将基准站采集的载波相位发给用户接收机,进行求差解算坐标。载波相位差分可使定位精度达到厘米级。大量应用于动态需要高精度位置的领域。

1. GPS 系统的构成

GPS 系统由空间部分、控制部分和用户部分组成,如图 2-55 所示。

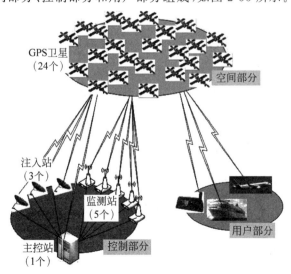

图 2-55　GPS 系统的构成

1）空间部分

GPS 空间部分主要由 24 颗 GPS 卫星构成，包括 21 颗工作卫星和 3 颗备用卫星。24 颗卫星运行在 6 个轨道平面上，运行周期为 12h，保证在任一时刻、任一地点、高度角 15°以上都能够观测到 4 颗以上的卫星，如图 2-56 所示。

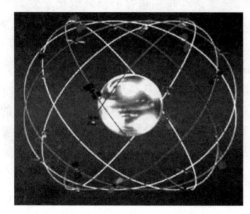

图 2-56　GPS 卫星运行空间

主要作用：飞越注入站上空时，接收地面注入站用 S 波段发送到卫星的导航信息，并通过 GPS 信号形成导航电文；接收地面主控站通过注入站发送到卫星的调度命令（钟、轨道、卫星）；向广大用户连续不断地发送导航定位信号，并用导航电文中的星历和历书分别报道自己的现实位置，以及其他在轨卫星的位置。

2）控制部分

GPS 控制部分由 1 个主控站、5 个监测站和 3 个注入站组成，作用是监测和控制卫星运行，编算卫星星历（导航电文），保持系统时间，如图 2-57 所示。

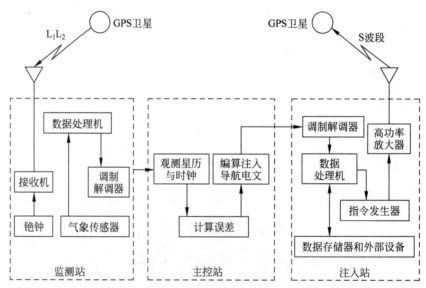

图 2-57　地面监控系统框图

主控站：从各个监测站收集卫星数据，计算出卫星的星历和时钟修正参数等，并通过注入站注入卫星，向卫星发布指令，控制卫星，当卫星出现故障时，调度备用卫星。

监测站：接收卫星信号，检测卫星运行状态，收集天气数据，并将这些信息传送给主控站。

注入站：将主控站计算的卫星星历及时钟修正参数等注入卫星。

3）用户部分

GPS 用户设备部分包含 GPS 接收器及相关设备。

GPS 接收器主要由 GPS 芯片构成。例如，车载、船载 GPS 导航仪，内置 GPS 功能的移动设备,GPS 测绘设备等都属于 GPS 用户设备。

作用:接收、跟踪、变换和测量 GPS 信号。

GPS 接收机主要由天线、接收机、微处理机和输入输出部分组成。其主要结构框架(单频接收机)如图 2-58 所示。

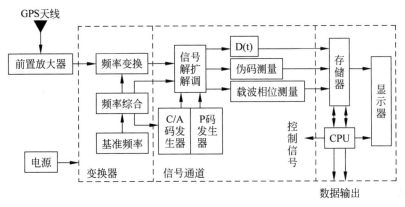

图 2-58　接收机结构框图

GPS 接收机是用户接收卫星信号的设备,定位质量与其有直接关系。衡量接收机的性能指标主要有信号跟踪的通道数、跟踪信号种类、跟踪卫星数、定位精度(位置、速度和授时)、重捕信号时间、工作温度与湿度、体积、重量、天线类型及用途等。现在接收机主要部件已经集成化,用户可以单独购买接收机的集成芯片。对接收机采集到的数据进行处理,有两种方式:实时方式和后处理方式。实时数据处理是在接收机接收卫星信号后在测站点直接通过微处理器进行数据运算与平差运算,得到三维测站点坐标信息。数据后处理方式是将采集到的数据存入存储器,在室内通过 GPS 计算软件进行计算。计算中可选择平差方法以及适当的参考点等数据。目前在 GPS 大地测量中进行整体网平差一般采用数据后处理的方式。

2. GPS 的应用

卫星导航定位系统具有全球覆盖、全天候、实时导航定位、用户不需要与地面已知坐标点通信等特点,已成为军事上不可缺少的重要装备,是现代化战争中快速反应、准确打击目标、军事指挥调度中的重要手段。它可用于各种车辆、船舶、飞机高精度、快速导航定位,外弹道与低轨卫星的轨道测量,武器制导,数字化士兵、数字化部队的建设,以及战役、战术指挥调度。所以,超级大国在军备竞赛中都努力发展用于军事目的的卫星导航定位系统。美国的 GPS 和俄罗斯的 GLONASS 都是在这种背景下产生的,整个系统也是由军事部门所控制的。

由于卫星在空中发射信号,因此用户只需有一台卫星信号接收机即可导航定位,在民用上有广阔市场。所以 GPS 和 GLONASS 系统在研制中都分为军事和民间应用两部分。卫星发射信号带有军用和民用两种码,但是民用码比军用码的精度低,并且受到军事需要的控制。民用接收机在飞行高度和速度上都有限制。

民用系统的主要功能有:

1) 定位功能

通过接收 GPS 卫星信号,可以准确地定出其所在的位置,并可以在地图上相应的位置用记号标记出来。同时 GPS 还可以取代传统的指南针显示方向,取代传统的高度计显示海拔高度等信息。

2) 导航功能

用户在车载 GPS 导航系统上任意标注两点后,导航系统便会自动根据当前的位置为车主设计最佳路线,包括最快的路线、最简单的路线、通过高速公路路段次数最少的路线等供车主选择。

3) 语音提示功能

如果前方遇到路口或者转弯,系统将自动给出转向语音提示,以避免车主走弯路;能够提供全程语音提示,驾车者无须观察显示界面就能实现导航的全过程,使行车更加安全方便。

4) 信息查询功能

车载系统均配备电子地图。电子地图含有全国的各大省会城市及各中小城市,驾车者可以随时查看任一地点的交通、建筑、旅游景点、宾馆、医院等情况。

5) 测速功能

通过对 GPS 卫星信号的接收计算,可以测算出行驶的具体速度,比一般的里程表准确很多。

3. 北斗卫星导航系统

我国在民用上从 20 世纪 70 年代中期开始引进子午卫星导航定位技术,采用多普勒定位技术,主要用于大地测量、海岛联测及石油勘探。20 世纪 80 年代中期开始引进 GPS 卫星定位仪。随着 GPS 卫星定位系统的日益完善和卫星定位技术的不断提高,卫星导航定位技术已应用于国民经济的多个领域中并发挥了重要作用。

北斗卫星导航系统是我国自行开发研制,能够全天候、全天时提供卫星导航信息的区域导航系统,该系统由空间卫星、地面控制中心站和北斗用户终端三部分构成。空间部分包括两颗地球同步轨道卫星(GEO),分别为 BDSTAR-1 号和 BDSTAR-2 号。卫星上带有信号转发装置,完成地面控制中心站和用户终端之间的双向无线电信号的中继任务。与 GPS 不同,北斗卫星导航系统所有用户终端位置的计算都是在地面控制中心站完成的,因此,控制中心可以保留全部北斗终端用户机的位置及时间信息。同时,地面控制中心站还负责整个系统的监测管理。用户终端是直接由用户使用的设备,用于接收地面中心站经卫星转发的测距信号。根据执行任务不同,用户终端分为定位通信终端、集团用户管理站终端、差分终端、校时终端等。

2.5 激光技术

激光于 1960 年面世,是一种因刺激产生辐射而强化的光。科学家在电子管中以光或电流的能量来撞击某些晶体或原子易受激发的物质,使其原子的电子达到受激发的高能量状态,当这些电子要恢复到平静的低能量状态时,原子就会射出光子,以放出多余的能量;而接着,这些被放出的光子又会撞击其他原子,激发更多的原子产生光子,引发一连串的"连锁反应",并且都朝同一个方向前进,形成强烈而且集中朝向某个方向的光;因此强的激光甚至可用作切割钢板。

1. 激光基本信息

激光具有单色性好,方向性强,亮度高等特点。现已发现的激光工作物质有几千种,波长范围从软 X 射线到远红外线。激光技术的核心是激光器,激光器的种类很多,可按工作物质、激励方式、运转方式、工作波长等不同方法分类。根据不同的使用要求,采取一些专门的技术提高输出激光的光束质量和单项技术指标,应用比较广泛的单元技术有共振腔设计与选模、倍频、调谐、Q 开关、锁模、稳频和放大等。为了满足军事应用的需要,主要发展了以下 5 项激光技术。

1) 激光测距技术

它是在军事上最先得到实际应用的激光技术。20 世纪 60 年代末,激光测距仪开始装备部队,现已研制生产出多种类型,大都采用钇铝石榴石激光器,测距精度为 ±5m 左右。由于它能迅速、准确地测出目标距离,所以广泛用于侦察测量和武器火控系统。

2) 激光制导技术

激光制导武器精度高,结构比较简单,不易受电磁干扰,在精确制导武器中占有重要地位。20 世纪 70 年代初,美国研制的激光制导航空炸弹在越南战场首次使用。20 世纪 80 年代以来,激光制导导弹和激光制导炮弹的生产和装备数量也日渐增多。

3) 激光通信技术

激光通信容量大,保密性好,抗电磁干扰能力强。光纤通信已成为通信系统的发展重点。机载、星载的激光通信系统和对潜艇的激光通信系统也在研究发展中。

4) 强激光技术

用高功率激光器制成的战术激光武器,可使人眼致盲和使光电探测器失效。利用高能激光束可能摧毁飞机、导弹、卫星等军事目标。用于致盲、防空等的战术激光武器,已接近实用阶段。用于反卫星、反洲际弹道导弹的战略激光武器,尚处于探索阶段。

5) 激光模拟训练技术

用激光模拟器材进行军事训练和作战演习,不消耗弹药,训练安全,效果逼真。现已研制生产了多种激光模拟训练系统,在各种武器的射击训练和作战演习中广泛应用。此外,激光核聚变研究取得了重要进展,激光分离同位素进入试生产阶段,激光引信、激光陀螺已得到实际应用。

2. 激光特性

1) 单色性好

众所周知,普通的白光有 7 种颜色,频率范围很宽。频率范围宽的光波在光纤中传输会引起很大的噪声,使通信距离很短,通信容量很小。而激光是一种单色光,频率范围极窄,发散角很小,只有几毫弧度,激光束几乎就是一条直线。这种光波在光纤中传输产生的噪声很小,这就可以增加中继距离,扩大通信容量。现在已研究出单频激光器,这种激光器只有一个振荡频率,用这种激光器可以把十几万路的电话信息直接传送到 100km 以外。这种通信系统就可满足将来信息高速公路的需要了。

2) 相干性高

光的相干性分为时间相干性和空间相干性两种。时间相干性用相干长度量度,它表征可相干的最大光程差,也可以用光通过相干长度所需的时间,即相干时间来量度。

相干时间与光谱的频宽成反比。光的单色性越好,则相干长度或相干时间就越长,时间相干性就越好。激光的单色性好,因此它的相干长度很长,时间相干性好。He-Ne 激光器发生的激光,相干长度可达几十千米。

光场的空间相干性可用垂直于光传播方向上的相干面积来衡量,理论分析表明,相干面积与光束的平面发散角成反比。激光的平面发散角极小,几乎可压缩到接近于衍射极限角,因此,可以认为整个光束横截面内各点的光振动都是彼此相干的,所以空间相干性相当高。

3) 方向性强

激光的方向性比现在所有的其他光源都好得多,它几乎是一束平行线。如果把激光发射到月球上去,历经 38.4 万千米的路程后,也只有一个直径为 2km 左右的光斑。如果用的是探照灯,则绝大部分光早就在中途"开小差"了。

普通光源总是向四面八方发散的,这作为照明来说是必要的。但要把这种光集中到一点,则绝大多数能量都会被浪费掉,效率很低。半导体激光器发出的光绝大部分都很集中,很容易射入光纤端面。

4) 亮度高

一个几十瓦的电灯泡,只能用于普通照明。如果把它的能量集中到 1m 直径的小球内,就可以得到很高的光功率密度,用这个能量能把钢板打穿。然而,普通光源的光是向四面八方发射的,光能无法高度集中。普通光源上不同点发出的光在不同方向上、不同时间里都是杂乱无章的,经过透镜后也不可能会聚在一点上。

激光与普通光相比则大不相同。因为它的频率很单纯,从激光器发出的光就可以步调一致地向同一方向传播,可以用透镜把它们会聚到一点上,把能量高度集中起来,送入光纤,这就叫相干性高。一台巨脉冲红宝石激光器的亮度可达 $10^{15} \text{W/cm}^2 \cdot \text{sr}$,比太阳表面的亮度还高若干倍。

光纤通信用的半导体激光器的体积很小,和普通的晶体三极管差不多。它发出的光功率一般都不太大,通常只有几毫瓦。如果把它的能量高度集中,就很容易耦合进光纤。这对增加光纤通信的中继距离,提高通信质量是很有意义的。

2.6 红外技术

1800 年,红外线被人们发现,并很快得到应用,从医疗、检测、航空到军事等领域,几乎处处都能看到红外的身影。红外技术产业的主要领域方向按产品与技术可分为红外传感器、红外成像器、红外材料、光学元件、制冷器、前放与专用信号读出处理电路、图像处理、系统设计、仿真与试验,按应用领域可分为安防、消防、电力、企业制程制冷、医疗、建筑、遥感等。

红外应用产品种类繁多,本节仅选择红外热像仪、红外摄像机、红外通信、红外光谱仪、红外传感器等几个比较大的领域进行介绍。

1. 红外热像仪

红外热像仪行业是一个发展前景非常广阔的新兴高科技产业,也是红外应用产品中市场份额最大的一块,在军民两个领域都有广泛的应用。红外热像仪在现代战争条件下的卫星、导弹、飞机等军事武器上获得了广泛的应用。同时,随着非制冷红外热成像技术的生产成本大幅度降低,该产品的应用已延伸到了电力、消防、工业、医疗、安防等国民经济各个部门。

2. 红外摄像机

随着北京奥运会、上海世博会、广州亚运会等国内大型活动的增加,对安全的要求越来越严格,越来越多的场所需要 24h 持续监控。红外线在夜间监视的应用更加突出,不仅金库、油库、军械库、图书文献库、文物部门、监狱等重要部门采用,在一般监控系统中也被广泛采用,甚至居民小区监控工程也应用了红外线摄像机,带动了红外摄像市场持续升温。

3. 红外通信

传统的红外通信应用主要在家电和汽车防盗遥控器方面,由于调制技术、相关收发器技术的快速发展,红外传输应用也发生了质的飞跃。1993 年,国际红外线协会在美国成立,积极整合建立红外传输的标准,极大地推动了红外产品的发展。

个人笔记本、PDA、数码相机等产品的普及带动了红外传输的发展。国际红外线协会1994 年推出了 1.0 版红外线资料交换标准,传输速率为 115.2kb/s,目前的最大传输速度已达 4Mb/s 以上。从当前的情况来看,红外技术无论是从应用覆盖度、技术成熟度和用户接受度来说,都在各类无线通信技术中处于领先地位。

4. 红外光谱仪

红外光谱仪主要用于化学物理分析领域,可应用于各种物理化学实验室、石油、农业、检测等领域。按应用范围可分为通用型红外光谱仪和专用红外光谱仪,按波长范围分可分为近红外光谱仪和远红外光谱仪,目前以近红外光谱仪为主。现代近红外光谱分析技术包括近红外光谱仪、化学计量学软件和应用模型三部分。只有三者完美结合才能达到高性能的要求。目前近红外专用光谱仪器的研制及应用在国内已受到很多专家的关注,并已开发研制出一批适应国内分析对象的仪器及应用软件。

5. 红外传感器

在实现远距离温度监测与控制方面,红外温度传感器以其优异的性能满足了多方面的要求。在产品加工行业,特别是需要对温度进行远距离监测的场合,都是温度传感器大显身手的地方。在食品行业,红外温度可以在不被污染的情况下实现食品温度记录,因此备受欢迎。光纤红外传感器还具有抗电磁和射频干扰的特点,这为便携式红外传感器在汽车行业中的应用开辟了新的市场。

随着红外测温技术的广泛应用,一种新型的红外技术——智能(Smart)数字红外传感技术正在悄然兴起。这种智能传感器内置微处理器,能够实现传感器与控制单元的双向通信,具有小型化、数字通信、维护简单等优点。当前,各传感器用户纷纷升级其控制系统,智能红外传感器的需求量将会继续增长,预计短期内市场还不会达到饱和。

另外,随着便携式红外传感器的体积越来越小,价格逐渐降低,在食品、采暖空调和汽车等领域也有了新的应用。例如用在食品烘烤机、理发吹风机上,红外传感器检测温度是否过热,以便系统决定是否进行下一步操作,如停止加热,或是将食品从烤箱中自动取出,或是使吹风机冷却等。随着更多的用户对便携式红外温度传感器的了解,其潜在用户正在增加。

2.7　生物识别

生物识别是依靠人体的身体特征来进行身份验证的一种解决方案。它通过计算机与光学、声学、生物传感器和生物统计学原理等高科技手段密切结合,利用人体固有的生理特性(如指纹、脸像、虹膜等)和行为特征(如笔迹、声音、步态等)来进行个人身份的鉴定。

生物特征识别技术具有不易遗忘、防伪性能好、不易伪造或被盗、随身"携带"和随时随地可用等优点。传统的身份鉴定方法包括身份标识物品(如钥匙、证件、ATM卡等)和身份标识知识(如用户名和密码)。但由于主要借助体外物,一旦证明身份的标识物品和标识知识被盗或遗忘,其身份就容易被他人冒充或取代。生物识别技术比传统的身份鉴定方法更具安全性、保密性和方便性。

生物识别技术可广泛用于政府、军队、银行、社会福利保障、电子商务、安全防务。例如,一位储户走进了银行,他既没带银行卡,也没有回忆密码就径直提款,当他在提款机上提款时,一台摄像机对该用户的眼睛进行扫描,迅速、准确地完成用户身份鉴定,使其顺利办理业务,这里所使用的正是现代生物识别技术中的"虹膜识别系统"。

生物识别工作包括4个步骤:原始数据获取、抽取特征、比较和匹配。生物识别系统捕捉到生物特征的样品,唯一的特征将会被提取,并且转化成数字的符号,接着,这些符号被用作那个人的特征模板,这种模板可能会存放在数据库、智能卡或条码卡中,人们同识别系统交互比较,根据匹配或不匹配来确定身份。

目前已经出现了许多生物识别技术,如指纹识别、手掌几何学识别、虹膜识别、视网膜识别、面部识别、签名识别、声音识别等,但其中一部分技术含量高的生物识别手段还处于实验阶段。有理由相信,随着科学技术的飞速进步,将有越来越多的生物识别技术应用到实际生活中。

1. 指纹识别

指纹在我国古代就被用来代替签字画押,证明身份。大致可分为"弓""斗""箕"三种基本类型,具有各人不同、终身不变的特性。指纹识别是目前最成熟、最方便、可靠、无损伤和价格便宜的生物识别技术解决方案,已经在许多行业领域中得到了广泛的应用。

实现指纹识别有多种方法。其中有些是仿效传统的公安部门使用的方法,比较指纹的局部细节;有些直接通过全部特征进行识别;还有一些使用更独特的方法,如指纹的波纹边缘模式和超声波。有些设备能即时测量手指指纹,有些则不能。在所有生物识别技术中,指纹识别是当前应用最为广泛的一种。指纹识别对于室内安全系统来说更为适合,因为可以有充分的条件为用户提供讲解和培训,而且系统运行环境也是可控的。由于其相对低廉的价格、较小的体积(可以很轻松地集成到键盘中)以及容易整合,所以在工作站安全访问系统中应用的几乎全部都是指纹识别。

2. 掌纹识别

手掌几何学识别就是通过测量使用者的手掌和手指的物理特征来进行识别,高级的产品还可以识别三维图像。作为一种已经确立的方法,手掌几何学识别不仅性能好,而且使用比较方便。它适用于用户人数比较多,或者用户虽然不经常使用但使用时很容易接受的场合。如果需要,这种技术的准确性可以非常高,同时可以灵活地调整生物识别技术性能以适应相当广泛的使用要求。手形读取器使用的范围很广,且很容易集成到其他系统中,因此成为许多生物识别项目中的首选技术。

3. 视网膜识别

视网膜识别使用光学设备发出的低强度光源扫描视网膜上独特的图案。有证据显示,视网膜扫描是十分精确的,但它要求使用者注视接收器并盯着一点。这对于戴眼镜的人来说很不方便,而且与接收器的距离很近,也让人不太舒服。所以尽管视网膜识别技术本身很好,但用户的接受程度很低。因此,该类产品虽在20世纪90年代经过重新设计,加强了连通性,改进了用户界面,但仍然是一种非主流的生物识别产品。

4. 虹膜识别

虹膜识别是与眼睛有关的生物识别中对人产生较少干扰的技术。它使用相当普通的照相机元件,而且不需要用户与机器发生接触。另外,它有能力实现更高的模板匹配性能。

虹膜是环绕着瞳孔的一层有色的细胞组织。如图 2-59 所示,每一个虹膜都包含一个独一无二的基于像冠、水晶体、细丝、斑点、结构、凹点、射线、皱纹和条纹等特征的结构。虹膜扫描安全系统包括一个全自动照相机来寻找你的眼睛并在发现虹膜时就开始聚焦,捕捉到虹膜样本后由软件来对所得数据与储存的模板进行比较。想通过眨眼睛来欺骗系统是不行的。

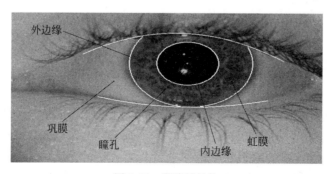

图 2-59　眼睛的结构

5．签名识别

签名识别在应用中具有其他生物识别所没有的优势,人们已经习惯将签名作为一种在交易中确认身份的方法,它的进一步的发展也不会让人们觉得有太大不同。实践证明,签名识别是相当准确的,因此签名很容易成为一种可以被接受的识别符。但与其他生物识别产品相比,这类产品目前数量很少。

签名识别,也称为签名力学辨识,它是建立在签名时的力度上的。它分析的是笔的移动,例如加速度、压力、方向以及笔画的长度,而非签名的图像本身。签名识别和声音识别一样,是一种行为测定学。签名力学的关键在于区分出不同的签名部分,有些是习惯性的,而另一些在每次签名时都不同。

6．面部识别

面部识别系统是通过分析面部特征的唯一形状、模式和位置来辨识人。其采集处理的方法主要是标准视频和热成像技术。标准视频技术通过一个标准的摄像头摄取面部的图像或者一系列图像,在面部被捕捉之后,一些核心点,例如眼睛、鼻子和嘴的位置以及它们之间的相对位置,被记录下来然后形成模板;热成像技术通过分析由面部的毛细血管的血液产生的热线来产生面部图像,与视频摄像头不同,热成像技术并不需要在较好的光源条件下,因此即使在黑暗情况下也可以使用。

7．基因识别

人体内的 DNA 在整个人类范围内具有唯一性(除了双胞胎可能具有同样结构的 DNA 外)和永久性。因此,除了对双胞胎个体的鉴别可能失去它应有的功能外,这种方法具有绝对的权威性和准确性。DNA 鉴别方法主要根据人体细胞中 DNA 分子的结构因人而异的特点进行身份鉴别。这种方法的准确性优于其他任何身份鉴别方法,同时有较好的防伪性。

基因识别是一种高级的生物识别技术,但由于技术上的原因,还不能做到实时取样和迅速鉴定,这在某种程度上限制了它的广泛应用。

除了上面提到的生物识别技术以外,还有通过气味、耳垂和其他特征进行识别的技术,但它们目前还不能走进日常生活。

2.8　语音识别

物联网的一个关键技术就是要解决人与物之间的关系,也就是说,人能够用语音操控机器,反之,机器可以产生人能听懂的语音。与机器进行语音交流,让机器明白人说的是什么并且机器发出声音告诉人一些信息,这是人们长期以来梦寐以求的事情。语音识别技术就是让机器通过识别和理解的过程把语音信号转变为相应的文本或命令的技术,语音识别正逐步成为信息技术中人机接口的关键技术,语音识别技术与语音合成技术相结合使人们能够甩掉键盘,通过语音命令进行操作。

语音识别主要包括两个方面:语言和声音。声音识别是对基于生理学和行为特征的说话者噪音和语言学模式的运用,它与语言识别不同之处在于不对说出的词语本身进行辨识。而是通过分析语音的唯一特性,例如发音的频率,来识别出说话的人。声音辨识技术使得人们可以通过说话的噪音来控制能否出入限制性的区域。举例来说,通过电话拨入银行、数据库服务、购物或语音邮件,以及进入保密的装置。语言识别则要对说话的内容进行识别,主要用于信息输入、数据库检索、远程控制等方面。现在身份识别方面更多的是采用声音识别。

网上语音交互系统是指人们在网上不需要用键盘输入命令,而是直接与计算机(或手机)对话,计算机(或手机)能通过 TTS(语言合成)发出声音进行答复(例如,当用户说出"你好"时,计算机也能发出"How are you",具有一定的语音翻译功能)。网上语音交互系统基于 Internet 平台,应用语音识别、合成和转换技术,为固定和移动电话用户提供用语音访问 Internet 并获取网上信息的门户。语音门户融合了语音、CTI、Web、电信、计算机及网络等技术,构筑出新一代语音上网平台,将使更多的用户能够通过各类通信终端快速接入 Internet。

当前的语音识别主要是基于文本搜索,语音参数与模拟参数相匹配,应用某种不变测度,寻求语音参数与模拟参数之间的相似性,最后结合装有 DSP 的语音板卡一起工作,用似然函数进行判决。这也就是说,语音参数与模拟参数匹配是当前语音识别系统的核心。但是 HMM 模型并不含有语义信息,语音参数与模拟参数的相似度远远比不上语义相似度计算严格,另外,语音反馈信息也缺乏必要的语义抽取,因此,寻找一种语义搜索应用于当前分布式系统语音识别,对提高分布式系统语音识别应用有十分重要的意义,尤其是网上语音交互系统。

1. 语音识别的原理

语音识别是模式识别的一个分支,又从属于信号处理科学领域,它所涉及的领域包括信号处理、模式识别、概率论和信息论、发声机理和听觉机理、人工智能等。根据实际中的应用不同,语音识别系统可以分为特定人与非特定人的识别、独立词与连续词的识别、小词汇量与大词汇量以及无限词汇量的识别。但无论哪种语音识别系统,其基本原理和处理方法都大体类似。不同任务的语音识别系统有多种设计方案,但系统的结构和模型思想大致相同。语音识别系统本质上是一种模式识别系统,包括特征提取、模式匹配、参考模型库三个基本单元,它的基本结构如图 2-60 所示。

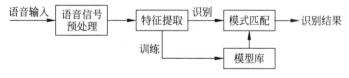

图 2-60　语音识别系统的基本结构

未知(待识别)语音经过传声器变换成电信号(即语音信号)后加在识别系统的输入端,首先经过预处理,再根据人的语音特点建立语音模型,对输入的语音信号进行分析,并提取所需的特征参数(主要是反映语音本质特征的声学参数,如平均能量、平均跨零率、共振峰等),提取的特征参数必须满足以下要求:提取的特征参数能有效地代表语音特征,具有很好的区分性;各阶参数之间有良好的独立性,当然,这是一种假设;特征参数要计算方便,最好有高效的算法,以保证语音识别的实时实现。特征提取之后有一个训练环节,这是在识别之前通过让讲话者多次重复语音,从原始语音样本中去除冗余信息,保留关键数据,再按照一定的规则对数据加以聚类,形成模式库。

识别之后就是模式匹配,这是整个语音识别系统的核心,它是根据一定的规则(如某种距离测度)以及专家知识(如构词规则、语法规则、语义规则等),计算输入特征与库存模式之间的相似度(如匹配距离、似然概率),判断出输入语音的语意信息,然后在此基础上建立语音识别所需的模板。而计算机在识别过程中要根据语音识别的模型,将计算机中存放的语音模板与输入的语音信号的特征进行比较,根据一定的搜索和匹配策略,找出一系列最优的与输入的语音匹配的模板。然后根据此模板的定义,通过查表就可以给出计算机的识别结果。显然,这种最优的结果与特征的选择、语音模型的好坏、模板是否准确都有直接的关系。模式匹配的方法发展得比较成熟,目前已达到了实用阶段。在模式匹配方法中,要经过特征提取、模板训练、模板分类、判决 4 个步骤。

2. 语音识别的主要技术

常用的语音识别技术有动态时间规整(DTW)、隐马尔可夫法(HMM)、矢量量化(VQ)技术和人工神经网络方法 4 种。

1) 动态时间规整(DTW)

语音信号的端点检测是进行语音识别的一个基本步骤,它是特征训练和识别的基础。语音信号具有很强的随机性,不同的发音习惯和心情都会导致发音长短不一的现象,从而影响测控估计,降低识别率,因此,在语音识别时,首先将语音信号进行时间调整。在早期,进行端点检测的主要依据是能量、振幅和过零率,但效果往往不明显。20 世纪 60 年代提出了动态时间规整(Dynamic Time Warping,DTW)算法,该算法的思想就是把未知量均匀地伸长或缩短,直到与参考模式的长度一致。DTW 是将时间规整和距离测度计算结合起来,测试语音参数共有帧矢量,这无疑在原来的基础上前进了一大步。

2) 隐马尔可夫法(HMM)

隐马尔可夫模型是马尔可夫链的一种,它的状态不能直接观察到,但能够通过观察向量序列得到,每个测量向量都是通过某些概率密度分布表现为各种状态,每一个观测向量是由一个具有相应概率密度分布的状态序列产生。

HMM 方法现已成为语音识别的主流技术,主要原因是它具有较强的对时间序列结构的建模能力。目前大多数大词汇量、连续语音的非特定人语音识别系统都是基于 HMM 模型的。HMM 是对语音信号的时间序列结构建立统计模型,将之看作一个数学上的双重随机过程:一个是用具有有限状态数的马尔可夫链来模拟语音信号统计特性变化的隐含的随机过程,另一个是与马尔可夫链的每一个状态相关联的观测序列的随机过程。前者通过后者表现出来,但前者的具体参数是不可测的。人的言语过程实际上就是一个双重随机过程,语音信号本身是一个可观测的时变序列,是由大脑根据语法知识和言语需要(不可观测的状态)发出的音素的参数流。可见 HMM 合理地模仿了这一过程,很好地描述了语音信号的整体非平稳性和局部平稳性,是较为理想的一种语音模型。

3) 矢量量化(VQ)

量化是模拟信号数字化的必要环节,它也是语音编码技术的基本思想。无论哪种语音处理技术都与量化密切相关,可以说,现代语音技术广泛使用矢量量化编码。矢量量化是一种重要的信号压缩方法。与 HMM 相比,矢量量化主要适用于小词汇量、孤立词的语音识别中。其过程是将语音信号波形的 k 个样点的每一帧,或有 k 个参数的每一参数帧,构成 k 维空间中的一个矢量,然后对矢量进行量化。矢量量化总是优于标量量化,且矢量维数越大,性能就越优越。这是因为矢量量化有效地应用了矢量中各分量间的各种相互关联性质。量化时,将 k 维无限空间划分为 M 个区域边界,然后将输入矢量与这些边界进行比较,并被量化为"距离"最小的区域边界的中心矢量值。矢量量化器的设计就是从大量信号样本中整理出好的码本,从实际效果出发寻找到好的失真测度定义公式,设计出最佳的矢量量化系统,用最少的搜索和计算失真的运算量,实现最大可能的平均信噪比。

在实际的应用过程中,人们还研究了多种降低复杂度的方法,这些方法大致可以分为两类:无记忆的矢量量化和有记忆的矢量量化。无记忆的矢量量化包括树形搜索的矢量量化和多级矢量量化。在语音识别方面,VQ 在语音信号处理中占有十分重要地位,可以相信,随着大规模集成电路的不断发展,矢量量化研究还会得到更大的发展和创新,也将推出各种新的矢量量化方法,用硬件实现矢量量化系统。

4)人工神经网络方法

神经网络是一门新兴交叉学科,它是指模仿人脑神经网络的结构和某些工作机制建立一种计算模型的数学处理方法。利用人工神经网络的方法是 20 世纪 80 年代末期提出的一种新的语音识别方法。人工神经网络(ANN)本质上是一个自适应非线性动力学系统,模拟了人类神经活动的原理,具有自适应性、并行性、鲁棒性、容错性和学习特性,其强大的分类能力和输入-输出映射能力在语音识别的研究中都很有吸引力。但由于存在训练、识别时间太长的缺点,目前仍处于实验探索阶段。由于 ANN 不能很好地描述语音信号的时间动态特性,所以,常把 ANN 与传统识别方法结合,分别利用各自的优点来进行语音识别。

3. 语音识别的应用领域

语音识别技术的应用可以分为两个发展方向,即软件方向和硬件方向。

软件的发展方向是交互式机器人发音及听力识别,所谓机器人的发音,是经过人的分析判断后使用 TTS 产生声音与人交互;听力识别是将听到的人的声音转化为文字供机器人进行逻辑判断,确定人发出的命令的含义。软件的另一个发展方向是大词汇量连续语音识别系统,主要应用于计算机的听写机,以及与电话网或者 Internet 相结合的语音信息查询服务系统,这些系统都是在计算机平台上实现的。

在硬件中主要的发展方向是小型化、便携式语音产品的应用,如无线手机上的拨号、汽车设备的语音控制、智能玩具、家电遥控等方面,这些应用系统大都使用专门的硬件系统实现,特别是近几年来迅速发展的语音信号处理专用芯片和语音识别芯片,为其广泛应用创造了极为有利的条件。语音识别专用芯片的应用领域,主要包括以下几个方面。

1)工业控制领域的语音操作

当操作人员的眼或手已经被占用的情况下,在增加控制操作时,最好的办法就是增加人与机器的语音交互界面。由语音对机器发出命令,机器用语音做出应答。语音识别正逐步成为信息技术中人机接口的关键技术,语音识别技术与语音合成技术结合使人们能够甩掉键盘,通过语音命令进行操作,尤为重要的是网上语音交互系统。例如,由于在汽车的行驶过程中,驾驶员的手必须放在方向盘上,因此,在汽车上拨打电话,需要使用具有语音拨号功能的免提电话通信方式。此外,对汽车的卫星导航定位系统(GPS)的操作和家用空调、VCD、电扇、窗帘以及音响等设备的操作,同样也可以由语音来控制。

2) 个人数字助理(PDA)和手机的语音交互界面

PDA 和手机的体积很小,尤其是广泛使用智能手机后,人机界面一直是其应用和技术的瓶颈之一。由于在 PDA 和手机上使用键盘非常不便,因此,现多采用手写体识别的方法输入和查询信息。但是,这种方法仍然让用户感到很不方便。现在业界一致认为,PDA 和手机的最佳人机交互界面是以语音作为传输介质的交互方法,并且已有少量应用。随着语音识别技术的提高,可以预见,在不久的将来,语音将成为 PDA 和手机主要的人机交互界面。

3) 电话通信的语音拨号

现在电话号码越来越长,频繁使用电话拨号,要注意力集中,否则容易拨错号。中高档电话已普遍具有语音拨号的功能。随着语音识别芯片的价格降低,普通电话也将具备语音拨号的功能。

4) 智能玩具

小孩总是对智能玩具产生兴趣,通过语音识别技术,可以与智能娃娃对话,可以用语音对玩具发出命令,让其完成一些简单的任务和动作,甚至可以制造具有语音功能的电子看门狗。智能玩具有很大的市场潜力,而其关键在于降低成本和语音芯片的价格。

小结

本章主要介绍了物联网的各种感知技术,包括 RFID 技术、图像识别、语音识别、红外技术、生物识别技术以及各种常用的传感器。特别针对物联网的发展特点,对 MEMS 技术、智能传感器做了重点介绍。

传感器是构成物联网的基础单元,是物联网的耳目,是物联网获取相关信息的来源。传感器是一种能够对当前状态进行识别的元器件,当特定的状态发生变化时,传感器能够立即察觉出来,并且能够向其他的元器件发出相应的信号,用来告知状态的变化。

卫星空间定位是一种全新的现代定位方法,已逐渐在越来越多的领域取代了常规光学和电子仪器。卫星定位和导航技术与现代通信技术相结合,在空间定位技术方面引起了革命性的变化。目前世界上在用的是美国的 GPS、俄罗斯的 GLONASS 和我国的"北斗卫星定位导航系统"三大系统。

除此之外,红外技术、激光技术、生物识别技术等都在工农业生产和人们的日常生活中得到不同程度的应用。

思考与练习

1. 传感器的定义是什么? 它们是如何分类的?
2. 简述传感器在各领域里的应用。

3. 温度传感器是怎么分类的?

4. 简述湿度传感器的应用。

5. 简述湿敏电容式和湿敏电阻式湿度传感器的工作原理。

6. 力学传感器有哪些种类?

7. 气敏传感器有哪些特性?

8. 什么是超声波?超声波的基本特性有哪些?

9. 简述半导体气敏元件制成的表面控制型电阻式传感器的基本结构及工作原理。

10. 光敏传感器可以分为哪两种基本类型?

11. 简述 MEMS 概念、组成结构和功能。

12. MEMS 的优点和特点是什么?

13. 什么是智能传感器?智能传感器有哪些实现方式?

14. 视频监控系统的前端监控部分包括哪些设备?

15. 简述 GPS 系统的构成。

16. 红外应用产品有哪些种类?

17. 简要介绍生物识别技术。

18. 简述语音识别技术的应用情况。

第 3 章
CHAPTER 3 | # 网络通信技术

　　网络通信技术(Network Communication Technology,NCT)是指通过计算机网络系统和数据通信系统实现对数据、图形和文字等形式的资料进行采集、存储、处理和传输,使信息资源达到充分共享的技术。

　　在信息通信领域中,发展最快、应用最广的就是无线通信技术。无线通信(Wireless Communication)是利用电磁波信号可以在自由空间中传播的特性进行信息交换的一种通信方式。

　　无线电波的频率从几十千赫到几万兆赫。为了便于应用,习惯上将无线电频率范围划分为若干区域,叫作频段或波段。

　　不同频段的无线电波,其传播方式、主要用途和特点也不相同。

　　表 3-1 列出了按波长划分的波段名称、相应波长范围和它们的主要用途。

表 3-1　无线电频段划分

波段名称	波长范围	频率范围	频段名称	传播媒质	用途
长波	$10^3 \sim 10^4$ m	30~300kHz	LF 低频	地面波	电报、导航、长距离通信
中波	$2 \times 10^2 \sim 10^3$ m	300~1500kHz	MF 中频	天波、地面波	无线电波广播、导航、海上移动通信、地对空通信
中短波	$50 \sim 2 \times 10^2$ m	1.6~6MHz	IF	天波为主	广播中长距离通信
短波	10~50m	6~30MHz	HF 高频	电离层反射波	无线电广播通信、中长距离通信
超短波	1~10m	30~300MHz	VHF 甚高频	天波	雷达、电视、短距离通信
分米波	1~10dm	300~3000MHz	UHF 超高频	天波、空间波	短距离通信、电视通信
厘米波	1~10cm	3~30GHz	SHF 特高频	天波、外球层传播	中继通信、无线电通信
毫米波	1~10mm	30~300GHz	EHF 极高频		雷达通信
亚毫米波	1mm 以下	300GHz 以上	超极高频	光纤	光通信

　　信息传播过程可以简单地描述为:信源—信道—信宿。其中,信源是信息的发布者,即上传者;信宿是信息的接收者,即最终用户;信道是传送信息的物理性通道,是指由有线或无线电线路提供的信号通路。习惯上,人们根据信道的不同将通信分为有线通信和无线通信两大类。

　　有线信道是指传输媒介为明线、对称电缆、同轴电缆、光缆及波导等一类能够看得见的媒介。有线信道是现代通信网中最常用的信道之一。如对称电缆(又称电话电缆)广泛应用于(市内)近程传输。无线信道的传输媒质比较多,它包括短波电离层、对流层散射等。可以这样认为,凡不属于有线信道的媒质均为无线信道的媒质。无线信道的传输特性没有有线信道的传输特性稳定和可靠,但无线信道具有方便、灵活、通信者可移动等优点。

无线通信系统也称为无线电通信系统,是由发送设备、接收设备、无线信道三大部分组成的,是利用无线电磁波实现信息和数据传输的系统,如图 3-1 所示。

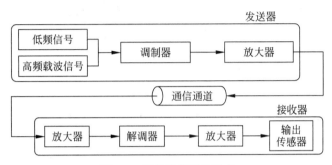

图 3-1 无线通信系统组成

一般的无线收发装置如图 3-2 所示,其中包括收发模块、接收天线和时钟晶振等模块。

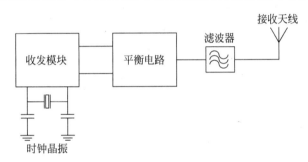

图 3-2 无线收发装置结构

无线收发装置的内部结构如图 3-3 所示。

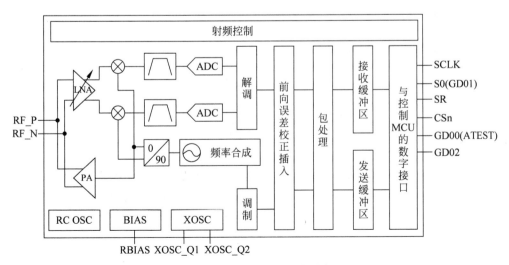

图 3-3 无线收发装置内部结构

3.1 短距离无线通信技术

短距离无线通信是指在较小的区域内(数百米)提供无线通信,它是以无线个域(Wireless Personal Area,WPA)应用为核心特征的。随着 RFID 技术、ZigBee 技术、蓝牙技术、WiFi 技术及超宽带(UWB)技术等低、高速无线应用技术的发展,短距离无线通信正深入通信应用的各个领域,表现出广阔的应用前景。

短距离无线通信涵盖了无线个域网(Wireless Personal Area Networks,WPAN)和无线局域网(Wireless Local Area Networks,WLAN)的通信范围。短距离无线通信技术一般指作用距离在毫米级到千米级的,局部范围内的无线通信应用。其中,WPAN 的通信距离可达 10m 左右,而 WLAN 的通信距离可达 100m 左右。除此之外,通信距离在毫米至厘米量级的近距离无线通信(Near Field Communication,NFC)技术和可覆盖几百米范围的无线传感器网络(Wireless Sensor Networks,WSN)技术的出现,进一步扩展了短距离无线通信的涵盖领域和应用范围。

从通信速率看,短距离无线通信应用中既有几千比特的低速率的 RFID 技术,也有支持高速率的可达几吉比特的 60 GHz 毫米波个域通信(Millimeter-wave WPAN)技术;从通信模式看,有点到点(Point-to-Point)、点到多点(Point-to-Multipoint)链接的蓝牙(Bluetooth)技术,也有具备网状网拓扑(Mesh Networking Topology)结构的 ZigBee 技术;而红外线通信(Infrared Data Association,IrDA)和可见光通信(Visible Light Communications,VLC)更进一步拓展了短距离无线应用的通信方式。各种短距离无线通信技术的应用范围既有相互交叉重叠,也彼此补充。

短距离无线通信中,各项技术及性能指标有所不同,但也有一些共同特点。

(1) 低功耗(Low Power)。由于短距离无线应用的便携性和移动特性,低功耗是基本要求。另一方面,多种短距离无线应用可能处于同一环境之下,如 WLAN 和微波 RFID,在满足服务质量的要求下,要求有更低的输出功率,避免造成相互干扰。

(2) 低成本(Low Cost)。短距离无线应用与消费电子产品联系密切,低成本是短距离无线应用能否推广普及的重要决定因素。此外,如 RFID 和 WSN 应用,需要大量使用或大规模铺设,成本成为技术实施的关键。

(3) 多在室内环境(Indoor Environments)下应用。与其他无线通信不同,由于作用距离限制,大部分短距离应用的主要工作环境是在室内,特别是 WPAN 应用。

(4) 使用 ISM 频段。考虑到产品和协议的通用性及民用特性,短距离无线技术基本上使用免许可证 ISM(Industrial,Scientific and Medical)频段。

(5) 电池供电(Battery Drived)的收发装置。短距离无线应用设备一般都有小型化、移动性要求。在采用电池供电后,需要进一步加强低功耗设计和电源管理技术的研究。

3.1.1 WiFi

WiFi 技术,就是把笔记本中的无线网卡虚拟成两个无线空间,充当两种角色:当与其他 AP(无线信号发射点)相连时,相当于一个普通的终端设备,这是传统应用模式;当与其他无线网络终端设备(如计算机、手机、打印机等)连接时,可作为一个基础 AP,此时只要作为 AP 的笔记本能通过无线、有线、3G/4G/5G 等方式连接入网,那么与之连接的其他无线网络终端设备就可以同时上网了。从使用上来看,英特尔的"My WiFi"技术和最近几年兴起的"闪联"标准类似。

1. 基本概念

WiFi 全称 Wireless Fidelity,又称 802.11b 标准,是 IEEE 定义的一个无线网络通信的工业标准(IEEE 802.11)。802.11b 定义了使用直接序列扩频(Direct Sequence Spread Spectrum,DSSS)调制技术在 2.4GHz 频带实现 11Mb/s 速率的无线传输,在信号较弱或有干扰的情况下,宽带可调整为 5.5Mb/s、2Mb/s 和 1Mb/s。

WiFi 是由无线访问节点(Access Point,AP)和无线网卡组成的无线网络,AP 是当作传统的有线局域网络与无线局域网络之间的桥梁,其工作原理相当于一个内置无线发射器的 HUB 或者是路由;无线网卡则是负责接收由 AP 所发射信号的客户端设备。因此,任何一台装有无线网卡的 PC 均可透过 AP 分享有线局域网络甚至广域网络的资源。

最早的 802.11 无线局域网标准是 802.11b 标准。802.11b 工作在 2.4GHz 的频段,采用 DSSS 技术和 CCK 编码方式,使数据传输速率达到 11Mb/s。

几乎和 802.11b 同时制定的是 802.11a 标准,802.11a 工作在 5GHz 开放 ISM 频段,采用 OFDM 技术,数据传输速率高达 54Mb/s。

802.11b 由于工作在低频段,成本低而获得了广泛的应用,但其数据传输速率低,为此在 802.11b 和 802.11a 的基础上又诞生了 802.11g 标准。802.11g 工作在 2.4GHz,采用 OFDM 技术,数据传输速率达到了 54Mb/s,并向后兼容 802.11b 标准。

然后,在 2004 年 1 月,IEEE 成立了一个新的工作组制定速度更高的标准,这就是 802.11n,802.11n 可以工作在 2.4GHz 或 5GHz,采用 OFDM 技术,同时又引入 MIMO 技术,使得数据传输速率达到了 270Mb/s 甚至高达 540Mb/s。

除了 WiFi 这种无线网络外,还有其他通信范围和速率的不同的无线技术,如图 3-4 所示。

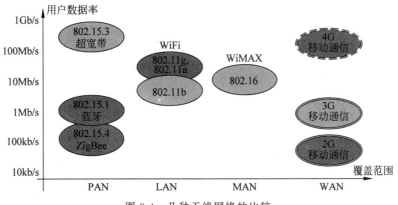

图 3-4　几种无线网络的比较

2. WiFi 的两种工作模式

WiFi 有两种工作模式,一种是有基站的模式,另一种是无基站的模式,如图 3-5 所示。

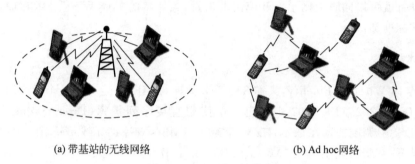

(a) 带基站的无线网络   (b) Ad hoc网络

图 3-5　WiFi 的网络模式

在第一种情况下,所有的通信都经过基站,按照 802.11 的术语,基站称为访问点(Access Point)。在第二种情况下,计算机互相之间直接发送数据,这种模式有时候也称为 Ad hoc 网络(Ad hoc networking)。

3. WiFi 网络结构和原理

IEEE 802.11 标准定义了介质访问接入控制层(MAC 层)和物理层。物理层定义了工作在 2.4GHz 的 ISM 频段上,总数据传输速率设计为 2Mb/s(802.11b)~54Mb/s(802.11g)。如图 3-6 所示为 802.11 的标准和分层。

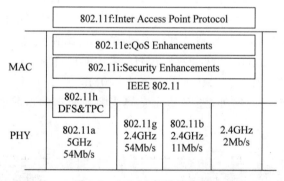

图 3-6　802.11 标准和分层

IEEE 802.11 规范是在 1997 年 8 月提出的,规定工作在 ISM 2.4~2.4835GHz 频段的无线电波,采用了两种扩频技术 DSSS 和 FHSS。

还有是工作在 2.4GHz 的跳频模式,使用 70 个工作频道,FSK 调制,0.5MBPS 通信速率。工作原理如图 3-7 所示。

与 IEEE 802.11 不同,IEEE 802.11h 发布于 1999 年 9 月,它只采用 2.4GHz 的 ISM 频段的无线电波,且采用加强版的 DSSS,可以根据环境的变化在 11Mb/s、5Mb/s、2Mb/s 和 1Mb/s 之间动态切换。目前 802.11b 协议是当前最为广泛的 WLAN 标准。

一个 WiFi 连接点、网络成员和结构站点(Station)是网络最基本的组成部分。

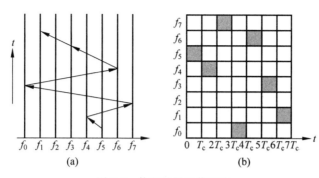

图 3-7　使用跳频工作原理

（1）基本服务单元（Basic Service Set，BSS），网络最基本的服务单元。最简单的服务单元可以只由两个站点组成。两个设备之间的通信可以自由直接（Ad Hoc）的方式进行，也可以在基站（Base Station，BS）或者访问点（Access Point，AP）的协调下进行，也称为 Infrastructure 模式。站点可以动态地连接（Associate）到基本服务单元中。

（2）分配系统（Distribution System，DS）。分配系统用于连接不同的基本服务单元。分配系统使用的媒介（Medium）逻辑上和基本服务单元使用的媒介是截然分开的，尽管它们物理上可能会是同一个媒介，例如同一个无线频段。

（3）接入点（Access Point，AP）。接入点既有普通站点身份，又有接入分配系统的功能。

（4）扩展服务单元（Extended Service Set，ESS）。由分配系统和基本服务单元组合而成。这种组合是逻辑上的，并非物理上的，不同的基本服务单元有可能在地理位置上相去甚远。分配系统也可以使用各种各样的技术。

（5）关口（Portal）。它也是一个逻辑成分，用于将无线局域网和有线局域网或其他网络联系起来。

这里的媒介有三种，站点使用的无线的媒介、分配系统使用的媒介以及和无线局域网集成在一起的其他局域网使用的媒介。物理上它们可能互相重叠。IEEE 802.11 只负责在站点使用的无线媒介上的寻址，分配系统和其他局域网的寻址不属于无线局域网的范围。

WiFi 网络的结构如图 3-8 所示。

802.11 网络底层和以太网 802.3 结构相同，相关数据包装，也使用 IP 通信标准和服务，完成 Internet 连接，具体 IP 数据结构和 IP 通信软件结构如图 3-9 所示。

4. WiFi 技术的特点

WiFi 技术有以下优点。

1）较广的无线电波的覆盖范围

WiFi 的覆盖半径可达 100m，适合办公室及单位楼层内部使用。而蓝牙技术只能覆盖 15m 左右。

2）传输速度快，可靠性高

802.11b 无线网络规范是 IEEE 802.11 网络规范的变种，最高带宽为 11Mb/s，在信号较弱或有干扰的情况下，带宽可调整为 5.5Mb/s、2Mb/s 和 1Mb/s，带宽的自动调整有效地

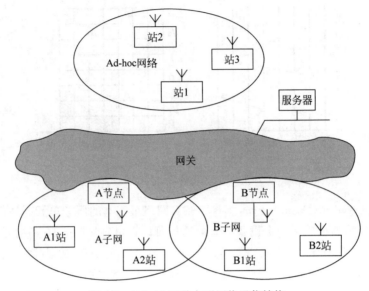

图 3-8　802.11 两种主要网络通信结构

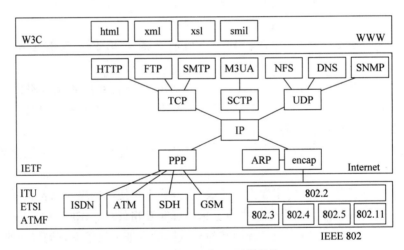

图 3-9　802.11 的 IP 网络结构

保障了网络的稳定性和可靠性。

　　3) 无须布线

　　WiFi 最主要的优势在于不需要布线,可以不受布线条件的限制,因此非常适合移动办公用户的需要,具有广阔市场前景。在机场、车站、咖啡店、图书馆等人员较密集的地方设置"热点",并通过高速线路将 Internet 接入上述场所,用户只要将支持 WiFi 的笔记本或 PDA 拿到该区域内,即可高速接入 Internet。目前它已经从传统的医疗保健、库存控制和管理服务等特殊行业向更多行业拓展,甚至进入家庭及教育机构等领域。

　　4) 健康安全

　　IEEE 802.11 规定的发射功率不可超过 100mW,实际发射功率约 60～70mW,手机的发射功率约 200mW～1W,手持式对讲机高达 5W,而且无线网络使用方式并非像手机直接接触人体,WiFi 产品的辐射更小,是绝对安全的。

WiFi 技术也有它的缺点。

首先是它的覆盖面有限,一般的 WiFi 网络覆盖面只有 100m 左右。其次它的移动性不佳,只有在静止或者步行的情况下使用才能保证其通信质量。为了改善 WiFi 网络覆盖面积有限和低移动性的缺点,最近又提出了 802.11n 协议草案。802.11n 相比前面的标准技术优势明显,在传输速率方面,802.11n 可以将 WLAN 的传输速率由目前 802.11b/g 提供的 54Mb/s 提高到 300Mb/s,甚至 600Mb/s。在覆盖范围方面,802.11n 采用智能天线技术,可以动态调整波束,保证让 WLAN 用户接收到稳定的信号,并可以减少其他信号的干扰,因此它的覆盖范围可扩大到几平方千米。这使得原来需要多台 802.11b/g 设备的地方,只需要一台 802.11n 产品就可以了,不仅方便了使用,还减少了原来多台 802.11b/g 产品互相联通时可能出现的盲点,使得终端移动性得到了一定的提高。

5. WiFi 技术的应用

由于 WiFi 的频段在世界范围内是无须任何电信运营执照的免费频段,因此 WLAN 无线设备提供了一个世界范围内可以使用的、费用极其低廉且数据带宽极高的无线空中接口。用户可以在 WiFi 覆盖区域内快速浏览网页,随时随地接听、拨打电话,而其他一些基于 WLAN 的宽带数据应用,如流媒体、网络游戏等功能更是值得用户期待。有了 WiFi 功能,人们打长途电话(包括国际长途)、浏览网页、收发电子邮件、下载音乐、传递数码照片等,再无须担心速度慢和花费高的问题。

WiFi 在掌上设备上的应用越来越广泛,而智能手机就是其中一分子。与之前应用于手机上的蓝牙技术不同,WiFi 具有更大的覆盖范围和更高的传输速率,因此 WiFi 手机成为目前移动通信业界的时尚潮流。

现在 WiFi 的覆盖范围在国内越来越广泛了,高级宾馆、豪华住宅区、飞机场以及咖啡厅之类的区域都有 WiFi 接口。当人们去旅游、办公时,就可以在这些场所使用掌上设备尽情网上冲浪了。

随着大数据时代的来临,越来越多的电信运营商也将目光投向了 WiFi 技术,WiFi 覆盖小,带宽高,覆盖大,带宽低,两种技术有着相互对立的优缺点,取长补短相得益彰。WiFi 技术低成本、无线、高速的特征非常符合 3G 时代的应用要求。在手机的 3G/4G/5G 业务方面,目前支持 WiFi 的智能手机可以轻松地通过 AP 实现对 Internet 的浏览。随着 VOIP 软件的发展,以 Skype 为代表的 VOIP 软件已经可以支持多种操作系统。在装有 WiFi 模块的智能手机上装上相应的 VOIP 软件后就可以通过 WiFi 网络来实现语音通话。所以 3G/4G/5G 与 WiFi 是不矛盾的,而 WiFi 可以作为 3G 的高效有利的补充。

在网络高速发展的时代,人们已经尝到了 WiFi 带来的便利。我们坚信 WiFi 与 3G 的融合必定会开启一个全新的通信时代。

3.1.2 ZigBee

ZigBee 这一名称来源于蜜蜂的八字舞。由于蜜蜂(bee)是靠飞翔和"嗡嗡"(zig)地抖动翅膀的"舞蹈"来与同伴传递花粉所在方位信息的,也就是说,蜜蜂依靠这样的方式构建了群体中的通信网络。

ZigBee 是规定了一系列短距离无线网络的数据传输速率通信协议的标准,主要用于近距离无线连接。基于这一标准的设备工作在 868MHz、915MHz、2.4GHz 频带上,最大数据传输率为 250kb/s。ZigBee 具有低功耗、低速率、低时延等特性。在很多 ZigBee 应用中,无线设备的活动时间有限,大多数时间均工作在省电模式(睡眠模式)下。因此,ZigBee 设备可以在不更换电池的情况下连续工作几年。

1. ZigBee 技术的概述

ZigBee 技术有别于 GSM、GPRS 等广域无线通信技术和 IEEE 802.11a、IEEE 802.11b 等无线局域网技术,其有效通信距离为几米到几十米,属于个人区域网络(Personal Area Network,PAN)的范畴。IEEE 802 委员会制定了三种无线 PAN 技术:适合多媒体应用的高速标准 IEEE 802.15.3;基于蓝牙技术,适合语音和中等速率数据通信的 IEEE 802.15.1;适合无线控制和自动化应用的较低速率的 IEEE 802.15.4,也就是 ZigBee 技术。得益于较低的通信速率及成熟的无线芯片技术,ZigBee 设备的复杂度、功耗和成本等均较低,适于嵌入各种电子设备中,服务于无线控制和低速率数据传输等业务。

1) ZigBee 信道

IEEE 802.15.4 定义了两个物理层标准,分别是 2.4GHz 物理层和 868/915MHz 物理层。两者均基于直接序列扩频(Direct Sequence Spread Spectrum,DSSS)技术。

ZigBee 使用了三个频段,定义了 27 个物理信道,其中 868MHz 频段定义了一个信道;915MHz 频段附近定义了 10 个信道,信道间隔为 2MHz;2.4GHz 频段定义了 16 个信道,信道间隔为 5MHz。

具体信道分配如表 3-2 所示。

表 3-2　信道分配表

信 道 编 号	中心频率/MHz	信道间隔/MHz	频率上限/MHz	频率下限/MHz
$k=0$	868.3		868.6	868.0
$k=1,2,\cdots,10$	$906+2(k-1)$	2	928.0	902.0
$k=11,12,\cdots,26$	$2401+5(k-11)$	5	2483.5	2400.0

其中,在 2.4GHz 的物理层,数据传输速率为 250kb/s;在 915MHz 的物理层,数据传输速率为 40kb/s;在 868MHz 的物理层,数据传输速率为 20kb/s。

2) ZigBee 的 PANID

PANID 全称是 Personal Area Network ID,网络的 ID(即网络标识符),是针对一个或多个应用的网络,用于区分不同的 ZigBee 网络。所有节点的 PANID 唯一,一个网络只有一个 PANID,它是由协调器生成的,PANID 是可选配置项,用来控制 ZigBee 路由器和终端节点要加入哪个网络。

PANID 是一个 32 位标识,范围为 0x0000～0xFFFF。

3) ZigBee 物理地址

ZigBee 设备有两种类型的地址:物理地址和网络地址。

物理地址是一个 64 位 IEEE 地址,即 MAC 地址,通常也称为长地址。64 位地址是全球唯一的地址,设备将在它的生命周期中一直拥有它。它通常由制造商或者被安装时设置。

这些地址由 IEEE 来维护和分配。

16 位网络地址是当设备加入网络后分配的,通常也称为短地址。它在网络中是唯一的,用来在网络中鉴别设备和发送数据,当然不同的网络 16 位短地址可能是相同的。

2. ZigBee 技术的特点

ZigBee 传感器网络的节点、路由器、网关,都是由一个单片机+ZigBee 兼容无线收发器构成的硬件为基础或者一个 ZigBee 兼容的无线单片机(例如 CC2530),其内部都运行同一套软件来实现,这套软件由 C 语言代码写成,大约有数十万行。

ZigBee 的设计目标是在保证低耗电性的前提下,开发一种易部署、低复杂度、低成本、短距离、低速率、自组织的无线网络,在工业控制、家庭智能化、无线传感器网络等领域有广泛的应用前景。简而言之,ZigBee 就是一种便宜的、低功耗的近距离无线组网技术。

ZigBee 技术的特点主要有:

(1) 低功耗。低功耗意味着较高的可靠性和可维护性,更适合体积小的大量日常应用。工作模式下,ZigBee 技术传输速率低,传输数据量很小,因此信号的收发时间很短。其次,在非工作模式时,ZigBee 节点处于休眠模式。设备搜索时延一般为 30ms,休眠激活时延为 15ms,活动设备信道接入时延为 15ms。由于工作时间较短,收发信息功耗较低且采用了休眠模式,使得 ZigBee 节点非常省电。ZigBee 节点的电池工作时间可以长达 6 个月到两年左右,对于某些占空比[工作时间/(工作时间+休眠时间)]小于 1% 的应用,电池的寿命甚至可以超过 10 年。相比较,蓝牙仅能工作数周,WiFi 仅可工作数小时。

(2) 低成本。对用户来说,低成本意味着较低的设备费用、安装费用和维护费用,ZigBee 设备可以在标准电池供电的条件下(低成本)工作,而不需要任何重换电池或充电操作(低成本、易安装);通过大幅简化协议,降低了对节点存储和计算能力的要求。根据研究,以 8051 的 8 位微控制器测算,全功能设备需要 32KB 代码,精简功能设备仅需 4KB 代码,而且 ZigBee 协议免专利费。

(3) 低速率。ZigBee 工作在 20～250kb/s 的较低速率,分别提供 250kb/s(2.4GHz)、40kb/s(915MHz)和 20kb/s(868MHz)的原始数据吞吐率,能够满足低速率传输数据的应用需求。

(4) 近距离。ZigBee 设备点对点传输范围一般为 10～100m。在增加射频发射功率后,传输范围可增加到 1～3km。如果通过路由和节点间的转发,传输距离可以更远。

(5) 短时延。ZigBee 响应速度较快,一般从睡眠转入工作状态只需 15ms。节点连接进入网络只需 30ms,进一步节省了电能。相比较,蓝牙需要 3～10s,WiFi 需要 3s。

(6) 网络容量大。ZigBee 通过使用 IEEE 802.15.4 标准的 PHY 和 MAC 层,支持几乎任意数目的设备。ZigBee 低速率、低功耗和短距离传输的特点使它非常适宜支持简单器件。ZigBee 定义了两种器件:全功能器件(FFD)和简化功能器件(RFD)。对于全功能器件,要求它支持所有的 49 个基本参数。而对于简化功能器件,在最小配置时只要求它支持 38 个基本参数。一个全功能器件可以与简化功能器件和其他全功能器件通话,可以按三种方式工作,分别为个域网协调器、协调器或器件。而简化功能器件只能与全功能器件通话,仅用于非常简单的应用。一个 ZigBee 的网络最多包括 255 个 ZigBee 网络节点,其中一个是主控设备,其余则是从属设备。若是通过网络协调器,整个网络最多可以支持超过 64 000

个 ZigBee 网络节点,再加上各个网络协调器可互相连接,整个 ZigBee 网络节点的数目将十分可观。

(7) 高安全。ZigBee 提供了基于循环冗余校验(CRC)的数据包完整性检查功能,支持鉴权和认证,采用了 AES-128 的加密算法,各个应用可以灵活确定其安全属性。ZigBee 提供了数据完整性检查和鉴权功能,在数据传输中提供了第三级安全性。第三级安全级别在数据传输中采用 AES 的对称密码。AES 可以用来保护数据净荷和防止攻击者冒充合法用户。

(8) 数据传输可靠。ZigBee 的媒质接入控制层(MAC 层)采用 talk-when-ready 的碰撞避免机制。在这种完全确认的数据传输机制下,当有数据传送需求时则立刻传送,发送的每个数据分组都必须等待接收方的确认信息,并进行确认信息回复。若没有得到确认信息的回复就表示发生了冲突,将重传一次。采用这种方法可以提高系统信息传输的可靠性。ZigBee 为需要固定带宽的通信业务预留了专用时隙,避免了发送数据时的竞争和冲突。同时,ZigBee 针对时延敏感的应用做了优化,通信时延和休眠状态激活的时延都非常短。

(9) 免执照频段。ZigBee 设备物理层采用工业、科学、医疗(ISM)频段。

表 3-3 为 ZigBee 技术的主要特征。

表 3-3 ZigBee 技术的主要特征

特　性	取　　值	特　性	取　　值
数据速率	868MHz:20kb/s; 915MHz:40kb/s; 2.4GHz:250kb/s	频段	868/915MHz;2.4GHz
通信范围	10~20m	寻址方式	64b;IEEE 地址,8b 网络地址
通信时延	≥15ms	信道接入	非时隙 CSMA-CA;有时隙 CSMA-CA
信道数	868/915MHz:11; 2.4GHz:16	温度	-40~85℃

3. ZigBee 网络拓扑

ZigBee 采用 IEEE 802.15.4 标准作为物理层(PHY)和媒体访问控制子层(MAC)标准,ZigBee 联盟在此基础上建立了网络层(NWK)和应用层构架。应用层构架由应用支持子层(APS)、ZigBee 设备对象(ZDO)和制造商定义的应用对象组成。ZigBee 用于组建低速率、低功耗的无线个域网(LR WPAN)。网络的基本组成单元是设备,在同一个物理信道范围内,两个或者两个以上的设备可以构成一个无线个域网。

IEEE 802.15.4 协议中规定的 PAN 协调器、协调器和一般设备在 ZigBee 网络中被称为 ZigBee 协调器、路由器和终端设备。一个 ZigBee 网络由一个协调器节点、多个路由器和多个终端设备节点组成。协调器的主要功能是建立网络,并对网络进行相关配置,它是网络上的第一个设备。协调器首先选择一个信道和网络标识(PAN ID),然后开始这个网络。协调器也可以辅助建立安全和应用等级绑定在网络中。一旦网络建立完成,协调器的作用就像路由器节点(或者甚至可以离开),网络的后续操作不依赖这个协调器的存在。路由器的主要功能是寻找、建立和修复网络报文的路由信息,并转发网络报文。路由器允许其他设备加入网络,多跳路由和协助它自己的由电池供电的子终端设备的通信。通常,路由器全时间处在活动状态,因此对能源消耗较大。网络终端的功能相对简单,它可以加入、退出网络,可以发送、接收网络报文。终端设备不能转发报文。终端设备不负责网络维护,为减少能量消耗,可以进入休眠状态。

　　ZigBee 无线数据传输网络设备按照其功能的不同可分为全功能设备(Full-Function Device,FFD)和精简功能设备(Reduced-Function Device,RFD)两种。全功能设备可以作为无线个域网的协调器、路由器和终端设备;可以实现全部 IEEE 802.15.4 协议功能,一般在网络结构中拥有网络控制和管理的功能;一个全功能设备可以同时与多个精简功能设备和全功能设备通信。精简功能设备结构简单,造价低,一次只能与一个全功能设备通信。仅能实现部分 IEEE 802.15.4 协议功能,可以用于实现简单的控制功能,传输的数据量较少,对传输资源和通信资源占用不多,在网络结构中一般作为通信终端。由于网络中的大部分设备都是精简功能设备,因此可以组建低功耗和低成本的无线网络。

　　ZigBee 网络中的所有设备均有一个 64b 的 IEEE 地址,这是一个全球唯一的地址。在子网内部,协调器可以为设备分配一个 16b 的地址,作为网内通信地址,以减小数据报的大小。

　　地址模式有以下两种:①星状拓扑,即网络号+设备标识;②点对点拓扑,即直接使用源/目的地址。这种地址分配模式决定了每个 ZigBee 网络协调器可以支持多于 64 000 个设备,而多个协调器可以互联从而构成更大规模的网络。

　　ZigBee 网络有三种不同的拓扑结构,分别为:星状网,树状网和网状网。

　　1) 星状网络

　　星状拓扑结构的网络是一种发散式网络,这种网络属于集中控制型网络。在星状拓扑中,网络由一个 PAN 协调器作为中央控制器和多个从设备构成,整个网络由中心节点执行集中式通行控制管理,协调器负责发起和维护网络中的设备,以及所有其他设备,终端设备可以直接与 ZigBee 协调器通信。终端设备之间要进行通信都要先将数据发送到网络协调器,再由网络协调器将数据送到目的节点。协调器必须是全功能设备。从设备既可以是全功能设备,也可以是精简功能设备,从设备之间的通信通过协调器转发,如图 3-10所示。

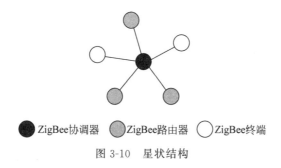

●ZigBee协调器　　●ZigBee路由器　　○ZigBee终端

图 3-10　星状结构

　　这种结构中,路由器不具有路由功能。星状网络适合小范围的室内应用,例如家庭自动化、个人计算机外设以及个人健康护理等。

　　星状结构的网络优点:

　　(1) 构造简单。

（2）易于管理。

（3）网络成本低。

星状结构的网络缺点：

（1）中心节点负担过重。

（2）节点之间灵活性差。

（3）网络过于简单，覆盖范围有限，只能适用于小型网络。

2）树状网络

树状网络拓扑是由 ZigBee 协调器、若干个路由器及终端设备组成的，如图 3-11 所示。整个网络是以 ZigBee 协调器为根组成一个树状网络，树状网络中的协调器的功能不再是转发数据，而是进行网络的控制和管理功能，还可以完成节点注册。网络末端的"叶"节点为终端设备。一般而言，协调器是 FFD，终端设备是 RFD。ZigBee 协调器负责启动网络，选择某些关键的网络参数，但是网络可以通过使用 ZigBee 路由器进行扩展。

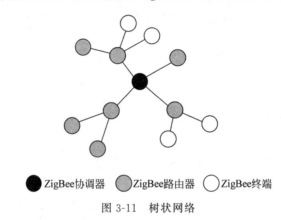

● ZigBee协调器   ● ZigBee路由器   ○ ZigBee终端

图 3-11   树状网络

树状网络的组网过程同星状网络一样，创建网络也需要 ZigBee 协调器完成。

如果网络中不存在其他协调器：

（1）FFD 作为 ZigBee 协调器选择网络标识符。

（2）ZigBee 协调器向邻近的设备发送信标，接受其他设备的连接，形成树的第一级，此时 ZigBee 协调器与这些设备之间形成父子关系。

（3）被协调器连接的路由器所连接的目的协调器为它分配一个地址块，路由器根据接收到的协调器信标的信息，配置自己的信标并发送到网络中，允许其他设备与自己建立连接，成为其子设备。

如果网络中存在其他协调器，ZigBee FFD 以路由器的身份与网络连接，进行上述第（3）步骤的过程。终端设备与网络连接时，则 ZigBee 协调器分配给它一个唯一的 16 位网络地址；路由器在转发消息时需要计算与目标设备的关系，并据此来决定向自己的父节点转发还是子节点转发。

树状拓扑支持"多跳"信息服务网络，可以实现网络范围扩展。树状拓扑利用路由器对星状网络进行了扩充，保持了星状拓扑的简单性。然而，树状结构路径往往不是最优的，不能很好地适应外部的动态环境。由于信息源与目的之间只有一条通信链路，任何一个节点发生故障或者中断时，将使部分节点脱离网络。一般来说，ZigBee 是一种高可靠的无线数据传输网络,类似于 CDMA 和 GSM 网络。ZigBee 数据传输模块类似于移动网络基站。通信距离从标准的 75m 到几百米、几千米,并且支持扩展。

树状网络的优点:

(1) 由于树状网络是对星状网络的扩充,所以其成本也较低,所需资源较少。

(2) 网络结构简单。

(3) 网络覆盖范围较大。

树状网络的缺点是网络稳定性较差,如果其中某节点断开,会导致与其相关联的节点脱离网络,所以这种结构的网络不适合动态变化的环境。

3) 网状网络

网状网络是 ZigBee 网络中最复杂的结构,如图 3-12 所示。在网状网络中,只要两个 FFD 设备位于彼此的无线通信范围内,它们都可以直接进行通信。也就是说,网络中的路由器可以和通信范围里的所有节点进行通信。在这种特殊的网络结构中,可以进行路由的自动建立和维护。每个 FFD 都可以完成对网络报文的路由和转发。

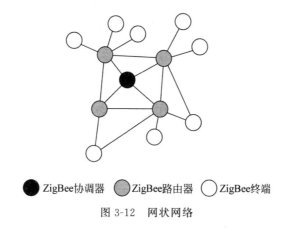

●ZigBee协调器　　◯ZigBee路由器　　◯ZigBee终端

图 3-12　网状网络

网状网络采用多跳式路由通信。网络中各节点的地位是平等的,没有父子节点之分。对于没有直接相连的节点可以通过多跳转发的方式进行通信,适合距离较远且比较分散的结构。

网状网络的优点:

(1) 网络灵活性很强。节点可以通过多条路径传输数据。网络还具备自组织、自愈功能。

(2) 网络的可靠性高。如果网络中出现节点失效,与其相关联的节点可以通过寻找其他路径与目的节点进行通信,不会影响到网络的正常运行。

(3) 覆盖面积大。

网状网络的缺点:

(1) 网络结构复杂。

(2) 对节点存储能力和数据处理能力要求较高;由于网络需要进行灵活的路由选择,节点的处理数据能力和存储能力显然要求比前两种网络要更高。

一般来讲,由于和星状网络、树状网络相比,网状网络更加复杂,所以在组建网络拓扑结构时,常常采用星状网络和树状网络。

4. ZigBee 的协议栈

ZigBee 协议栈架构是建立在 IEEE 802.15.4 标准基础上的。由于 ZigBee 技术是 ZigBee 联盟在 IEEE 802.15.4 定义的物理(PHY)层和媒体访问控制(MAC)层基础之上制定的一种低速无线个域网(LR-WPAN)技术规范,所以 ZigBee 的协议栈的物理(PHY)层和媒体访问控制(MAC)层是按照 IEEE 802.15.4 标准规定来工作的。ZigBee 联盟在其基础上定义了 ZigBee 协议的网络(NWK)层、应用层(APL)和安全服务规范,如图 3-13 所示。

图 3-13　ZigBee 协议栈结构

ZigBee 协议栈由高层应用规范、应用层、网络层、数据链路层和物理层组成,其中网络层以上的协议由 ZigBee 联盟负责,IEEE 制定物理层和链路层标准。应用层把不同的应用映射到 ZigBee 网络上,为 ZigBee 技术的实际应用提供一些应用框架模型,主要包括安全属性设置、多个业务数据流的汇聚等功能;网络层采用基于 Ad Hoc 技术的路由协议,除了包含通用的网络层功能外,还应该同底层的 IEEE 802.15.4 标准同样省电,主要用于 ZigBee 网络的组网连接、数据管理和网络安全等;媒体访问控制层的功能包括信标管理、信道接入、时隙管理、发送与接收帧结构数据、提供合适的安全机制等;物理层主要完成无线收发器的启动和关闭,检测信道能量和数据传输链路质量,选择信道,空闲信道评估(CCA),以及发送和接收数据包等。

ZigBee 协议栈中,每层都为其上一层提供两种服务:数据传输服务和其他服务。其中数据传输服务由数据实体提供,其他服务由管理实体提供。

相对于常见的无线通信标准,ZigBee 协议栈紧凑而简单,其具体实现的要求很低。8 位处理器(如 80C51),再配上 4KB ROM 和 64KB RAM 等就可以满足其最低需要,从而大大降低了芯片的成本。ZigBee 模块如图 3-14 所示。

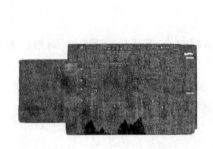

图 3-14　ZigBee 模块

5. ZigBee 应用领域

ZigBee 由于其低功耗的特性,有着广阔的应用前景,主要应用在数据传输速率不高的短距离设备之间,非常适合物联网中的传感器网络设备之间的信息传输,利用传感器和

ZigBee 网络,更方便收集数据,分析和处理也变得更简单。ZigBee 网络的冗余、自组织和自愈能力适合于许多类型的应用,主要包括数字家庭、工业控制和智慧交通等领域,如图 3-15 所示。

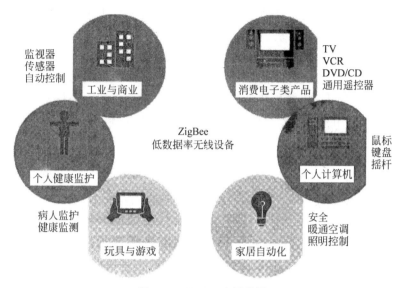

监视器
传感器
自动控制

工业与商业

TV
VCR
DVD/CD
通用遥控器

消费电子类产品

ZigBee
低数据率无线设备

鼠标
键盘
摇杆

个人计算机

个人健康监护

病人监护
健康监测

玩具与游戏

家居自动化

安全
暖通空调
照明控制

图 3-15 ZigBee 应用范围

1) 数字家庭领域

ZigBee 技术可以应用于家庭照明的自动控制、窗帘的自动控制、空调系统的温度控制、煤气计量控制、家用电器的远程控制以及安全控制等。ZigBee 模块可安装在电视、灯泡、遥控器、儿童玩具、游戏机、门禁系统、空调系统和其他家电产品等,例如,在灯泡中装置 ZigBee 模块,人们要开灯时就不需要走到墙壁开关处,直接通过遥控便可开灯。当打开电视机时,灯光会自动减弱;当电话铃响起或拿起话机准备打电话时,电视机会自动静音。通过 ZigBee 终端设备可以收集家庭的各种信息,传送到中央控制设备,或是通过遥控达到远程控制的目的,提供家居生活自动化、网络化与智能化。韩国第三大移动手持设备制造商 Curitel Communications 公司已经开始研制世界上第一款 ZigBee 手机。该手机将可通过无线的方式将家中或是办公室内的个人计算机、家用设备和电动开关连接起来。这种手机融入了 ZigBee 技术,能够使手机用户在短距离内操纵电动开关和控制其他电子设备。

2) 工业领域

通过 ZigBee 网络自动收集各种信息,并将信息回馈到系统进行数据处理与分析,以利工厂整体信息的掌握,例如火警的感测和通知、照明系统感测、生产机台流程控制等,都可由 ZigBee 网络提供相关信息,以达到工业与环境控制的目的。在矿井生产中,安装具有 ZigBee 功能的传感器节点可以告诉控制中心矿工的准确位置。韩国的 NURI Telecom 在基于 Atmel 和 Ember 的平台上成功研发出基于 ZigBee 技术的自动抄表系统。该系统无须手动读取电表、天然气表及水表,从而为公用事业企业节省数百万美元,此项技术正在进行前期测试,很快将在美国市场上推出。

3) 智能交通

如果沿着街道、高速公路及其他地方分布式地部署大量 ZigBee 终端设备,人们就不再会担心迷路。安装在汽车里的器件将告知当前所处位置,正向何处去。全球定位系统(GPS)也能提供类似服务,但是这种新的分布式系统能够提供更精确、更具体的信息。即使在 GPS 覆盖不到的楼内或隧道内,仍能继续使用此系统。从 ZigBee 无线网络系统能够得到比 GPS 多得多的信息,如限速、街道是单行线还是双行线、前面每条街道的交通情况或事故信息等。

使用这种系统,也可以跟踪公共交通情况,人们可以适时地赶上下一班车,而不至于在寒风中或烈日下在车站等上数十分钟。基于 ZigBee 技术的系统还可以开发出许多其他功能,例如,在不同街道根据交通流量动态调节红绿灯,追踪超速的汽车或被盗的汽车等。

4) 精细农业

与传统农业相比,采用传感器和 ZigBee 网络以后,传感器收集包括土壤的温度、湿度、酸碱度等信息。这些信息经由 ZigBee 网络传输到中央控制设备,通过对信息的分析从而有助于指导农业种植。

5) 医疗卫生

借助于医学传感器和 ZigBee 网络,能够准确、实时地监测每个病人的血氧、血压、体温及心率等信息,从而减轻医生查房的工作负担。例如,老人与行动不便者的紧急呼叫器和医疗传感器等。

ZigBee 技术在其他领域也有着广阔的应用前景。在运动休闲领域、酒店服务行业、食品零售业中都有 ZigBee 技术的应用。在不久的将来,会有越来越多的具有 ZigBee 功能的设备进入人们的视野,这将极大地改善人民的生活。

3.1.3 蓝牙

蓝牙(Bluetooth)是一个开放性的短距离无线通信技术标准,也是目前国际上通用的一种公开的无线通信技术规范。它可以在较小的范围内,通过无线连接的方式安全、低成本、低功耗地进行网络互联,使得近距离内各种通信设备能够实现无缝资源共享,也可以实现在各种数字设备之间的语音和数据通信。目前超过 90% 的手机都具备了蓝牙功能,因此采用蓝牙技术作为物品接入 Internet 的方式具有广泛基础。在长时间通信中,低功耗特性非常关键,这是具有低功耗特性的蓝牙技术被广泛应用于物联网的内在动因之一。

蓝牙技术以低成本的近距离无线连接为基础,采用高速跳频(Frequency Hopping)和时分多址(Time Division Multi-Access,TDMA)等先进技术,为固定与移动设备通信环境建立一个特别连接。蓝牙技术使得一些便于携带的移动通信设备和计算机设备不必借助电缆就能联网,并且能够实现无线连接 Internet。例如,利用蓝牙技术,可以把任何一种原来需要通过信号传输线连接的数字设备,改为无线方式连接,并形成围绕个人的网络。无论在何处,无论是哪种数字设备在手,利用蓝牙技术都可以使其与周围的数字设备建立联系,共享这些设备中的数据库、电子邮件等。其实际应用范围还可以拓展到各种家电产品、消费电子产品和汽车等。打印机、PDA、桌上型计算机、传真机、键盘、游戏操纵杆以及所有其他的数字设备都可以成为蓝牙系统的一部分。

目前蓝牙的标准是 IEEE 802.15,工作在 2.4 GHz 频带,通道带宽为 1Mb/s,异步非对称连接最高数据速率为 723.2kb/s。蓝牙速率也拟进一步增强,新的蓝牙标准 2.0 版支持高达 10Mb/s 以上速率(4Mb/s、8Mb/s 及 12～20Mb/s),这是适应未来愈来愈多宽带多媒体业务需求的必然演进趋势。

1. 基本原理

蓝牙是一种支持设备短距离通信(一般 10m 内)的无线电技术,能在包括移动电话、PDA、无线耳机、笔记本、相关外设等众多设备之间进行无线信息交换。利用蓝牙技术,能够有效地简化移动通信终端设备之间的通信,也能够成功地简化设备与 Internet 之间的通信,从而使数据传输变得更加迅速高效,为无线通信拓宽道路。

蓝牙的基本原理是蓝牙设备依靠专用的蓝牙芯片使设备在短距离范围内发送无线电信号来寻找另一个蓝牙设备,一旦找到,相互之间便开始通信、交换信息。蓝牙的无线通信技术采用每秒 1600 次的快跳频和短分分组技术,减少干扰和信号衰弱,保证传输的可靠性;以时分方式进行全双工通信,传输速率设计为 1MHz;采用前向纠错(FEC)编码技术,减少远距离传输时的随机噪声影响。其工作频段为非授权的工业、医学、科学频段,以保证能在全球范围内使用这种无线通用接口和通信技术,语音采用抗衰弱能力很强的连续可变斜率调制(CVSD)编码方式以提高语音质量,采用频率调制方式,降低设备的复杂性。

蓝牙核心系统包括射频收发器、基带及协议堆栈。该系统可以提供设备连接服务,并支持在这些设备之间变换各种类别的数据。蓝牙采用分散式网络结构以及快跳频和短包技术,支持点对点及点对多点通信,工作在全球通用的 2.4GHz ISM(即工业、科学、医学)频段。其数据传输速率为 1Mb/s。采用时分双工传输方案实现全双工传输。它的一般连接范围是 10m,通过扩展可以达到 100m;不限制在直线的范围内,甚至设备不在同一间房内也能互相连接。蓝牙系统的网络结构为拓扑结构,有两种组网方式:微微网(Piconet)和散射网(Scatternet)。微微网是通过蓝牙技术连接起来的一种微型网络,如图 3-16 所示。一个微微网可以只是两台相连的设备,例如一台便携式计算机和一部移动电话,也可以是 8 台连在一起的设备。在一个微微网中,所有设备的级别是相同的,具有相同的权限。在微微网初建时,定义其中一个蓝牙设备为主设备,其余设备则为从属设备。分布式网络是由多个独立的非同步的微微网组成的,它靠调频顺序识别每个微微网。同一微微网的所有用户都与这个调频顺序同步。一个分布网络中,在带有 10 个全负载的独立的微微网的情况下,全双工数据速率超过 6Mb/s。

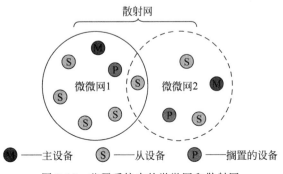

图 3-16　蓝牙系统中的微微网和散射网

2. 蓝牙网络基本结构

Bluetooth 功能一般是通过模块来实现的,但实现的方式不同。有些设备把 Bluetooth 模块内嵌到设备平台中,有些则是采用外加式。蓝牙系统由天线单元、链路控制单元、链路管理单元、软件功能 4 个单元组成,各单元间的连接关系如图 3-17 所示。

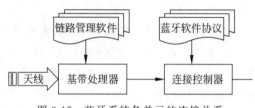

图 3-17　蓝牙系统各单元的连接关系

1) 天线单元

实现蓝牙技术的集成电路芯片要求其天线部分的体积要小,重量要轻,因此,蓝牙天线属于微带天线。蓝牙技术的空中接口是建立在天线电平为 0dBm 的基础上的。空中接口遵循 FCC 有关电平为 0dBm 的 ISM 频段的标准。

蓝牙系统的无线发射功率符合 FCC 关于 ISM 波段的要求,由于采用扩频技术,发射功率可增加到 100mW。系统的最大跳频为 1600 跳/秒,带宽范围为 2.402～2.480GHz,采用 79 个 1MHz 带宽的频点。系统的设计通信距离为 0.1～10m。如果增加发射功率,距离可以达到 100m。

2) 链路控制单元

链路控制单元由基带部分来实现,它描述了基带链路控制器的数字信号处理规范。基带链路控制器负责处理基带协议和其他一些低层常规协议。蓝牙基带协议是电路交换与分组交换的结合。在被保留的时隙中可以传输同步数据包,每个数据包以不同的频率发送。一个数据包名义上占用一个时隙,但实际上可以被扩展到占用 5 个时隙。蓝牙可以进行异步数据通信,还可以支持三个同步语音信道同时进行工作,还可用一个信道同时传送异步数据和同步语音。每个语音信道支持 64kb/s 同步语音链路。异步信道可以支持一端最大速率为 721kb/s,而另一端速率为 57.6kb/s 的不对称连接,也可以支持 43.2kb/s 的对称连接。蓝牙基带部分在物理层为用户提供保护和信息保密机制。鉴权基于"请求-响应"运算法则。鉴权是蓝牙系统中的关键部分,它允许用户为个人的蓝牙设备建立一个信任域,例如只允许主人自己的笔记本计算机通过主人自己的移动电话进行通信。连接中的个人信息由加密来保护,密钥由程序的高层来管理。网络传送协议和应用程序可以为用户提供一个较强的安全机制。

蓝牙产品的链路控制硬件单元包括三个集成器件:链路控制器、基带处理器及射频传输/接收器。此外还使用了 3～5 个单独调协元件,基带链路控制器负责处理基带协议和其他一些低层常规协议,蓝牙基带协议是电路交换与分组交换的结合。采用时分双工实现全双工传输。

3) 链路管理单元

链路管理(LM)软件模块携带了链路的数据设置、鉴权、链路硬件配置和其他一些协议,LM 能够发现其他远端 LM,并通过 LMP(链路管理协议)与之通信。

4)软件功能单元

蓝牙设备支持一些基本互操作的要求。对于某些设备,从无线电兼容模块、空中协议以及应用协议和对象交换格式,都要实现互操作性;另外一些设备(如头戴式设备)的要求则宽松得多。蓝牙设备必须能彼此识别并装载与之相应的软件以支持设备更高层次的性能。蓝牙对不同级别的设备(如 PC、手持机、移动电话、耳机等)有不同的要求,例如,蓝牙耳机不能提供地址簿;但配备蓝牙装置的移动电话、手持机、笔记本计算机则具有故障诊断、与外设通信、商用卡交易、号簿网络协议等功能。

蓝牙技术系统中的软件功能是一个独立的操作系统,不与任何操作系统捆绑,可确保任何带有蓝牙标记的设备都能进行互操作,它符合已制定好的蓝牙规范。

3. 蓝牙的协议栈

提出蓝牙技术协议标准的目的,是允许遵循标准的各种应用能够进行相互间的操作。为了实现互操作,在与之通信的仪器设备上的对应应用程序必须以同一协议运行。蓝牙协议栈包括蓝牙指定协议(LMP 和 L2CAP)和非蓝牙指定协议(如对象交换协议 OBEX 和用户数据报协议 UDP)。设计协议和协议栈的主要原则是尽可能利用现有的各种高层协议,以保证现有协议与蓝牙技术的融合及各种应用之间的互通性,充分利用兼容蓝牙技术标准的软硬件系统。

一个蓝牙系统在整体上可以分为底层硬件系统、中层软件系统和上层应用模型。如图 3-18 所示。蓝牙软件协议栈是整个蓝牙结构体系中的重要核心部分,是实现蓝牙各种功能的关键因素。在蓝牙主设备和从设备之间建立起一个无线连接,然后进行数据的发送与接收。蓝牙技术的整个协议体系结构分为底层硬件模块、中间协议层和高层应用框架三大部分。

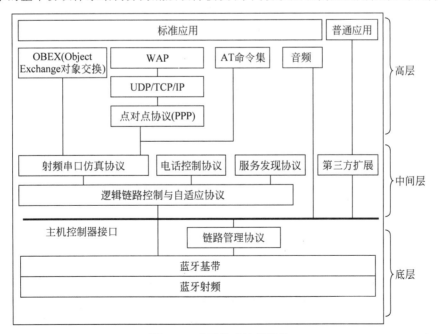

图 3-18 蓝牙技术协议结构

1）底层硬件模块

底层硬件模块包括无线射频(RF)、基带(BB)和链路管理(LM)三层。RF层通过2.4GHz无须授权的ISM频段的微波,实现数据位流的过滤和传输,本层协议主要定义了蓝牙收发器在此频段正常工作所需满足的条件。BB层负责完成跳频和蓝牙数据及信息帧的传输。LM层负责建立和拆除链路连接,同时保证链路的安全。

2）中间协议层

中间协议层包括逻辑链路控制与自适应协议(L2CAP)、服务搜索协议(SDP)、射频串口仿真协议(RF-COMM)和电话控制协议(TCS)4项。L2CAP主要完成数据拆装、协议复用等功能,是其他上层协议实现的基础。SDP为上层应用程序提供了一种机制来发现网络中可用的服务及其特性。RF-COMM基于ETSI标准TS07.10,在L2CAP上仿真9针RS-232串口的功能。TCS提供蓝牙设备间语音和数据呼叫控制信令。

3）高层应用框架

高层应用框架位于蓝牙协议栈的最上部。其中较典型的应用模式有拨号网络、耳机、局域网访问、文件传输等。各种应用程序可以通过各自对应的框架实现无线通信。拨号网络应用模式可以通过RF-COMM仿真的串口访问微微网。在微微网初建时,其中一个单元被定义为主单元,其时钟和跳频顺序被用来同步其他单元的设备,其他单元被定义为从单元。数据设备也可由此接入传统的局域网。用户通过协议栈中的音频层在手机和耳塞中实现音频流的无线传输。多台PC或笔记本计算机之间不用任何连线,即可快速灵活地传输文件和共享信息,多台设备也可由此实现操作的同步。随着手机功能的不断增强,手机无线遥控也将成为蓝牙技术的主要应用方向之一。

除上述协议层外,在BB和LM上与L2CAP之间还有一个主机控制接口层(HCI)。HCI是蓝牙协议中软硬件之间的接口,它提供了一个调用下层BB、LM、状态和控制寄存器等硬件的统一命令接口。HCI可以位于L2CAP的下层,也可以位于L2CAP的上层。

4. 蓝牙的主要技术

蓝牙的主要技术包括无线通信与网络技术、软件工程、软件可靠性理论、协议的正确性验证技术、软硬件接口技术(如RS-232、USB等)以及高集成、低功耗芯片技术。

(1) 跳频技术。跳频是蓝牙使用的关键技术之一,数据包短,抗信号衰减能力强,并具有足够强的抗干扰能力。

(2) 射频技术。蓝牙的载频选用全球通用、免费的2.4GHz ISM(Industrial Scientific Medicine)频段,无须申请许可证。

(3) 基带协议。当两个蓝牙设备成功建立链路后,微微网便形成了,两者之间的通信通过无线电波在79个信道中随机跳转而完成。蓝牙给每个微微网提供特定的跳转模式,因此它允许大量的微微网同时存在。

(4) 网络特性。蓝牙支持点对点和点对多点的连接,可采用无线方式将若干蓝牙设备连成一个微微网,多个微微网又可互联成特殊分散网,形成灵活的多重微微网的拓扑结构,从而实现各类设备之间的快速通信。蓝牙可以即连即用,组网灵活,具有很强的移植性,并且适用于多种场合。蓝牙的优势在于它的对等连接能力以及多重设定能力。

(5) 协议分层。蓝牙的通信协议也采用分层结构。层次结构使其设备具有最大可能的通用性和灵活性。

(6) 安全性。采用快速跳频和前向纠错方案以保证链路稳定,减少同频干扰和远距离传输时的随机噪声影响。蓝牙系统的移动性和开放性使得安全问题极其重要,蓝牙系统所采用的跳频技术已经提供了一定的安全保障,并且在链路层中,蓝牙系统提供了认证、加密和密钥管理等功能,每个用户都有一个个人标识码(PIN),它会被译成 128b 的链路密钥来进行双向认证。

(7) 可同时支持数据、音频、视频信号传输。

(8) 全球性地址。任一蓝牙设备,都可根据 IEEE 802 标准得到唯一 48b 的 BD-ADDR。它是一个公开的地址码,可以通过人工或自动进行查询。

(9) 采用时分复用多路访问技术。基带传输速率为 1Mb/s,采用数据包的形式按时隙(Time Slot)传送数据,每时隙 0.625ms(不排除将来可能采用更高的传输速率)。每个蓝牙设备在自己的时隙中发送数据,这在一定程度上可有效避免无线通信中的"碰撞"和"隐藏终端"等问题。

5. 蓝牙的特点

蓝牙技术是一种短距离无线通信的技术规范。它最初的目标是取代现有的掌上计算机、移动电话等各种数字设备上的有线电缆连接。蓝牙技术的特点如下:

1) TDMA 结构

蓝牙技术的传输速率设计为 1Mb/s,以时分方式进行全双工通信,其基带协议是电路交换和分组交换的组合,一个跳频频率发送一个同步分组,每个分组占用一个时隙,也可以扩展到 5 个时隙。蓝牙技术支持一个异步数据通道,或三个并发的同步语音通道,或一个同时传送异步数据和同步语音的通道,每个语音通道支持 64kb/s 的同步语音,异步通道支持最大速率 721kb/s、反向应答速率为 57.6kb/s 的非对称连接,或者是 432.6kb/s 的对称连接。

2) 使用跳频技术

蓝牙技术采用跳频(FH)扩展频谱的技术来解决干扰的问题。跳频技术是把频带分成若干个跳频信道,在一次连接中,无线电收发器按一定的码序列不断地从一个信道跳到另一个信道,只有收发双方是按这个规律进行通信的,其他的干扰不可能按同样的规律进行干扰;跳频的瞬时带宽是很窄的,但通过扩展频谱技术使这个窄带宽成百倍地扩展成宽带宽,使干扰可能的影响变得很小。因此这种无线电收发器是窄带和低功率的,且成本低廉,但具有很高的抗干扰性。

3) 全球范围适用

蓝牙设备工作的工作频段选在全球通用的 2.4GHz 的 ISM(即工业、科学、医学)频段。这样用户不必经过申请就可在 2400~2500Hz 选用适当的蓝牙无线电收发器频段。其组件主要是芯片与无线电收发器两部分,芯片底部附有 USB 传转板,用来连接计算机电话或其他电子产品。当芯片收到电子信号后,就将其转化成无线电信号,送到无线电收发器发送出去。它能够穿过固体和非金属物质传送,其一般连接范围是 1~10m,但通过增加传送能量的方法,其范围可扩大到 100m。

4）组网灵活性强

设备和设备之间是平等的。无严格意义上的主设备,这使得测试设备与被测设备之间、被测设备与被测设备之间及测试设备与测试设备之间数据交换更加便利灵活。甚至被测设备也能发出测试请求,从而为测试系统的智能化提供了更可靠的保障依据,特别对于多传感数据融合测试系统具有更广泛的实用意义。

5）成本低

为了能够替代一般电缆,蓝牙必须具备和一般电缆差不多的价格,才能被广大普通消费者所接受,也才能使这项技术普及开来。随着市场的不断扩大,各个供应商纷纷推出自己的蓝牙芯片和模块,蓝牙产品价格正飞速下降。

6. 蓝牙技术的应用

蓝牙技术把各种便携式与蜂窝移动电话用无线电链路连接起来,使计算机与通信密切结合,使人们能够随时随地进行数据信息交换与传输。蓝牙不仅可以应用于家庭网络、小范围办公,而且对个人数据通信也是非常重要的。

数据通信原本是计算机与通信相结合的产物。近年来移动通信迅速发展,便携式计算机如膝上型计算机、笔记本计算机、手持式计算机以及个人数字助理(PDA)等迅速普及,还有 Internet 的快速增长,使人们对电话通信以外的各种数据信息传递的需求日益增长。近来广泛使用的全球通(GSM)数字移动电话已经增加了数据通信的需求,不仅能够区分语音呼叫和数据呼叫,还能区分不同种类的数据呼叫。第三代移动通信更是把数据通信作为重要业务来考虑。无线数据通信是未来通信的主要方式。

跳频、TDD 和 TDMA 等技术的使用,使实现蓝牙技术的射频电路较为简单,通信协议的大部分内容可由专用集成电路和软件实现,保证了采用蓝牙技术的仪器设备的高性能和低成本。就目前的发展来看,蓝牙技术已经或将较快地与如下设备或系统融为一体。

1）在手机上的应用

嵌入蓝牙芯片的移动电话已经出现,它可实现一机三用:在办公室可作为内部无线电话;回家后可当作无绳电话;在室外或乘车途中可作为移动电话与掌上计算机或个人数字助理(PDA)结合起来,并通过嵌入蓝牙技术的局域网接入点访问 Internet。同时,借助嵌入蓝牙芯片的头戴式话筒和耳机及语音拨号技术,不用动手就可以接听或拨打移动电话。

2）在掌上计算机中的应用

掌上 PC 已越来越普及,嵌入蓝牙芯片的掌上 PC 可提供各种便利。通过嵌有蓝牙芯片的掌上 PC,不仅可编写电子邮件,而且还可立即通过周围的蓝牙仪器设备发送出去。

3）在其他数字设备上的应用

数字照相机、数字摄像机等设备装上蓝牙芯片,既可免去使用电线的不便,又可不受存储器容量有限的束缚,将所摄图片或影像通过嵌有蓝牙芯片的手机或其他设备传送到指定的计算机中。

蓝牙芯片的微型化和低成本将为它在家庭和办公室自动化、家庭娱乐、电子商务、工业控制、智能化建筑物等领域开辟广阔的应用前景。

4）蓝牙技术在测控领域的应用

随着测控技术的不断发展,对数据传输、处理和管理提出了越来越高的自动化和智能化要求。蓝牙技术可以在短距离内用无线接口来代替有线电缆连接,因而可以取代现场仪器之间的复杂连线,这对于需要采集大量数据的测控场合非常有用。例如,数据采集设备可以集成单独的蓝牙技术芯片,或者采用具有蓝牙芯片的单片机提供蓝牙数据接口。在采集数据时,这种设备就可以迅速地将所采集到的数据传送到附近的数据处理装置(例如 PC、笔记本、PDA)中,不仅避免了在现场铺设大量复杂连线和对这些接线是否正确的检查与核对,而且不会发生因接线可能存在的错误而造成测控的失误。与传统的以电缆和红外方式传输测控数据相比,在测控领域应用蓝牙技术的优点主要有:

(1) 抗干扰能力强。采集测控现场数据经常遇到大量的电磁干扰,而蓝牙系统因采用了跳频扩频技术,故可以有效地提高数据传输的安全性和抗干扰能力。

(2) 无须铺设缆线,降低了环境改造成本,方便了数据采集人员的工作。

(3) 没有方向上的限制,可以从各个角度进行测控数据的传输。

(4) 可以实现多个测控仪器设备间的联网,便于进行集中测量与控制。

蓝牙技术还可用于自动抄表领域。计量水、电、气、热量等的仪器仪表可通过嵌入的蓝牙芯片,将数据自动集中到附近的某个数据采集节点,再由该节点通过电力线以载波方式或电话线等传输到数据采集器以及供用水、电、气、热量等管理部门的数据处理中心。这种方式可有效地解决部分计量测试节点难以准确采集测控数据的问题。

3.1.4　超宽带技术

超宽带(Ultra Wide Band,UWB)技术是一种与其他技术有很大区别的无线通信技术,与常见的通信方式使用连续的载波不同,UWB 采用极短的脉冲信号来传送信息,通常每个脉冲的持续时间只有几十皮秒到几纳秒,这些脉冲所占用的带宽甚至高达数吉赫兹(GHz),这样最大数据传输速率可以达到数百兆位每秒(Mb/s)。在高速通信的同时,UWB 设备发射的功率却很小,只有现有设备的几百分之一。超宽带技术解决了困扰传统无线技术多年的有关传播方面的重大难题,具有对信道衰落不敏感、发射信号功率谱密度低、低截获能力、系统复杂度低、能提供数厘米的定位精度等优点。尤其适用于室内等密集多径场所的高速无线接入,非常适用于建立一个高效的无线局域网。

UWB 技术不仅可以缓解传统的无线技术在工业环境的通信质量下降问题,而且增加了带宽,解决了传统无线技术传输速率低,不能适应工业网络化控制系统向多媒体信息传输及监测、控制、故障诊断等多功能一体化方向发展的要求。因此建立基于 UWB 的网络化控制系统的体系结构,使控制网络系统实现定位、信息识别、控制、监测及诊断等一体化,形成真正意义的物联网具有重大的实际应用价值和意义。

1. UWB 技术的概念

UWB 技术凭借其超宽的信号带宽、较低的发射功耗以及高数据传输速率等特点,被认为是最有发展前景的无线电技术之一。近年来随着"泛在无线通信"概念的提出,无线局域网、无线个域网和无线体域网等短距离无线应用逐渐渗透到人们的生活当中。UWB 技术正是定位于短距离无线通信这一广阔的应用领域,特别是最近物联网应用的兴起,UWB 技术可以作为物联网的基础通信技术之一,实现不同设备之间的互联互通。同时 UWB 技术还可以应用于精确定位、雷达跟踪等领域,成为目前学术研究和业界关注的重点技术。

UWB又称为超宽带冲激无线电(Impulse Radio),其信号带宽大于500MHz或信号带宽与中心频率之比大于25%。实际上UWB信号是一种持续时间极短、带宽很宽的短时脉冲。它的主要形式是超短基带脉冲,宽度一般在0.1~20ns。脉冲间隔为2~5000ns,精度可控,频谱为50MHz~10GHz。频带大于100%中心频率,典型点空比为0.1%。传统的UWB系统使用一种被称为"单周期(monocycle)脉形"的脉冲。

超宽带无线通信应用大体上可以分为两类:一类是短距离高速应用,数据传输速率可以高达数百Mb/s,主要是构建短距离高速WPAN、家庭无线多媒体网络以及替代高速短程有线连接,如无线USB和DVD等,典型的通信距离是10m;另一类是中长距离(几十米以上)低速率应用,通常数据传输速率为1Mb/s量级,主要应用于无线传感器网络和低速率连接。超宽带无线通信的网络形式主要是自组织(Ad hoc)网络。就对应标准而言,高速率应用对应于IEEE 802.15.3,低速率应用对应于IEEE 802.15.4。

UWB实质上是以占空比很低的冲激脉冲作为信息载体的无载波扩谱技术,它是通过对具有很陡上升和下降时间的冲激脉冲进行直接调制。典型的UWB直接发射冲激脉冲串,不再具有传统的中频和射频的概念,此时发射的信号既可看成基带信号(依常规无线电而言),也可看成射频信号(从发射信号的频谱分量考虑)。

UWB开发了一个具有吉赫兹容量和最高空间容量的新无线信道。冲激脉冲通常采用单周期高斯脉冲,一个信息比特可映射为数百个这样的脉冲。单周期脉冲的宽度在纳秒级,具有很宽的频谱。基于CDMA的UWB脉冲无线收发信机在发送端时钟发生器产生一定重复周期的脉冲序列,用户要传输的信息和表示该用户地址的伪随机码分别或合成后对上述周期脉冲序列进行一定方式的调制,调制后的脉冲序列驱动脉冲产生电路,形成一定脉冲形状规律的脉冲序列,然后放大到所需功率,再耦合到UWB天线发射出去。在接收端,UWB天线接收的信号经低噪声放大器放大后,送到相关器的一个输入端,相关器的另一个输入端加入一个本地产生的与发送端同步的经用户伪随机码调制的脉冲序列,接收端信号与本地同步的伪随机码调制的脉冲序列一起经过相关器中的相乘、积分和取样保持运算,产生一个对用户地址信息经过分离的信号。其中仅含用户传输信息以及其他干扰,然后对该信号进行解调运算。

2. UWB系统的关键技术

UWB系统的基本模型主要由发射部分、无线信道和接收部分构成,与传统的无线发射、接收机结构相比,UWB的发射、接收机结构相对简单,易于实现,因为脉冲产生器只需产生大约100mV的电压就能满足发射要求,因而发射端不需要功率放大器,只需产生满足带宽要求的极窄脉冲即可,在接收端,天线收集的信号先通过低噪声放大器,再通过一个匹配滤波器和相关接收机恢复出期望信号。UWB无线传输的基本模型如图3-19所示。

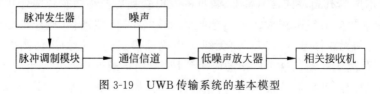

图3-19　UWB传输系统的基本模型

UWB 无线系统的关键技术主要包括：产生脉冲信号串（发送源）的方法、脉冲串的调制方法、适用于 UWB 有效的天线设计方法及接收机的设计方法等。

1）UWB 脉冲信号的产生

UWB 技术的前提条件是应具有产生脉冲宽度为纳秒级的信号源，单个无载波窄脉冲信号有两个突出的特点，即激励信号的波形为具有陡峭前沿的单个短脉冲和激励信号从直流（DC）到微波波段，包括很宽的频谱。

目前产生脉冲源的方法有两种：一是利用光导开关导通瞬间的陡峭上升沿获得脉冲信号的光电方法，这是最有发展前景的一种方法；二是对半导体 PN 结反向加电，使其达到雪崩状态，并在导通的瞬间取陡峭的上升沿作为脉冲信号的电子方法。这种方案目前应用最广泛，但由于采用电脉冲信号作为触发，其前沿较宽，触发精度受到限制，特别是在要求精确控制脉冲发生时间的场合，达不到控制的精度。

冲激脉冲通常采用高斯单周期脉冲，宽度在纳秒级，具有很宽的频谱。实际通信中使用的是一长串的脉冲，由于时域中的信号有重复周期性，将会造成频谱离散化，对传统无线电设备和信号产生干扰，需要通过适当的信号调整来降低这种干扰的影响。

2）信息的调制

脉冲的幅度、位置和极性变化都可以用于传递信息。适用于 UWB 的主要单脉冲调制技术包括脉冲位置调制（PPM）、脉冲幅度调制（PAM）、通断键控（OOK）、二相调制（BPM）和跳时、直扩二进制相移键控调制 TH/DS-BPSK 等。其中，脉冲位置调制（PPM）和脉冲幅度调制（PAM）是超宽带无线电的两种主要调制方式。

PPM 又称时间调制（TM），是用每个脉冲出现的位置超前或落后于某一标准或特定的时刻来表示某个特定信息的，因此对调制信号需要在接收端用匹配滤波的技术来正确接收，即对调制信息用交叉相关器在达到零相差的时候进行检测，否则，达不到正确接收的目的。

PAM 是用信息符号控制脉冲幅度的一种调制方式，它既可以改变脉冲幅度的极性，也可以仅改变脉冲幅度的绝对值大小。通常所讲的 PAM 只改变脉冲幅度的绝对值。

BPM 和 OOK 是 PAM 的两种简化形式。BPM 通过改变脉冲的正负极性来调制二元信息，所有脉冲幅度的绝对值相同。OOK 通过脉冲的有无来传递信息。

在 PAM、BPM 和 OOK 调制中，发射脉冲的时间间隔是固定不变的。

在 UWB 系统中，采用跳时脉冲位置调制（TMPAM）对长脉冲序列进行调制时，每个用户的下一条信息将在时间上随机分布，可在频域内得到更为平坦的 RF 信号功率分布，这使得 UWB 信号在频域中类似于背景噪声。

UWB 系统中有一种典型的由伪随机序列控制的跳时信号。发射机在由伪随机序列确定的时间帧上发送一个单周期脉冲，通常单周期脉冲信号的 100 倍为随机出现的脉冲持续时间，其位置由 PN 码来确定。伪随机序列控制的跳时扩频与一般的扩频波形（直接序列扩频或跳频扩频）不同，UWB 波形的扩频带宽是直接产生的，即单个比特未经扩频序列由 PN 码调制，本质上是时域的概念。

3）多址方式

在 UWB 系统中，多址接入方式与调制方式有密切联系。当系统采用 PPM 调制方式时，多址接入方式多采用跳时多址；若系统采用 BPSK 方式，多址接入方式通常有两种，即直序方式和跳时方式。基于上述两种基本的多址方式,许多其他多址方式陆续提出,主要包括以下几种。

(1) 伪混沌跳时多址方式(PCTH)。PCTH 根据调制的数据产生非周期的混沌编码,用它替代 TH-PPM 中的伪随机序列和调制的数据,控制短脉冲的发送时刻,使信号的频谱发生变化。PCTH 调制不仅能减少对现有的无线通信系统的影响,而且更不易被检测到。

(2) DS-BPSK/TH 混合多址方式。此方式在跳时(TH)的基础上,通过直接序列扩频码进一步减少多址干扰,其多址性能优于 TH-PPM,与 DS-BPSK 相当。在实现同步和抗远近效应方面具有一定的优势。

(3) DS-BPSK/FixedTH 混合多址方式。此方式的特点是打破了 TH-PPM 多址方式中采用随机跳时码的常规思路,利用具有特殊结构的固定跳时码,减少不同用户脉冲信号的碰撞概率。即使有碰撞发生时,利用直接序列扩频的伪随机码的特性,也可以进一步削弱多址干扰。

此外,由于 UWB 脉冲信号具有极低的占空比,其频谱能够达到吉赫兹数量级,因而 UWB 在时域中具有其他调制方式所不具有的特性。当多个用户的 UWB 信号被设计成不同的正交波形时,根据多个 UWB 用户时域发送波形的正交性以区分用户,实现多址,这被称为波分多址技术。

4) 天线的设计

UWB 系统采用极短的脉冲信号来传送信息,信息被调制在这些脉冲的幅度、位置、极性或相位等参数上,对应所占用的带宽甚至高达几吉赫兹。能够有效辐射时域短脉冲的天线是 UWB 研究的一个重要方面。

UWB 天线应该是输入阻抗具有 UWB 特性和相位中心具有超宽频带不变特性的,就是要求天线的输入阻抗和相位中心在脉冲能量分布的主要频带上保持一致,以保证信号的有效发射和接收。

时域短脉冲辐射技术早期采用双锥天线、V-锥天线、扇形偶极子天线,这几种天线存在馈电难、辐射效率低、收发耦合强、无法测量时域目标的特性,只能用作单收发。现在出现了利用光刻技术制成的毫米、亚毫米波段的集成天线,还有利用微波集成电路制成的 UWB 平面槽天线,其特点是能产生对称波束,可平衡 UWB 馈电,具有 UWB 特性。

5) 收发信机的设计

在得到相同性能的前提下,UWB 收发信机的结构比传统的无线收发信机要简单。传统的无线收发信机大多采用超外差式结构,UWB 收发信机采用零差结构,实现起来也十分简单,无须本振、功放、压控振荡器(VCO)、锁相环(PLL)、混频器等环节。

在接收端,天线收集的信号经放大后通过匹配滤波或相关接收机处理,再经高增益门限电路恢复原来的信息。距离增加时,可以由发送端用几个脉冲发送同一信息比特的方式增加接收机的信噪比,同时可以通过软件的控制,动态地调整数据速率、功耗与距离的关系,使 UWB 具有极大的灵活性,这种灵活性正是功率受限的未来移动计算所必需的。

现代数字无线技术常采用数字信号处理芯片(DSP)的软件无线电来产生不同的调制方式,这些系统可逐步降低信息速率以在更大的范围内连接用户。UWB 的一大优点是,即使最简单的收发信机也可采用这一数字技术。

3. UWB 技术的特点

超宽带带来了全新的通信方式及频谱管理模式。超宽带系统的主要性能特点及技术优势表现在以下几个方面。

1）带宽极宽

传统的无线通信技术大都是基于正弦载波的,而消耗大量发射功率的载波本身并不传送信息,真正用来传送信息的是调制信号,即用某种调制方式对载频进行调制。而超宽带系统可以采用无载波方式,即不使用正弦载波信号,直接调制超短窄脉冲,从而产生一个数吉赫兹(GHz)量级的大带宽。UWB 使用的带宽在 1GHz 以上,高达几个吉赫兹,超宽带系统容量大,并且可以和目前的窄带通信系统同时工作而互不干扰;同时,作为一种与其他现存传统无线技术共享频带的无线通信技术,对于目前日益紧张的、有限的频谱资源,超宽带技术有其独特的优势,全球频谱规划组织也对其表示高度关注和支持。所以,超宽带不只是一项革命性的技术,它更是一段免许可证的频谱资源。目前 FCC 开放的频段是 3.1～10.6GHz,UWB 可共用 7.5GHz 的频带。

2）抗多径能力强

UWB 发射的是持续时间极短的单周期脉冲,且占空比极低,多径信号在时间上是可分离的,因此具有很强的抗多径能力。多径衰落一直是传统无线通信难以解决的问题,而 UWB 信号由于带宽达数吉赫兹(GHz),具有高分辨率,能分辨出时延达纳秒级的多径信号,而恰好室内等多径场合的多径时延一般也是纳秒级的。这样,UWB 系统在接收端可以实现多径信号的分集接收。UWB 信号的抗多径衰落的固有鲁棒性特别适合于室内等多径、密集场合的无线通信应用。但 UWB 信号极高的多径分辨率也导致信号能量产生严重的时间弥散(频率选择性衰落),接收机必须通过牺牲复杂度(增加分集阶数)以便捕获足够的信号能量。这将对接收机设计提出严峻挑战。在实际的 UWB 系统设计中,必须折中考虑信号带宽和接收机复杂度,得到理想的性价比。

3）定位精确

冲激脉冲具有很高的定位精度和穿透能力,采用超宽带无线电通信,很容易将定位与通信合一,在室内和地下进行精确定位。信号的距离分辨力与信号的带宽成正比。由于信号的超宽带特性,UWB 系统的距离分辨精度是其他系统的成百上千倍。UWB 信号脉冲宽度在纳秒级,其对应的距离分辨能力可高达厘米级,这是其他窄带系统所无法比拟的。这使得超宽带系统在完成通信的同时还能实现准确定位跟踪,定位与通信功能的融合极大地扩展了系统的应用范围。

4）抗干扰性能强,保密性好

UWB 信号一般把信号能量弥散在极宽的频带范围内,功率谱密度低于自然的电子噪声,采用编码对脉冲参数进行伪随机化后,脉冲的检测将更加困难,接收机只有已知发送端扩频码时才能解出发射数据。由于 UWB 信号本身巨大的带宽及 FCC 对 UWB 系统的功率限制,使 UWB 系统相对于传统窄带系统的功率谱密度非常低。低功率谱密度使信号不易被截获,用传统的接收机无法接收,具有一定保密性,同时使其他窄带系统的干扰可以很小。

5）超高速、超大容量,抗截获性好

超宽带的低功耗特点对于用便携式电池供电的系统长时间工作是非常重要的。UWB

以非常宽的频率带宽来换取高速的数据传输,在 10m 的传输范围内,信号传输速率可达 500Mb/s。

6) 系统结构简单,成本低,易数字化

UWB 通过发送纳秒级脉冲来传输数据信号,其发射机直接用脉冲小型激励天线,不需要功放与混频器;同时在接收端,也不需要中频处理。UWB 系统发射和接收的是超短窄脉冲,无须采用正弦载波而直接进行调制,接收机利用相关器能直接完成信号检测。这样,收发信机不需要复杂的载频调制解调电路和滤波器等,系统结构简化,成本大大降低,同时更容易集成到 CMOS 电路中。因此,这可以大大降低系统复杂度,减小收发信机的体积和功耗,易于数字化和采用软件无线电技术。

7) 发送功率小,消耗电能少

通常情况下,无线通信系统在通信时需要连续发射载波,因此要消耗一定电能,而 UWB 不使用载波,只是发出瞬间脉冲电波,也就是直接按 0 和 1 发送出去,并且在需要时才发送脉冲电波,所以消耗电能少。

UWB 系统发射功率非常小,通信设备用小于 1mW 的发射功率就能实现通信,低发射功率大大延长了系统电源工作时间。

4. UWB 技术的应用

UWB 技术具有系统结构简单、发射信号功率低、抗多径衰落能力强、安全性高、穿透特性强等优点,应用领域十分广泛,UWB 可应用于移动通信、计算机及其外设、消费电子、信息安全等诸多方面,如家用高清电视图像传送、数字家庭宽带无线连接、消费电子中高速数据传输、高清图片及视频显示、汽车视频与媒体中心等。概括起来分为以下三个方面。

1) 高速无线通信系统

在高速无线通信应用中,UWB 可以作为一种短距离高速传输的无线接入手段,非常适合支持无线个域网的应用。高速 WPAN 的主要目标是解决个人空间内各种办公设备及消费类电子产品之间的无线连接,以实现信息的高速交换、处理、存储等,其应用场合包括办公室、家庭等。个人空间内的设备类型按其功能大体可分为消费电子产品、个人计算机及其外围设备。这些设备之间互连都采用 USB 2.0/3.0 或 IEEE 1394 标准,但同时也被这些有线传输的线缆所束缚。超宽带技术具有让消费电子产品、个人计算机和外部设备无线化的潜力,并在将来统一这些个人计算机与消费电子产品甚至实现整个移动通信工业产品之间的互联。下面给出几个应用实例。

(1) 消费电子产品应用。随着技术的不断进步,消费电子产品逐步向数字化、智能化、网络化的方向发展。利用 UWB 技术具有 110Mb/s 的数据传输速率以及 10m 的传输距离,为消费电子产品提供高速无线连接,无须使用电缆等传输线建立家庭多媒体网络系统。例如,实现在住宅的几乎所有空间内从机顶盒向电视显示器无线传输高分辨率视频流的功能,使消费者无须为每台电视都添置新的机顶盒,即可让家中的多台电视都接收到高清节目的数据来源。

(2) 计算机外围设备应用。借助超宽带技术,计算机用户无须通过错综复杂的线路来连接计算机主机、显示器、键盘、鼠标、扬声器、打印机、扫描仪、电视等设备。甚至没有必要将这些设备都放置在同一个桌面或房间内,每种设备可以被自由地移动位置。这类应用一般只需要支持 2～4m 的传输距离,但速率要求可以从几万比特每秒至几百兆比特每秒。

2）在低速 WPAN 中的应用

低速 WPAN 与电信网络相结合的应用主要在信息服务、移动支付、远程监控以及某些 P2P 应用等,这些应用归纳到无线传感器网络的范畴。无线传感器网络是由部署在监测区域内几十到上百个廉价微型传感器节点组成的、采用无线通信方式、动态组网的多跳的移动性对等网络,通过动态路由和移动管理技术传输具有服务质量要求的多媒体信息流。其网络拓扑具有随机变化的特点,节点信息往往需要通过中间节点进行多次转发才能到达目的节点。若将各节点的地理位置信息作为路由计算的辅助信息,将很大程度上简化路由算法,降低能量消耗。因此,在无线传感器网络中采用超宽带技术作为无线连接手段,可以提供高精度测距和定位业务(精度 1m 以内),以及实现更长的作用距离和超低耗电量,可用于车载防撞雷达、远程传感器网络、家庭智能控制系统等很多领域。车载 UWB 雷达主要应用在 24GHz 频段。

3）雷达成像系统

在雷达成像(包括穿地雷达、墙中成像雷达、穿墙成像雷达、医学成像系统、监视系统等)应用中,主要以 UWB 穿墙成像雷达为主。目前国外已有用于军事、抢险、反恐、资源探测方面的 UWB 穿墙成像雷达产品,这类产品主要依据的是 FCC 制定的频谱限值要求,最大平均等效全向发射功率(EIRP)不超过 −41.3dBm/MHz,工作频段在 2GHz 以上。UWB 穿墙成像技术产品往往都是利用持续时间极为短暂的 UWB 信号脉冲穿过一定厚度的墙壁,通过设置在成像设备上的信息屏幕,获取墙壁另一侧的物体(运动)信息。此外,大地探测雷达也可以应用 UWB 技术,其工作原理与穿墙雷达是相仿的。

5. UWB 的发展趋势

UWB 具有带宽高、抗干扰能力强的特点,是物联网重要的通信手段。UWB 除了前面介绍的关键技术之外,还有一些新的方向,如 UWB 与认知无线电(Cognitive Radio,CR)结合的认知超宽带和基于协作模式的 UWB 定位研究。

1）认知超宽带系统

CR 是一种智能的无线电技术,它具有学习能力,能与周围环境交互信息,以感知和利用在该空间的可用频谱,并限制和降低冲突的发生。CR 与 UWB 都是提高频谱利用率的技术手段,所以 CR 与 UWB 结合,具有广阔的应用场景。认知超宽带是一种基于频谱感知的具有自适应发射功率谱密度和灵活波形的新型超宽带系统。该系统的基本原理主要是利用 CR 能够感知周围频谱环境和 UWB 系统易于数字化、软件化的特性,依据感知得到的频谱信息和动态频谱分配策略来自适应地构建 UWB 系统的频谱结构,并生成相应的频谱灵活的自适应脉冲波形,根据信道的状态信息进行自适应的发射与接收。

2）基于协作模式的 UWB 定位技术

目前在反恐、应急、救援等应用中,室内定位是一个关注的热点。室内无法利用 GPS、北斗等卫星定位系统,需要采用新的技术实现室内定位。UWB 凭借其准确的定位优势,采用协作模式与 GPS 等室外定位系统结合,实现全方位立体化的定位。为此 3GPP 提出了基于 IMS 的 SR-VCC 方案,此方案支持将分组域的语音业务切换到电路域,但需要运营商部署 IMS 系统。由于 IMS 的 SR-VCC 方案需要额外投资,从而增加运营成本,且 IMS 技术复杂,相关标准及产业化工作尚在进一步推进中,因此预计此方案在近几年中尚难以被运营商大规模采用。

3.1.5 NFC 技术

NFC 技术是在无线射频识别技术(RFID)和互联技术二者整合的基础上发展而来的,只要任意两个设备靠近而不需要线缆连接,就可以实现相互间的通信,可以广泛用于设备互联、服务发现以及移动商务等领域。

NFC 技术是一种近距离无线通信技术(NFCIP-1),NFC 设备可以用作非接触式智能卡、智能卡的读写器终端以及设备对设备的数据传输链路,其应用主要可分为以下 4 个基本类型。

(1)用于交换、传输数据。

将两台支持 NFC 的设备连接,即可进行点对点网络数据传输,例如下载音乐、交换图像或同步处理通信录等。现在的大多数手机都配备了蓝牙等相关功能,所以 NFC 可以充当启动设备,使电话之间的数据交换传输更加便捷。NFC 还支持多台手机间的多人游戏,允许用户与环境进行交互式通信,而无须浏览复杂的菜单或执行复杂的设置程序。

(2)用于付款和购票。

① NFC 手机可作为乘车票,通过接触进行支付。NFC 手机可以将车票内容保存在芯片中,从而实现瞬间购票。

② NFC 手机可当作电子钱包,通过接触和密码确认进行支付。

(3)用于电子票证。

作为电子入场券和钥匙的 NFC 手机,可通过接触完成认证。使用者只要通过手机上网下载电子票券,带着手机就可以入场。NFC 手机当作公寓钥匙时,只要将手机贴近门,就可以开锁,还可在大楼内设置一台多媒体终端,方便用户直接利用手机交付房租及水电费。

(4)用于智能媒体。

智能媒体将成为手机下载的上端。例如,使用内嵌 NFC 卡的手机,只需要在智能媒体表面晃动即可下载票务信息、广告信息、铃声和壁纸等。用户在智能海报旁闪动一下手机,就能从海报的智能芯片中下载关于该活动的信息。

1. NFC 技术优势

NFC 是一种近距离无线通信技术,具有如下技术要点。

(1)以 ISO/IEC 18092 NFCIP-1 为基准进行标准化。

(2)以 13.56MHz RFID 技术为基础,NFC 是非接触式 RFID 技术的演进,支持设备间的互联。

(3)通信距离为 20cm(NFC 设备之间的极短距离接触,主动通信模式为 20cm,被动通信模式为 10cm,让信息能够在 NFC 设备之间点对点快速传递)。

(4)与现有的非接触式智能卡国际标准相兼容。

(5)支持的数据传输速率为 106kb/s、212kb/s 或 424kb/s。

NFC 的目标不是取代蓝牙、WiFi 等现有的无线技术,而是起着相互补充的作用。因为

NFC 的数据传输速率较低,最高只可达 424kb/s,比不上现有的一些技术。由于 NFC 单芯片解决方案是一个开放式的平台,它既可以进行快速的无线网络自组,同时又可用作移动通信、蓝牙或无线 802.11 等现有设备的虚拟连接。除上述技术特点外,NFC 技术还具有下述优点。

(1) 短距离通信。可以保证通信的安全性,防止被监听,保证通信的确定性。

(2) 与现有的 RFID 标准兼容。例如省电模式下的 NFC 设备,相当于一张 RFID 标签。

(3) 简化其他通信较繁杂的连接步骤。例如蓝牙或以太网的通信协定都需要在众多的设备当中选择正确的设备。

NFC 通信通常在发起设备和目标设备之间发生,任何的 NFC 装置都可以为发起设备或目标设备。两者之间以交流磁场方式相互耦合,并以 ASK 方式或 FSK 方式进行载波调制,传输数字信号。发起设备产生无线射频磁场来初始化 NFCIP-1 的通信(调制方案、编码、传输速率与 RF 接口的帧格式)。目标设备则响应发起设备所发出的命令,并选择由发起设备所发出的或是自行产生的无线射频磁场进行通信。

在主动模式下,每台设备要向另一台设备发送数据时,都必须产生自己的射频场。发起设备和目标设备都要产生自己的射频场,以便进行通信。这是点对点通信的标准模式,可以获得非常快速的连接设置。

在被动模式下,NFC 发起设备(也叫主设备,启动 NFC 通信的设备)在整个通信过程中提供射频场。它可以选择 106kb/s、212kb/s 或 424kb/s 其中一种传输速率,将数据发送到另一台设备。另一台设备称为 NFC 目标设备(从设备),不必产生射频场,利用感应的电动势提供工作所需的电源,使用负载调制技术进行数据收发。移动设备主要以被动模式操作,可以大幅降低功耗,并延长电池寿命。在一个应用会话过程中,NFC 设备可以在发起设备和目标设备之间转换自己的角色。利用这项功能,电池电量较低的设备可以要求以被动模式充当目标设备,而不是发起设备。

可以看出,NFC 与 RFID 一样,信息也是通过频谱中无线频率部分的电磁感应耦合方式传递的,尽管都采用了射频识别技术,NFC 与 RFID 却有着显著的不同点,特别是在安全功能和工作距离方面。首先,NFC 是一种提供轻松、安全、迅速的通信的无线连接技术,相对于 RFID 来说,NFC 具有距离近、带宽高、能耗低等特点。其次,NFC 与现有非接触智能卡技术兼容,目前已经成为得到越来越多主要厂商支持的正式标准。再者,NFC 还是一种近距离连接协议,提供各种设备间轻松、安全、迅速而自动的通信。与无线领域中的其他连接方式相比,NFC 是一种近距离的私密通信方式。由于 NFC 的部分应用(例如支付、门禁、防伪等)与安全密切相关,因此能否提供安全的解决方案至关重要。RFID 更多地被应用在生产、物流、跟踪、资产管理上,而 NFC 则在门禁、公交、手机支付等领域内发挥着巨大的作用。NFC 与 RFID 技术所针对的行业不同,NFC 针对的是消费类电子产品,而 RFID 针对的是所有行业,包括物流、交通等诸多行业。从某种意义上讲,NFC 也是 RFID 的一种应用,是 RFID 技术的一种延续产品。

2. NFC 工作原理

NFC 工作于 13.56MHz 频段,支持主动和被动两种工作模式及多种传输数据速率。在主动模式下,主呼和被呼各自发出射频场来激活通信,在被动工作模式下,如果主呼发出射频场,被呼将响应并且装载一种调制模式激活通信。

载波频率为 13.56MHz 的 RFID 的技术标准 ISO 14443 中,主要的调制编码技术为两种类型:A 类和 B 类。NFC 技术同时采用了两种类型的技术,并对其中的某些技术细节进行了改进,在速率为 106kb/s 时完全采用了 ISO 14443 的 A 类标准;速率为 212kb/s、424kb/s 时采用了 ISO 14443 的 B 类的改进标准。

在主动通信模式下,通信双方均采用改进型米勒编码进行通信。

由于解调时复杂度最低的是 OOK 包络检波,也最容易硬件实现,这是采用 ASK 调制方式的原因。

依据 EMCA-340 定义的射频信号接口标准,对于速率为 106kb/s,天线接收到的是 100%ASK 调制的改进米勒编码信号,采用此信号的优点是 100%ASK 调制能以 100%的能量进行数据传输,保证了信号的较高抗干扰性,在一定程度上提高了通信的可靠性。理论分析表明,它在调制间隙处的信号电压不足 1V,不能保证卡上数字部分的正常工作,即在数据传输期间,数字处理部分不能正常工作,所以在数字处理部分工作时停止数据传输。因此,尽管 100%ASK 调制以 100%的能量进行数据传输,但它是以数据传输与数据处理分开单独工作,即以通信时间的延长为代价的。同时,它也不适用于常规的数字信号处理器,除非在外加时钟的情况下可以采用常规的 DSP。

对于 212kb/s、424kb/s 的通信速率,由于它采用 8%~30%的 ASK 调制,仅用部分能量传输数据,同时 NFC 设备上的数字信号处理器并未用到所供给的全部能量,当受到噪声干扰时,对信号的可靠性会有一些影响,缩短其有效读写距离,但它能保证能量的无中断供给,可以实现数据传输与数据处理的同步进行,保障芯片在工作时永远不会失去电压供应以及运转时钟,使内部逻辑与软件可以连续正常工作,而不会在数据接收过程中因为电源消失而必须暂停工作,应用软件在工作时不必担心和处理电源消失或数据中断等问题。这对于高安全性芯片来说是一个显著优点,因为其安全算法需要不间断地运行。调制系数为 8%~30%的 ASK 调制的另一优点是在完成 NFC 设备的选择之后,两个 NFC 设备之间可以有更高的通信速率。

以上所述的能量传输问题主要是针对的被动通信模式。在 NFC 技术中,除了兼容 ISO 14443 标准,还采用了 ISO 14443 没有的主动通信模式,在此种通信模式下并无能量中断的问题,其通信过程中,数据交换双方始终处于有源状态,射频信号交替关闭发射。

目前在被动通信模式下,NFC 设备之间的通信在三种不同的速率下都采用了负载调制方式。106kb/s 速率的通信方式使用 847.5kHz 副载波曼彻斯特编码。而 212kb/s、424kb/s 速率的通信方式的负载调制也使用 847.5kHz 的副载波,两台 NFC 设备之间的数据传输是连续进行的。副载波采用振幅键控的调制方式(ASK)。106kb/s 采用改进米勒编码和曼彻斯特编码,因而速度很快,必须采用专门的硬件解码。

NFC 传输协议包括三个过程:激活协议、数据交换、协议关闭。协议的激活包含属性的申请和参数的选择,激活的流程分为主动模式和被动模式两种;数据交换协议的帧结构中,包头包括 2B 的数据交换请求与响应指令、1B 的传输控制信息、1B 的设备识别码、1B 的数据交换节点地址;协议关闭包含信道的拆线和设备的释放。在数据交换完成后,主呼可以利用数据交换协议进行拆线。一旦拆线成功,主呼和被呼都回到了初始化状态。主呼可以再次激活,但是被呼不再响应主呼的属性请求指令,而是通过释放请求指令切换到刚开机的原始状态。NFC 设备之间的通用协议流程遵循下面的连续操作。

（1）任何 NFC 设备均默认为目标方。

（2）作为目标方时，它不产生自身射频能量，应静候来自初始方的指令。

（3）如果应用需要，NFC 设备可以转换为初始方。

（4）由具体的应用来决定主动/被动通信模式及发送速率。

（5）初始方将监测是否存在外部射频磁场，如果检测出外部射频磁场，则不能激活其自身的射频磁场。

（6）如果初始方没有检测到外部射频磁场，将开启其自身的射频磁场。

（7）目标方通过初始方的射频磁场激活。

（8）不管是在主动通信模式还是被动通信模式下，初始方均以一个选定的传输速率发送指令。

（9）不管是在主动还是被动通信模式下，目标方以与初始方相同的通信模式、传输速率对初始方进行响应。

图 3-20 阐明了在主动和被动通信模式下，不同传输速率时的通用初始化和单设备检测流程。

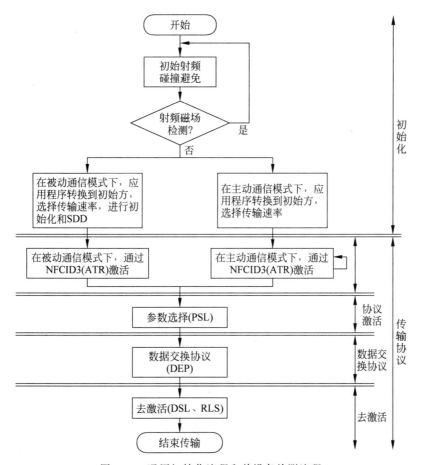

图 3-20　通用初始化流程和单设备检测流程

使用上,因为 NFC 的使用通常会遇到使用尖峰时期,为了避免不同的主动通信方或目标通信方同时通信造成数据链路错误,所以 NFC 采用了一种 Listen before talk 的机制。此机制会在主动通信方要发出询问信号前,先侦测外界磁场强度来判断是否有其他的设备正在通信中,这种机制的实现称为 RF Collision Avoidance(RFCA),其动作行为是在每次主动发出询问信号时侦测外界磁场,当磁场强度超过门限强度时则会停止询问,直至外界磁场强度低于门限值。

在开启自身的射频信号后,对进入射频信号覆盖范围内的目标通信方进行多目标识别,选出唯一的目标进行点对点通信。被动通信模式下主要采用的多目标识别算法有二进制搜索树和时隙算法。前者主要针对通信速率为 106kb/s,后者主要应用于通信速率为 212kb/s、424kb/s。主动通信模式与被动通信模式采用不同的识别算法。数据的传输在多目标识别之后进行,其传输协议结构与 TCP/IP 类似,但相比 TCP/IP 要简单得多,只包含数据链路层和传输控制层的协议标准。

3. NFC 的应用

NFC 设备表现为一个非接触式智能卡,作为智能卡的读写终端,也作为设备到设备之间的数据传输链接。具备 NFC 技术的移动终端被设计工作在很短的距离,典型为小于 4cm,并为用户提供一种快速、简单和安全的方式来体验一系列全新的非接触式服务的业务应用。

在众多的"非接触式技术"中,NFC 技术支持多种应用,包括移动支付与交易、对等式通信及移动中信息访问等。NFC 设备可以用作非接触式智能卡、智能卡的读写器终端以及设备对设备的数据传输链路,其应用主要可分为以下 4 个基本类型:用于付款和购票、用于电子票证、用于智能媒体以及用于交换、传输数据。

NFC 技术集成于个人移动通信终端,充分体现了信息传输、安全支付与移动电话一体化的设计理念,满足了大多数消费者喜欢移动电话交易的便利、易用和"时尚性"需求。配备 NFC 功能的手机通过让消费者体验直观的连接方式,进而可以改变传统的信息和服务的分配、付费和访问方式。NFC 手机能够进行安全的移动支付和交易,还可以在移动过程中方便地进行点对点通信以及轻松获取信息。

NFC 装置大致上可分成两大类的应用:标签与读写器。把 NFC 装置当成标签使用时,通常有以下几种典型应用:非接触式付款、门禁卡、智能广告发布及 ID 识别等。当 NFC 装置被当成读写器使用时,通常有以下几种典型应用:多媒体信息传输(如电子名片交换、图铃交换和 MP3 音乐共享)以及下载智能广告取得产品或活动的相关资讯。

NFC 手机的应用场合有以下几个方面。

(1) NFC 手机集成 IC 卡钱包,可实现随时随地的现场支付功能。

(2) 可通过手机随时随地对 IC 卡钱包进行查询管理及钱包充值。

(3) 可通过手机随时随地查询电子商品(如电影票等票物信息、手机铃声及游戏等信息)并直接支付购买,远程传送到 NFC 手机。

(4) 与配套的 NFC 服务网站结合,可开展如音乐、铃声、游戏下载等多种增值服务应用。

(5) 可提供各种身份识别及信用认证等应用。

（6）可通过手机实现公交一卡通功能。

（7）可通过手机短信或连接 NFC 服务网站获得各类促销信息。

（8）可通过手机随时随地管理（删除/下载）各类优惠信息及优惠券。

（9）可以为基于手机的各类支付及增值应用提供安全保证。

（10）可通过 NFC 网站推广各种广告业务。

NFC 手机的各种应用如图 3-21 所示。

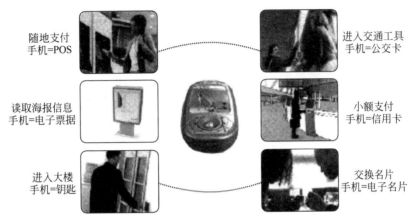

图 3-21　NFC 手机的各种应用

4. VLC-NFC 技术

VLC（可见光通信）是一种使用可见光的新型通信技术，可见光通信技术是利用荧光灯或发光二极管等发出的肉眼看不到的高速明暗闪烁信号来传输信息的，将高速 Internet 的电线装置连接在照明装置上，接通电源即可使用。利用这种技术做成的系统能够覆盖室内灯光达到的范围，计算机不需要电线连接，因而具有广泛的开发前景。与目前使用的无线局域网（无线 LAN）相比，可见光通信系统可利用室内照明设备代替无线 LAN 基站发射信号，其通信速率可达每秒数十兆至数百兆，未来传输速率还可能超过光纤通信。利用专用的、能够收发信号功能的计算机以及移动信息终端，只要在室内灯光照到的地方，就可以长时间下载和上传高清晰画面和动画等数据。该系统还具有安全性高的特点。用窗帘遮住光线，信息就不会外泄至室外，同时使用多台计算机也不会影响通信速率。由于不使用无线电波通信，对电磁信号敏感的医院等部门可以自由使用该系统。

VLC（可见光通信）的波长范围为 400nm（750THz）～700nm（428THz）。一般特性如下：

（1）可视。

（2）安全，所见即所发送。

（3）不规范，光频率无规范。

（4）卫生，对人体无害。

（5）与其他设备互不干扰。

目前室内无线通信能满足要求的最好选择就是白光 LED。白光 LED 在提供室内照明的同时被用作通信光源，有望实现室内无线高速数据接入。目前，商品化的大功率白光

LED 功率已经达到 5W,发光效率也已经达到 901m/W,其发光效率(流明效率)已经超过白炽灯,接近荧光灯。白光 LED 的光效超过 1001m/W 并达到 2001m/W(可以完全取代现有的照明设备)在不久的将来即可实现。因而,LED 照明光通信技术具有极大的发展前景,已引起人们的广泛关注和研究。

LED 作为 VLC 的光源,具有以下优点。

(1) 体型小,寿命较长。

(2) 效率高,能耗低。

(3) 快速响应时间。

(4) 抗外力打击。

(5) 耐潮湿。

(6) 低热量。

基于可视光通信的 NFC 技术的应用如图 3-22 所示。

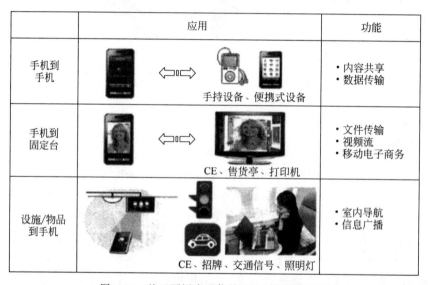

图 3-22　基于可视光通信的 NFC 技术的应用

可见光通信与 RF 通信特征对比见表 3-4。

表 3-4　可见光通信与 RF 通信特征对比

特　征	可见光通信	RF 通信
带宽	无限制,400~700nm	严格规范,带宽受限
EMI	无	有
可视	是	否
标准	刚刚开始	成熟
功耗	低	中等
可见安全性	是	否
结构	LED 器件	接入点
移动性	受限	是
覆盖范围,距离	窄,短	宽,中等

基于可视光通信的 NFC 技术对一些新的应用具有独特的优势,如图 3-23 所示。

(1) 在干扰敏感的环境下,可实现高速、安全的通信服务。

(2) 加密、安全性高,不受现有的无线电规则的限制。

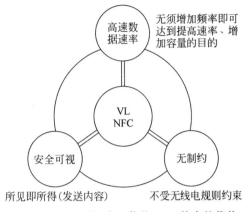

图 3-23 基于可视光通信的 NFC 技术的优势

3.2 无线传感器网络技术

自从人类进入信息时代,自然界的信息通过传感器源源而来。而随着技术的发展,人们已不满足于原有单一的、独立的传感器系统。很多时候,我们需要将来自不同区域的信息联合汇总,从而实现对现场状况的综合判断。这就是以感知为目的的物物互联网络——传感网。传感网是物联网在感知领域的另一个术语,它将各类集成化的微型传感器协作地实时监测、感知和采集各种环境或监测对象的信息,通过嵌入式系统对信息进行处理,并通过自组织无线网络通信,实现对物理世界的动态协同感知。无线传感器网络技术(WSN)是传感网中最核心的技术之一。无线传感器网络是在信息采集方面非常高效的网络。

无线传感器网络(WSN)是一种由独立分布的节点以及网关构成的传感器网络,是由部署在监测区域内大量的廉价微型传感器节点组成,通过无线通信方式形成的一个多跳的自组织的网络系统,其目的是协作地感知、采集和处理网络覆盖区域中告知对象的信息,并发送给观察者。安放在不同地点的传感器节点不断采集外界的物理信息,相互独立的节点之间通过无线网络进行通信。无线传感器网络的每个节点都能够实现采集和数据的简单处理,还能接收来自其他节点的数据,并最终将数据发送到网关。工程师可以从网关获取数据,查看历史数据记录或进行分析。

传感器网络中,除了少数节点需要移动以外,大部分节点都是静止的,它们可以运行在人无法接近的恶劣甚至危险的远程环境中,因此在物联网中有很广泛的应用前景。

无线传感器网络(WSN)是一个涉及多学科高度交叉、知识高度集成的前沿热点研究领域。传感器技术、微机电系统、现代网络和无线通信等技术的进步,推动了现代无线传感器网络的产生和发展。无线传感器网络扩展了人们的信息获取能力,将客观世界的物理信息同传输网络连接在一起,在下一代网络中将为人们提供最直接、最有效、最真实的信息。无线传感器网络能够获取客观物理信息,具有十分广阔的应用前景,能应用于军事国防、工农业控制、城市管理、生物医疗、环境检测、抢险救灾、危险区域远程控制等领域,已经引起了许多国家学术界和工业界的高度重视,被认为是对 21 世纪产生巨大影响力的技术之一。

3.2.1 无线传感器网络的组成

无线传感器网络包括传感器节点(Sensor Node)、汇聚节点(Sink Node)和任务管理单元,如图 3-24 所示。大量的传感器节点被随机分布在所需要监测的区域内,通过自组织的方式形成网络。传感器节点所监测到的数据通过附近的传感器节点依照一定的数据融合协议逐条地传送到汇聚节点,然后通过 Internet 等手段将数据传输到任务管理单元,用户可以通过任务管理单元对传感器节点进行配置管理,发布所需要监测的数据类型等任务并收集处理监测到的数据。

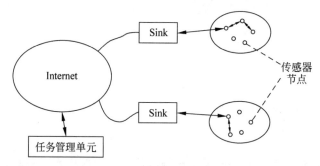

图 3-24 无线传感器网络结构

传感器节点的组成如图 3-25 所示。它一般由传感器模块、处理模块、无线收发模块和能量供应模块这 4 部分组成。

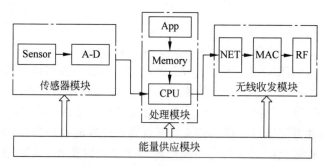

图 3-25 传感器网络节点的组成

传感器模块(由传感器和模/数转换器组成)负责监测区域内信息的采集和数据转换;处理模块(由嵌入式系统构成,包括 CPU、存储器、嵌入式操作系统等)负责控制整个传感器节点的操作、存储和处理本身采集的数据以及其他节点发来的数据;无线收发模块(由无线通信器件组成)负责与其他传感器节点进行无线通信,交换控制消息和收发采集数据;能量供应模块为传感器节点提供运行所需的能量,通常采用微型电池。

在无线传感器网络中,节点任意散落在被监测区域内,这一过程是通过飞行器撒播、人工埋置和火箭弹射等方式完成的,节点以自组织形式构成网络,通过多跳中继方式将监测数据传到汇聚节点,最终借助长距离或临时建立的 Sink 链路将整个区域内的数据传送到远程中心进行集中处理。卫星链路可用作 Sink 链路,借助游弋在监测区上空的无人飞机收集汇聚节点上的数据也是一种方式。如果网络规模太大,可以采用聚类分层的管理模式,图 3-26 给出了无线传感器网络体系结构一般形式的描述。

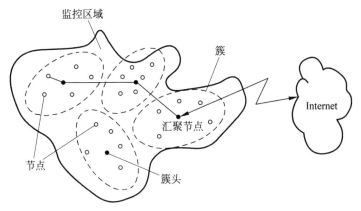

图 3-26　无线传感器网络的体系结构

3.2.2　无线传感器网络的通信协议

无线传感器网络汇聚节点和传感器节点的协议栈如图 3-27 所示,与 Internet 协议栈的 5 层协议相对应。协议栈还包括能量管理、移动管理和任务管理。这些管理平台使得传感器节点能够以高效的方式协同工作,在节点移动的无线传感器网络中转发数据,并支持多任务和资源共享。物理层负责提供简单但健壮的调制和无线收发技术,接收和发送数据;数据链路层负责无线信道的使用控制,减少邻居节点广播引起的冲突;网络层实现数据的融合,负责路由生成与路由选择;传输层负责数据流的传输控制,是保证通信服务质量的重要部分;应用层包括一系列基于监测任务的应用层软件。

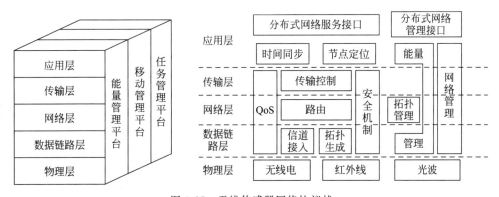

图 3-27　无线传感器网络协议栈

能量管理负责控制节点对能量的使用,为延长网络存活时间有效地利用能源;拓扑管理负责保持网络的连通和数据有效传输;网络管理负责网络维护、诊断,并向用户提供网络管理服务接口,通常包括数据收集、数据处理、数据分析和故障处理等功能;QoS 是为应用程序提供足够的资源使它们以用户可以接受的性能指标指示工作;时间同步为传感器节点提供全局同步的时钟支持;节点定位确定每个传感器节点的相对位置或绝对的地理坐标。

3.2.3 无线传感器网络的特点

1. 网络的自组织性强

在无线传感器网络应用中,传感器节点的位置不能预先精确设定,节点之间的相互邻居关系预先也不知道,如通过飞机播撒大量传感器节点到面积广阔的原始森林中,或随意放置到人类不可到达或危险的区域。这样就要求传感器节点具有自组织的能力,能够自动进行配置和管理,通过拓扑控制机制和网络协议自动形成转发监测数据的多跳无线网络系统。

在无线传感器网络使用过程中,部分传感器节点由于能量耗尽或环境因素造成失效,也有一些节点为了弥补失效节点、增加监测准确度而补充到网络中,这样在无线传感器网络中的节点个数就会动态地增加或减少,从而使网络的拓扑结构随之变化。无线传感器网络的自组织性要能够适应这种动态的网络拓扑结构。

2. 网络的规模大

为了获取精确信息,在监测区域通常部署大量传感器节点,传感器节点数量可能达到成千上万,甚至更多。无线传感器网络的大规模性有两种情况:第一是很大的地理区域,如在原始大森林采用无线传感器网络进行森林防火和环境监测,需要部署大量的传感器节点;第二是节点密集地部署在一个面积不是很大的空间内。

无线传感器网络的大规模性具有如下优势:通过不同空间视角获得的信息具有更大的信噪比;通过分布式处理大量的采集信息能够提高监测的准确度,降低对单个节点传感器的准确度要求;大量冗余节点的存在,使得系统具有很强的容错性能;大量节点能够增大覆盖的监测区域,减少盲区。

3. 网络的动态性好

无线传感器网络的拓扑结构可能因为下列因素而改变:环境因素或电能耗尽造成的传感器节点出现故障或失效;环境条件变化可能造成无线通信链路带宽变化,甚至时断时通;无线传感器网络的传感器、感知对象和观察者这三要素都可能具有移动性;新节点的加入。这就要求无线传感器网络系统要能够适应这种变化,具有动态的系统可重构性。

4. 网络的应用相关性好

无线传感器网络用来感知客观物理世界,获取物理世界的信息量。客观世界的物理量多种多样,不可穷尽,不同的无线传感器网络应用关心不同的物理量,因此对传感器的应用系统也有多种多样的要求。

不同的应用背景对无线传感器网络的要求不同,其硬件平台、软件系统和网络协议必然会有很大差别。所以无线传感器网络不能像 Internet 一样,有统一的通信协议平台。

只有让系统更贴近应用,才能做出最高效的目标系统。针对每一个具体应用来研究无线传感器网络技术,这是无线传感器网络设计不同于传统无线网络的显著特征。

5. 网络以数据为中心

在 Internet 中,网络设备用网络中唯一的 IP 地址标识,资源定位和信息传输取决于终端、路由器、服务器等网络设备的 IP 地址。如果想访问 Internet 中的资源,首先要知道存放资源的服务器 IP 地址。可以说目前的 Internet 是一个以地址为中心的网络。

无线传感器网络是任务型的网络,是以数据为中心的。脱离无线传感器网络谈论传感器节点没有任何意义。无线传感器网络中的节点采用节点编号标识,节点编号是否需要全网仅取决于网络通信协议的设计。由于传感器节点随机部署,构成的无线传感器网络与节点编号之间的关系是完全动态的,表现为节点编号与节点位置没有必然联系。

3.2.4 无线传感器网络的关键技术

1. 时钟同步技术

时钟同步是网络协同工作、系统协同休眠、节省能耗以及目标定位技术的基础。目前已有多种针对无线传感器网络的时钟同步算法,主要集中在两个方面:第一,因为 WSN 中时钟同步的重要性,所以研究安全的时钟同步算法就显得尤为重要;第二,从能耗的角度研究节能、高效的时钟同步算法。因此如何获得安全高效的时钟同步算法,是目前研究的一个热点。

2. 定位技术

地理位置信息是传感器节点采集数据中不可缺少的信息。确定事件发生的位置或采集数据的节点位置是无线传感器网络最基本的功能之一。由于传感器节点存在资源有限、随机部署、通信易受环境干扰甚至节点失效等特点,定位机制必须满足自组织性、健壮性、能量高效、分布式计算等要求。

在无线传感器网络定位过程中,通常会使用三边测量法、三角测量法或极大似然估计法确定节点位置。根据定位过程中是否实际测量节点间的距离或角度,把无线传感器网络中的定位分类为基于距离的定位和距离无关的定位。

3. 网络拓扑控制

无线传感器网络拓扑控制目前主要的研究问题是在满足网络覆盖度和连通度的前提下,通过功率控制和骨干网节点选择,剔除节点之间不必要的无线通信链路,生成一个高效的数据转发的网络拓扑结构。

通过拓扑控制自动生成的良好拓扑结构能够提高路由协议和 MAC 协议的效率,为数据融合、时钟同步和目标定位等很多方面奠定基础。

目前的无线传感器网络拓扑控制机制包括传统的功率控制和层次型拓扑控制以及启发式的唤醒/休眠机制。

4．网络安全

无线传感器网络作为任务型的网络，不仅要进行数据的传输，而且要进行数据采集和融合、任务的协同控制等。如何保证任务执行的机密性、数据产生的可靠性、数据融合的高效性以及数据传输的安全性，就成为无线传感器网络安全问题需要全面考虑的内容。无线传感器网络需要实现一些最基本的安全机制：机密性、点到点的消息认证、完整性鉴别、新鲜性、认证广播和安全管理。

5．其他关键技术

MAC 协议、路由协议、数据融合、数据管理、无线通信技术、嵌入式系统以及应用层技术等都是目前无线传感器网络领域中的研究热点问题。

3.2.5 无线传感器网络的应用

1．商业应用

自组织、微型化和对外部世界的感知能力是无线传感器网络的三大特点，这些特点决定了无线传感器网络在社会商业领域占有一席之地。智能化电器设计就是无线传感器网络的典型商业应用。很多智能家电带有嵌入式处理器，与执行机构组成的无线网络与 Internet 连接在一起，利用远程监控系统，可完成对家电的远程遥控，例如可以在回家之前半小时打开空调，这样到家的时候就可以直接享受适合的室温，也可以遥控电饭锅、微波炉、电冰箱、电话机、电视机、录像机、计算机等家电，按照自己的意愿完成相应的各种工作，也可以通过图像传感设备随时监控家庭安全情况。

2．环境观测

环境检测中对无线传感器网络的应用主要有两个部分。

一是利用无线传感器网络的节点分布的广泛性，可以大范围地采集数据，例如，通过布置传感器节点，可以跟踪候鸟昆虫的迁移，研究它们的生活习性。另外，可以通过播撒微型传感器于海洋，监测海洋状况。无线传感器网络还可以监测土壤状态，利用多种传感器来监测降雨量、河水水位和土壤水分，并依此预测爆发山洪的可能性。类似地，无线传感器网络在森林火灾防控中准确预报、及时报警，天气预报，农作物中的害虫监测，土壤的酸碱度和施肥状况监测，农田管理等方面都有很大的应用前景。

另一方面，利用无线传感器网络的自组织的特点，可以借助于航天器布撒的传感器节点实现对星球表面长时间的监测。除了空间工作站，目前空间探索特殊的环境需要极高的自动化。因此，无线传感器网络技术在空间探索方面有着巨大的应用。NASA 的 JPL(Jet Propulsion Laboratory)研制的 Sensor Web 就是为将来的火星探测进行技术准备的，已在佛罗里达宇航中心周围的环境监测项目中进行测试和完善。

3．医疗护理

传感器节点小的特点使其在医学上有特殊的用途。如果在住院病人身上安装特殊用途的传感器节点,如心率和血压监测设备,医生利用无线传感器网络就可以随时了解被监护病人的病情,及时有效抢救。将传感器节点按药品种类分别放置,计算机系统即可帮助辨认所开的药品,从而减少病人用错药的可能性。还可以利用无线传感器网络长时间地收集人体的生理数据,这些数据对了解人体活动机理和研制新药品都是非常有用的。

4. 军事应用

军事应用是无线传感器网络技术的主要应用领域,由于其特有的无须架设网络设施、可快速展开、抗毁性强等特点,是数字战场无线数据通信的首选技术,是军队在敌对区域中获取情报的重要技术手段。

无线传感器网络是由密集型、低成本、随机分布的节点组成的,自组织性和容错能力使其不会因为某些节点在恶意攻击中的损坏而导致整个系统的崩溃,这一点是传统的传感器技术所无法比拟的,这就使传感器网络非常适合应用于恶劣的战场环境中,包括监控我军兵力、装备和物资,监视冲突区,侦察敌方地形和布防,定位攻击目标,评估损失,侦察和探测核、生物和化学攻击。美国 DARPA(Defense Advanced Research Projects Agency)的 SensIT(Sensor Information Technology)计划就是无线传感器网络应用于军事的典型案例。

5. 其他方面的应用

除上述作用之外,无线传感器网络还应用于生活的各个方面,例如,对建筑物状态监控是利用无线传感器网络来监控建筑物的安全状态。采用无线传感网络对复杂机械进行维护能够降低人工开销。尤其是目前数据处理硬件技术的飞速发展和无线收发硬件的发展,新的技术已经成熟,可以使用无线技术避免昂贵的线缆连接,采用专家系统自动实现数据的采集和分析。

3.2.6　无线传感器网络面临的挑战

1. 电源能量有限

传感器节点体积微小,通常携带能量十分有限的电池。由于传感器节点个数多,成本要求低廉,分布区域广,而且部署区域环境复杂,有些区域甚至人员不能到达,所以传感器节点通过更换电池的方式来补充能量是不现实的。如何高效使用能量来最大化网络生命周期是无线传感器网络面临的首要挑战。

2. 通信能力有限

随着节点之间通信距离的增加,通信消耗的能量也将急剧增加。因此,在满足通信连通度的前提下应尽量减少单跳通信距离。由于传感器节点的能量限制和网络覆盖区域大,无线传感器网络采用多跳路由的传输机制。传感器节点的无线通信带宽有限,通常仅有几十万比特每秒的速率。在这样的通信环境和节点通信能力有限的情况下,就需要考虑特定的网络通信机制来满足无线传感器网络的通信需求。

3. 安全性的问题

无线信道、有限的能量、分布式控制都使得无线传感器网络更容易受到攻击。被动窃听、主动入侵、拒绝服务则是这些攻击的常见方式。此外,还包括数据包的完整性鉴定、新鲜性确认等问题。因此,安全性在网络的设计中至关重要。

3.3 现场总线技术

随着计算机技术的不断进步,其价格急剧降低,计算机与计算机网络系统得到了迅速发展。但处于企业生产过程底层的测控自动化系统,要与外界交换信息,要实现整个生产过程的信息集成,要实施综合自动化,就必须设计一种能在工业现场环境运行的、性能可靠、造价低廉的通信系统,以实现自动化智能设备之间的多点通信,形成工厂底层网络系统,实现底层现场设备之间以及生产现场与外界的信息交换。现场总线就是在这种背景下产生的。

现场总线控制系统(FCS)既是一个开放的数据通信系统、网络系统,又是一个可以由现场设备实现完整控制功能的全分布控制系统。它作为现场设备之间信息沟通交换的联系纽带,把挂接在总线上、作为网络节点的设备连接为实现各种测量控制功能的自动化系统,实现 PID 控制、补偿计算、参数修改、报警、显示、监控、优化及控管一体化等自动化功能。

现场总线控制系统与传统控制系统相比,在结构方面具有优势。在传统模拟控制系统中采用一对一的设备连线,按控制回路分别进行连接,位于现场的测量变送器与位于控制室的控制器之间,以及控制器与位于现场的执行器、开关、马达之间均为一对一的物理连接;在现场总线控制系统中,由于通信能力的提高,可以将设备简单地串行连接在一起,原来单个分散的测量控制设备变成了网络节点,彼此间可以互相沟通,并可共同完成系统的各项任务。虽然现场总线的定义因为角度和出发点不同而各异,但都包含如下概念。

(1) 现场总线是低带宽的计算机局域网。

(2) 现场总线是一种数字通信协议。

(3) 现场总线是开放式、数字化、多点通信底层控制网络。

现场总线控制系统(FCS)作为新一代控制系统,是以数字通信、计算机网络、自动控制为主要内容的综合技术,开放性、分散性与数字通信是现场总线系统最显著的特征。

3.3.1 主流的现场总线

1. CAN 总线

CAN(Controller Area Network)总线是一个控制器局域网络,也是一种高性能、高可靠性、易于开发和低成本的现场总线,它在全球范围内已得到广泛应用。CAN 总线最早由德国 BOSCH 公司推出,它广泛用于离散控制、机器人和楼宇自动控制等领域。其总线规范已被 ISO 制定为国际标准,得到了 Intel、Motorola、NEC 等公司的支持。CAN 协议分为两层:物理层和数据链路层。CAN 的信号传输采用短帧结构,传输时间短,具有自动关闭功能和较强的抗干扰能力。目前基于 CAN 的两层协议又开发出了新的总线协议,如 DeviceNet、SDS、CANOPEN 和 J1939 等。CAN 支持多主工作方式,并采用了非破坏性总线仲裁技术,通过设置优先级来避免冲突。MAC 子层是 CAN 协议的核心,它的功能主要是组帧控制,向下传送从 LLC 子层得到的报文,并把接收的报文传送给 LLC 子层,它负责执行仲裁、检测出错标志和规章界定。

2. DeviceNet 总线

CAN 定义了数据帧、远程帧、出错帧和超载帧。DeviceNet 使用标准格式的数据帧,不使用远程帧,出错帧和超载帧由 CAN 控制器芯片控制,DeviceNet 规范不作定义。由于采用了生产者/消费者通信模式,总线上的报文具有标示符,DeviceNet 可充分利用 CAN 的报文过滤技术,有效节省了节点资源。DeviceNet 是一种低成本的通信连接,也是一种简单的网络解决方案,有着开放的网络标准。DeviceNet 具有的直接互连性不仅改善了设备间的通信而且提供了相当重要的设备级阵地功能。DeviceNet 基于 CAN 技术,传输速率为 125～500kb/s,每个网络的最大节点数为 64 个,通信模式为生产者/消费者(Producer/Consumer),采用多信道广播信息发送方式。位于 DeviceNet 上的设备可以自由连接或断开,不影响网上的其他设备,而且其设备的安装布线成本也较低。DeviceNet 总线的组织机构是开放式设备网络供应商协会(Open DeviceNet Vendor Association,ODVA)。

3. WorldFIP 总线

WorldFIP 是 World Factory Instrument Protocol(世界工厂仪表协议)的缩写。WorldFIP 作为通用现场总线标准广泛用于能源、化工、交通运输等工业领域,它直接提供现场设备和控制器以及控制器之间的数字连接。WorldFIP 适合各种应用结构:集中、分散和主从。WorldFIP 支持分布数据库,其中的控制器和协调设备室可以根据需求灵活设置,便于系统从 DCS 向 FCS 过渡。WorldFIP 采用三层结构,即物联网层、数据链路层和应用层。

WorldFIP 的北美部分与 ISP 合并为 FF 以后,WorldFIP 的欧洲部分仍保持独立,总部设在法国。其在欧洲市场占有重要地位,特别是在法国的占有率大约为 60%。WorldFIP 的特点是具有单一的总线结构,可以适应不同应用领域的需求,而且没有任何网关或网桥,是用软件的办法来解决高速和低速的衔接。

4. PROFIBUS 总线

PROFIBUS 针对不同的应用需要推出了三种类型:PROFIBUS-DP(Decentralized Periphery)、PROFIBUS-PA(Process Automation)和 PROFIBUS-FMS(Fieldbus Message Specification)。这三种类型均使用统一的总线访问协议,其中,PROFIBUS-DP 采用经过优化的高速、廉价的通信连接,是专为自动化控制系统和设备级的分散 I/O 之间的通信而设计的,能满足设备级分布式控制系统的实时性、稳定性和可靠性的要求;PROFIBUS-PA 是专为过程自动化而设计的,数据传输采用 IEC158-2 标准,支持本质安全要求和总线供电。PROFIBUS-DP 的数据传输服务包括循环的数据传输和非循环的数据传输。循环的数据传输是指主站按照预先定义的顺序循环地探寻各站,其服务形式只有一种:有回答要求的发送/请求数据,例如主站的令牌管理、与 DP 从站交换用户数据等。非循环的数据传输的服务形式有两种：有/无应答要求的发送数据和有回答要求的发送/请求数据,例如从站初始化阶段的参数配置、诊断等。

5. LonWorks 总线

LonWorks 是又一种具有强劲实力的现场总线技术,它由美国 Echelon 公司推出,并由 Motorola、Toshiba 公司共同倡导。它采用 ISO/OSI 模型的全部 7 层通信协议,采用面向对象的设计方法,通过网络变量把网络通信设计简化为参数设置。LonWorks 技术支持双绞线、同轴电缆、光缆和红外线等多种通信介质。目前已被广泛应用于楼宇自动化、家庭自动化、保安系统、办公设备、交通运输、工业过程控制等多个领域。

6. CC-Link 总线

CC-Link 是 Control & Communication Link(控制与通信链路系统)的缩写,在 1996 年 11 月由三菱电机为主导的多家公司推出。CC-Link 是一个复合的、开放的、适应性强的网络系统,能够适应从较高的管理层网络到较低的传感器层网络的不同范围的需求。它具有数据容量大、通信速度快、使用简单和成本低等优点,同时还具有优异的抗噪性能和兼容性。

7. INTERBUS 总线

INTERBUS 是德国 Phoenix 公司推出的较早的现场总线,2000 年 2 月成为国际标准 IEC61158。INTERBUS 现场总线是一种开放的串行总线,可以构成各种拓扑形式,并允许 16 级嵌套连接。该总线最多可挂接 512 个现场设备,设备之间的最大距离为 400m,无须中继器网络的最大距离为 12.8km。INTERBUS 总线包括远程总线和本地总线,远程总线用于远距离传送数据,采用 RS-485 传输。INTERBUS 采用 OSI 的简化模型(1、2、7 层),即物理层、数据链路层、应用层。它具有强大的可靠性、可诊断性和易维护性,同时实时性、抗干扰性也非常出色。目前,INTERBUS 广泛地应用于汽车、烟草、仓储、造纸、包装、食品等多个工业领域。

3.3.2　现场总线的技术特点

现场总线控制系统(FCS)既是一个开放的网络通信系统,又是一个全分布的自动控制系统。它是以智能传感器、控制、计算机、数字通信、网络为主的一门综合技术。现场总线控制系统与传统的集散控制系统(DCS)相比,具有以下特点。

(1)总线式结构。一对传输线挂接多台设备,双向传输多个数字信号。如图 3-28 所示为集中控制、集散控制、现场总线控制结构示意图。

(2)开放性、互操作性与互换性。现场总线采用统一的协议标准,用户可以购置不同制造商的现场总线产品,把它们集成在一个控制系统中。它是开放式的 Internet,对用户是透明的。

(3)环境适应性。现场总线能很好地适应现场的操作环境。由于采用数字通信方式,因此可使用多种传输介质进行通信。此外,根据控制系统中节点的空间分布情况,可应用多种网络拓扑结构。

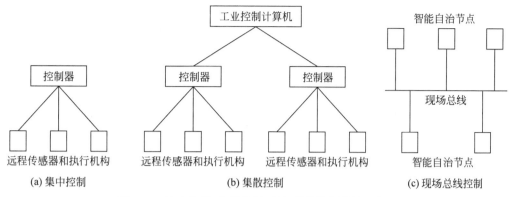

图 3-28 集中控制、集散控制、现场总线控制结构示意图

（4）分散控制和组态灵活。现场总线将控制功能下放到作为网络节点的现场仪表和设备中，做到彻底的分散。同时引入了功能块的概念，通过统一组态方法，使系统组态简单灵活，不同现场设备中的功能块可以构成完整的控制回路。

3.3.3 CAN 总线技术介绍

CAN(Controller Area Network)总线技术由于其高性能、高可靠性以及独特的设计，越来越受到人们的重视。CAN 最初是由 BOSCH 公司为汽车监测、控制系统而设计的。由于 CAN 总线本身的特点，其应用范围已不再局限于汽车工业，而向过程工业、机械工业、纺织机械、农用机械、机械人、数控机床、医疗器械等领域发展。

1. CAN 总线的性能特点

CAN 总线的数据通信具有突出的可靠性、实时性和灵活性。其主要特点如下：

（1）CAN 为多主方式工作，网络上的任一节点均可在任意时刻主动地向网络上的其他节点发送信息而不分主从，通信方式灵活，且无须站地址等节点信息。

（2）CAN 网络上的节点信息分成不同的优先级，可满足不同的实时要求。

（3）CAN 采用非破坏总线仲裁技术，当多个节点同时向总线发送信息时，优先级较低的节点会主动地退出发送，而最高优先级的节点可不受影响地继续传输数据，从而大大节省了总线冲突仲裁时间。

（4）CAN 只需通过报文滤波即可实现点对点、一点对多点及全局广播等几种方式传送接收数据，无须专门的"调度"。

（5）CAN 上的节点数主要取决于总线驱动电路，目前可达 110 个；报文标识符可达 2032 种（CAN 2.0A）。

（6）采用短帧结构，传输时间短，受干扰概率低，具有极好的检错效果。

（7）CAN 的每帧信息都有 CRC 校验及其他检错措施，保证了数据出错率极低。

2. CAN 的技术规范

CAN 技术规范（Version 2.0）包括 A 和 B 两部分。其中，2.0A 给出了 CAN 报文标准格式,而 2.0B 给出了标准的和扩展的两种格式。

为了使设计透明和执行灵活,CAN 只采用了 ISO/OSI 模型中的物理层和数据链路层。物理层包括物理信令(PLS)、物理媒体附件(PMA)与媒体接口(MDI)三部分;数据链路层包括逻辑链路控制子层(LLC)和媒体访问控制子层(MAC)两部分。CAN 协议的分层结构如图 3-29 所示。

图 3-29 CAN 协议的分层结构

1) CAN 的物理层

CAN 技术规范的物理层定义信号如何进行发送,涉及电气连接、驱动器/接收器特性、位编码/解码、位定时及同步等内容。但对总线媒体装置,诸如驱动器/接收器特性未作规定,以便在具体应用中进行优化设计。CAN 物理层选择灵活,没有特殊的要求,可以采用共地的单线制、双线制、同轴电缆、双绞线、光缆等。网上节点数在理论上不受限制,取决于物理层的承受能力,实际可达 110 个。当总线长为 40m 时,最大通信速率为 1Mb/s;而当通信速率为 5kb/s 时,直接通信距离最大可达 10km。

总线具有两种逻辑状态:隐性或者显性。在隐性状态下,V_{CANH} 和 V_{CAN} 被固定于平均电压电平,V_{diff} 近似为零。显性状态以大于最小阈值的差分电压表示。在显位期间,显性状态改变隐性状态并发送。总线上的电平表示如图 3-30 所示。

在 1993 年形成的国际标准 ISO 11898 中对基于双绞线的 CAN 总线媒体装置特性给出了建议,这里,将总线上的每个节点称为电子控制装置(ECU)。总线每个末端均接有以 RL 表示的抑制反射的终端负载电阻,而位于 ECU 内部的 RL 应予取消。总线驱动可采用单线上拉、单线下拉或双线驱动,接收采用差分比较器。

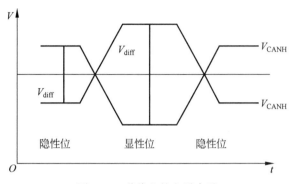

图 3-30　总线上的电平表示

2）CAN 的数据链路层

在 CAN 2.0A 的版本中,数据链路层的逻辑链路控制子层(LLC)和媒体访问控制子层(MAC)的服务和功能分别被描述为“目标层”和“传送层”。

LLC 子层的主要功能是为数据传送和远程数据请求提供服务,确认要发送的信息,确认接收到的信息,并为恢复管理和通知超载提供信息,为应用层提供接口。在定义目标处理时,存在许多灵活性。

MAC 子层的功能主要是传送规则,即控制帧结构、执行总线仲裁、错误检测、出错标定和故障界定。MAC 子层也要确定为开始一次新的发送,总线是否开放或者是否马上接收。MAC 子层是 CAN 协议的核心,该子层特性不存在修改的灵活性。

CAN 数据链路层由一个 CAN 控制器实现,采用了 CSMA/CD 方式,但不同于普通的Ethernet,它采用非破坏性总线仲裁技术,网络上节点(信息)有高低优先级之分以满足不同的实时需要。当总线上有两个节点同时向网上输送信息时,优先级高的节点继续传输数据,而优先级低的节点主动停止发送,有效地避免了总线冲突及负载过重导致网络瘫痪的情况。

CAN 可以实现点对点、一点对多点(成组)以及全局广播等几种方式传送和接收数据。

CAN 采用短帧结构,每帧的有效字节数为 0～8 个,因此,传输时间短,受干扰概率低,重新发送时间短。数据帧的 CRC 校验域以及其他检查措施保证了极低的数据出错率。CAN 节点在严重错误的情况下具有自动关闭总线的功能,可以切断它与总线的联系而不影响其他操作。

3. CAN 总线的节点组成

一般说来,系统中的每个 CAN 模块都能够按照控制节点被分成不同的功能块,每个节点由微处理器、CAN 控制器和 CAN 收发器组成。对于每个控制节点(或称控制单元),首先是通过微处理器(或 CPU)读取外围设备、传感器和处理人机接口的检测与控制信号,并对该信号进行局部控制调节,执行具体的计算及信息处理等应用功能。同时,通过 CAN 总线控制器与其他控制节点或功能模块进行通信。CAN 总线节点模块如图 3-31 所示。

CAN 总线的连接一般由 CAN 收发器建立,CAN 收发器增强了总线的驱动能力,它控制逻辑电平使信号从 CAN 控制器到达总线上的物理层,反之亦然。在 CAN 收发器上面一层是一个 CAN 控制器,它主要用于系统通信,执行在 CAN 规约里定义的 CAN 协议。CAN 控制器通常用于信息缓冲和验收滤波。因此,独立的 CAN 控制器总是位于微处理器

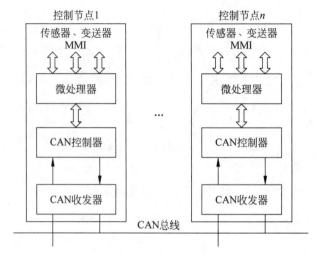

图 3-31　CAN 总线节点模块

和收发器之间,一般情况下这个控制器是一个集成电路。

　　CAN 总线的突出优点使其在各个领域的应用得到迅速发展,这使得许多器件厂商竞相推出各种 CAN 总线器件产品,已逐步形成系列。而丰富廉价的 CAN 总线器件又进一步促进了 CAN 总线应用的迅速推广。目前,CAN 已不仅是应用于某些领域的标准现场总线,它正在成为微控制器的系统扩展及多机通信接口。

3.3.4　DeviceNet 总线技术介绍

　　DeviceNet 是一种低成本的通信总线。它将各种测试设备连接到网上,这种直接互连改善了设备间的通信,此外它还提供了重要的设备级诊断功能。DeviceNet 现场总线技术在美国半导体设备中应用较多,它是一个开放的网络标准,规范和协议都是开放的,供应商将设备连接到系统时,无须为硬件、软件或授权付费。

　　DeviceNet 是基于 CAN 总线技术的符合全球工业标准的开放性通信网络。作为一种串行通信技术,CAN 已经成为开放的国际标准通信协议(ISO 11898),在众多领域中得到广泛的应用。由于 CAN 本身并非一个完整的协议,它并未指定流量控制、数据分割、节点地址分配、通信控制等具体内容。这些内容被包括在更高层协议中,允许各厂商自行开发,CAN 突出的经济性和技术特点,极大地促进了基于 CAN 的控制网络产品的开发与推广。DeviceNet 协议正是这样一种基于 CAN 的高层协议。

　　DeviceNet 虽然属于工业控制网内的低端网络,通信速率不高,传输的数据量不大,却采用了先进的通信理念,具有低成本、高效率、高性能与高可靠性等优点。它适用于连接传感器、测量仪表、变频器、马达启动器等底层设备。网络采用五线电缆连接,其中包括两条信号线、两条电源线(DC 24V)和一条屏蔽线,设备既可以网络供电也可以独立供电。

1. DeviceNet 的网络结构

　　DeviceNet 遵从 ISO/OSI 参考模型,它的网络结构分为三层,即物理层、数据链路层和应用层,物理层下面还定义了传输介质。数据链路层又划分为逻辑链路控制(LLC)和媒体访问控制(MAC)。DeviceNet 的 ISO/OSI 参考模型如图 3-32 所示。

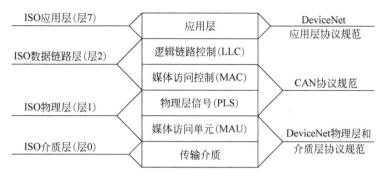

图 3-32　DeviceNet 的 ISO/OSI 参考模型

DeviceNet 建立在 CAN 协议的基础之上,但 CAN 仅规定了 ISO/OSI 参考模型中物理层和数据链路层的一部分,DeviceNet 沿用了 CAN 协议标准所规定的总线网络的物理层和数据链路层,并补充定义了不同的报文格式、总线访问仲裁规则及故障检测和隔离的方法。DeviceNet 的物理层中的媒体访问单元是自定义的,同时,DeviceNet 增加了有关传输介质的协议规范。

2. 总线仲裁机制

DeviceNet 采用优先仲裁机制,即"带非破坏性逐位仲裁的载波侦听多址访问(CSMA/CD)"仲裁机制。总线空闲时,每个节点都可以尝试发送,但多于两个节点同时发送,发送权的竞争需要通过 11 位标识符的逐位仲裁来解决。网络上每个节点拥有一个唯一的标识符,这个标识符的值决定了总线冲突仲裁时节点优先级的高低。标识符值越小,优先级越高。

在任意时刻,DeviceNet 上的所有节点都在侦听总线状态,当总线上有节点正在发送时,任何节点都必须等待这一帧发送结束,经过约定的帧间隔,任何节点都可以申请下一帧的发送。当多个节点同时向总线发送报文时,要经过 11 位标识符的仲裁。在该标识符发送期间,每个发送节点都在监视总线上当前的电平,并与其自身发送的位电平进行比较,如果值相等,这个节点继续发送下一位,如果发送一个隐性位,而在总线上监测到一个显性位,则说明另一个具有更高优先级的节点发送了一个显性位,此节点失去仲裁权,立即停止下一位的发送。失去仲裁权的节点可以在当前帧结束时再次尝试发送。

3. DeviceNet 节点

DeviceNet 节点采用抽象的对象模型进行描述,每个 DeviceNet 节点都可以看作是对象的集合。为了完整地体现一个特定模块具有的特性、功能和运行方式,DeviceNet 协议分别采用属性、服务和行为对一个对象加以描述。这些对象主要包括 Identity Object(标识对象)、DeviceNet Object(DeviceNet 对象)、Message Router(信息路由对象)、Connection Object(连接对象)。

对象支持的连接可以用如图 3-33 所示的连接路径形象地表示。其中,带箭头的连线表示其他对象与连接对象的数据交换,不带箭头的连线表示其他的数据交换。连接对象中又分为两种连接:I/O 连接和显式信息连接。组合对象支持的连接为 I/O 连接,应用对象可以支持 I/O 连接,也可以通过组合对象支持 I/O 连接,信息路由器支持的连接为显式信息连接。任何对象都可以通过信息路由器与连接类对象交换数据。

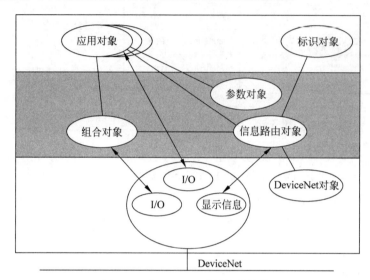

图 3-33　DeviceNet 对象连接路径

1) 连接对象(Connection Object)

DeviceNet 产品中一般至少包括两个连接对象。每个连接对象代表 DeviceNet 网络上两节点间虚拟连接中的一个端点。两种连接类型分别是显示信息连接和 I/O 信息连接。显示信息中包括属性地址、属性值和用以表述所请求行为的服务代码。I/O 信息中只包含数据,所有关于如何处理该数据的信息都包含在与该 I/O 信息相关的连接对象中。

2) DeviceNet 对象(DeviceNet Object)

DeviceNet 产品中一般都有一个 DeviceNet 对象实例,该实例具有的属性包括节点地址或其 MAC ID、波特率、总线离线动作、总线离线计数器、单元选择和主机的 MAC ID。

3) 标识对象(Identity Object)

DeviceNet 产品中一般都有一个标识对象实例,此实例包含各种属性,例如,供货商 ID、设备类型、产品代码、版本、状态、序列号、产品声明等。

4) 信息路由对象(Message Router)

DeviceNet 产品中一般都有一个信息路由对象实例,可将显式信息传送给其他相应的对象。一般在 DeviceNet 网络中它不具有外部可视性。

5) 组合对象(Assembly Object)

DeviceNet 产品中一般都有一个或多个组合对象。这些对象的任务就是将来自不同应用对象的不同属性(数据)组合成一个能够随单个信息传送的属性。

6) 参数对象(Parameter Object)

在带有可配置参数的设备中都用到了可选的参数对象。每个可配置参数的设备都应引入一个实例。参数对象为配置工具访问所有的参数提供标准的方法。

7) 应用对象(Application Object)

根据设备的具体要求定义应用对象,DeviceNet 协议中有一个标准设备库,提供了大量的标准对象。

4. DeviceNet 设备描述

DeviceNet 规范通过定义标准的设备模型促进不同制造商设备之间的互操作性,它对直接连接到网络的每一类设备都定义了设备描述。设备描述是从网络的角度对设备内部结构进行说明,它使用模型的方法说明设备内部包含的功能、各功能模块之间的关系和接口。设备描述说明了使用哪些 DeviceNet 对象库中的对象和哪些制造商定义的对象,以及关于设备特性的说明。

设备描述包括下列内容。

(1) 设备对象模型定义。定义设备中存在的对象类、各类中的实例数、各个对象如何影响行为以及每个对象的接口。

(2) 设备 I/O 数据格式定义。它包含组合对象的定义和组合对象中包含所需要的数据元件地址(类、实例和属性)。

(3) 设备可配置参数的定义和访问这些参数的公共接口。它包含配置参数数据、参数对设备行为影响、所有参数组以及访问设备配置的公共接口。

DeviceNet 协议规范还允许厂商提供电子数据表(EDS),以文件的形式记录设备的一些具体操作参数等信息,便于在配置设备时使用。

5. DeviceNet 中的连接

DeviceNet 是基于连接的工业底层网络,网络上的任意两个节点在开始通信之前必须先建立连接,这种连接是逻辑上的关系,并不是物理上存在的。在 DeviceNet 中通过一系列参数和属性对连接进行描述,例如,这个连接所使用的标识符、这个连接传送信息的类型、数据长度、路径信息的产生方式、信息传送频率和连接的状态。

DeviceNet 现场总线中的连接提供在多种应用之间交换信息的路径,当建立一个连接时,与连接相关的信息的传送就会分配一个标识符,称为连接标识符(CID)。每一个连接由一个 11 位连接标识符来标识,该 11 位的连接标识符包括媒体访问标识符(MAC ID)和信息标识符(Message ID)。

DeviceNet 通信协议是基于连接概念的协议。要想同设备交换信息,就必须先与它建立连接。要想建立一个连接,每个 DeviceNet 产品都必须具有一个未连接信息管理器(UCMM)。当用 UCMM 或未连接端口建立一个显式信息连接时,这个连接可用于从一个节点向其他节点传送信息,或建立附加的 I/O 连接。一旦建立了连接,就可以在网络设备之间传送 I/O 数据。此时,DeviceNet I/O 报文的所有协议都包含在 11 位的 CAN 标识符中,其他部分都是数据。

6. DeviceNet 系统

下面介绍一个实际的 DeviceNet 系统,该系统主要包括操作站和现场数据采集控制系统两大部分,系统的硬件总体结构如图 3-34 所示。操作站由一台 PC 实现,操作站与总线之间由 DN-PCI-5110 DeviceNet 主站适配卡连接。操作站的主要功能是处理需要复杂计算的

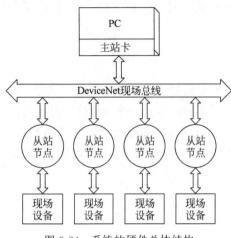

图 3-34　系统的硬件总体结构

信息,将经过处理的信息再送回 DeviceNet 总线,并对整个网络进行管理。现场数据采集控制系统有采集模拟信号和采集数字信号两种节点:CADAM-3800 模拟量采集模块和 CADAM-1800 开关量采集模块。其主要功能是采集各个现场设备的实时信息,并根据所得到的信息发送控制命令去控制现场设备。

　　整个系统的工作原理为:从控制现场传感器传送过来的信息可能是模拟量或开关量,根据信号的类型选择相应的信号采集模块,采集模块采集现场信息并将信号转化为 DeviceNet 协议规范信号,然后将信号发送到 DeviceNet 总线上。总线上的其他节点单元和操作站根据

自己的需要和事先设计好的验收码及验收屏蔽码来判断是否接收该信息。处理后的信息再送回 DeviceNet 总线,经由从站节点控制现场设备。

3.4　IPv6

　　当前在用的各种有线、无线通信网络,都能够满足高带宽、远距离传输的要求。将现有通信网来承载物联网感知信息,必然会涉及寻址问题。为了满足 IP 地址需求量的空前提升,物联网协议必须尽快过渡到 IPv6。

　　现行 TCP/IP 体系结构中的网际协议是 IPv4(网际协议版本 4),它作为 Internet 的关键协议在全球获得了巨大的成功,但是随着 Internet 用户的快速增长和传输速率的不断发展,IPv4 协议面临着诸如地址不够用、难以很好地支持新业务等不容忽视的危机。为了解决 IPv4 所存在的不足,IETF 提出了一种新的 IP,它就是 IPv6(Internet Protocol Version 6)。IPv6 拥有巨大的地址空间。

3.4.1　IPv6 地址

1. 地址的类型

　　IPv6 支持单点通信地址、多点通信地址和任意点通信地址三种不同类型的网络地址。所有类型的 IPv6 地址都是属于接口而不是节点。一个 IPv6 单点通信地址被赋给某一个接口,而一个接口又只能属于某一个特定的节点,因此一个节点的任意一个接口的单点通信地址都可以用来标识该节点。

　　在 IPv6 中有多种单点通信地址形式,包括基于全局提供者的单点通信地址、基于地理

位置的单点通信地址、NSAP 地址、IPX 地址、节点本地地址、链路本地地址和兼容 IPv4 的主机地址等。IPv6 中的单点通信地址是连续的,适用于点到点通信,一个标识符仅标识一个接口的情况。

IPv6 多点通信地址用于表示一组节点。多点通信地址是一个地址标识符对应多个接口的情况(通常属于不同节点)。该组节点可能会属于几个多点通信地址。这个功能被多媒体应用程序所广泛使用,它们需要一个节点到多个节点的传输。当分组的目的地址是多点地址时,网络尽力将分组发到该组的所有接口上。

任意点通信地址也属于一个标识符对应多个接口的情况。如果一个报文要求被传送到一个任意点通信地址,则它将被传送到由该地址标识的一组接口中的最近一个(根据路由选择协议距离度量方式决定)。任意点通信地址是从单点通信地址空间中划分出来的,因此它可以使用表示单点通信地址的任何形式。从语法上来看,它与单点通信地址间是没有差别的。当一个单点通信地址被指向多于一个接口时,该地址就成为任意点通信地址,并且被指明。当用户发送一个数据包到这个任意点通信地址时,离用户最近的一个服务器将响应用户。这对于一个经常移动和变更的网络用户大有益处。

2. 地址表示方法

IPv6 的地址长度扩展到 128 位,为表示和理解方便,用冒号将其分割成 8 个字段,一个字段由 16 位二进制数组成。每个字段的最大值为 16 384,在书写时用 4 位的十六进制数字表示,字段与字段之间用":"隔开,而不是原来的"."。

例如:

1324:0000:0000:0000:0009:0900:100B:516A

字段中最高位为 0 的数值可以省略,如果整个字段为 0,那么也可以省略。于是上例可以缩写成:

1324:0:0:0:9:900:100B:516A

128 位地址空间包含的准确地址数是 340,282,366,920,938,463,463,374,607,431,768,211,456。

IPv6 地址前缀的表示方法类似于 CIDR 中 IPv4 的地址前缀表示法,可以表示为:

IPv6 地址＝前缀＋接口标识(类似 IPv4 网络号)＋主机号

IPv6 的地址如图 3-35 所示。FP 是地址前缀(也称为格式前缀),用于区别其他地址类型。随后是 13 位的顶级聚集体 ID 号(TLA ID)、8 位的 Res(保留位,以备将来 TLA 或 NLA 扩充之用)、24 位的次级聚集体 ID 号(NLA ID)、16 位的节点 ID 号(SLA ID)和 64 位的主机接口 ID 号(Interface ID)。TLA、NLA、SLA 三者构成了自顶向下排列的三个网络层次,并且依次向上一级申请 ID 号。分层结构的最底层是网络主机。

3	13	8	24	16	64　(b)
FP	TLA ID	Res	NLA ID	SLA ID	Interface ID

图 3-35　IPv6 的地址

IPv6 地址的基本表达方式是 x:x:x:x:x:x:x:x,其中 x 是一个 4 位十六进制整数(16 位)。每一个数字包含 4 位,每个整数包含 4 个数字,每个地址包括 8 个整数,共计 128 位

$(4 \times 4 \times 8 = 128)$。例如：

　　1020:23AB:C2631:10DC:5680:6731:E129:ACB1

　　7952:9630:85CB:35C0:61BA:9103:EDA6:6565

这些整数都是十六进制数,它们都是合法的 IPv6 地址。地址中的每个整数都要表示出来,但起始的 0 可以不必表示。这是一种比较标准的 IPv6 地址表达方式,此外还有另外两种更加清楚和易于使用的方式。某些 IPv6 地址中可能包含一长串的 0,当出现这种情况时,标准中允许用"空隙"来表示这一长串的 0。如地址 3000:0:0:0:0:0:0:1 可以被表示为 3000::1,这两个冒号表示该地址可以扩展到一个完整的 128 位地址。在这种方法中,只有当 16 位组全部为 0 时才会被两个冒号取代,且两个冒号在地址中只能出现一次。

在 IPv4 和 IPv6 的混合环境中有第三种表示方法。IPv6 地址中的最低 32 位可以用于表示 IPv4 地址,该地址可以按照一种混合方式表达,即 x:x:x:x:x:x:d.d.d.d,其中 x 表示一个十六进制整数,而 d 表示一个十进制整数。

例如,地址 0:0:0:0:0:0:10.0.0.1 就是一个合法的 IPv6 地址。把两种可能的表达方式组合在一起,该地址也可以表示为::10.0.0.1。

3. 地址的配置

支持无状态和有状态两种地址自动配置方式是 IPv6 的一个基本特性。无状态地址自动配置方式是获得地址的关键。自动将 IP 地址分配给用户是 IPv6 的标准功能,只要机器一连接上网络便可自动设定地址。IPv6 有两种自动设定功能,一种是和 IPv4 自动设定功能一样的名为"全状态自动设定"功能,另一种是"无状态自动设定"功能。

在 IPv4 中,动态主机配置协议(DHCP)实现了主机 IP 地址及其相关配置的自动设置。一个 DHCP 服务器拥有一个 IP 地址,主机从 DHCP 服务器租借 IP 地址并获得有关的配置信息(如默认网关、DNS 服务器等),由此达到自动设置主机 IP 地址的目的。IPv6 继承了 IPv4 的这种自动配置服务,并称其为全状态自动配置。

在无状态自动配置过程中,主机首先将它的网卡 MAC 地址附加在连接本地地址前缀 1111111010 之后,产生一个链路本地单点通信地址。然后向该地址发出一个称为"邻居探索"的请求,以探索是否有同名的地址。如果请求没有得到响应,则表明主机自我设置的链路本地单点传送地址是唯一的。否则,主机将使用一个随机产生的接口 ID 组成一个新的链路本地单点传送地址。然后,以该地址为源地址,主机向本地链路中所有路由器多点传送路由器请求的配置信息。路由器以一个包含一个可聚集全球单点传送地址前缀和其他相关配置信息的路由器公告响应该请求。主机用它从路由器得到的全球地址前缀加上自己的接口 ID,自动配置全球地址,然后就可以与 Internet 中的其他主机通信了。

使用无状态自动配置,无须手动干预就能够改变网络中所有主机的 IP 地址。例如,当企业更换了连入 Internet 的 ISP 时,将从新 ISP 处得到一个新的可聚集全球地址前缀。ISP 把这个地址前缀从它的路由器上传送到企业路由器上。由于企业路由器将周期性地向本地链路中的所有主机多点传送路由器公告,因此企业网络中的所有主机都将通过路由器公告收到新的地址前缀,此后,它们就会自动产生新的 IP 地址并覆盖旧的 IP 地址。使用 DHCPv6 进行地址自动设定,连接于网络的机器需要查询自动设定用的 DHCP 服务器才能获得地址及其相关配置。但有两种情况应当以使用无状态自动设定方法为宜:一是家庭网络,因为家庭网络中通常没有 DHCP 服务器;二是移动环境,因为在移动环境中往往是临时建立的网络。

IPv6 又被称为下一代 Internet 协议,凭借其丰富的地址资源以及支持动态路由机制等优势,能够满足物联网对通信网络在地址、网络自组织以及扩展性等诸多方面的要求。然而,在物联网中 IPv6 并不能简单地"拿来就用",而是需要进行一次适配。IPv6 在应用于传感器设备之前,需要对 IPv6 协议栈和路由机制进行相应的精简,以满足对网络低功耗、低存储容量和低传输速率的要求。IETF(Internet 工程任务组)成立的 6LoWPAN 就是研究并推动对 IPv6 进行精简的标准化组织。另外,目前基于 IEEE 802.15.4 的网络射频芯片也有待进一步开发以支持 IPv6 协议栈进行精简。

6LoWPAN 是物联网无线接入中的一项重要技术。6LoWPAN 是使用 IPv6 的低功率无线个人局域网,该技术结合了 IEEE 802.15.4 无线通信协议和 IPv6 技术的优点,解决了窄带宽无线网络中的功率低、处理能力有限的嵌入式设备使用 IPv6 的困难,实现了短距离通信到 IPv6 的接入。

3.4.2　6LoWPAN 技术

无线嵌入式网络使得很多应用变得可能,6LoWPAN 是实现无线嵌入式网络的重点。IPv6 是 20 世纪 90 年代 IETF(Internet 工程任务组)设计的用于替代 IPv4 的下一代互联网 IP,用来解决迅速增长的 Internet 需求。6LoWPAN 技术结合了 IEEE 802.15.4 无线通信协议和 IPv6 技术的优点,它采用的是 IEEE 802.15.4 规定的物理层和 MAC 层,不同之处在于 6LoWPAN 技术在网络层上使用 IETF 规定的 IPv6。

在物联网中,信息采集最基本和最重要的方式之一就是传感器,每个传感器都具有数据采集、简单的数据处理、短距离无线通信和自动组网的能力。大量传感器节点组成传感器网络。随着传感器与无线网络技术的迅速发展,需要进行处理和传输的数据量也急剧增加。为了实现对物体智能控制的目标,人们将大量的传感器节点接入 Internet。而传统的 IP 地址协议空间不足以满足传感器网络的巨大需求。IPv6 协议可以很好地解决这一问题。在这种背景下,2004 年 11 月 IETF 正式成立了 6LoWPAN 协议工作组,即基于 IPv6 协议的低功耗无线个人局域网工作组,该工作组致力于研究如何解决 IPv6 数据包在 IEEE 802.15.4 上的传输问题,规定 6LoWPAN 技术在物理层采取 IEEE 802.15.4,MAC 层以上采取 IPv6 协议栈。

IPv6 设计的特点有一个简单的头结构,并具有分级寻址模型,因而适用于在无线嵌入式网络中使用 6LoWPAN。此外,通过为这些网络创建一个专门的标准组,6LoWPAN 中一个很小的 IPv6 堆就可以兼顾最小的设备。最后,通过进行特别针对 6LoWPAN 的邻居发现协议版本的设计,可以将低功率无线网格网络的特性纳入考虑之中。结果是将 6LoWPAN 有效扩展到无线嵌入式领域,从而使端到端 IP 网络和特点得到广泛应用。

IPv6 技术在 6LoWPAN 上的应用具有广阔的发展空间,从而使得大规模 6LoWPAN 的实现成为可能。然而这些应用程序大量使用的专有技术使其难以融入更大的网络并且很难更好地提供基于 Internet 的服务。这一问题可以通过使用 IP 解决,IP 整合各种不同应用使它们互相融合,如图 3-36 所示。IP 的技术优势包括:

（1）普及性。IP 技术被广泛接受。作为下一代 Internet 核心技术的 IPv6，在 LoWPAN 网络中使用也更易于被大众接受。

图 3-36　原 IP 架构

（2）适用性。基于 IP 的设备不需要翻译网关或授权书就可以很容易连接到其他的 IP 网络。

（3）兼容性。IP 网络对现有的网络基础设施兼容。

（4）开放性。IP 是开放性协议，随着标准化进程和文件对公众的开放，IP 技术在一个开放和自由的环境中越来越具体，从而产生了大量相关的创新。

（5）更广阔的地址空间。单从数字上来说，IPv6 所拥有的地址容量是 IPv4 的约 8×1028 倍，达到 $2^{128} - 1$ 个。这不但解决了网络地址资源数量的问题，同时也为除计算机之外的设备连入 Internet 在数量限制上扫清了障碍，满足了部署大规模、高密度 LoWPAN 网络设备的需求。

（6）IPv6 支持无状态自动地址配置。IPv6 采用了无状态地址分配的方案来解决高效率海量地址分配的问题。其基本思想是网络侧不管理 IPv6 地址的状态。节点设备连接到网络中后，将自动选择接口地址（通过算法生成 IPv6 地址的后 64 位），并加上前缀地址，作为节点的本地链路地址。

由此可见，IPv6 技术在 6LoWPAN 上的应用具有广阔的发展空间，从而使得大规模 6LoWPAN 的实现成为可能。与传统的 IP 网络直接通信需要很多 Internet 协议，通常需要一个操作系统来处理这些协议的复杂性和可维护性。

3.4.3　6LoWPAN 架构

LoWPAN 有简单型、扩展型和自组织型三种不同的类型，如图 3-37 所示。一个 LoWPAN 是 6LoWPAN 节点的集合，这些节点具有相同的 IPv6 地址前缀（IPv6 地址中前 64 位），这意味着在 LoWPAN 中无论哪个节点的 IPv6 地址都保持一样。自组织型 LoWPAN 不需要连接到 Internet，可以在没有 Internet 基础设施的情况下运行。简单型的 LoWPAN 通过一个 LoWPAN 边缘路由器连接到另一个 IP 网络。图中展示了一个回程连接（例如点对点 GPRS），但这也可以是中枢网络连接（共享的）。扩展型 LoWPAN 包含 LoWPAN 中心（例如以太网）连接的多边缘路由器。

LoWPAN 通过边缘路由器与其他的 IP 网络连接。边缘路由器起着非常重要的作用，因为在进行 6LoWPAN 压缩和邻居发现时，它可以连接内外网络。如果 LoWPAN 连接到一个 IPv4 网络，边缘路由器也能够处理与 IPv4 网络的互联。边缘路由器有典型的相关 IT 管理解决方案的管理特性。如果多个边缘路由器共享一个共同的骨干链路，它们能被相同的 LoWPAN 支持。

LoWPAN 由主节点或路由节点与一个或者更多的边缘路由器组成。一个 LoWPAN 节点接口具有相同的 IPv6 前缀，IPv6 前缀被分配给边缘路由器和主机。为了方便有效的网络操作，节点在边缘路由器进行注册。这些操作是邻居发现的一部分，这是 IPv6 的一个重要基本原理。

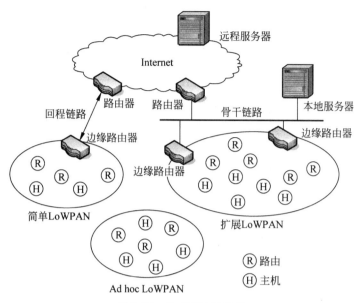

图 3-37　6LoWPAN 架构

邻居发现定义了在相同链接中主机和路由器的相互作用。在同一时间内 LoWPAN 节点可以参与多个 LoWPAN(称为 multi-homing),并且边缘路由器之间可以达到容错性。由于没有物理变化的无线通信信道也可以改变网络拓扑结构,LoWPAN 中的节点可以在边缘路由器之间甚至不同 LoWPAN 之间自由移动。

如同正常 IP 节点间通信一样,LoWPAN 节点和其他 IP 网络节点之间的通信是以一种端到端的方式进行的。每一个 LoWPAN 节点都由一个 IPv6 地址唯一确定,并且可以发送和接收 IPv6 数据包,简单 LoWPAN 和扩展 LoWPAN 节点可以借助边缘路由器的服务器互相通信。由于 LoWPAN 节点的有效负荷和处理能力严格受限,应用协议经常在 UDP 负载中设计一个简单的二进制格式。

简单 LoWPAN 和扩展 LoWPAN 的主要不同在于 LoWPAN 中的多边缘路由器的存在,它们拥有共同的 IPv6 前缀和主干链接。多重 LoWPAN 可以与其他部分交叠(即使是在同样的信道中)。当节点从一个 LoWPAN 移动到另一个 LoWPAN 时,节点的 IPv6 地址会发生变化。简单 LoWPAN 通过回程链路连接到 Internet。

网络调度时,根据网络管理需求,一般优先考虑多重简单 LoWPAN 而不是回程链路中的扩展 LoWPAN。

在扩展 LoWPAN 结构中,多个边缘路由器共享一个共同的骨干链路和通过拥有同样的 IPv6 的前缀合作,卸载的大多数邻居发现消息来自骨干链路。这大大简化了 LoWPAN 节点操作,因为 IPv6 地址在扩展 LoWPAN 和运动的边缘路由器之间是稳定的。

边缘路由器代表 IPv6 节点对外进行转发。对 LoWPAN 外面的 IP 节点而言,不管它们的接入点在哪里,LoWPAN 节点总是可以接入的。这使得大企业也可以建立 6LoWPAN 基础设施。运行起来和 WLAN(WiFi)接入点的基础设施相似,只是接入点第 3 层代替第 2 层。

6LoWPAN 不需要基础架构操作,但也可以作为 Ad hoc LoWPAN 进行操作。在这种拓扑结构中,一个路由器必须配置为一个简化的边缘路由器,实现两个基本功能:生成一个独特的本地单播地址(ULA),以及实现 6LoWPAN 邻居发现注册功能。

3.4.4　6LoWPAN 协议栈

为了实现无线传感器与 IP 网络的无缝互联,6LoWPAN 协议栈的架构如图 3-38 所示。该体系结构分别包括 IEEE 802.15.4 物理层、IEEE 802.15.4 媒体访问控制层(Medium Access Control, MAC)层、6LoWPAN 适配层、IPv6、6LoWPAN 传输层(UDP、ICMP)以及应用层。

6LoWPAN 中的 IPv6 协议栈与普通 IP 协议栈的区别如图 3-39 所示,给出了一个典型的 IP 协议栈相应的 5 层网络模型。由于 Internet 协议将大量不同的链路层技术与多个传输应用协议联系起来,Internet 模型有时被称为"柳腰"模型。

一个简单的 6LoWPAN 中的 IPv6 协议栈(也称为 6LoWPAN 协议栈)与普通 IP 协议栈基本相同,在以下几个方面有不同之处。

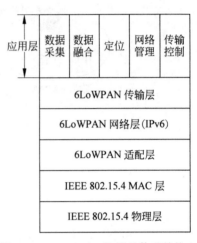

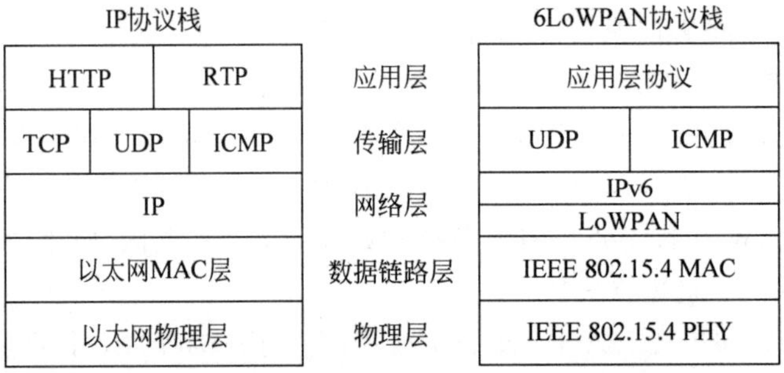

图 3-38　6LoWPAN 协议的体系结构

图 3-39　IP 和 6LoWPAN 协议栈区别

首先,6LoWPAN 仅支持 IPv6,在 IEEE 802.15.4 和 RFC4944 里面类似的链路层中,LoWPAN 适配层是定义在 IPv6 之上的优化。实际上,嵌入式设备实现 6LoWPAN 协议栈经常同 IPv6 一起对 LoWPAN 进行配置,因此它们作为网络层的一部分一起展示。

其次,在传输协议方面。最常见的 6LoWPAN 传输协议是用户数据协议(User Datagram Protocol,UDP),它也可以按照 LoWPAN 格式进行压缩。因为性能、效率和复杂性的问题,6LoWPAN 的传输控制协议(TCP)不常用。Internet 控制消息协议(ICMPv6)用来进行信息控制。

LoWPAN 格式和全 IPv6 之间的转换由边缘路由器完成。这个转换对双向都是透明、高效的。在边缘路由器中的 LoWPAN 转换是作为进行 6LoWPAN 网络接口驱动的一部分,并且对 IPv6 协议栈本身通常是透明的。

3.4.5 全 IP 融合与 IPv6 以及 IPv9

IP 规定了计算机在 Internet 上进行通信时应当遵守的规则,计算机系统只要遵守 IP 就可以与 Internet 互联互通,正因为有了 IP,Internet 才得以迅速发展成为世界上最大的、开放的计算机通信网络。网络大融合已成为当今世界电信发展的一大主题,无论是固定网还是移动网,核心网还是接入网,都在朝这个大方向发展,而 IP 技术是其中采用的首选技术。全 IP 网络是一种非常有前景的物联网接入方案,通过全 IP 无缝集成物联网和其他各种接入方式,诸如宽带、移动 Internet 和现有的无线系统,将其都集成到 IP 层中,从而通过一种网络基础设施提供所有通信服务,这样将带来诸多好处,如节省网络成本,增强网络的可扩展性和灵活性,提高网络运作效率,创造新的收入机会等。

目前,全 IP 过渡问题的研究正在进行之中,通信设备制造商、运营商都卷入了这股热潮之中,它已成为下一阶段通信技术发展的主要研究方向之一。全 IP 网络架构的物联网集智能传感网、智能控制网、智能安全网的特性于一体,真正做到将识别、定位、跟踪、监控、管理等智能化融合,从而也更易于将所有需实现远程互操作的人和物直接连到现有网络诸如国际 Internet 上,从而从中找到商业模式,引发新的经济增长点。

随着全球经济和信息化浪潮的持续发展,下一步,世界上所有的人以及万物都可能融入这个网络化世界中,形成更为广阔的数字化海洋。可以预见的是,未来网络化的技术如果仍然是 IP,那么下一代网络所容纳的巨大节点数量将远远超越现有 IPv4 地址空间容量,因此,这个网络化世界的引擎将要升级到下一代 Internet 技术——以 IPv6 地址为基础标识的 IP 网络技术。在 IPv6 巨大容量的包容下,世界上人人都可拥有全球唯一的地址,实现更为公平的普遍通信服务,使得家庭、城市以及地球上的万物将可以逐步数字化和 IP 化,融入这个新的网络中来,城市以及人类生活将变得高度智能化。

与之相应,物联网作为“物物相连的 Internet”,要把物和物连接起来,除了需要不同的传感器,首先要给它们每个都贴上一个标签,也就是每个物品都有个自己的 IP 地址,这样用户才可以通过网络访问物体。但是目前的 IPv4 受制于资源空间耗竭,已经无法提供更多的 IP 地址,而 IPv6 可以让人们拥有几乎无限大的地址空间,这使得全世界的人使用的手机、家电、汽车甚至鞋子等上网都成为可能,这样就能构筑一个人人有 IP、物物都联网的物联网世界。因此,IPv6 技术是物联网底层技术条件的基础,没有 IPv6,物联网就无从谈起。

对于物联网而言,无论是远程通信,还是近距离通信,为了满足 IP 地址需求量的空前提升,都必须尽快过渡到 IPv6。物联网的远程通信需求,将推动现有移动或者固定网络向 IPv6 的商用化演进。物联网应用,主要以公众无线网络为载体,大多使用 2G、3G/4G/5G 网络来实现远程通信,同时也有部分应用采用了固定光纤接入方式,根据不同的应用场景选择不同的接入方式。而现有的 2G、3G/4G/5G 网络和分组域核心网设备 GGSN/PDSN 均需要尽快升级,支持给终端分配 IPv6 地址,同时分组域核心网设备与骨干承载网络之间需要尽快实现 IPv6 组网和路由。对于固定接入方式而言,接入路由器和骨干及城域承载网络也需要尽快完成向 IPv6 的升级,以满足快速业务接入的要求。

在近距离通信领域,主流技术也开始支持 IPv6。常用的近距离无线通信技术有 IEEE

802.11b、IEEE 802.15.4(ZigBee)、Bluetooth、UWB、RFID、IrDA 等。其中,ZigBee 作为一种近距离、低复杂度、低功耗、低数据传输速率、低成本的双向无线通信技术,完整的协议栈只有 32KB,可以嵌入各种设备中,同时支持地理定位功能,因而成为构建近距离无线传感网的主流技术。当前,ZigBee 已在其智能电网的最新标准规范中加入了对 IPv6 协议的支持。

精简 IPv6 适配于物联网是当前面临的主要问题,作为下一代网络协议,IPv6 凭借着丰富的地址资源以及支持动态路由机制等优势,能够满足物联网对通信网络在地址、网络自组织以及扩展性等诸多方面的要求。然而,在物联网中应用 IPv6,并不能简单地"拿来就用",而是需要进行一次适配。

IPv6 不能够直接应用到传感器设备中,而是需要对 IPv6 协议栈和路由机制进行相应的精简,以满足对网络低功耗、低存储容量和低传送速率的要求。由于 IPv6 协议栈过于庞大复杂,并不匹配物联网中互联对象,尤其是智能小物体的特点,因此虽然 IPv6 可为每一个传感器分配一个独立的 IP 地址,但传感器网需要和外网之间进行一次转换,起到 IP 地址压缩和简化翻译的功能。

目前,相关标准化组织已开始积极推动精简 IPv6 协议栈的工作。例如,IETF 已成立了 6LoWPAN 和 RoLL 两个工作组进行相关技术标准的研究工作。相比较传统方式,它能支持更大的节点组网,但对传感器节点功耗、存储、处理器能力要求更高,因而成本要更高。另外,目前基于 IEEE 802.15.4 的网络射频芯片还有待进一步的开发来支持精简 IPv6 协议栈。

总体上,物联网应用 IPv6 可按照"三步走"策略来实施:首先,承载网支持 IPv6;其次,智能终端、网关逐步应用 IPv6;最后,智能小物体(传感器节点)逐步应用 IPv6。目前,一些网络设备商的产品,包括骨干和接入路由器、移动网络分组域设备等,已经可以完全满足第一和第二阶段商用部署的要求,同时他们在积极跟踪第三阶段智能小物体应用 IPv6 的要求,包括技术标准和商用产品两大领域。有理由相信,在 IPv6 的积极适配与广泛应用下,物联网产业有望实现真正的大繁荣。

IPv6 协议的引入使得大量、多样化的终端更容易接入 IP 网,并在安全性和终端移动性方面都有了很大的增强。基于 IPv6 的物联网,可以在 IP 层上对数据包进行高强度的安全处理,使用 AH 报头、ESP 报头来保护 IP 通信安全,其安全机制更加完善;同时,终端移动性也更有利于监测物品的实时位置。从而,IPv6 将促进物联网向着更便捷、更安全的方向发展。

IPv6 虽然号称"能给世界上的每粒沙子分配地址",但地址资源掌握在他国手中,我国实际能分得的地址数量尚未可知。事实上,IPv4 虽然可以为网络分配约 42 亿个 IP 地址,但美国占据了地址总量的 74%,而我国分到使用权的地址数不到美国公开地址的 10%。

目前尚有另一种 IP 演进策略,即 IPv9。IPv9 协议是指 0~9 阿拉伯数字网络作虚拟 IP 地址,并将十进制作为文本的表示方法,即一种便于找到网上用户的使用方法。为提高效率和方便终端用户,其中有一部分地址可直接作域名使用;同时,由于采用了将原有计算机网、有线广播电视网和电信网的业务进行分类编码的方法,因此,它又被称为"新一代安全可靠信息综合网协议"。IPv4 和 IPv6 都采用十六进制技术,而 IPv9 采用十进制技术,能分配的地址量是 IPv6 的 8 倍。IPv9 协议的主要特点:

（1）采用了定长不定位的方法，可以减少网络开销，就像电话一样可以不定长使用。

（2）采用特定的加密机制。加密算法控制权掌握在我国手中，因此网络特别安全。

（3）采用了绝对码类和长流码的 TCP/ID/IP，解决声音和图像在分组交换电路传输的矛盾。

（4）可以直接将 IP 地址当成域名使用，特别适合 E164，用于手机和家庭上网。

（5）有紧急类别，可以解决在战争和国家紧急情况下的线路畅通。

（6）由于实现点对点线路，因此对用户的隐私权加强了。

（7）特别适合无线网络传输。

虽然 IPv9 设计了一种具有全新报头结构的 Internet 通信协议，但当前问题在于这种全新协议不能与现有网络兼容，IPv9 迟迟不能大量部署，耗资巨大，很大一部分原因也在于此。

3.5　NB-IoT

物联网通信技术有很多种，从传输距离上区分，可以分为两类。

（1）短距离通信技术，代表技术有 ZigBee、Wi-Fi、蓝牙、Z-wave 等，典型的应用场景如智能家居。

（2）广域网通信技术，业界一般定义为 LPWAN（低功耗广域网），典型的应用场景如智能抄表。

LPWAN 技术又可分为两类。

（1）工作在非授权频段的技术，如 Lora、Sigfox 等，这类技术大多是非标、自定义实现。

（2）工作在授权频段的技术，如 GSM、CDMA、WCDMA 等较成熟的 2G/3G/4G 蜂窝通信技术，以及目前逐渐部署应用、支持不同 category 终端类型的 LTE 及其演进技术，这类技术基本都在 3GPP（主要制定 GSM、WCDMA、LTE 及其演进技术的相关标准）或 3GPP2（主要制定 CDMA 相关标准）等国际标准组织进行了标准定义。

随着智能城市、大数据时代的来临，我们正进入万物互联（IoT）的时代，然而这些联接大多通过蓝牙、WiFi 等短距通信技术承载，并非运营商的移动网络。真正承载到移动网络上的物与物连接只占到连接总数的 10%。

为此，产业链从几年前就开始研究利用窄带 LTE 技术来承载 IoT 联接。历经几次更名和技术演进，2015 年 9 月，3GPP 正式将窄带蜂窝通信 LPWAN 技术命名为 NB-IoT。

NB-IoT 是窄带物联网（Narrow Band Internet of Things，NB-IoT）的英文缩写，它是万物互联网络的一个重要分支。NB-IoT 聚焦于低功耗广覆盖（LPWA）物联网（IoT）市场，是一种可在全球范围内广泛应用的新兴技术。NB-IoT 构建于蜂窝网络，只消耗大约 180kHz 的带宽，可直接部署于 GSM 网络、UMTS 网络或 LTE 网络，以降低部署成本，实现平滑升级。NB-IoT 广泛应用于多种垂直行业，如远程抄表、资产跟踪、智能停车、智慧农业等。

随着网络连接、云服务、大数据分析和低成本传感器等所有核心技术的就绪，物联网已经从萌芽期步入迅速发展的阶段。

1. NB-IoT 的主要特点

NB-IoT 的主要特点有：

(1) 覆盖范围广。NB-IoT 可提供改进的室内覆盖，能覆盖到地下，在同样的频段下，NB-IoT 比现有的网络增益 20dB，相当于提升了 100 倍覆盖区域的能力。一般地，NB-IoT 的通信距离是 15km。

(2) 具备支撑连接的能力。相比于 WiFi、蓝牙等技术，NB-IoT 最明显的优势是数据采集和能耗。NB-IoT 容量大，一个扇区能够支持 10 万个连接，支持低延时敏感度、超低的设备成本、低设备功耗和优化的网络架构。

(3) 功耗更低。NB-IoT 终端 99％的时间都工作在节能模式(PSM)，这个节能模式和手机的节能模式不一样，终端仍然注册在网，但信令不可达。终端处于深度睡眠，功耗只有 15μW。它的睡眠时间比较长，能减少终端监听网络的频度。电池寿命长，NB-IoT 终端模块的待机时间可长达 10 年。

(4) 成本更低。由于是 180kHz 窄带，采用简化协议栈(500B)，减少了片内 Flash/RAM，芯片复杂度降低。目前单个接连模块成本不超过 5 美元。

2. NB-IoT 的系统架构

窄带物联网的构架如图 3-40 所示。

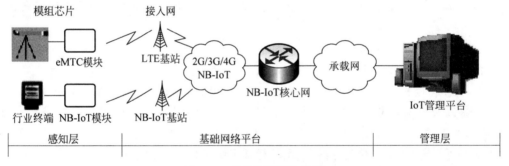

图 3-40　窄带物联网的构架

行业终端采集的数据经数据处理模块后通过空中接口连接到基站，然后经由 2G/3G/4G 以及 NB-IoT 无线接入网的 S1 接口与 NB-IoT 核心网进行连接，再将 IoT 业务相关数据转发到 IoT 平台进行处理。

总的来说，物联网由感知层、网络层(基础网络平台)和管理层组成。感知层负责采集信息；网络层即基础网络平台，提供安全可靠的连接、交互与共享；管理层又称应用层，对大数据进行分析，提供商业决策。

基础网络平台包含核心网和接入网两个部分：

1) 核心网

在将数据发送给管理平台的过程中，蜂窝物联网(CIoT)定义了基于用户的功能优化(User Plane CIoT EPS Optimisation)和基于控制的功能优化(Control Plane CIoT EPS Optimisation)两种方案，如图 3-41 所示。

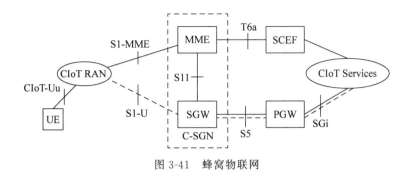

图 3-41 蜂窝物联网

图 3-41 中,实线表示基于控制的功能优化方案,虚线表示基于用户的功能优化方案。

对于基于控制的功能优化,由终端(UE)发出的上行数据从 CIoT RAN(eNB)传送至 MME,在这里传输路径分为两个分支:通过 SGW 传送到 PGW 再传送到应用服务器和通过 SCEF(Service Capability Exposure Function)连接到应用服务器(CIoT Services),后者仅支持非 IP 数据传送。下行数据传送路径一样,只是方向相反。

这一方案无须建立数据无线承载,数据包直接在信令无线承载上发送。因此,这一方案极适合非频发的小数据包传送。

SCEF 是专门为 NB-IoT 设计而新引入的,它用于在控制面上传送非 IP 数据包,并为鉴权等网络服务提供了一个抽象的接口。

对于基于用户的功能优化,物联网数据传送方式和传统数据流量一样,在无线承载上发送数据,由 SGW 传送到 PGW 再到应用服务器。因此,这种方案在建立连接时会产生额外开销,不过,它的优势是数据包序列传送更快。

这一方案支持 IP 数据传送和非 IP 数据传送。

2) 接入网

NB-IoT 的接入网构架与 LTE 一样,如图 3-42 所示。

基站 eNB 通过 S1 接口连接到 MME/S-GW,只是接口上传送的是 NB-IoT 消息和数据。尽管 NB-IoT 没有定义切换,但在两个 eNB 之间依然有 X2 接口,X2 接口能使 UE 在进入空闲状态后,快速启动恢复流程,接入其 eNB。

3) NB-IoT 的工作频率

NB-IoT 沿用 LTE 定义的频段号,Release 13 为 NB-IoT 指定了 14 个频段。一个载波在频域上占用 180kHz 带宽。NB-IoT 支持的工作频段如表 3-5 所示。

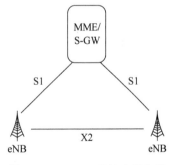

图 3-42 NB-IoT 的接入网构架

表 3-5 NB-IoT 支持的工作频段

频 段 号	上行频率范围/MHz	下行频率范围/MHz
1	1920~1980	2110~2170
2	1850~1910	1930~1990
3	1710~1785	1805~1880
5	824~849	869~894
8	880~915	925~960

续表

频 段 号	上行频率范围/MHz	下行频率范围/MHz
12	699～716	729～746
13	777～787	746～756
17	704～716	734～746
18	815～830	860～875
19	830～845	875～890
20	832～862	791～821
26	814～849	859～894
28	703～748	758～803
66	1710～1780	2110～2200

4) NB-IoT 物理层

NB-IoT 物理层相关属性如表 3-6 所示。

表 3-6　NB-IoT 物理层相关属性

物 理 层设计	上行	下行
子载波带宽	3.75kHz/15kHz	15kHz
发射功率	23dbm	43dbm
帧长度	1ms	1ms
TTI 长度	1ms/8ms	1ms
多址技术	SC-FDMA	OFDMA
SCH 低阶调制	BPSK	QPSK
SCH 高阶调制	QPSK	QPSK
符号重复最大次数	32	32

3．NB-IoT 的关键技术

NB-IoT 网络技术的实施由网络运营商来部署,其进度与发展取决于运营商基础网络的建设。

1) 部署模式

NB-IoT 使用了授权频段,占用 180kHz 带宽,与在 LTE 帧结构中一个资源块的带宽是一样的。所以,NB-IoT 具有以下三种部署方式。

(1) 独立部署。

NB-IoT 适合用于重耕 GSM 频段,GSM 的信道带宽为 200kHz,这刚好为 NB-IoT 180kHz 带宽辟出空间,且两边还有 10kHz 的保护间隔。

(2) 保护带部署。

NB-IoT 利用 LTE 边缘保护频带中未使用的 180kHz 带宽的资源块。实际上它主要的原理是上行采用 OFDMA,前后保留 10kHz 的保护带,它有两种子载波间隔,一种是 3.75kHz 的,另一种是 15kHz 的。

(3) 带内部署。

利用 LTE 载波中间的任何资源块。

2）双工模式

Release 13 NB-IoT 仅支持 FDD 半双工 type B 模式。FDD 意味着上行和下行在频率上分开，UE 不会同时处理接收和发送。半双工设计意味着只需多一个切换器去改变发送和接收模式，比起全双工所需的元件，成本更低廉，且可降低电池能耗。

在 Release 12 中，定义了半双工分为 type A 和 type B 两种类型，其中 type B 为 Cat. 0 所用。在 type A 下，UE 在发送上行信号时，其前面一个子帧的下行信号中最后一个 Symbol 不接收，用来作为保护时隙（Guard Period，GP），而在 type B 下，UE 在发送上行信号时，其前面的子帧和后面的子帧都不接收下行信号，使得保护时隙加长，这对于设备的要求降低，且提高了信号的可靠性。

3）NB-IoT 的工作状态

NB-IoT 在默认状态下存在三种工作状态，三种状态会根据不同的配置参数进行切换。

（1）Connected（连接态）。

模块注册入网后处于该状态，可以发送和接收数据，无数据交互超过一段时间后会进入 Idle 模式，时间可配置。

（2）Idle（空闲态）。

可收发数据，且接收下行数据会进入 Connected 状态，无数据交互超过一段时间后会进入 PSM 模式，时间可配置。

（3）PSM（节能模式）。

此模式下终端关闭收发信号机，不监听无线侧的寻呼，因此虽然依旧注册在网络，但信令不可达，无法收到下行数据，功率很小。

持续时间由核心网配置，有上行数据需要传输或 TAU 周期结束时会进入 Connected 状态。

4）下行链路

对于下行链路，NB-IoT 定义了三种物理信道。

（1）NPBCH，窄带物理广播信道。

（2）NPDCCH，窄带物理下行控制信道。

（3）NPDSCH，窄带物理下行共享信道。

此外，NB-IoT 还定义了两种物理信号。

（1）窄带参考信号（NRS）。窄带参考信号也称为导频信号，主要作用是下行信道质量测量估计，用于 UE 端的相干检测和解调。在用于广播和下行专用信道时，所有下行子帧都要传输 NRS，无论有无数据传送。

（2）同步信号。同步信号分为主同步信号（NPSS）和辅同步信号（NSSS）。

NPSS 为 NB-IoT 的 UE 时间和频率同步提供参考信号，NPSS 中不携带任何小区信息，NSSS 带有 PCI。NPSS 的周期是 10ms，NSSS 的周期是 20ms。NB-IoT UE 在小区搜索时，会先检测 NPSS，因此 NPSS 的设计为短的 ZC（Zadoff-Chu）序列，降低了初步信号检测和同步的复杂性。

NB-IoT 的下行物理信道较少，没有物理多播信道（Physical Multicast Channel，PMCH），不提供多媒体广播/组播服务。

NB-IoT 下行调制方式为 QPSK。NB-IoT 下行最多支持两个天线端口（Antenna

Port)：AP0 和 AP1。

NB-IoT 中物理小区标识(Physical Cell ID，PCI)称为 NCellID(Narrowband physical cell ID)，共定义了 504 个 NCellID。

NB-IoT 的时隙结构在频域上由 12 个子载波(每个子载波宽度为 15kHz)组成，在时域上由 7 个 OFDM 符号组成 0.5ms 的时隙，这样保证了和 LTE 的相容性，对于带内部署方式至关重要。每个时隙 0.5ms，两个时隙就组成了一个子帧(SF)，10 个子帧组成一个无线帧(RF)。NB-IoT 的帧结构和 LTE 相同。

NB-IoT 下行最多支持两个天线端口，NRS 只能在一个天线端口或两个天线端口上传输，资源的位置在时间上与 LTE 的 CRS(Cell-Specific Reference Signal，小区特定参考信号)错开，在频率上则与之相同，这样在带内部署时，若检测到 CRS，可与 NRS 共同使用来做信道估测。

5) 上行链路

对于上行链路，NB-IoT 定义了两种物理信道。

(1) NPUSCH，窄带物理上行共享信道。

(2) NPRACH，窄带物理随机接入信道。

在上行部分，NB-IoT 使用的是单载波分频多重存取(SC-FDMA)技术，子载波频宽为 2.5kHz，考虑到 NB-IoT 终端的低成本需求，终端应能够弹性地使用各个单载波资源，子载波间隔除了原有的 15kHz，还新制订了 3.75kHz 的子载波间隔，共 48 个子载波。

当采用 15kHz 子载波间隔时，资源分配和 LTE 一样。当采用 3.75kHz 的子载波间隔时，由于 15kHz 为 3.75kHz 的整数倍，所以对 LTE 系统干扰较小。由于下行的帧结构与 LTE 相同，为了使上行与下行相容，子载波空间为 3.75kHz 的帧结构中，一个时隙 2ms 长，刚好是 LTE 时隙长度的 4 倍。

NB-IoT 系统中的采样频率是 1.92MHz。

4. 接入流程

NB-IoT 的小区接入流程和 LTE 差不多。小区搜索取得频率和符号同步，获取 SIB 信息，启动随机接入流程，建立无线资源控制(RRC)连接。当终端返回 RRC_IDLE 状态，需要进行数据发送或收到寻呼时，也会再次启动随机接入流程。

1) 协议栈和信令承载

总的来说，NB-IoT 协议栈基于 LTE 设计，但是根据物联网的需求，去掉了一些不必要的功能，减少了协议栈处理流程的开销。因此，从协议栈的角度看，NB-IoT 是新的空口协议。

NB-IoT 定义了一种新的信令无线承载 SRB1bis，除了没有 PDCP，SRB1bis 和 LTE 系统 SRB1 的配置基本一致。这也意味着在基于控制的功能优化方案中只有 SRB1bis，因为只有在这种模式才不需要 PDCP。

2) 系统信息

NB-IoT 经过简化，去掉了一些对物联网不必要的 SIB(系统信息块)，只保留了以下 8 个。

(1) MIB-NB：接收 further 系统信息所需的基本信息。

(2) SIBType1-NB：单元访问和选择及其他 SIB 调度。

（3）SIBType2-NB：无线资源分配信息。

（4）SIBType3-NB：小区重选信息。

（5）SIBType4-NB：Intra-frequency 的邻近 Cell 相关信息。

（6）SIBType5-NB：Inter-frequency 的邻近 Cell 相关信息。

（7）SIBType14-NB：接入禁止（Access Barring）。

（8）SIBType16-NB：GPS 时间/世界标准时间信息。

需特别说明的是，SIB-NB 是独立于 LTE 系统传送的，并非夹带在原 LTE 的 SIB 之中。

3）小区重选和接入过程

NB-IoT 的 RACH（随机接入）过程和 LTE 一样，只是参数不同。

由于 NB-IoT 并不支持不同技术间的切换，所以 RRC 状态模式也非常简单。RRC 连接建立流程也和 LTE 一样，但内容不相同。虽然很多原因都会引起 RRC 建立，但是，在 NB-IoT 中，RRC 接入请求中的建立目标里没有容忍延迟通道，因为 NB-IOT 被预先假设为容忍延迟。

与 LTE 不同的是，NB-IoT 新增了暂停-恢复（Suspend-Resume）流程。当基站释放连接时，基站会下达指令让 NB-IoT 终端进入 Suspend 模式。

由于 NB-IoT 主要为非频发小数据包流量而设计，所以 RRC_CONNECTED 中的切换过程并不需要，被移除了。如果需要改变服务小区，NB-IoT 终端会进行 RRC 释放，进入 RRC_IDLE 状态，再重选至其他小区。

NB-IoT 的小区重选机制进行了适度简化，NB-IoT 终端不支持紧急拨号功能。

3.6　5G 网络

5G 是 4G（LTE-A、WiMAX）、3G（UMTS、LTE）和 2G（GSM）系统之后的延伸，是第五代移动通信技术（5th Generation Mobile Networks、5th Generation Wireless Systems 或 5th-Generation）。5G 的性能目标是提高数据速率，减少延迟，节省能源，降低成本，提高系统容量和大规模设备连接。

移动数据流量的暴涨将给网络带来严峻的挑战。5G 网络的主要优势在于数据传输速率远远高于以前的蜂窝网络，最高可达 10Gb/s，比先前的 4G LTE 蜂窝网络快 100 倍。另一个优点是较低的网络延迟（更快的响应时间），低于 1ms，而 4G 的网络延迟为 30～70ms。由于数据传输速率更快，5G 网络将不仅仅为手机提供服务，还具有超大网络容量，提供千亿设备的连接能力，满足物联网通信。

2013 年 2 月，欧盟宣布，将拨款 5000 万欧元，加快 5G 移动技术的发展，计划到 2020 年推出成熟的标准。

2017 年 2 月 9 日，国际通信标准组织 3GPP 宣布了 5G 的官方 Logo。

2018 年 2 月 23 日，在世界移动通信大会召开前夕，沃达丰和华为宣布，两公司在西班牙合作采用非独立的 3GPP 5G 新无线标准和 Sub6 GHz 频段完成了全球首个 5G 通话测试。

2018 年 6 月 13 日，3GPP 5G NR 标准 SA（Standalone，独立组网）方案在 3GPP 第

80 次 TSG RAN 全会正式完成并发布,这标志着首个真正完整意义的国际 5G 标准正式出炉。

2018 年 11 月 21 日,重庆首个 5G 连续覆盖试验区建设完成,5G 远程驾驶、5G 无人机、虚拟现实等多项 5G 应用同时亮相。

2019 年 6 月 6 日,工信部正式向中国电信、中国移动、中国联通、中国广电发放 5G 商用牌照。

2019 年 11 月 1 日,中国电信、中国移动、中国联通的 5G 正式进入商用时代。

1. 5G 网络的优势

1) 传输速度快

5G 网络通信技术在传输速度上有着非常明显的提高,这在实际应用中十分具有优势。传输速度的提高是一个高度的体现,是一个进步的体现。在文件的传输过程中,传输速度的提高会大大缩短传输过程所需要的时间,对于工作效率的提高具有非常重要的作用。所以5G 网络通信技术应用在当今的社会发展中会大大提高社会进步发展的速度,有助于人类社会的快速发展。

2) 传输的稳定性好

5G 网络通信技术不仅做到了在传输速度上的提高,在传输的稳定性上也有突出的进步。5G 网络通信技术应用在不同的场景中都能进行很稳定的传输,能够适应多种复杂的场景,所以 5G 网络通信技术在实际的应用过程中非常实用。传输稳定性的提高使工作的难度降低,工作人员在使用 5G 网络通信技术进行工作时,不会因为工作环境的场景复杂而造成传输时间过长或者传输不稳定的情况出现,会大大提高工作人员的工作效率。

3) 采用高频传输技术

高频传输技术是 5G 网络通信技术的核心技术,正在被多个国家同时进行研究。低频传输的资源越来越紧张,而且 5G 网络通信技术的运行使用需要更大的频率带宽,所以低频传输技术已经满足不了 5G 网络通信技术的工作需求,要更加积极主动地去探索、去开发。高频传输技术在 5G 网络通信技术的应用中起到了不可忽视的作用。

2. 5G 网络的关键技术

1) 自组织网络

在传统移动通信网络中,网络部署及运维主要依靠人工方式完成,既耗费大量人力资源又增加运行成本,而且网络优化的效果也不理想。在 5G 网络中,将面临网络的部署、运营及维护的挑战,这主要是由于网络存在各种无线接入技术,且网络节点覆盖能力各不相同,它们之间的关系错综复杂。因此,自组织网络(Self-Organizing Network,SON)的智能化便成为 5G 网络必不可少的一项关键技术。

自组织网络技术解决的关键问题主要有以下两点:①网络部署阶段的自规划和自配置;②网络维护阶段的自优化和自愈合。自规划的目的是动态进行网络规划并执行,同时满足系统的容量扩展、业务监测或优化结果等方面的需求。自配置即新增网络节点的配置,可实现即插即用,具有低成本、安装简易等优点。自优化的目的是减少业务工作量,达到提升网络质量及性能的效果,其方法是通过 UE 和 eNB 测量,在本地 eNB 或网络管理方面进行参数自优化。自愈合指系统能自动检测问题、定位问题和排除故障,大大减少维护成本并避免对网络质量和用户体验的影响。

2) 内容分发网络

在 5G 中,面向大规模用户的音频、视频、图像等业务急剧增长,网络流量的爆炸式增长会极大地影响用户访问 Internet 的服务质量。如何有效地分发大流量的业务内容,且降低用户获取信息的时延,成为网络运营商和内容提供商面临的一大难题。仅仅依靠增加带宽并不能解决问题,它还受到传输中路由阻塞和延迟、网站服务器的处理能力等因素的影响,这些问题的出现与用户服务器之间的距离有密切关系。内容分发网络(Content Distribution Network,CDN)会对 5G 网络的容量与用户访问具有重要的支撑作用。

内容分发网络指的是在传统网络中添加新的层次,即智能虚拟网络。CDN 系统综合考虑各节点连接状态、负载情况以及用户距离等信息,通过将相关内容分发至靠近用户的 CDN 代理服务器上,使用户就近获取所需的信息,从而使网络拥塞状况得以缓解,降低响应时间,提高响应速度。CDN 网络架构在用户侧与源服务器之间构建多个 CDN 代理服务器,可以降低延迟,提高 QoS(Quality of Service)。当用户对所需内容发送请求时,如果源服务器之前接收到相同内容的请求,则该请求被 DNS 重定向到离用户最近的 CDN 代理服务器上,由该代理服务器发送相应内容给用户。因此,源服务器只需要将内容发给各个代理服务器,便于用户从就近、带宽充足的代理服务器上获取内容,降低网络时延并提高用户体验。随着云计算、移动 Internet 及动态网络内容技术的推进,内容分发技术逐步趋向于专业化、定制化,在内容路由、管理、推送以及安全性方面都面临新的挑战。

3) 超密集异构网络

随着各种智能终端的普及,移动数据流量将呈现爆炸式增长。在 5G 网络中,减小小区半径且增加低功率节点数量,是保证未来 5G 网络支持 1000 倍流量增长的核心技术之一。因此,超密集异构网络成为 5G 网络提高数据流量的关键技术。

虽然超密集异构网络架构在 5G 中有很大的发展前景,但是节点间距离的减少,越发密集的网络部署将使得网络拓扑更加复杂,从而容易出现与现有移动通信系统不兼容的问题。在 5G 移动通信网络中,干扰是一个必须解决的问题。网络中的干扰主要有:同频干扰、共享频谱资源干扰、不同覆盖层次间的干扰等。现有通信系统的干扰协调算法只能解决单个干扰源问题。而在 5G 网络中,相邻节点的传输损耗一般差别不大,这将导致多个干扰源强度相近,进一步恶化网络性能,使得现有协调算法难以应对。

准确有效地感知相邻节点是实现大规模节点协作的前提条件。在超密集网络中,密集的部署使得小区边界数量剧增,加之形状的不规则,导致频繁复杂的切换。为了满足移动性需求,势必出现新的切换算法,另外,网络动态部署技术也是研究的重点。由于用户部署的大量节点的开启和关闭具有突发性和随机性,使得网络拓扑和干扰具有大范围动态变化特性,而各小站中较少的服务用户数也容易导致业务的空间和时间分布出现剧烈的动态变化。

4) M2M 通信

M2M(Machine to Machine)作为物联网最常见的应用形式,在智能电网、安全监测、城市信息化、环境监测等领域实现了商业化应用。3GPP 已经针对 M2M 网络制定了一些标

准,并已立项开始研究 M2M 关键技术。M2M 的定义主要有广义和狭义两种。广义的
M2M 主要是指机器对机器、人与机器间以及移动网络和机器之间的通信,它涵盖了所有实
现人、机器、系统之间通信的技术;从狭义上说,M2M 仅仅指机器与机器之间的通信。智能
化、交互式是 M2M 有别于其他应用的典型特征,这一特征下的机器也被赋予了更多的
"智慧"。

5) D2D 通信

在 5G 网络中,网络容量、频谱效率需要进一步提升,更丰富的通信模式以及更好的终
端用户体验也是 5G 的演进方向。设备到设备通信(Device-to-Device Communication,
D2D)具有潜在的提升系统性能、增强用户体验、减轻基站压力、提高频谱利用率的前景。
因此,D2D 是未来 5G 网络中的关键技术之一。

D2D 通信是一种基于蜂窝系统的近距离数据直接传输技术。D2D 会话的数据直接在
终端之间进行传输,不需要通过基站转发,而相关的控制信令,如会话的建立、维持、无线资
源分配以及计费、鉴权、识别、移动性管理等仍由蜂窝网络负责。蜂窝网络引入 D2D 通
信,可以减轻基站负担,降低端到端的传输时延,提升频谱效率,降低终端发射功率。当
无线通信基础设施损坏,或者在无线网络的覆盖盲区,终端可借助 D2D 实现端到端通信
甚至接入蜂窝网络。在 5G 网络中,既可以在授权频段部署 D2D 通信,也可在非授权频
段部署。

6) 信息中心网络

随着实时音频、高清视频等服务的日益激增,基于位置通信的传统 TCP/IP 网络无法
满足数据流量分发的要求。网络呈现出以信息为中心的发展趋势。

信息中心网络(Information-Centric Network,ICN)的思想最早是 1979 年由 Nelson 提
出来的,其所指的信息包括实时媒体流、网页服务、多媒体通信等,而信息中心网络就是这些
片段信息的总集合。因此,ICN 的主要概念是信息的分发、查找和传递,不再是维护目标主
机的可连通性。不同于传统的以主机地址为中心的 TCP/IP 网络体系结构,ICN 采用的是
以信息为中心的网络通信模型,忽略 IP 地址的作用,甚至只是将其作为一种传输标识。全
新的网络协议栈能够实现网络层解析信息名称,路由缓存信息数据,多播传递信息等功能,
从而较好地解决计算机网络中存在的扩展性、实时性以及动态性等问题。作为一种新型网
络体系结构,ICN 的目标是取代现有的 IP 网络。

ICN 信息传递流程是一种基于发布订阅方式的信息传递流程。首先,内容提供方向网
络发布自己所拥有的内容,网络中的节点就明白当收到相关内容的请求时如何响应该请求。
然后,当第一个订阅方向网络发送内容请求时,节点将请求转发到内容发布方,内容发布方
将相应内容发送给订阅方,带有缓存的节点会将经过的内容缓存。其他订阅方对相同内容
发送请求时,邻近带缓存的节点直接将相应内容响应给订阅方。因此,信息中心网络的通信
过程就是请求内容的匹配过程。传统 IP 网络中,采用的是"推"传输模式,即服务器在整个
传输过程中占主导地位,忽略了用户的地位,从而导致用户端接收过多的垃圾信息。ICN
网络正好相反,采用"拉"模式,整个传输过程由用户的实时信息请求触发,网络则通过信息
缓存的方式,快速响应用户。此外,信息安全只与信息自身相关,而与存储容器无关。针对
信息的这种特性,ICN 网络采用有别于传统网络安全机制的基于信息的安全机制。和传统
的 IP 网络相比,ICN 具有高效性、高安全性且支持客户端移动等优势。

3. 5G 网络的应用

随着智慧电表、智慧家电、智慧工厂、可穿戴设备这些应用型终端的大量出现,越来越多的工作和生活都需要透过智慧终端来解决,对此,高密度连接及降低终端成本的需求变得越来越大,需要有新的技术来因应这样的需求。

(1) 高速传输数据。

当前,4G 网络通信在人们的日常生活与工作中已经得到普及应用,5G 网络通信以此为基础提高传输数据的效率,传输速度达到 3.6Gb/s,不仅节省大量空间,还能提高网络通信服务的安全性。当下网络通信技术还在不断发展,不久的将来数据传输速率会大于 10Gb/s,远程控制应用在这样的前提下会广泛普及于人们的生活。另外,5G 网络通信延时较短,约1ms,能满足有较高精度要求的远程控制的实际应用,例如车辆自动驾驶、电子医疗等,通过更短的网络延时进一步提高 5G 网络通信远程控制应用的安全性,不断完善各项功能。

(2) 强化网络兼容。

对于不同的网络,兼容性一直是其发展环节共同面对的问题,只有解决好这一问题,才能在市场上大大提高对应技术的占有率。只是当下的情况表明还没有网络通信技术有良好的兼容性,即便有也存在较为严重的局限性。然而 5G 网络通信最显著的一个特点及优势就是兼容性强大,能在网络通信的应用及发展中满足不同设备的正常使用,同时有效融合类型不同、阶段不同的网络,大大增加应用 5G 网络通信的人群,在不同阶段实现不同网络系统的兼容,大大降低网络维护费用,节约成本,获取最大化的经济效益。

(3) 协调合理规划。

移动市场正在高速发展,市场中有多种通信系统,5G 网络通信想要在激烈的市场竞争中立足,就务必要协调合理规划多种网络系统,协同管理多制式网络,在不同环境里让用户获得优质服务和体验。尽管 5G 网络通信具有 3G 和 4G 等通信技术的优势,但只有实现多个网络的协作,才能最大限度发挥 5G 网络通信的优势,所以在应用 5G 网络通信的过程中,要利用中央资源管理器促进用户和数据的解耦,优化网络配置,完成均衡负载的目标。

(4) 满足业务需求。

网络通信的应用及发展的根本目标始终是满足用户需求,从 2G 时代到 4G 时代,人们对网络通信的需求越来越多元化,网络通信技术也在各方面有所完善,应用 5G 网络通信势必也要满足用户需求,优化用户体验,实现无死角、全方位的网络覆盖,无论用户位于何处都可以享受优质网络通信服务,并且不管是偏远地区还是城市都能确保网络通信性能的稳定性。在今后的应用及发展中,5G 网络通信最重要的目标之一就是不受地域和流量等因素的影响,实现网络通信服务的稳定性和独立性。

小结

本章重点介绍了物联网的网络通信技术。

以无线个域(WPA)应用为核心特征的短距离无线通信是指在较小的区域内(数百米)提供无线通信。

随着 RFID 技术、ZigBee 技术、蓝牙技术、WiFi 技术及超宽带(UWB)技术等低、高速无线应用技术的发展,短距离无线通信正深入通信应用的各个领域,表现出广阔的应用前景。

短距离无线通信技术一般指作用距离在毫米级到千米级的,局部范围内的无线通信应用。短距离无线通信涵盖了无线个域网(WPAN)和无线局域网(WLAN)的通信范围。其中 WPAN 的通信距离可达 10m 左右,而 WLAN 的通信距离可达 100m 左右。

短距离无线通信中,各项技术及性能指标有所不同,但也有一些共同特点,如:①低功耗;②低成本;③多在室内环境下应用;④使用 ISM 频段;⑤使用带电池供电的收发装置。

无线传感器网络(WSN)是一种由独立分布的节点以及网关构成的传感器网络。由部署在监测区域内大量的廉价微型传感器节点组成,通过无线通信方式形成的一个多跳的自组织的网络系统,其目的是协作地感知、采集和处理网络覆盖区域中告知对象的信息,并发送给观察者。

现场总线控制系统(FCS)既是一个开放的数据通信系统、网络系统,又是一个可以由现场设备实现完整控制功能的全分布控制系统。它作为现场设备之间信息沟通交换的联系纽带,把挂接在总线上、作为网络节点的设备连接为实现各种测量控制功能的自动化系统,实现 PID 控制、补偿计算、参数修改、报警、显示、监控、优化及控管一体化等自动化功能。

为了解决 IPv4 所存在的不足,IETF 提出了 IPv6 协议。IPv6 拥有巨大的地址空间。IPv6 支持单点通信地址、多点通信地址和任意点通信地址三种不同类型的网络地址。所有类型的 IPv6 地址都是属于接口而不是节点。一个 IPv6 单点通信地址被赋给某一个接口,而一个接口又只能属于某一个特定的节点,因此一个节点的任意一个接口的单点通信地址都可以用来标识该节点。

思考与练习

1. 什么是短距离无线通信?
2. 什么是 WiFi? 其特点是什么?
3. 一个 WiFi 连接点包括哪些组成部分? 各部分功能是什么? WiFi 的应用领域有哪些?
4. 简述 ZigBee 协议与 IEEE 802.15.4 标准的联系与区别。
5. ZigBee 协议有哪些优点? ZigBee 网络的拓扑结构有哪些?
6. 简述蓝牙技术的基本原理,包括蓝牙网络的基本结构单元。
7. 蓝牙技术的特点是什么? 根据其特点可以将蓝牙技术应用在哪些领域?
8. 超宽带技术的特点有哪些? 说明具体的应用领域。
9. NFC 技术有哪些优势? NFC 手机有哪些方面的用途?
10. 什么是无线传感器网络?
11. 无线传感器网络具有哪些显著特点?
12. 举例说明无线传感器网络广泛的应用。
13. CAN 总线有哪些性能特点?
14. 简述 DeviceNet 总线的适用范围。
15. 简述 IPv6 技术在 6LoWPAN 上的应用。

第 4 章

CHAPTER 4 | **智能技术**

物联网要达到感知世界的目的,需要借助于高度智能化的处理技术。智能技术是为了有效地达到某种预期目的,利用知识所采用的各种方法和手段。通过在物体中植入智能系统,可以使得物体具备一定的智能性,能够主动或被动地实现物体与用户的沟通。

4.1 人工智能的概念

人工智能(Artificial Intelligence,AI)是指应用机器(设备)实现人类的智能。它是在计算机科学、控制论、信息论、神经科学、心理学、哲学、语言学等多种学科研究的基础上发展起来的一门综合性很强的边缘性学科。

物联网是一个十分复杂的系统,构建一个高效的物联网,单纯依靠人工是不能实现的。物联网的终端要有感知能力,能够在无人干预的情况下实现自我控制;一切物体都可以成为物联网的一部分,任何物体都可以信息化,例如物体的位置、大小、颜色等,都可以通过物联网转化为信息进行存储,这样就产生了海量数据,这些海量的数据需要高效地存储、组织与管理,基于海量数据进行智能分析,可以将数据转化为有价值的信息、知识,进而提供智能化的决策;处于物联网中的物体并不是独立的个体,它们之间需要进行沟通、合作与协调,才能使物联网成为一个有机的整体;物联网的最终目的是为人类提供更好的智能服务,满足人们的各种需求,让人们享受美好的生活。

随着物联网产业的不断发展,对各种小型智能设备的需求不断增加,嵌入式技术已经越来越得到人们的重视。智能化处理技术主要是通过嵌入式技术实现的,即把感应器或传感器嵌入和装备到电网、铁路、公路、桥梁、隧道、建筑、大坝、油气管道和供水系统等各种物体中,形成物与物之间可以进行信息交换的物联网,并与现有的 Internet 整合起来,形成一个强大的智能系统或充满"智慧"的生活体系。

嵌入式硬件平台可以很好地实现现场数据的采集、传输、控制、处理等功能,并且能够进一步扩展。各种针对性的芯片不断出现,其中 ARM(Advanced RISC Machines)公司的ARM 系列芯片应用得较为广泛。ARM 在工作温度、抗干扰和可靠性等方面都采取了各种增强措施,并且只保留和嵌入式应用有关的功能。

嵌入式信号控制器采用拥有 200MHz 的 ARM 920T 内核的 EP 9315 处理器,是一种高度集成的片上系统处理器,能够满足智能控制实时运算需求。该系统的嵌入式模块集成了多种通信接口,与流量数据检测设备及信号控制机的通信可以通过串口或者 CAN 口实现,并由以太网接口完成与控制中心的通信。嵌入式软件系统主要包括嵌入操作系统、系统初始化程序、设备驱动程序和应用程序 4 个模块。人机交互部分是工作人员在特殊情况下进行现场调试的重要组成部分,输入部分包括 8×8 键盘阵列、PS/2 接口和触摸屏;输出部分包括 LCD、VGA 显示器、IDE 和 CF 卡槽以及 USB 接口;JTAG 及串口调试部分提供了系统开发调试时的接口,可实现程序的下载和运行调试等功能。

4.1.1 人工智能的基本特点

物联网是一个物物相连的巨大网络,一切物体都可以成为物联网的一部分,使得物联网成为一个名副其实的开放复杂智能系统。开放复杂智能系统是指具有开放性特征、与环境之间存在交互、系统成员较多、系统有多个层次、系统可能涉及人的参与的智能系统。

开放复杂智能系统具有一般智能系统所具有的性质,如自主性、灵活性、反应性、预操作能力等。另一方面,从系统复杂性的角度分析,开放复杂智能系统还表现出一些特别的系统复杂性特征,包括:

(1) 开放性。指系统在求解实际问题时与外部环境及其他系统之间存在物质、能量或信息的交互。

(2) 层次性。体现在整个系统的层次很多,甚至有几个层次也还尚未认识清楚;系统组成的模式多种多样,如有平行结构、线状结构、矩阵结构、环状结构等,有的甚至不清楚具体模式。

(3) 社会性。体现在系统是由时空交叠、分布式、灵活、自主的组件构成,甚至是社会主体(人)构成的;肩负不同角色的组件之间通过多种交互模式与通信语言,按照一定的行为法则开展合作,相互影响,履行责任,共同求解问题;时间上的交叠表现为并发性;时空的分布性表现为各种资源的分布性。

(4) 演化性。体现在系统的组成、组件类型(可能是异构的)、组件状态、组件之间的交互以及系统行为随时间不断改变,无法在设计时确定运行时的上述要素;演化具有层次性,可能是局部,也可能是整体;系统中子系统之间的局部交互,在整体上演化出一些独特的、新的性质,体现出整体的智能行为与问题求解能力。

(5) 人机结合。体现在开放复杂智能系统的突出特点是在系统体系中存在人;通过人机交互,实现人的认知和智能与机器的计算和推理智能共同作用;人机协作产生智能行为,问题的求解不能仅靠机器完成,还需要发挥人的作用。

(6) 综合集成。体现在开放复杂智能系统存在着多种智能,各种智能各自发挥着重要的、不可替代的作用,如人的智能所展现的形象思维等定性智能,领域智能所具有的关于问题本身的信息,机器计算智能所具有的定量计算能力,网络智能所表现出的面向广域网的计算、知识搜索与发现能力,数据智能所隐含的内在知识与模式等。同时,开放复杂智能系统表现出的社会智能行为与问题求解能力是上述多种智能相互协作、共同作用的结果。

4.1.2　人工智能的研究与应用

物联网作为一个复杂的系统,它的推广与普及给智能系统带来了新的挑战,促使人们在指导思想、技术路线、系统体系结构、计算模式等方面为智能系统的研究融入新的思想与技术源泉,使得智能系统的研究迈入新的阶段,即以开放复杂智能系统特别是开放巨型复杂智能系统为研究对象,以社会智能为研究重点的综合集合阶段。

智能技术是利用经验知识所采用的各种自学习、自适应、自组织等智能方法和手段以有效地达到某种预期的目的。通过在物体中植入智能系统,可以使得物体具备一定的智能性,能够主动或被动地实现与用户的沟通,也是物联网的关键技术之一。主要的研究内容和方向包括:

1. 人工智能理论研究

人工智能理论研究主要包括 4 个方面:智能信息获取的形式化方法;海量信息处理的理论和方法;网络环境下信息的开发与利用方法;机器学习。

2. 先进的人-机交互技术与系统

对先进的人-机交互技术与系统主要研究内容体现在三个方面:声音、图形、图像、文字及语言处理;虚拟现实技术与系统;多媒体技术。

3. 智能控制技术与系统

物联网就是要给物体赋予智能,可以实现人与物体的沟通和对话,甚至实现物体与物体互相间的沟通和对话。为了实现这样的目标,必须对智能控制技术与系统进行研究。例如,研究如何控制智能服务机器人完成既定任务(运动轨迹控制、准确的定位和跟踪目标等)。

4. 智能信号处理

对智能信号处理方面的研究主要是信息特征识别和融合技术、地球物理信号处理与识别。

4.2　云计算技术

当今社会,物联网正在大规模发展,其产生的数据量远远超过 Internet 的数据量,海量数据的存储与计算处理需要云计算技术。物联网是物理世界与信息空间的深度融合系统,它涉及人、机、物的综合信息和数据。物联网上部署了各类传感器,人们通过各种传感器感应、探测、识别、定位、跟踪和监控等手段和设备实现对物理世界的感知,这一环节称为物联网的“前端”。然而,现有的 Internet 技术还不能够满足具有实时感应、高速并发、自主协同和海量数据处理等特征的物联网“后端”计算需求。为此,需要在云端针对大量高并发事件驱动的应用自动关联和智能协作问题,构架一个物联网后端信息处理基础设施,而基于 Internet 计算的云计算平台以及对物理世界的反馈和控制称为物联网的"后端"。将云计算作为重点介绍是因为物联网和云计算密切相关,物联网的发展依赖于云计算平台的完善,没有云计算平台后端支持,物联网就没有应用价值可言。作为一种新兴的计算模式,云计算将使信息技术行业发生重大变革,对人们的工作、生活方式和企业运营产生深远的影响。所以,云计算技术对物联网技术的发展有着决定性的作用,没有统一数据智能化管理的物联网,该系统将丧失其真正的优势。

到目前为止,对于云计算并没有达成统一的认识,一般认为,云计算是由一系列可以动态升级和被虚拟化的系统组成,这些系统被所有云计算平台的用户共享,用户不需要掌握多少云计算的知识,只需花钱租赁云计算的资源,并且可以方便地通过网络访问。这也就是说,云计算是一种超大规模、虚拟化、易扩展、廉价的服务交付和使用模式,用户通过网络可以按需获得服务。

云计算(Cloud Computing)是网格计算(Grid Computing)、分布式计算(Distributed Computing)、并行计算(Parallel Computing)、效用计算(Utility Computing)、网络存储(Network Storage Technologies)、虚拟化(Virtualization)、负载均衡(Load Balance)等传统计算机技术和网络技术发展融合的产物。它旨在通过网络把多个成本相对较低的计算实体整合成一个具有强大计算能力的完美系统,并借助 SaaS、PaaS、IaaS、MSP 等先进的商业模式把这强大的计算能力分布到终端用户手中。云计算的一个核心理念就是通过不断提高"云"的处理能力,进而减少用户终端的处理负担,最终使用户终端简化成一个单纯的输入输出设备,并能按需享受"云"的强大计算处理能力。

最简单的云计算技术在网络服务中已经随处可见,例如搜索引擎、网络信箱等,使用者只要输入简单指令即能得到大量信息。在未来,如智能手机、GPS 等行动装置都可以通过云计算技术发展出更多的应用服务。可以预见,云计算是未来 3~5 年全球范围内最值得期待的技术。信息爆炸和信息泛滥日益成为经济可持续发展的障碍,云计算以其资源动态分配、按需服务的设计理念,具有低成本解决海量信息处理的独特魅力。

4.2.1 云计算的诞生

云计算是一个新出现的事物,代表了一种先进的技术。云计算是信息技术发展和信息社会需求到达一定阶段的必然结果。它的出现,有技术上的原因,也有市场方面的推动。

云计算的最终目标是将计算、服务和应用作为一种公共设施提供给公众,使人们能够像使用水、电、煤气和电话那样使用计算机资源。云计算是在以下三个方面所形成的大背景下产生的。

1. 硬件设施变化

从 20 世纪 80 年代的个人计算机和局域网,再到 20 世纪 90 年代对人类生产和生活产生了深刻影响的桌面 Internet,以及目前大家所高度关注的移动 Internet 和智能手机,无处不在的网络的发展都与芯片制造密切相关。硬件设施不断变化,计算速度不断提高,设施不断地由单机向网络和移动通信网络的高速度发展,网络的带宽和可靠性都有了质的提高,使得云计算通过 Internet 为用户提供服务成为可能,这种硬件变化是云计算能够发展的重要基础。

2. 软件开发方式变化

软件设计在几十年来也发生了很大变化:20 世纪 70 年代,人们把程序设计中的流程图看得很重要,20 世纪 80 年代开始面向对象,20 世纪 90 年代面向构件,现在面向领域和面向服务。软件工程一改长期以来面向机器、面向语言和面向中间件等面向主机的形态,转为面向需求和服务等面向网络的软件开发方式。虚拟化技术的成熟使得这些软件开发资源可以被有效地分割和管理,以服务的形式提供硬件和软件资源成为可能,真正地实现了软件即服务(Software as a Service,SaaS),这是软件工程的重大变革。也就是说,软件开发方式是云计算产生的重要因素,服务将会成为云计算下软件开发的基本方式。

3. 人机交互方式变化

半个世纪以来,人机交互方式也在逐渐发生改变,从主要以键盘的字符界面交互为主,发展到鼠标的图形界面,再到后来的触摸、条码、语音和手势等,各种各样便捷的交互方式使人围绕计算机转的时代已经过去。现在,计算机需要围着用户和需求转,用户越来越关注方便的人机交互方式和智能移动装置,这也正是云计算发展的方式上所带来的重要改变。

从云计算的产生和发展看,用户的使用观念也会逐渐发生变化,即从"购买产品"到"购买服务"的转变,因为他们直接面对的将不再是复杂的硬件和软件,而是最终的服务。云计算的发展动力是由市场决定的,目前云计算的市场潜力巨大,云计算产品和服务的数量将不断增长,这也是大势所趋。

全球最早提出云计算概念的是亚马逊公司。2006 年,亚马逊公司推出云计算的初衷是让自己闲置的 IT 设备变成有价值的运算能力,当时亚马逊公司已经建成了庞大的 IT 系统,但这个系统是按照销售高峰期的需求来建立的,所以在大多数的时候,很多资源被闲置。云计算的最早实践者是 Google 公司,在初期,由于买不起昂贵的商用服务器来设计搜索引擎,Google 公司采用众多的 PC 来代替,成功地把 PC 集群做得比商用服务器还强大,成本却远远低于商用的硬件和软件。EMC 公司除了一直倡导云计算外,还抛出了"大数据"的概念。大数据构想是 EMC 公司带来的全新理念,是指在实际应用中,很多用户把多个数据集放在一起,形成 PB 级的数据量,而且这些数据来自多种数据源,并以实时、迭代的方式来实现。这种大数据趋势应该是顺势而生,广泛存在于医疗、地理信息、基因分析和电影娱乐行业。大数据和云计算是两个不同的概念,但两者之间有很多交集。简单形容两者的关系就是"大数据离不开云",支撑大数据以及云计算的底层原则是一样的,即规模化、自动化、资源配置、自愈性,这些都是底层的技术原则。实际上,大数据和云计算之间存在很多合力的地方。

4.2.2　云计算的基本概念

云计算并不是一个全新的概念,但是,它却将是一项颠覆性的技术,是未来计算的发展方向。云计算以应用为目的,通过 Internet 将大规模的硬件和软件按照一定的结构体系连接起来,根据应用需求的变化不断调整结构体系,建立一个内耗最小、功效最大的虚拟资源服务中心。

云计算将计算任务分布在大量计算机构成的资源池上,使各种应用系统能够根据需要获取计算力、存储空间和各种软件服务。云计算的概念模型如图 4-1 所示。要了解什么是云计算,首先要理解云、私有云、公用云等概念。

图 4-1 云计算概念模型

云(资源池):是一些可以自我维护和管理的虚拟计算资源,通常是一些大型服务器集群,包括计算服务器、存储服务器和宽带资源等。

私有云(专用云):是由单个客户所拥有的按需提供基础设施,该客户控制哪些应用程序在哪里运行,拥有服务器、网络和磁盘,并且可以决定允许哪些用户使用基础设施。

公用云:是由第三方运行的云,第三方可以把来自许多不同客户的作业在云内的服务器、存储系统和其他基础设施上混合在一起。最终用户不知道运行其作业的同一台服务器、网络或磁盘上还有哪些用户。

混合云:把公用云模式与私有云模式结合在一起。客户通过一种可控的方式对云部分拥有,部分与他人共享。

云应用:是通过网络访问、从不需要本地下载的软件应用。

云架构:是可以通往网络访问和使用软件应用的设计。

在理解上述概念之后,下面来看一下什么是云计算。

云计算是一种基于 Internet 的、大众参与的计算模式,其计算资源(计算能力、存储能力、交互能力)是动态、可伸缩且被虚拟化的,以服务的方式提供。

云计算是一种革命性的举措,它可以使计算能力也作为一种商品进行流通,通过 Internet 进行传输,就像煤气、水电一样取用方便。在计算机流程图中,Internet 常以一个云状的图案来表示,用来表示对复杂基础设施的抽象。因此,最初选择了用云来比喻,将这种计算模型叫作云计算。

通俗的理解是,云计算的"云"就是存在于 Internet 上的服务器集群上的资源,它包括硬件资源(服务器、存储器、CPU 等)和软件资源(如应用软件、集成开发环境等),云计算客户只需要通过 Internet 发送一个需求信息,远端就会有成千上万的计算机为客户提供需要的资源,并将结果返回到本地计算机,这样,本地计算机几乎不需要做什么,所有的处理都在云计算提供商所提供的计算机群上来完成。

4.2.3　云计算的特点

云计算最终给人们带来的更多的是使用的便捷,所以从用户角度来看,云计算有着其独特的吸引力。云计算具有以下特点。

1. 系统超大规模

系统超大规模是云计算的一个特点。单个设备的能力是有限的,但云计算的潜力几乎是无限的。云计算为用户使用网络提供了几乎无限多的可能,为存储和管理数据提供了几乎无限多的空间,也为用户完成各类应用提供了几乎无限强大的计算能力。在大规模云计算运营趋势下,IT 基础组件必然走向全面标准化,以使得云所支撑的各部分可以在保持发展的同时相互兼容。当你把最常用的数据和最重要的功能都放在"云"上时,我们相信,你对计算机、应用软件乃至网络的认识会有一个大的变化。可以看到,云计算发展如果顺利,大规模 IT 运营架构会逐步摆脱隔离和垄断,使公共服务得以构建在开放的公共化标准技术基础上,并随着技术发展而持续降低成本。

2. 数据可靠性和扩展性

当用户的系统规模变化时,"云"的规模可以实现动态和可伸缩的扩展,以满足应用和用户系统增长的需要。云计算提供了最可靠、最安全的数据存储中心,用户不用再担心数据丢失、病毒入侵等麻烦。云计算采取数据冗余和分布式存储来保证数据的可靠性。人们可能觉得数据只有保存在自己看得见、摸得着的计算机里才最安全,其实不然。你的计算机可能会因为使用不小心而被损坏,或者被病毒攻击,导致硬盘上的数据无法恢复。而当你的文档保存在类似网络服务上时,数据丢失或损坏的机会就很小。因为在"云"的另一端,有全世界最专业的团队来帮你管理信息,有全世界最先进的数据中心来帮你保存数据。

3. 虚拟化

虚拟化,即把软件、硬件等 IT 资源进行虚拟化,抽象成标准化的虚拟资源,放在云计算平台中统一管理,保证资源的无缝扩展。虚拟化技术通过在一个服务器上部署多个虚拟机和应用来提高资源的利用率,当一个服务器过载时能够支持负载的迁移。云计算支持用户在任意位置、使用各种终端获取应用服务。用户运行的程序在"云"中某处运行,但实际上用户无须了解、也不用担心应用运行的具体位置。只需要一台笔记本或者一个手机,就可以通过网络服务来实现用户需要的一切,甚至包括超级计算这样的任务。

4. 数据共享

数据集中是云计算的一个特点。以云计算模式建设云数据中心,实现数据集中存储和处理可以节约大量商业成本。在云计算时代背景下,数据中心向集中大规模共享平台推进,并且,数据中心能实现实时动态扩容,实现自助和自动部署服务。云计算可以轻松实现不同设备间的数据与应用共享。

云计算是数据中心发展的结果,数据中心也是整个 Internet 下一代变革的重要领域。通信技术的发展支撑着更多的客户端和用户群体融入一个共享平台。过去的数据中心,无论应用层次、规模大小,都仅仅是停留在有限的基础架构之上,各个基础架构之间都相互孤立,没有形成一个统一的有机整体,各种资源都没有得到有效充分地利用,而且资源配置和部署大多采用人工方式,没有相应的平台支持,使大量人力资源耗费在繁重的重复性工作上,缺少自动查询和自动部署能力,既耗费时间和成本,又影响工作效率。在云计算的网络应用模式中,数据只有一份,保存在"云"的一端,用户的所有电子设备只需要连接 Internet,就可以同时访问和使用同一份数据。

4.2.4　云计算与相关技术的关系

云计算是分布式计算、并行计算和网格计算的发展,或者说是这些计算科学概念的商业实现,是虚拟化、效用计算等概念混合演进并跃升的结果。

1. 云计算与分布式计算的关系

分布式计算是研究如何把一个需要巨大的计算能力才能解决的问题分成许多小的部分,然后把这些部分分配给许多计算机进行处理,最后把这些计算结果综合起来得到最终的结果。

分布式计算依赖于分布式系统。分布式系统由通过网络连接的多台计算机组成。网络把大量分布在不同地理位置的计算机连接在一起,每台计算机都拥有独立的处理器及内存。这些计算机互相协作,共同完成一个目标或者计算任务。

分布式计算是一个很大的范畴。在当今的网络时代,不是分布式计算的应用已经很少了。云计算和下面将要提及的网格计算,都只是分布式计算的一种。

2. 云计算与并行计算的关系

云计算的萌芽应该是从计算机的并行化开始,并行机的出现是因为人们不满足于 CPU 摩尔定律的增长速度,希望把多个计算机并联起来,从而获得更快的计算速度,这是一种很简单也很朴素的实现高速计算的方法,这种方法后来被证明是相当成功的。

在并行计算中,为了获得高速的计算能力,人们不惜采用昂贵的服务器和购买更多的服务器。因此,强大的并行计算能力需要巨额的投资。并且,传统的并行计算机的使用是一个相当专业的工作,需要使用者具有较高的专业素质。

而云计算将服务器等设施集中起来,最大限度地做到资源共享,能够动态地为用户提供计算能力和存储能力,随时满足用户的需求。

3. 云计算与效用计算的关系

效用计算随着主机的发展而出现。考虑到主机的购买成本高昂,一些用户就通过租用而不是购买的方式使用主机。效用计算的目标就是把服务器及存储系统打包给用户使用,按照用户实际使用的资源量对用户进行计费。可以说,效用计算是云计算的前身。

4. 云计算与网格计算的关系

网格(Grid)是 20 世纪 90 年代中期发展起来的下一代 Internet 核心技术,其定义为"在动态、多机构参与的虚拟组织中协同共享资源和求解问题"。网格是在网络基础之上,基于面向服务的体系结构(SOA),使用互操作、按需集成等技术手段,将分散在不同地理位置的资源虚拟成为一个有机整体,实现计算、存储、数据、软件和设备等资源的共享,从而大幅提高资源的利用率,使用户获得前所未有的计算和信息能力。

网格计算可以分为三种类型,即计算网格、信息网格和知识网格。计算网格的目标是提供集成各种计算资源的、虚拟化的计算基础设施。信息网格的目标是提供一体化的智能信息处理平台,集成各种信息系统和信息资源,消除信息孤岛,使得用户能按需获取集成后的精确信息,即服务点播和一步到位的服务。知识网格研究一体化的智能知识处理和理解平台,使得用户能方便地发布、处理和获取知识。

网格计算与云计算的关系,就像是 OSI 与 TCP/IP 之间的关系。通常意义的网格是指以科学研究为主的网格。网格计算不仅要集成异构资源,还要解决许多非技术的协调问题,非常重视标准规范,也非常复杂,但缺乏成功的商业模式。云计算是网格计算的一种简化实用版本,有成功的商业模式推动。但如果没有网格计算打下的基础,云计算也不会这么快到来。所以说,云计算的成功也是网格的成功。

虽然网格计算实现起来要比云计算难度大很多,但对于许多高端科学或军事应用而言,云计算是无法满足需求的,必须依靠网格来解决。未来的科学研究主战场,将建立在网格计算之上。在军事领域,美军的全球信息网格 GIG 已经囊括超过 700 万台计算机,规模超过现有的所有云计算数据中心计算机总和。

4.2.5　云计算的工作原理

云计算的基本工作原理是,通过使计算分布在大量的分布式计算机上面,而非本地计算机或远程服务器中,企业数据中心的运行将更与 Internet 相似,这使得企业能够将资源切换到需要的应用上,根据需求访问计算机和存储系统。在大众用户计划获取 Internet 上异构、自治的服务时,云计算可为其进行按需即取的计算。

表面上看,这种做法似乎并没有特别之处,但它确实是一种革命性的举措,这就好比是从古老的水井取水模式转向了水厂集中供水的模式。它意味着计算能力也可以作为一种商品进行流通,就像煤气、水电一样,取用方便,费用低廉。最大的不同之处仅在于它是通过Internet 进行传输的。

云计算的应用包含这样的一种思想,把力量联合起来,给其中的每一个成员使用。云计算就是利用 Internet 上的软件和数据的能力服务于不同客户。对于云计算,人们就像用电一样,不需要家家装备发电机,而是直接从电力公司购买。云计算带来的这种变革就如同用户通过一根网线借助浏览器就可以很方便地访问云端数据,把"云"作为资料存储以及应用服务的中心。云计算目前已经发展出了云安全和云存储两大领域,而微软等国际公司已经涉足云存储领域。

一个典型的云计算平台如图 4-2 所示。用户可以通过云用户端提供的交互接口从服务中选择所需的服务,其请求通过管理系统调度相应的资源,通过部署工具分发请求、配置 Web 应用。其中:

(1)服务目录是用户可以访问的服务清单列表。用户在取得相应权限(付费或其他限制)后可以选择或定制的服务列表,用户也可以对已有服务进行退订等操作。

(2)管理系统和部署工具提供管理和服务,负责管理用户的授权、认证和登录,管理可用的计算资源和服务,以及接收用户发送的请求并转发到相应的程序,动态地部署、配置和回收资源。

(3)监控统计模块负责监控和计量云系统资源的使用情况,以便迅速做出反应,完成节点同步配置、负载均衡配置和资源监控,确保资源能顺利分配给合适的用户。

(4)计算/存储资源是虚拟的或物理的服务器,用于响应用户的处理请求,包括大运算计算处理、Web 应用服务等。

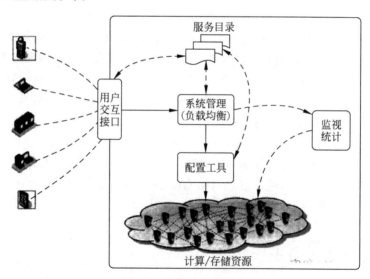

图 4-2　典型云计算平台

4.2.6　云计算体系结构

目前还没有形成一个统一的云计算体系结构模型,不同的云计算提供商提供不同的解决方案。如图 4-3 所示为一个供参考的云计算体系结构模型,它综合了多种解决方案。

该云计算体系结构分为 4 层——物理资源层、资源池层、管理中间件层和面向服务的体系结构(Service-Oriented Architecture,SOA)构建层。

物理资源层包括计算机、存储器、网络设施、数据库和软件等。

资源池层是将大量相同类型的资源构成同构或接近同构的资源池,如计算资源池、数据资源池等。构建资源池更多的是物理资源的集成和管理工作,例如研究在一个标准集装箱的空间如何装下 2000 个服务器、解决散热和故障节点替换的问题并降低能耗。

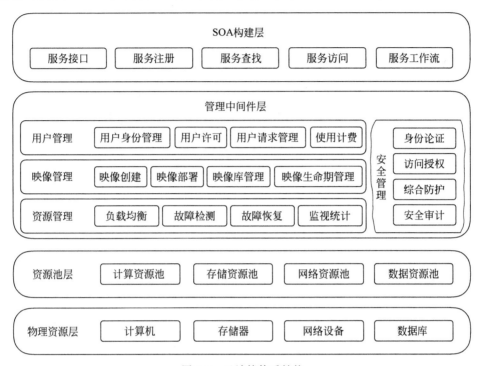

图 4-3　云计算体系结构

管理中间件层负责对云计算的资源进行管理,并对众多应用任务进行调度,使资源能够高效、安全地为应用提供服务,包括资源管理、任务管理、用户管理和安全管理等工作。其中,资源管理负责均衡地使用云资源节点,检测节点的故障并试图恢复或屏蔽,并对资源的使用情况进行监视统计;任务管理负责执行用户或应用提交的任务,包括完成用户任务映像的部署和管理、任务调度、任务执行、任务生命期管理等;用户管理是实现云计算商业模式的一个必不可少的环节,包括提供用户交互接口,管理和识别用户身份,创建用户程序的执行环境,对用户的使用进行计费等;安全管理保障云计算设施的整体安全,包括身份认证、访问授权、综合防护和安全审计等。

SOA 构建层将云计算能力封装成标准的 Web 服务,并纳入 SOA 体系进行管理和使用,包括服务接口、服务注册、服务查找、服务访问和服务工作流等。

在云计算的 4 层体系结构中,管理中间件层和资源池层是最关键的部分,而 SOA 构建层的功能更多依靠外部设施提供。

4.2.7　云计算服务层次

在云计算中,主要服务形式分为软件即服务(Software as a Service,SaaS)、平台即服务(Platform as a Service,PaaS)和基础设施即服务(Infrastructure as a Service,IaaS)三个层次,如图 4-4 所示。与人们熟悉的计算机网络体系结构中层次的划分不同,云计算的服务层次是根据服务类型即服务集合来划分的。在计算机网络中每个层次都实现一定的功能,层与层之间有一定关联。而云计算体系结构中的层次是可以分割的,即某一层次可以单独完成一项用户的请求而不需要其他层次为其提供必要的服务和支持。

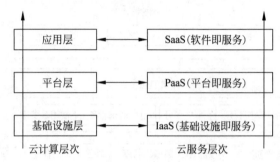

图 4-4　云计算服务层次

1. 软件即服务层

软件即服务(Software as a Service,SaaS)层提供最常见的云计算服务,如邮件服务等。用户根据需求通过 Internet 向厂商订购应用软件服务,服务提供商根据客户所订软件的数量、时间的长短等因素收费,并且通过浏览器向客户提供软件的模式。用户无须再支付高昂的服务器设备、软件授权以及人工维护成本,通过供应商就能够轻松获取理想的软件服务。它不仅减少甚至取消了传统的软件授权费用,而且服务提供商将应用软件部署在统一的服务器上,免除了最终用户的服务器硬件、网络安全设备和软件升级维护的支出。

SaaS 模式是未来管理软件的发展趋势,这种服务模式的优势是,客户不再像传统模式那样花费大量投资用于硬件、软件、人员,而只需要支出一定的租赁服务费用,通过 Internet 便可以享受到相应的硬件、软件和维护服务,享有软件使用权和不断升级,这是网络应用最具效益的营运模式。

2. 平台即服务层

平台即服务(Platform as a Service,PaaS)层通常也称为"云计算操作系统"。它提供给终端用户基于网络的应用开发环境,包括应用编程接口和运行平台等,并且支持应用从创建到运行整个生命周期所需的各种软硬件资源和工具。在 PaaS 层面,服务提供商提供的是经过封装的 IT 能力,如数据库、文件系统和应用运行环境等,通常按照用户登录情况计费。

PaaS 这种形式的云计算是把服务器平台作为一种服务来提供的商业模式,这也就是把开发环境作为一种服务来提供,用户可以使用中间商的设备来开发自己的程序并通过 Internet 和服务器传到其他用户手中。PaaS 平台是指云环境中的应用基础设施服务,也可以说是中间件即服务。PaaS 平台在云架构中位于中间层,其上层是 SaaS,下层是 IaaS。这是一种分布式平台服务,厂商提供开发环境、服务器平台、硬件资源等服务给用户,用户在其平台基础上定制开发自己的应用程序并通过服务器和 Internet 传递给其他用户。PaaS 能够给企业或个人提供研发的中间件平台,提供应用程序开发、数据库、试验、托管等服务。

3. 基础设施即服务层

基础设施即服务(Infrastructure as a Service,IaaS)层位于云计算三层服务的最底端,是指把厂商的由多台服务器组成的"云端"基础设施作为计量服务提供给客户,提供基本的计算和存储能力。以计算能力的提供为例,其提供的基本资源就是服务器,包括 CPU、内存、存储、操作系统及一些软件。IaaS 层通常按照所消耗资源的成本进行收费。

IaaS 是一种托管型硬件方式,用户付费使用厂商的硬件设施。IaaS 提供给消费者的服务是对所有设施的利用,包括处理、存储、网络和其他基本的计算资源,用户能够部署和运行任意软件,包括操作系统和应用程序。用户不管理或控制任何云计算基础设施,但能控制操作系统的选择、存储空间、部署的应用,也有可能获得有限制的网络组件的控制。也就是说,IaaS 是将内存、I/O 设备、存储和计算能力整合成一个虚拟的资源池为整个业界提供所需要的存储资源和虚拟化服务器等服务。IaaS 云让开发者可以完全控制虚拟机的供应、配置和安装,因此,IaaS 云的价值就在于它可以提高开发工作效率。正确使用 IaaS 云平台的关键是,在恰当的商业模式下,为正确的应用部署正确的资源。

4.2.8　云计算的关键技术

1. 数据存储技术

为保证高可用、高可靠和经济性,云计算系统由大量服务器组成,同时为大量用户服务,因此云计算系统采用分布式存储的方式存储数据,用冗余存储的方式保证数据存储的可靠性,即为同一份数据存储多个副本。另外,云计算系统需要同时满足大量用户的需求,并行地为大量用户提供服务。因此,云计算的数据存储技术必须具有高吞吐率和高传输速率的特点。

云计算系统中广泛使用的数据存储系统是 Google 的 GFS 和 Hadoop 团队开发的 GFS 的开源实现 HDFS。GFS 即 Google 文件系统(Google File System),是一个可扩展的分布式文件系统,用于大型的、分布式的、对大量数据进行访问的应用。GFS 的设计思想不同于传统的文件系统,是针对大规模数据处理和 Google 应用特性而设计的。它运行于廉价的普通硬件上,但可以提供容错功能。它可以给大量的用户提供总体性能较高的服务。

一个 GFS 集群由一个主服务器和大量的块服务器构成,并被许多客户访问。主服务器存储文件系统的元数据,包括名字空间、访问控制信息、从文件到块的映射以及块的当前位置,它也控制系统范围的活动。主服务器定期通过 Heart Beat 消息与每一个块服务器通信,给块服务器传递指令并收集它的状态。GFS 中的文件被切分为 64MB 的块并以冗余存储,每份数据在系统中保存三个以上备份。客户与主服务器的交换只限于对元数据的操作,所有数据方面的通信都直接和块服务器联系,这大大提高了系统的效率,防止主服务器负载过重。

2. 数据管理技术

云计算系统需要对分布的、海量的大数据集进行处理、分析后向用户提供高效的服务。

因此,数据管理技术必须能够高效地管理大数据集。其次,如何在规模巨大的数据中找到特定的数据,也是云计算数据管理技术所必须解决的问题。

云计算的特点是对海量的数据存储、读取后进行大量的分析,数据的读操作频率远大于数据的更新频率,云中的数据管理是一种读优化的数据管理。因此,云计算系统的数据管理往往采用数据库领域中列存储的数据管理模式,将表按列划分后存储。

云计算系统中的数据管理技术主要是 Google 的 BT(Big Table)数据管理技术和 Hadoop 团队开发的开源数据管理模块 HBase。BT 是建立在 GFS、Scheduler、Lock Service 和 Map Reduce 之上的一个大型的分布式数据库,与传统的关系数据库不同,它把所有数据都作为对象来处理,形成一个巨大的表格,用来分布存储大规模结构化数据。Google 的很多项目都使用 BT 来存储数据,包括网页查询、Google Earth 和 Google 金融。这些应用程序对 BT 的要求各不相同:数据大小(从 URL 到网页再到卫星图像)不同,反应速度不同(从后端的大批处理到实时数据服务)。对于不同的要求,BT 都成功地提供了灵活高效的服务。

由于采用列存储的方式管理数据,如何提高数据的更新速率以及进一步提高随机读速率是未来的数据管理技术必须解决的问题。

3. 软件开发技术

为了使用户能更轻松地享受云计算带来的服务,让用户能利用该编程模型编写简单的程序来实现特定的目的,云计算上的编程模型必须十分简单,且必须保证后台复杂的并行执行和任务调度向用户和编程人员透明。

严格的编程模型使云计算环境下的编程十分简单。云计算大部分采用 Map-Reduce 的编程模式。现在大部分 IT 厂商提出的"云"计划中采用的编程模型,都是基于 Map-Reduce 的思想开发的编程工具。Map-Reduce 是 Google 开发的 Java、Python、C++编程模型,它是一种简化的分布式编程模型和高效的任务调度模型,用于大规模数据集(大于 1TB)的并行运算。Map-Reduce 模式的思想是将要执行的问题分解成 Map(映射)和 Reduce(化简)的方式,先通过 Map 程序将数据切割成不相关的区块,分配(调度)给大量计算机处理,达到分布式运算的效果,再通过 Reduce 程序将结果汇总输出。

4. 虚拟化技术

通过虚拟化技术可实现软件应用与底层硬件相隔离,它包括将单个资源划分成多个虚拟资源的裂分模式,也包括将多个资源整合成一个虚拟资源的聚合模式。虚拟化技术根据对象可分成存储虚拟化、计算虚拟化、网络虚拟化等,计算虚拟化又分为系统级虚拟化、应用级虚拟化和桌面虚拟化。

5. 云计算平台管理技术

云计算资源规模庞大,服务器数量众多并分布在不同的地点,同时运行着数百种应用,如何有效地管理这些服务器,保证整个系统提供不间断的服务是巨大的挑战。云计算系统的平台管理技术能够使大量的服务器协同工作,方便地进行业务部署和开通,快速发现和恢复系统故障,通过自动化、智能化的手段实现大规模系统的可靠运营。

4.2.9 如何选择云计算平台

选择一个适合自己的云计算平台十分必要,一般的做法是从一开始就选择与微软公司合作。微软的云计算战略提供了三种不同的运营模式(见图 4-5),它与其他公司的云计算战略有很大的不同。第一种是微软公司自己构建及运营的公有云的应用和服务,这就是微软出资搭建,客户付费享用。第二种是合伙出资搭建,共同管理运营,将微软公司的云计算技术和软件研发企业管理进行有力地结合,为软件研发企业提供持续发展的技术平台。也就是说,在云计算平台中共同构建开发环境,共同承担软件在开发和测试过程中所产生的工作负载,集中管理资源,并针对需求动态地分配资源,使开发与测试环境能够充分满足软件开发项目的需求。合作伙伴可以基于 Windows Azure Platform 开发如 ERP、CRM 等各种云计算应用,并在 Windows Azure Platform 上为最终使用者提供服务。第三种是客户可以选择微软公司的云计算解决方案构建自己的云计算平台,这就是客户独资搭建,微软公司指导服务。客户可以从微软公司若干的云计算解决方案中选择适合自身特点的云计算平台,或者以微软公司这个私有云计算平台为基础,按照自身需要,即客户个性化性能、成本要求、安保级别和面向服务的内部应用环境等,弹性分配应用配置和动态扩展项,微软公司可以为此类用户提供包括产品、技术、平台和运维管理在内的全面技术指导服务。

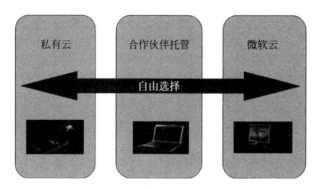

图 4-5 微软云计算的三种运营模式

Windows Azure Platform 既是运营平台,又是开发、部署平台。开发人员既可以直接在该平台中运行所创建的应用,也可以使用该云计算平台提供的服务。Windows Azure Platform 是一个可以提供上千台服务器能力的全新平台。它包括一个云计算操作系统(Windows Azure)、云关系型数据库(SQL Azure)和一个为开发者提供的服务集合或云中间件(Windows Azure Platform AppFabric)。开发人员创建的应用既可以直接在该平台中运行,也可以通过使用该云计算平台提供的服务在别的地方运行。用户已有的许多应用程序都可以相对平滑地迁移到该平台上运行。由于平台的综合性,在这个平台上,既可以使用公有云,也可以部署混合云,甚至现在微软正在提供的一些新的服务器级产品,将来可以部署私有云。另外,Windows Azure Platform 还可以按照云计算的方式按需扩展,并根据实际用户使用的资源(如 CPU、存储、网络等)来进行计费。

Windows Azure Platform 是一个为应用程序提供托管和运行的平台,整个软件平台分为 7 个层次,如图 4-6 所示。从最高层的应用软件到为应用软件开发做贡献的开发工具,再到下面的应用服务器、数据库、操作系统以及操作系统底层的管理,每一层都有不同的分工。微软的发展目标是实现同一个应用程序既可以在 Windows Azure 平台上运行又可以在 Windows Server 上运行,进行不同平台之间的迁移时,应用程序不需要修改代码而只需要修改 XML 配置文件。这样用户可以根据业务的发展阶段自由决定是采用微软这样的第三方公有云服务还是运行自己的服务器平台。

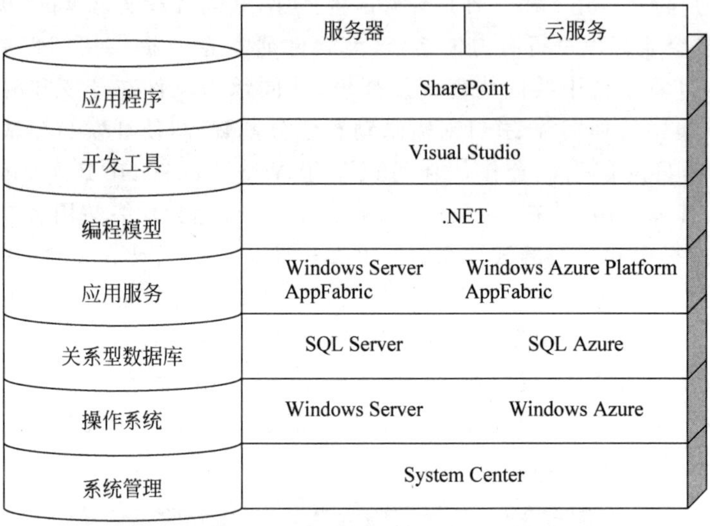

	服务器	云服务
应用程序	SharePoint	
开发工具	Visual Studio	
编程模型	.NET	
应用服务	Windows Server AppFabric	Windows Azure Platform AppFabric
关系型数据库	SQL Server	SQL Azure
操作系统	Windows Server	Windows Azure
系统管理	System Center	

图 4-6　微软统一的平台和技术

Windows Azure 作为基础平台的调度和管理软件,它是构建高效、可靠、可动态扩展应用的重要平台,主要由计算服务、存储服务、管理服务以及开发环境 4 大部分组成,如图 4-7 所示。在 Windows Azure 的 4 个组成部分中,只有开发环境是安装在用户的计算机上的,用于用户开发和测试 Windows Azure 的应用程序,其余三部分都是 Windows Azure Platform 的一部分而安装在微软数据中心。

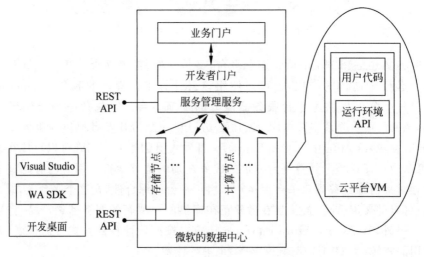

图 4-7　Windows Azure 组成示意图

开发 Azure 应用程序需要一台 PC,软件上要求操作系统为 Windows 7/Windows XP/
Windows 2003(需要安装 Windows Azure SDK),装有 Visual Studio 2010 开发环境。部署
Azure 应用程序还需要连接到 Internet。

对于小型企业来说,SaaS 是采用先进技术的最好途径。就企业管理软件来说,其能够
为企业管理的多个方面(包括决策、计划、组织、领导、监控、分析等)提供实时、相关、准确、完
整的数据,是为管理者提供决策依据的一种软件。以模块划分,企业管理软件可分为财务管
理、车间管理、进销存管理、资产管理、成本管理、设备管理、质量管理、分销资源计划管理、人
力资源管理(HRM)、供应链管理(SCM)、客户关系管理(CRM)等品种。

4.3　数据融合技术

在物联网中,可以把一切的物质进行信息化,例如物品的位置、大小乃至物质的生命成
长过程,都可以通过传感器网络转化为数据进行处理。相对于 Internet 产生的数据来说,物
联网的数据由于都是来自现实的应用,它们更加真实、可靠,更加有价值。因此,在物联网
中,对数据进行融合处理将十分重要。

数据融合也称信息融合,是指多传感器的数据在一定准则下加以自动分析、综合以完成
所需的决策和评估而进行的信息处理过程。数据融合最早用于军事领域,定义为一个处理
探测、互联、估计以及组合多源信息和数据的多层次、多方面过程,以便获得准确的状态和身
份估计、完整而及时的战场态势和威胁估计。它强调信息融合的三个核心方面:第一,信息
融合是在几个层次上完成对多源信息的处理过程,其中每一层次都表示不同级别的信息抽
象;第二,信息融合包括探测、互联、相关、估计及信息组合;第三,信息融合的结果包括较
低层次上的状态和身份估计,以及较高层次上的整个战术态势估计。

1. 定义

信息融合(Information Fusion)技术是 20 世纪 70 年代提出来的,基于科学发展,特别
是微电子技术、集成电路及其设计技术、计算机技术、近代信号处理技术和传感器技术的发
展,信息融合技术已经发展成为一个新的学科方向和研究领域。早期的信息融合方法是针
对数据处理的,所以也将信息融合称为数据融合。信息融合是针对一个系统中使用多种传
感器(多个/多类)这一特定问题而展开的一种信息处理的新研究方向,从这个角度上讲,数
据融合也可以称为多传感器信息融合,又称多源信息融合。

根据国内外研究成果,多传感器数据融合比较确切的定义可概括为:充分利用不同时
间与空间的多传感器数据资源,采用计算机技术对按时间序列获得的多传感器观测数据,在
一定准则下进行分析、综合、支配和使用,获得对被测对象的一致性解释与描述,进而实现相
应的决策和估计,使系统获得比它的各组成部分更充分的信息。

数据融合定义三个要素为:

(1) 数据融合是多信源、多层次的处理过程,每个层次代表信息的不同抽象程度。

(2) 数据融合过程包括数据的检测、关联、估计与合并。

(3) 数据融合的输出包括低层次上的状态身份估计和高层次上的总战术态势估计。

2. 信息和数据融合的意义

(1) 提高信息的准确性和全面性。与一个传感器相比,多传感器数据融合处理可以获得有关周围环境更准确、全面的信息。

(2) 降低信息的不确定性。一组相似的传感器采集的信息存在明显的互补性,这种互补性经过适当处理后,可以对单一传感器的不确定性和测量范围的局限性进行补偿。

(3) 提高系统的可靠性。某个或某几个传感器失效时,系统仍能正常运行。

(4) 增加系统的实时性。

(5) 增加测量维数和置信度,提高容错功能。当一个甚至几个传感器出现故障时,系统仍可利用其他传感器获取环境信息,以维持系统的正常运行。

(6) 降低信息获取的成本。信息融合提高了信息的利用效率,可以用多个较廉价的传感器获得与昂贵的单一高精度传感器同样甚至更好的效果,因此可大大降低系统的成本。

(7) 改进探测性能,增加响应的有效性。降低对单个传感器的性能要求,提高信息处理的速度。

(8) 扩展了空间和时间的覆盖,提高了空间分辨率,提高适应环境的能力。

4.3.1　数据融合的基本原理

1. 基本原理

多传感器数据融合技术可以对不同类型的数据和信息在不同层次上进行综合,它处理的不仅是数据,还可以是证据和属性等。充分利用多个传感器资源,通过对这些传感器及其观测信息的合理支配和使用,把多个传感器在空间或时间上的冗余或互补信息依据某种准则来进行组合,以获得比它的各组成部分的子集所构成的系统更优越的性能。多传感器数据融合并不是简单的信号处理。信号处理可以归属于多传感器数据融合的第一阶段,即信号预处理阶段。

多传感器信息融合的目标是通过数据组合而不是出现在输入信息中的任何个别元素,来推导出更多的信息。多传感器信息融合的基本原理就像人脑综合处理信息一样,充分利用多传感器资源。通过对这些传感器及其观测信息的合理利用和支配,把多个传感器上在空间和时间上的冗余依据某一种准则进行组合。

2. 种类

根据融合处理的数据种类,信息融合系统可以分为时间融合、空间融合和时空融合三种。

(1) 时间融合:指同一传感器对目标在不同时间的量测值进行融合处理。

(2) 空间融合:指在同一时刻,对不同的传感器的量测值进行融合处理。

(3) 时空融合:指在一段时间内,对不同传感器的量测值不断地进行融合处理。

根据处理融合信息的方法不同,信息融合系统可分为集中式、分布式和混合式三种类型。

（1）集中式：各个传感器的数据都送到中央处理器（融合中心）进行融合处理。这种方法可以实现时间和空间的融合，数据处理的精度较高，但对中央处理器的数据处理能力要求高，传输的数据量大，要求有较大的通信带宽。

（2）分布式：各个传感器对量测数据单独进行处理，然后将处理结果送到融合中心，由融合中心对各传感器的局部结果进行融合处理。与集中式相比，分布式处理对通信带宽要求低，计算速度快，可靠性和延续性好，但精度没有集中式高。

（3）混合式：以上两种方式的组合，用于大型系统中。

4.3.2 数据融合的层次结构

数据融合结构分为几何模型和功能模型。从几何形式上描述其结构主要有 4 种形式：集中式、层次式、分布式和网络式。

1. 数据融合功能模型

关于数据融合的功能模型历史上曾出现过不同的观点，由 JDL 数据融合组首先提出，本书介绍一种简单的多传感器数据融合系统的功能模型（见图 4-8），说明通用融合系统的功能组成及相互间的关系。

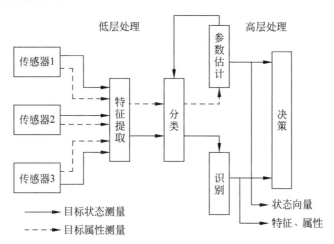

图 4-8 信息融合系统功能模型

在图 4-8 的模型中，数据融合系统的功能主要有特征提取、分类、识别、参数估计。其中，特征提取和分类是为估计和识别做准备的，实际融合在识别和估计中进行。该模型的融合功能分为两步完成，第一步是低层处理，对应于像素级和特征级融合，输出的是状态、特征和属性，如一些准则算法、识别分类、态势分析等；第二步是高层处理，对应于决策级融合，输出的是抽象结果，如威胁估计、自适应工程优化等。

2. 数据融合级别

数据融合分为三级：像素级融合、特征级融合、决策级融合。

1) 像素级融合

像素级融合是最低层次的融合,又称数据级融合,对传感器的原始数据及预处理各阶段上产生的信息分别进行融合处理。尽可能多地保持原始信息,能够提供其他两个层次融合所不具有的细微信息。这种融合的主要优点是能保持尽可能多的现场数据,提供其他融合层次所不能提供的更丰富、精确、可靠的信息,有利于图像的进一步分析、处理与理解(如场景分析/监视、图像分割、特征提取、目标识别、图像恢复等),像素级图像融合可能提供最优决策和识别性能。在进行像素级图像融合之前,必须对参加融合的各图像进行精确的配准,其配准精度一般应达到像素级。这也是像素级融合的局限性。除此之外,像素级融合处理的数据量太大,处理时间长,实时性差。像素级融合通常用于多源图像复合、图像分析和理解。

像素级融合的局限性有以下几点。

(1) 因所要处理的传感器信息量大,故处理代价高。

(2) 融合是在信息最低层进行的,由于传感器的原始数据的不确定性、不完全性和不稳定性,要求在融合时有较高的纠错能力。

(3) 要求各传感器信息之间具有精确到一个像素的配准精度,故要求传感器信息来自同质传感器。

(4) 通信量大。

2) 特征级融合

特征级融合属于中间层次,它先对来自各传感器的原始信息进行特征提取(特征可以是目标的边缘、方向、速度等),然后对特征信息进行综合分析和处理。一般来说,提取的特征信息应是像素信息的充分统计量,然后按特征信息对多传感数据进行分类、汇集和综合。若传感器获得的数据是图像数据,则特征就是从像素信息中抽象提取的,典型的特征信息有线型、边缘、纹理、光谱、相似亮度区域、相似景深区域等,从而实现多传感器图像特征融合及分类。特征级融合的优点在于实现了可观的信息压缩,有利于实时处理,并且由于所提取的特征直接与决策分析有关,因而融合结果能最大限度地给出决策分析所需要的特征信息。

特征级融合分为两类:目标状态信息融合和目标特征融合。

(1) 目标状态信息融合:主要应用于多传感器目标跟踪领域。融合系统首先对传感器数据进行预处理以完成数据配准。数据配准后,融合处理主要实现参数相关和状态矢量估计。

(2) 目标特征融合:也是一种特征层联合识别,具体的融合方法仍是模式识别的相应技术,只是在融合前必须对特征进行相关处理,对特征矢量进行分类组合。在模式识别、图像处理和计算机视觉等领域,已经对特征提取和基于特征的分类问题进行了深入的研究,有许多方法可以借用。

3) 决策级融合

决策级融合指在信息表示的最高层进行的融合处理。不同类型的传感器观测同一个目标,每个传感器在本地完成预处理、特征抽取、识别或判断,以建立对所观察目标的初步结论,然后通过相关处理、决策级融合判决,最终获得联合推断结果,从而为决策提供依据。因此,决策级融合是直接针对具体决策目标,充分利用特征级融合所得出的目标各类特征信息,并给出简明而直观的结果。

决策级融合的优点是实时性最好;在一个或几个传感器失效时仍能给出最终决策,因此具有良好的容错性。

3. 数据融合过程

首先将被测对象转换为电信号,然后经过 A/D 变换转换为数字量。数字化后的电信号需要经过预处理,以滤除数据采集过程中的干扰和噪声。对经处理后的有用信号作特征抽取,再进行数据融合,或者直接对信号进行数据融合。最后,输出融合的结果。整个过程如图 4-9 所示。

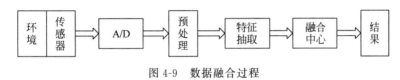

图 4-9　数据融合过程

4.3.3　数据融合技术与算法

多传感器数据融合虽然未形成完整的理论体系和有效的融合算法,但在不少应用领域,根据各自的具体应用背景,已经提出了许多成熟并且有效的融合方法。多传感器数据融合的常用方法基本上可概括为随机和人工智能两大类:随机方法有加权平均法、卡尔曼滤波法、贝叶斯估计法、Dempster-Shafer(D-S)证据推理、产生式规则、统计决策理论、模糊逻辑法等;而人工智能方法则有模糊逻辑理论、神经网络、粗集理论、专家系统等。可以预见,神经网络和人工智能等新概念、新技术在多传感器数据融合中将起到越来越重要的作用。

1. 加权平均

加权平均是最简单、最直观的数据融合方法。该方法将一组传感器提供的冗余信息进行加权平均,结果作为融合值。

2. 卡尔曼滤波

卡尔曼滤波融合低层的实时动态多传感器冗余数据。该方法应用测量模型的统计特性递推地确定融合数据的估计,且该估计在统计意义下是最优的。如果系统可以用一个线性模型描述,且系统与传感器的误差均符合高斯白噪声模型,则卡尔曼滤波将为融合数据提供唯一的统计意义下的最优估计。滤波器的递推特性使得它特别适合在不具备大量数据存储能力的系统中使用。应用卡尔曼滤波器对 n 个传感器的测量数据进行融合后,既可以获得系统的当前状态估计,又可以预报系统的未来状态。所估计的系统状态可能表示移动机器人的当前位置、目标的位置和速度、从传感器数据中抽取的特征或实际测量值本身。

3. 贝叶斯估计

贝叶斯估计是融合静态环境中多传感器低层信息的常用方法。它使传感器信息依据概率原则进行组合,测量不确定性并以条件概率表示。当传感器组的观测坐标一致时,可以用直接法对传感器测量数据进行融合。大多数情况下,传感器是从不同的坐标系对同一环境物体进行描述,这时传感器测量数据要以间接方式采用贝叶斯估计进行数据融合。

4. 统计决策理论

与贝叶斯估计不同,统计决策理论中的不确定性为可加噪声,从而不确定性的适应范围更广。不同传感器观测到的数据必须经过一个鲁棒综合测试以检验它的一致性,经过一致性检验的数据用鲁棒极值决策规则融合。

5. Dempster-Shafer 证据推理法

Dempster-Shafer 证据推理法由 Dempster 首先提出,Shafer 发展,是一种不精确推理理论,是贝叶斯方法的扩展。贝叶斯方法必须给出先验概率,证据理论则能够处理这种由"不知道"引起的不确定性。在多传感器数据融合系统中,每个信息源提供了一组证据和命题,并且建立了一个相应的质量分布函数。因此,每一个信息源就相当于一个证据体。在同一个鉴别框架下,将不同的证据体通过 Dempster 合并规则并成一个新的证据体,并计算证据体的拟真度,最后用某一决策选择规则,获得最终的结果。

6. 模糊逻辑法

模糊逻辑实质上是一种多值逻辑,在多传感器数据融合中,将每个命题及推理算子赋予 0~1 的实数值,以表示其在登记处融合过程中的可信程度,又被称为确定性因子,然后使用多值逻辑推理法,利用各种算子对各种命题(即各传感源提供的信息)进行合并运算,从而实现信息的融合。

7. 产生式规则法

产生式规则法是人工智能中常用的控制方法,其规则一般是通过对具体使用的传感器的特性及环境特性进行分析后归纳出来的,不具有一般性,即系统改换或增减传感器时,其规则要重新产生。它的主要特点为:系统扩展性较差,但推理较明了,易于系统解释,有广泛的应用范围。

8. 神经网络方法

神经网络方法是模拟人类大脑而产生的一种信息处理技术,它采用大量、以一定方式相互连接和相互作用的简单处理单元(即神经元)来处理信息。神经网络具有较强的容错性和自组织、自学习、自适应能力,能够实现复杂的映射。神经网络的优越性和强大的非线性处理能力,能够很好地满足多传感器数据融合技术的要求。

4.3.4 智能数据分析

智能数据分析是利用合适的查询和分析工具、数据挖掘工具等对数据库、数据仓库里的数据进行分析和处理,形成信息的过程,是智能物联网技术的主要组成部分。

数据仓库技术是把分布在不同地点、不同时间的数据集成起来,经过加工转换成有规律的信息,以方便人们进行分析处理。

数据挖掘(Data Mining,DM),就是从存放在数据库、数据仓库或其他信息库中的大量的、不完全的、有噪声的、模糊的、随机的实际应用数据中,提取隐含在其中的、有效的、新颖的、人们事先不知道的、但又是潜在有用的信息和知识的过程。

1. 数据挖掘的概念

随着计算机硬件技术和软件技术的飞速发展,尤其是数据库技术与应用的日益广泛,人们积累的数据越来越多,激增的数据包含着许多重要而有用的信息,人们希望能够对其进行更高层次的分析,以便更好地利用它们。与日趋成熟的数据管理技术和软件工具相比,人们所依赖的传统的数据分析工具功能,已无法有效地为决策者提供决策支持,导致了缺乏挖掘数据知识的手段,而形成了“数据爆炸但知识贫乏”的现象。为有效解决这一问题,自 20 世纪 80 年代开始,数据挖掘技术逐步发展起来,数据挖掘技术的迅速发展,得益于目前全世界所拥有的巨大数据资源及对将这些数据资源转换为信息和知识资源的巨大需求,对信息和知识的需求来自各行各业,从商业管理、生产控制、市场分析到工程设计、科学探索等。

数据挖掘是 20 世纪 90 年代在信息技术领域开始迅速兴起的数据智能分析技术,由于其所具有的广阔应用前景而备受关注。作为数据库与数据仓库研究与应用中的一个新兴的富有前途的领域,数据挖掘可以从数据库或数据仓库以及其他各种数据库的大量、各种类型数据中自动抽取或发现有用的模式知识。

数据挖掘又称数据库中的知识发现(KDD),是一个多学科交叉的技术,它涉及数据库技术、人工智能、机器学习、神经网络、统计学、模式识别、知识系统、知识获取、信息检索、高性能计算及可视化计算等广泛领域。

2. 数据挖掘的步骤

(1) 数据预处理,包括:

① 数据清洗,清除数据噪声和与挖掘主题明显无关的数据。

② 数据集成,将来自多数据源中的相关数据组合到一起。

③ 数据转换,将数据转换为易于进行数据挖掘的数据存储形式。

④ 数据消减,缩小所挖掘数据的规模,但不影响最终的结果,包括数据立方合计、维数消减、数据压缩、数据块消减、离散化与概念层次生成等。

(2) 数据填充,针对不完备信息系统。

(3) 数据挖掘,利用智能方法挖掘数据模式或规律知识。

(4) 模式评估,根据一定评估标准,从挖掘结果筛选出有意义的模式知识。

(5) 知识表示,利用可视化和知识表达技术,向用户展示所挖掘出的相关知识。

3. 数据挖掘的功能

1) 概念描述：定性与对比

获得概念描述的方法主要有以下两种：

(1) 利用更为广义的属性,对所分析数据进行概要总结,其中被分析的数据称为目标数据集。

(2) 对两类所分析的数据特点进行对比并对对比结果给出概要性总结,而这两类被分析的数据集分别被称为目标数据集和对比数据集。

2) 关联分析

关联分析就是从给定的数据集中发现频繁出现的项集模式知识(又称为关联规则)。关联分析广泛应用于市场营销、事务分析等应用领域。

3) 分类与预测

分类就是找出一组能够描述数据集合典型特征的模型(或函数),以便能够分类识别未知数据的归属或类别,即将未知事例映射到某种离散类别之一。分类挖掘所获得的分类模型主要的表示方法有:分类规则、决策树、数学公式和神经网络。

一般使用预测来表示对连续数值的预测,而使用分类来表示对有限离散值的预测。

4) 聚类分析

与分类预测方法明显的不同之处在于,后者学习获取分类预测模型所使用的数据是已知类别归属,属于有导师监督学习方法,而聚类分析(无论是在学习还是在归类预测时)所分析处理的数据均是无(事先确定)类别归属,类别归属标志在聚类分析处理的数据集中是不存在的。聚类分析属于无导师监督学习方法。

5) 异类分析

一个数据库中的数据一般不可能都符合分类预测或聚类分析所获得的模型。那些不符合大多数数据对象所构成的规律(模型)的数据对象就被称为异类。对异类数据的分析处理通常就称为异类挖掘。

数据中的异类可以利用数理统计方法分析获得,即利用已知数据所获得的概率统计分布模型,或利用相似度计算所获得的相似数据对象分布,分析确认异类数据。而偏离检测就是从数据已有或期望值中找出某些关键测度的显著变化。

6) 演化分析

演化分析是对随时间变化的数据对象的变化规律和趋势进行建模描述。建模手段包括:概念描述、对比概念描述、关联分析、分类分析、时间相关数据分析(其中又包括时序数据分析、序列或周期模式匹配及基于相似性的数据分析等)。

7) 数据挖掘结果的评估

评估一个挖掘目标或结果的模式(知识)是否有意义,通常依据以下4条标准。

(1) 易于用户理解。

(2) 对新数据或测试数据能够有效确定程度。

(3) 具有潜在的应用价值。

(4) 新颖或新奇的程度。一个有价值的模式就是知识。

4. 数据挖掘工具

数据挖掘是人工智能领域的一个分支,由机器学习发展而来,因此机器学习、模式识别、人工智能领域的常规技术,如聚类、决策树、统计等方法经过改进,大都可以应用于数据挖掘。

在实际应用中,数据挖掘可以用任何的编程语言进行算法设计与实现,除此之外,也可使用一些软件产品。Oracle 和 SQL Server 都提供了数据挖掘的工具,可以方便地创建数据仓库并进行数据挖掘。

数据挖掘模块在 Oracle 9i 中是一个可选模块,是以 Oracle 9i 关系型数据库为基础并且集成在 Oracle 9i 中的数据挖掘开发工具,具有针对 Oracle 关系表以指定的挖掘模式进行数据挖掘的功能。数据挖掘模块的功能有分类、聚类、关联规则、属性权重模型分析等,同时也可以对各种挖掘模式所使用的算法进行定义。

早在微软的 SQL Server 2000 中,就已经把数据挖掘引擎集成到了分析服务中,从而大大地降低了这个先进而强有力工具的复杂性。分析服务包括数据挖掘的两种算法:聚类和决策树。在 SQL Server 2005 中对数据挖掘功能进行了强化,引入了大量新的数据挖掘功能,集成了关联规则、决策树、Nalve Bayes、聚类、文本挖掘、时序、神经网络、逻辑回归、线性回归等多种经典算法。通过它们可以完成大多数数据挖掘任务。

4.4 M2M 技术

M2M(Machine-to-Machine Communication,机器对机器通信)的核心目标就是使生活中所有的机器设备都具备联网和通信的能力,是物联网实现的基础平台。M2M 是基于特定行业终端,以公共无线网络为接入手段,为客户提供机器到机器的通信解决方案,满足客户对生产过程监控、指挥调度、远程数据采集和测量、远程诊断等方面的信息化需求。M2M 不是简单的数据在机器和机器之间的传输,更重要的是,它是机器和机器之间的一种智能化、交互式的通信,具有广泛的应用前景。

4.4.1 M2M 概述

M2M 技术具有非常重要的意义,有着广阔的市场前景,它正在推动着社会生产和生活方式的重大变革。与此同时,M2M 不只是简单的远程测量,还具有远程控制功能,用户可以在读取远程数据的同时对其进行操控。M2M 不只是人到机器设备的远程通信,而且还包括机器与机器之间的通信和相互沟通,而反映到人的交互界面可能就只有一个结果。M2M 不是一种新的技术,而是在现有的基础上的一种新的应用,很多应用例如远程测量和GPS 已经存在了很多年,但近些年由于移动通信技术的发展才被加上 M2M 的名称。M2M 不只是基于移动通信技术的,无线传感器网络 RFID 等短距离无线通信技术甚至有线网络都可以成为连接机器的手段。

M2M 技术是物联网实现的关键,是无线通信和信息技术的整合,用于双向通信,适用范围较广,可以结合 GSM/GPRS/UMTS 等远距离传输技术,同样也可以结合 WiFi、Bluetooth、ZigBee、RFID 和 UWB 等近距离连接技术,应用在各种领域。

M2M 与物联网关系如图 4-10 所示。M2M 是基于特定行业终端,以 SMS/USSD/GPRS/CDMA 等为接入手段,为集团客户提供机器到机器的解决方案,满足客户生产过程监控、指挥调度、远程数据采集和测量、远程诊断等方面的信息化需求。

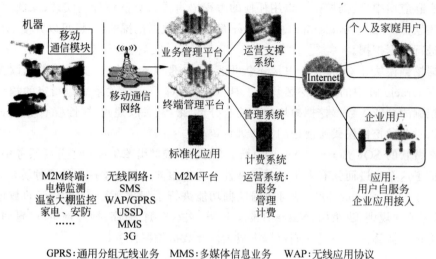

图 4-10　M2M 与物联网关系示意图

物联网是物物相连的网络,机器与机器之间的对话成为切入物联网的关键。M2M 正是解决机器开口说话的关键技术,其宗旨是增强所有机器设备的通信和网络能力。机器的互连、通信方式的选择和数据的整合成为 M2M 技术的关键。

M2M 不是简单的数据在机器和机器之间的传输,更重要的是,它是机器和机器之间的一种智能化、交互式的通信。也就是说,即使人们没有实时发出信号,机器也会根据既定程序主动进行通信,并根据所得到的数据智能化地做出选择,对相关设备发出正确的指令。可以说,智能化、交互式成为 M2M 有别于其他应用的典型特征,这一特征下的机器也被赋予了更多的"思想"和"智慧"。

在我国,工业网络化是工业化和信息化融合的大方向,工业控制需要实现智能化、远程化、实时化和自动化,M2M 正好填补了这一缺口;同时,未来 LTE 网络建设带来的无线宽带突破,更为 M2M 服务的发展提供了更佳的承载基础——高数据传输速率、IP 网络支持、泛在移动性。3GPP(3rd Generation Partnership Project)作为移动通信网络及技术的国际标准化机构,从 2005 年就开始关注基于 GSM 及 UMTS 网络的 M2M 通信。传统的 3GPP 蜂窝通信系统主要以 H2H(Human to Human)应用作为目标进行优化,并对 VoIP、FTP、TCP、HTTP、流媒体等业务应用提供 QoS 保障,而 M2M 的业务特征和 QoS 要求与 H2H 有明显差异,主要表现在低数据传输速率、低占空比、不同的延迟要求;从终端使用场景和分布的差异来看,传统蜂窝通信系统针对 H2H 终端的典型分布位置和密度进行优化,如手机的典型无线环境和单位面积内的数量,而 M2M 终端的使用环境和数量密度与 H2H 有明显差异,主要表现为 M2M 网络部署的地理范围比传统手机网络更为广泛,在单位面积内,M2M 终端可能有"海量"的存在。正是因为以上差异,3GPP 专门发起了多个研究工作组,分别从网络、业务层面、接入网、核心网对 M2M 通信的网络模型、业务特征以及基于未来 3GPP 网络的 M2M 增强技术进行了系统的研究。

现阶段物联网的发展还处于初级阶段,M2M 由于跨越了物联网的应用层和感知层,是无线通信和信息技术的整合,它可用于双向通信,如远距离收集信息、设置参数和发送指令,因此 M2M 技术可以用于安全监测、远程医疗、货物跟踪、自动售货机等。M2M 通信系统是目前物联网应用中一个重要的通信模式,是物联网中承上启下、融会贯通的平台,同时也是一种经济、可靠的组网方法。

随着我国社会经济的不断发展和市场竞争的日益深化,各行各业都希望通过加快自身信息化建设,提高工作效率,降低生产和运行成本,全面增强市场竞争力。M2M 技术综合了通信和网络技术,将遍布在人们日常生活中间的机器设备连接成网络,使这些设备变得更加"智能",从而可以提供丰富的应用,给日常生活、工业生产等的方式带来新一轮的变革。在当今世界上,机器的数量至少是人的数量的 4 倍,因此 M2M 具有巨大的市场潜力,未来通信的主体将是 M2M 通信。由于无须布线,覆盖范围广,移动网络是 M2M 信息承载和传送最广泛、最有市场前景的技术。随着移动通信网络带宽的不断提高和终端的日益多样化,数据业务能力不断提高,这将促使 M2M 应用的发展进一步加快,有专家断言,在 4G 时代,"机与机"产生的数据通信流量最终将超过"人与人"和"人与机"产生的数据通信流量。ITU 在描述未来业务时认为,NGN 应是一个电信级和企业级的全业务网,能满足新的通信需求,其中首次强调了要为大量的机器服务。一句话,M2M 是移动通信系统争夺的下一个巨大市场。

4.4.2　M2M 对通信系统的优化需求

由于 M2M 与 H2H 通信在一些方面(例如数据量、数据传输速率、延迟等)有着很大的差异,因此需要对现有的蜂窝系统进行优化来满足 M2M 的通信要求,具体原因如下。

(1) 业务特征的差异。

(2) 以往的蜂窝通信系统针对 H2H 业务进行优化,例如 VoIP、FTP、TCP、HTTP、流媒体等业务。

(3) M2M 业务特征和 QoS 要求与 H2H 有明显的差异,例如低数据传输速率、低占空比、不同的延迟要求。

(4) 终端使用场景和分布差异。

(5) 以往的蜂窝通信系统针对 H2H 终端的典型分布位置和密度进行优化,例如手机的典型无线环境和单位面积内的数量。

(6) M2M 终端的使用环境和数量密度与 H2H 有明显差异,例如传感器网络的使用地域比手机更为广泛,在单位面积内 M2M 终端可能大量地存在。

1. 增强网络能力

在网络层,3GPP 主要在 M2M 结构上做了改进,以支持在网络中支持大规模的 M2M 设备部署的 M2M 服务需求。

基于机器类型通信(Machine Type Communication,MTC)设备和 MTC 服务器之间的端到端的应用使用的是 3GPP 系统提供的服务。3GPP 系统提供专门针对 MTC 优化的传输和通信服务,包括 3GPP 承载服务、IMS、SMS。如图 4-11 所示,MTC 设备通过 MTCu 接口连接到 3GPP 网络,如 UTRAN、E-UTRAN、GERAN、I-WLAN 等。MTC 设备通过由 PLMN 提供的 3GPP 承载服务、SMS 以及 IMS 与 MTC 服务器或者其他 MTC 设备进行通信。MTC 服务器是一个实体,它通过 MTCi/MTCsms 接口连接到 3GPP 网络,然后与 MTC 设备进行通信。另外,MTC 服务器这个实体可以在操作域内,也可以在操作域之外。

图 4-11　针对 MTC 的 3GPP 架构

图 4-11 中的接口定义如下。

(1) MTCu:它是 MTC 设备接入 3GPP 网络的接口,完成用户层和控制层数据的传输。MTCu 接口可以基于 Uu、Um、Ww 和 LTE-Uu 接口来设计。

(2) MTCi:它是 MTC 服务器接入 3GPP 网络的接口,并且通过 3GPP 的承载服务/IMS 来和 MTC 设备进行通信。它可以基于 Gi、Sgi 以及 Wi 接口来设计。

(3) MTCsms:它是 MTC 服务器通过 3GPP 承载服务/SMS 接入 3GPP 网络的接口。

2. 增强接入能力

(1) 研究各种 MTC 通信应用的典型业务流量特性,定义新的流量模型。

(2) 针对 SA1 工作组定义的 MTC 需求,研究对 UTRA 和 EUTRA 的改进。

(3) 研究针对大量的低功耗、低复杂度 MTC 设备的优化的 RAN 资源使用。

(4) 最大限度地重用当前的系统设计,尽可能减少修改,以限制 M2M 优化带来的额外成本和复杂度。

4.4.3　M2M 模型及系统架构

1. 中国移动 M2M 模型及系统架构

1) M2M 系统结构图

M2M 系统分为应用层、网络传输层和设备终端层,如图 4-12 所示。应用层提供各种平台和用户界面以及数据的存储功能,它通过中间件与网络传输层相连,通过无线网络传输数据到设备终端。当机器设备有通信需求时,会通过通信模块和外部硬件发送数据信号,通过通信网络传输到相应的 M2M 网关,然后进行业务分析和处理,最终到达用户界面,人们可以对数据进行读取,也可以远程操控机器设备。应用层的业务服务器也可以实现机器之间的互相通信,来完成总体的任务。

(1) 设备终端层。

设备终端层包括通信模块以及控制系统等。通信模块产品按照通信标准来分,可分为移动通信模块、ZigBee 模块、WLAN 模块、RFID 模块、蓝牙模块、GPS 模块以及网络模块等,外部硬件包括从传感器收集数据的 I/O 设备、完成协议转换功能将数据发送到通信网络的连接、控制系统、传感器,以及调制解调器、天线、线缆等设备。设备终端层的作用是通过无线通信技术发送机器设备的数据到通信网络,最终传送到服务器和用户。而用户可以通过通信网络传送控制指令到目标通信终端,然后通过控制系统对设备进行远程控制和操作。

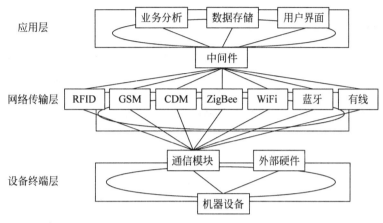

图 4-12　M2M 系统结构与技术体系

（2）网络传输层。

通信传输层即用来传输数据的通信网络。从技术上来分,通信网络包括广域网(无线移动通信网络、卫星通信网络、Internet、公众电话网)、局域网(以太网、WLAN、Bluetooth)、个域网(ZigBee、传感器网络)等。

（3）应用层。

应用层包括中间件、业务分析、数据存储、用户界面等部分。其中数据存储用来临时或者永久存储应用系统内部的数据,业务分析面向数据和应用,提供信息处理和决策,用户界面提供用户远程监测和管理的界面。

中间件包括 M2M 网关和数据收集/集成部件两部分。网关是 M2M 系统中的"翻译员",它获取来自通信网络的数据,将数据传送给信息处理系统。主要的功能是完成不同的通信协议之间的转换。数据收集/集成部件是为了将数据变成有价值的信息,对原始数据进行不同加工和处理,并将结果呈献给需要这些信息的观察者和决策者。

2）网元功能描述

M2M 业务系统结构图如图 4-13 所示。

M2M 终端：M2M 终端基于 WMMP,并具有以下功能——接收远程 M2M 平台激活指令、本地故障告警、数据通信、远程升级、数据统计以及端到端的通信交互功能。

M2M 平台：为 M2M 应用服务的客户提供统一的 M2M 终端管理、终端设备鉴权,并对目前短信网关尚未实现的接入方式进行鉴权。支持多种网络接入方式,提供标准化的接口,使得数据传输简单直接。提供数据路由、监控及用户鉴权、计费等管理功能。

M2M 应用业务平台：为 M2M 应用服务客户提供各类 M2M 应用服务业务,由多个 M2M 应用业务平台构成,主要包括个人、家庭、行业三大类 M2M 应用业务平台。

短信网关：由行业应用网关或移动梦网网关组成,与短信中心等业务中心或业务网关连接,提供通信能力。负责短信等通信接续过程中的业务鉴权、设置黑白名单、EC/SI 签约关系/黑白名单导入。行业网关产生短信等通信原始使用话单,送给 BOSS 计费。

USSDC：负责建立 M2M 终端与 M2M 平台的 USSD 通信。

GGSN：负责建立 M2M 终端与 M2M 平台的 GPRS 通信，提供数据路由、地址分配及必要的网间安全机制。

BOSS：与短信网关、M2M 平台相连，完成客户管理、业务受理、计费结算和收费功能。对 EC/SI 提供的业务进行数据配置和管理，支持签约关系受理功能，支持通过 HTTP/FTP 接口与行业网关、M2M 平台、EC/SI 进行签约关系以及黑白名单等同步的功能。

行业终端监控平台：M2M 平台提供 FTP 目录，将每月的统计文件存放在 FTP 目录，供行业终端监控平台下载，以同步 M2M 平台的终端管理数据。

网管系统：网管系统与平台网络管理模块通信，完成配置管理、性能管理、故障管理、安全管理及系统自身管理等功能。

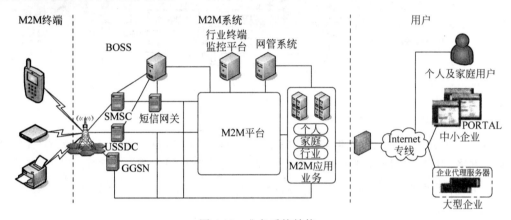

图 4-13　业务系统结构

2. ETSI 系统结构图

ETSI 的 M2M 功能结构主要是用来利用 IP 承载的基础网络(包括 3GPP、TISPAN 以及 3GPP2 系统)。同时 M2M 功能结构也支持特定的非 IP 服务(SMS、CSD 等)。M2M 系统结构包括 M2M 设备域和网络与应用域，如图 4-14 所示。

M2M 设备域由以下几部分组成。

1) M2M 设备

M2M 设备主要是利用 M2M 服务能力和网络域的功能函数来运行 M2M 应用。M2M 设备域到 M2M 核心网的连接方式主要有以下两种。

(1) 直接连接：M2M 设备通过接入网连接到网络和应用域。M2M 设备主要执行以下几种过程，例如注册、鉴权、认证、管理、提供网络与应用域。M2M 设备还可以让其他对于网络与应用域不可见的设备连接到自己本身。

(2) 利用网关作为网络代理：M2M 设备通过 M2M 网关连接到网络与应用域。M2M 设备通过局域网的方式连接到 M2M 网关，这样 M2M 网关就是网络和应用域面向连接到它的 M2M 设备的一个代理。M2M 网关会执行一些过程例如鉴权、认证、注册、管理以及代理连接到这个网关的 M2M 设备向网络与应用域提供服务。M2M 设备可以通过多个网关并联或者串联的方式连接到网络域。

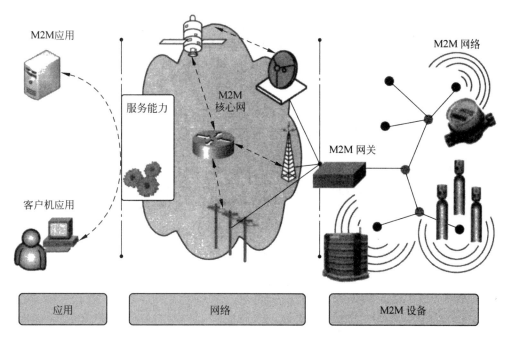

图 4-14　系统结构

2）M2M 局域网

可以通过 M2M 局域网让 M2M 设备连接到 M2M 网关。M2M 局域网包括个人局域网（例如 IEEE 802.15x、ZigBee、蓝牙、IETF ROLL、ISA100.11a 等）和局域网（例如 PLC、M-BUS、Wireless MBUS 和 KNX）。

3）M2M 网关

M2M 网关的主要作用是利用 M2M 服务能力来保证 M2M 设备连接到网络与应用域，而且 M2M 网关还可以运行 M2M 应用。

M2M 网络与应用域由以下几部分组成。

1）接入网

接入网允许 M2M 设备域与核心网通信。它主要包括 xDSL、HFC、PLC、Satellite、GERAN、UTRAN、eUTRAN、W-LAN 和 WiMAX。

2）传输网

传输网允许在网络与应用域内传输数据。

3）M2M 核心

M2M 核心由核心网和服务能力组成。

（1）核心网：主要提供以下服务。

① 以最低限度和其他潜在的连接方式进行 IP 连接。

② 服务和网络控制功能。

③ 与其他网络的互联。

④ 漫游。

不同的核心网可以提供不同的服务能力集合，例如有的核心网包括 3GPP CNS、

ETSITISPAN CN 和 3GPP2 CN。

(2) M2M 服务能力。

① 提供 M2M 功能函数,这些函数可以被不同的应用共享。

② 通过一系列的开放接口开放功能。

③ 应用核心网功能。

4.4.4 WMMP 通信协议

WMMP(Wireless M2M Protocol)是为实现 M2M 业务中 M2M 终端与 M2M 平台之间、M2M 终端之间、M2M 平台与 M2M 应用平台之间的数据通信过程而设计的应用层协议,主要作用是为了实现推进机器通信协议统一,降低运营成本的目的,其体系如图 4-15 所示。

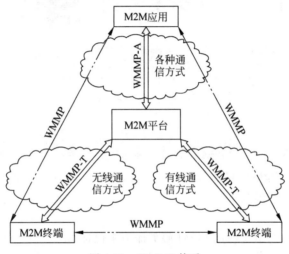

图 4-15　WMMP 体系

WMMP 由 M2M 平台与 M2M 终端接口协议(WMMP-T)和 M2M 平台与 M2M 应用接口协议(WMMP-A)两部分协议组成。WMMP-T 完成 M2M 平台与 M2M 终端之间的数据通信,以及 M2M 终端之间借助 M2M 平台转发、路由所实现的端到端数据通信。WMMP-A 完成 M2M 平台与 M2M 应用之间的数据通信,以及 M2M 终端与 M2M 应用之间借助 M2M 平台转发、路由所实现的端到端数据通信。

WMMP 的功能架构如图 4-16 所示。WMMP 的核心是其可扩展的协议栈及报文结构,而在其外层是由 WMMP 核心衍生的与通信机制无关的接入方式和安全机制。在此基础之上,由内向外依次为 WMMP 的 M2M 终端管理功能和 WMMP 的 M2M 应用扩展功能。

在图 4-16 中 WMMP 的终端管理功能包括异常警告、软件升级、连接检查、登录控制、参数配置、数据传输、状态查询、远程控制。WMMP 应用扩展功能包括智能家居、企业安防、交通物流、金融商业、环境监测、公共管理、制造加工、电力能源等行业应用。

WMMP 对用户的价值体现在:

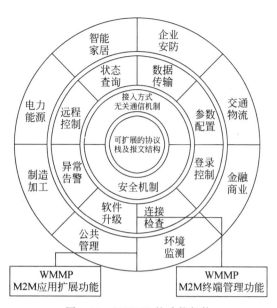

图 4-16　WMMP 的功能架构

（1）满足无人值守机器终端的基本管理需求，提供电信级的终端管理能力。

（2）通过扩展协议的方式满足行业用户差异化的需求，提供 Web Service 接口，降低应用开发难度。

（3）提供了端到端通信的服务保障能力，有效提高业务质量。

（4）提供了业务快速开发和规模运营的基础，降低用户业务使用成本。

基本功能：提供端到端电信级机器通信、终端管理、业务安全等基本功能。

扩展功能：屏蔽了不同行业之间的差异，通过扩展协议即可满足行业用户差异化需求。

M2M 平台与应用系统接口协议是 WMMP 的一部分（WMMP-A），它对 M2M 平台与终端的接口规范进行了封装，对应用系统提供了对 M2M 终端进行监控管理的能力。同时，通过本协议，M2M 终端与 M2M 应用之间可以通过 M2M 平台传递业务流程，实现定制化的 M2M 应用。

4.4.5　M2M 的应用

IPv6 与第三代移动通信网络为打造一个 M2M 时代提供了强有力的支持，而 M2M 的数据通信及其所带来的网络服务，则会成为移动通信网络新的业务增长点，成为移动通信系统竞争的下一个巨大市场。由于 M2M 是无线通信和信息技术的整合，可用于双向通信，如远距离收集信息、设置参数和发送指令，因此 M2M 的潜在市场不仅限于通信业，它在行业应用中也必将有着广泛的领域。

M2M 技术可为各行业提供一种集数据采集、传输、处理和业务管理的综合解决方案，实现业务流程的自动化。其主要应用领域包括交通领域（物流管理、定位导航）、电力领域（远程抄表和负载监控）、农业领域（大棚监控、动物溯源）、城市管理（电梯监控、路灯控制）、安全领域（城市和企业安防）、环保领域（污染监控、水土检测）、企业（生产监控和设备管理）

和家居(老人和小孩看护、智能安防)等。行业应用体现的是 M2M 技术应用的深度性,而个人应用领域体现的是 M2M 技术应用的广度性。相关专家指出,未来 M2M 的应用还会以行业应用为主,但会逐渐渗透到个人应用领域。大多数 M2M 应用与行业需求紧密结合,没有适合所有客户的横向产品,几乎所有的 M2M 应用都需要针对特定客户群的实际需求进行一定程度的定制(见图 4-17)。

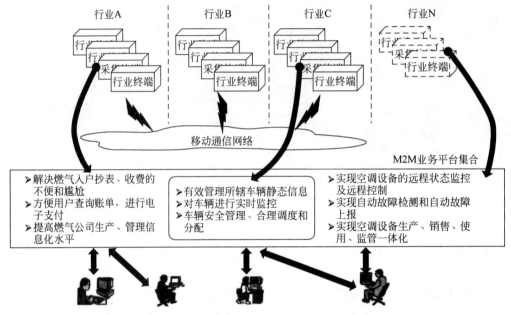

图 4-17　解决行业需求的 M2M 业务环境

下面介绍 M2M 典型行业应用。

1. 医疗保健

1) 医疗保健 M2M 应用概述

随着我国人口老龄化问题的日益严重,家庭医疗监护将成为普遍的社会需求。在患者和医院及医疗工作人员之间建立高速信息网络,是以改善医用通信条件为手段解决上述问题的有效可行的重要方法之一。

用传感技术和现代通信技术将病人的监护范围从医院内扩展到通信网络可以到达的任何地方,从而实现病人与诊所、诊所与医院或医院间医疗信息的传送。医生通过网络全程监控患者的病程(包括突发病变),并给予他们必要的指导和及时处理,而患者则通过网络在家里、公共场所或社区医院得到大医院的救治和指导。远程监护提供一种通过对被监护者生理参数进行连续监测、研究远地对象生理功能的方法,它缩短了医生和病人之间的距离,医生可以根据这些远地传来的生理信息为患者提供及时的医疗服务。远程监护系统不仅能提高老人的生活质量,而且能够及时捕捉老人的发病先兆,结合重要生理参数的远程监护,可以提高老年人的家庭护理水平。这对于患者获得高水平的医疗服务及在紧急情况时的急救支援,具有重要意义。

远程监护系统是顺应信息社会发展和人们对医疗保健的需求而产生和发展起来的。随着信息技术的不断发展,其形式将更加多样,无线、移动和传感技术融合而成的微型化无线智能传感器网络必将为远程监护系统的发展带来新的突破。无线医疗具有实时、移动、价廉、人性化和可推广等特点,拥有巨大的潜在市场需求,能够给科研开发、产业增长、企业发展带来巨大的空间。

2) 医疗保健 M2M 应用方案

无线传感器网络技术、短距离通信技术(IEEE 802.11a/b/g、ZigBee、WiFi)、蜂窝移动通信网(GPRS/CDMA/3G)、Internet 技术等先进通信技术的发展,为实现基于 M2M 的医疗保健应用方案提供了坚实的技术基础。M2M 在医疗保健上的应用,将会带动医疗设备的微型化和网络化,同时促进医疗模式向以预防为主的方向发展。

图 4-18 中描述了一种可扩展的多层次网络式远程医疗监护系统结构。系统由监护终端设备和无线专用传感器节点构成了一个微型监护网络。医疗传感器节点用来测量各种人体生理指标,如体温、血压、血糖、血氧、心电图、脑电图、脉搏等,传感器还可以对某些医疗设备的状况或者治疗过程情况进行动态监测。传感器节点将采集到的数据,通过无线通信方式发送至监护终端设备,再由监护终端上的通信装置将数据传输至服务器终端设备上,如通过 Internet 可以将数据传输至远程医疗监护中心,由专业医护人员对数据进行观察,提供必要的咨询服务和医疗指导,实现远程医疗。

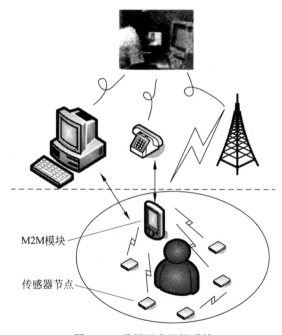

图 4-18　通用医疗监护系统

一个完整的远程医疗监护 M2M 系统可以具体分为如下部分。

(1) 传感器部分:负责对病人生理参数,如心电图、心跳、呼吸、脉搏等进行采集。

(2) 传输网络部分:传输数据的通道,包括数据在传感器和个人终端间的传输通道以及个人终端和服务器间的传输通道。

(3) 远程医疗业务平台。

（4）远程医疗业务提供方。

3）远程医疗监护 M2M 系统特点

（1）实时采集传输：实时采集病人的心电图、呼吸、体温、心率等医用信息，传输和存储到数据库。

（2）实时监控报警：实时数据自动分析和预警，为预防和治疗提供参考，紧急情况及时传递至远程医疗中心，并通知病人家属和主治医生，为突发事件赢得宝贵的抢救时间。

（3）无线数据传输：提供可选的多种无线通信方式，为病人提供 24 小时连续的生理信息的监护，患者可以自由移动。

（4）实时诊断分析：医护人员可以实时调取病人医疗数据，结合电子病历，对病情做出分析和诊断。医生的指令可以发回到监护仪，指导治疗和救助。

（5）紧急求助服务：病人主动请求定位最近的医护人员为患者提供及时的救助服务。

（6）辅助医疗管理：提供辅助的医疗管理手段，记录病人请求和医护人员提供服务的相关工作记录。

（7）根据不同应用场景的需求，可以对传感器节点进行不同设置并采用不同覆盖范围的网络技术，逐级形成家庭社区医疗监护网络、医院监护网络，乃至整个城市和全国的医疗监护网络。

4）应用模式

医疗保健 M2M 应用方案主要可以根据应用场景和功能的不同划分为两种模式，分别是家庭社区远程医疗监护系统和医院临床无线医疗监护系统。

（1）家庭社区远程医疗监护系统。

家庭社区远程医疗监护系统以前期预防为主要目的，对患有心血管等慢性疾病的病人在家庭、社区医院等环境中进行身体健康参数的实时监测，远程医生随时可对病人进行指导，发现异常时进行及时的医疗监护。这样一方面节省了大型专科医院稀缺的医疗资源，减少庞大的医疗支出费用，同时又在保证个人的生命安全的基础上，为病人就医提供了便利。

一个适用于家庭社区环境的典型远程医疗监护 M2M 系统如图 4-19 所示。系统分为：

① 用户便携终端，包括客户端，一般为 PC、便携计算机、PDA、膝上计算机甚至手机等，具有采集、存储、显示、传输、预处理、报警等功能，其中 PDA 和手机是目前最有发展潜力的个人终端。

② 服务器终端，为设于医院监护中心或家庭护理专家处的专业服务器，可提供详细的疾病诊断及分析，并提供专业医疗指导，反馈最佳医疗措施。

③ 网络部分。

其中，病人便携终端负责数据采集、本地监测、病人定位和数据发送，其工作方式可以是无线或有线，电源方式为有线或电池供电。医院终端由信息采集服务器、数据库服务器及监控管理终端等组成。信息采集服务器负责接收远程发来的心电数据和位置数据，实现对病人的远程监控，同时以 Web 服务的标准格式为医生提供一个历史数据检索、查看和诊断的平台。医生在医生工作站和医生终端上通过标准的浏览器即可实现对病人数据的实时访问。

其中，网络各部分通过移动网络与其他网络互联；移动网络在其中起到了枢纽和控制的功能；其中，用户便携终端包含常见的传感器，主要用于测量身体参数和室内外环境，除

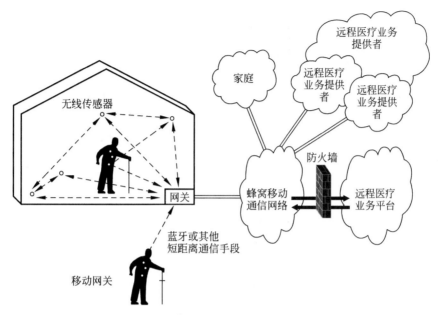

图 4-19　家庭社区远程医疗监护系统

了人体参数外,还可以实现如体重、人体和环境温度等参数的测量,并自动通过无线网络技术上传到终端,实现参数的实时监测。另外,家庭社区主要针对慢性疾病进行监护,个人监护设备不应对病人的日常生活进行限制,因此要求有很好的便携性。

家庭社区远程医疗监护系统通过现有的通信技术,在家庭环境中对人体和环境参数进行综合测量,从而实现护理和保健的统一。

(2) 医院临床无线监护系统。

医院临床无线监护系统在医院范围内利用各种传感器对病人的各项生理指标进行监护、监测。系统可以采用先进的传感器技术和无线通信技术,替代固定监护设备的复杂电缆连接,摆脱传统设备体积大、功耗大、不便于携带等缺陷,使得患者能够在不被限制移动的情况下接受监护,满足当今实时、连续、长时间监测病人生命参数的医疗监护需求。

在该应用模式下,系统仍旧可以沿用通用的远程医疗系统模型,利用无线数据传输的方式,传递医疗传感器与监护控制仪器之间的信息,减少监护设备与医疗传感器之间的联系,使得被监护人能够拥有较多的活动空间,获得准确的测量指标,满足病人的日常生活需要。同时,在医院病房内建立无线监测网络,很多项测试可以在病床上完成,极大地方便了病人就诊过程,也提高了医院的信息化管理水平和工作效率。

系统需要同时支持床旁重症监护和移动病患监护。系统可分为:

① 生理数据采集终端,具有采集、存储、显示、传输、预处理、报警等功能,根据病人病情的需要,可分为固定型和移动型终端两种。

② 病房监护终端,作为病房内数据采集的中心控制和接入节点,收集病人的生理数据,支持本地监测,同时将数据发送至远程服务器终端。

③ 远程服务器终端为设于医院监护中心的专业服务器,可提供详细的疾病诊断及分析,并提供专业医疗指导,反馈最佳医疗措施。

④ 网络部分。

其中,生理数据采集终端和病房监护终端构成病房范围内的数据采集传输网络,可根据移动性的需求,采用无线或有线的方式进行连接,实现病房内多用户数据采集和病人定位,同时也方便医生和护士在病房内对病人的情况进行检查和监测。医院终端由信息采集服务器、数据库服务器及监控管理终端等组成。信息采集服务器负责接收远程发来的心电数据和位置数据,实现对病人的远程监控,同时以 Web 服务的标准格式为医生提供一个历史数据检索、查看和诊断的平台。医生在医生工作站和医生终端上通过标准的浏览器即可实现对病人数据的实时访问。

5) 应用前景

由于无线监测系统技术的先进性和应用模式的独特性将给医疗服务带来巨大的变化,临床无线监护和个人远程监护将成为最先实现的应用模式。无线远程医疗系统的适用范围很广,包括远程急救、远程心脏病学、远程放射学、远程心理学、远程监护(包括偏远地区的医疗中心、家庭监护及远程或孤立点的个人监护)。监护的信号包括生物信号如 ECG、血压、温度、SaO_2(血氧饱和度)、医学图像或视频信号、电子病历(EPR)及音频信号等。

在医院临床无线监护应用模式中,系统可用于各种心律失常、缺血性心脏病、传导障碍、各科病人的手术中监护和手术后观察等各项监测,提供实时无线的监测手段,为医疗安全提供新的保障,缓解 ICU 的资源紧张;系统也可用于危重症患者的长、短途转运过程中的监护;系统对心律失常患者在院外观察药物疗效及病情监测也具有临床意义。

在个人远程监护应用模式中,系统可预防和减少某些病恶性事件的发生,它对几类人群具有重要意义:一是对亚健康人群的心脏日常监护和保健护理具有积极作用,是日常工作繁忙、工作高度紧张、精神压力较大、缺少运动的各界人士(企业高层人士、高科技工作者、政府重要公职人员)自我监护的理想工具;二是有助于疾病患者的长期病情监测;三是随时及频繁就医有困难的患者和中老年患者;四是从事特殊行业并患有心律失常且伴有临床症状的人群。

当无线远程医疗系统发展成为一个成熟的医疗产品时,传统的医疗模式将被打破,一种全新的基于 Internet 的医疗监护体系将会形成——它以医院为核心,面向社区、家庭与个人,通过 Internet 联系组成一个有机整体,保证人们无论在医院内、医院外甚至偏远地区均能得到及时、有效、专业的医疗诊断和治疗,从而大大提高医疗水平,使人们的生活质量越来越好。

2. 智能抄表

在电力、自来水和管道煤气等公用事业系统的信息化过程中,户表数据的自动抄送具有十分重要的意义,也是行业单位迫切想要解决的问题,因为水、电、煤三表数据抄送的准确性、及时性,直接影响公用事业部门系统的信息化水平,甚至管理决策和经济效益。传统的手工抄表费时、费力,准确性和及时性得不到可靠的保障,这导致了相关营销和企业管理类软件不能获得足够详细和准确的原始数据。一般人工抄表都按月抄表,对于用户计量来说是可行的,但对于相关供应部门进行更深层次的分析和管理决策却不够,行业的实际需求催生着自动抄表系统的技术和应用的不断发展。

智能计量采用一种先进的仪表(通常是一个电表),它比传统计费方式具有更详细的消费标识,并具备更多的选择。但是,总体来说,监控和计费都是通过通信网络来进行传递的。网络通常指的是无线数据传输网络(如使用无线电或红外线系统),它也包括其他媒介的数据传输,如电话或计算机网络、光纤链路或其他有线通信。

　　智能计量的关键技术问题是通信方式的使用。每个计量都必须可靠、安全地通信,将收集到的信息传至中心控制台。如图 4-20 所示为智能抄表系统,智能计量采用了一些智能电网的新功能,但智能电网范围比智能仪表要大得多,智能计量包括智能电网的核心技术部分,智能计量装置(如阀门、电表、煤气表、水表等)的仪表通过一个通信网关将信息数据传输到数据中心。

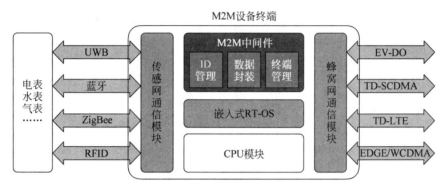

图 4-20　智能抄表系统

　　在我国,自动抄表是一种典型的数据测量应用。这种业务被广泛应用于公共事业领域,例如自来水供应、电力供应以及天然气供应等行业,传感器被广泛地安装到用户的终端上,到指定日期或时间,传感器将自动读取计量仪表的数据并把相关的数据通过无线网络传输到数据中心,然后由数据中心进行统一的处理。

　　在家居生活中,使用智能仪表进行能源管理是智能电网应用的一个重要功能。因此,在现有的家居联网和自动化系统中将不得不予以考虑,并开发相应的能源管理功能。在家中所有的设施都需要具备通信能力,以支持智能计量。

　　如图 4-21 所示,无线电力远程抄表系统由位于电力局的配电中心和位于居民小区的电表数据采集点组成,电表数据利用运营商的无线网络(GSM、GPRS 或 CDMA)进行传输。电表直接通过 RS-232 口与无线模块连接或者首先连接到电表数据采集终端,数据采集终端通过 RS-232 口与无线模块连接,电表数据经过协议封装后发送到运营商的无线数据网络,通过无线数据网络将数据传送至配电数据中心,实现电表数据和数据中心系统的实时在线连接。

　　运营商无线系统可提供广域的无线 IP 连接。在运营商的无线业务平台上构建电力远程抄表系统,实现电表数据的无线数据传输,具有可充分利用现有网络,缩短建设周期,降低建设成本的优点,而且设备安装方便,维护简单。

　　一个完整的无线抄表系统可以具体分为如下部分。

　　(1)数据采集部分：负责采集电表数据。

　　(2)传输部分：传输数据的通道。

　　(3)管理及业务平台。

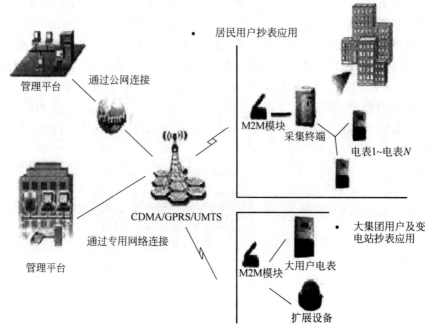

图 4-21　无线电力远程抄表系统

3. 智能家居

1) M2M 应用概述

目前,移动通信网络在向 5G 过渡,网络的作用正在被充分地挖掘和发挥。以往的发展注重的是计算机之间的互联和人与人之间的通信,忽略了大量存在于我们周围的普通机器,这些机器的数量远远超过人和计算机的数量,其中数量最大的要数与普通消费者联系最密切的家庭设备。目前,在国外,家庭设备联网已经逐渐普及并渗透到千家万户。越来越多的信息智能型家居产品如雨后春笋般涌现,智能家庭局域网、家庭网关、信息家电等这些与智能家居密切相关的名词已经是家喻户晓。相对于其他的行业应用来说,社区、家庭、个人应用领域,拥有更广大的用户群和更大的市场空间。

在国内,智能家居的概念进入我国以来已有近十年的发展,但作为产业的智能家居在国内尚处于蓄势待发的状态,产品普及度低,相关产业链没有带动起来,远没有渗透进普通人的日常生活。智能家居作为 M2M 的一种应用,M2M 的规范化和产业化发展将为智能家居行业提供强劲的动力。

移动运营商在 M2M 产业领域具有天然的优势,例如随时随地接入网络的能力,成熟的运营体系;智能家居业务为移动运营商进一步挖掘个人应用市场并向家庭、社区领域拓展提供增长空间。未来运营商主导业务的运营和推广将成为智能家居业务的重要发展方向,同时也能进一步扩大运营商的收益和市场。

2) 智能家居 M2M 应用方案

目前,随着 M2M 应用的进一步发展和普及,以及电信网络逐步渗透到各个行业和领域,为解决 M2M 发展中存在的问题,泛在、融合、开放、整合是 M2M 产业发展的必然方式。

所谓泛在，即智能家电设备借鉴无线传感器网络的研究和应用成果，通过蓝牙、WLAN、WiMAX、家庭网关等作为家庭局域网的无线宽带接入手段融入 4G/5G 网络，构成智能家居服务泛在化的网络基础。

所谓融合，是指应用的融合。M2M 技术使得跨应用乃至跨行业的机器终端之间实现联网。未来的智能家居不再是信息孤岛，由智能家电构成的家庭传感器网络与各服务提供商的应用系统建立连接，通过标准化的接口协议请求服务。

例如，冰箱可根据存储食物的剩余容量，按照预设的清单向食品超市订购食品，而超市又通过和专业的物流企业联网，向用户提供食品配送服务。通过不同应用之间的相互融合，逐步形成一个泛在的服务环境，为用户提供周到的服务。

应用的融合有赖于制定行业应用系统的接口规范。缺乏标准和规范已成为约束智能家居业务发展的主要因素之一。目前，国内一些运营商已开始召集包括家庭安防、电梯监控、智能家居等一些行业应用厂家，启动规范制定工作。

所谓开放，是指业务能力的开放。面向个人和家庭用户的 M2M 业务对个性化和定制化有更高的要求。典型的如智能家居业务，由于每个家庭的家电设备千差万别，用户的使用习惯、生活习惯也千差万别，如果采用由应用开发商提供应用的模式，显然是无法满足所有用户需求的。因此，客观上需要一个开放的业务开发环境，使运营商或者合作运营的 SP 可以方便地为用户生成个性化的业务逻辑，甚至将这个业务开发环境开放给用户自己使用。这显然要求业务开发环境具有足够的易用性。

所谓的整合是指对产业链的整合。电信运营商可以通过制定标准协议、终端入网等措施，对 M2M 产业进行规范。例如，可以制定终端与 M2M 平台，以及 M2M 平台与 M2M 应用之间的交互协议等。同时，运营商对入网资格进行测试和审查，从而形成以运营商为核心的整合的产业链。运营商利用其发达的营销渠道、良好的品牌形象和庞大的用户群，使符合其 M2M 业务架构的终端厂商和应用提供商获得市场拓展的便利，并从运营商的利润中获得分成；用户通过租用运营商提供的统一服务大大减少初期建设投入和使用成本；运营商则通过运营 M2M 业务获得业务使用费，赚取可观的利润。由此产业链的各个环节达到多方共赢的局面。

4.4.6　M2M 技术的发展趋势

1. 移动通信技术将成为主流，短距离通信技术将成为补充

移动通信可以实现全球的设备监控和联网，是实现 M2M 最理想的方式，目前也已经有不少的基于移动通信的 M2M 业务。但可以预见到在未来的几年，移动通信模块成本和网络建设费用仍然居高不下，为每一台机器或者每一个物品配备移动通信的模块仍不现实。在这种情况下，短距离通信将成为扩展移动通信 M2M 的重要手段，尤其在一些特定的应用中。RFID、无线传感器等短距离通信技术与移动通信网络的无缝连接将成为未来 M2M 应用的重要趋势，这也为网络融合以及"网络一切"理念创造了机遇。RFID、蓝牙可以直接与移动通信模块连接，也可以通过无线传感器网络连接到移动通信模块，如图 4-22 所示。同时，也不排除有新的专门针对 M2M 应用的通信技术产生，能代替现有的各有优点或者缺点

的技术。而有线网络和 WiFi 技术由于其高速率和高稳定性的优势,将在一些特殊的领域继续存在。

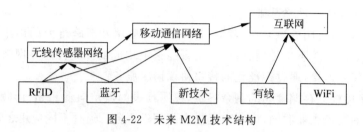

图 4-22 未来 M2M 技术结构

2. 无线通信技术和 M2M 产业的发展将推动 M2M 标准化

M2M 行业数据标准制定目前已经有初步的成果,虽然影响力还不大。随着 M2M 产业链的整合以及 M2M 业务领域的不断扩大,相信 M2M 的数据标准、体系结构标准、设备接口标准、安全标准、测试标准将不断地完善和融合,最终形成统一的标准体系。届时,整个标准体系不止包括移动通信 M2M,还将包括短距离通信技术及应用。

3. 无线升级通信终端软件将成为提高经营效率的重要手段

随着 M2M 通信终端和模块的大规模应用,通信终端软件升级将成为困扰 M2M 服务提供商的一个难题。标准化以后,当需要业务更新的时候通常只要更新通信模块的软件和应用设备软件即可,应用设备和服务器一般集中在 M2M 服务提供商和运营商那里,更新很容易,但通信模块和终端的软件升级则需要派遣专业人员提供现场支持,当终端分布在很大的区域内或者数目众多的时候,就会严重降低经营效率。空中下载(Download Over The Air,DOTA)和空中存储(Firmware Over The Air,FOTA)技术目前已经在手机中实现了广泛的应用,Ovum 预测,未来的两年手机 FOTA 软件将迅速发展。M2M 通信对 FOTA 技术需求比手机应用更强烈,因此虽然目前这项技术在 M2M 领域还涉及比较少,但相信随着 M2M 产业的发展,越来越多的 M2M 厂商会注重这项技术在 M2M 中的作用。

4.5 无线单片机技术

无线传感器网络节点的微控制器,不是完成某一个逻辑功能的芯片,而是把一个计算机系统集成到一个芯片上。概括地讲,一块芯片就是一台计算机。目前,绝大多数传感器网络节点都是采用无线单片机作为微控制器。

1. 无线单片机的定义

近年来为了适应无线通信和无线网络节点的要求,例如要求体积较小、低功耗及更低的价格等,无线片上系统(SOC)得到了快速发展。

这种无线片上系统(即无线单片机)将 CPU(Central Processing Unit)、随机存取存储器(Random Access Memory,RAM)、只读存储器(Read-Only Memory,ROM)、基本输入/输出(Input/Output)接口电路、定时器/计数器、A/D 转换器,以及需要的接口电路和无线数据通信收发芯片全部集成到一个非常小的芯片上。一个单独的芯片,就可以构成一个可以独立工作的、具有无线通信和无线网络节点的无线片上系统(无线单片机)。

无线单片机的出现为开发无线通信和无线网络提供了新的选择;同时也使无线通信和无线网络的设计工作更加简化,更容易开发。图 4-23 为一种典型的无线单片机。

图 4-23　典型的无线单片机

2. 无线单片机的主要特点

1) 简易的天线电路设计

无线单片机已经将全部的高频部分电路集成到了电路内部,从无线数据通信收发芯片到天线之间,只有简单的滤波电路,系统设计者完全不必进行任何高频电路设计。

2) 采用特殊的高频线路设计

使无线芯片、微处理器和高频线路之间实现完美的配合,数字电路对高频通信的影响减低到最小。

3) 快速的功能设计开发

无线单片机是将微处理器和无线芯片设计成一体。读者只要学习使用过单片机,就可以轻松完成无线通信功能的设计开发。

作为射频片上系统的核心——嵌入式的微处理器,需要处理无线通信中的大量软件,包括纠错、防止碰撞、通信协议处理等,特别是在复杂网络系统和未来短距离、微功耗的 IEEE 802.15.4 中,更需要承担大量的计算和控制功能,在这个微处理器内核的选择上,需要考虑:

(1) 快速的计算能力。

(2) 极低的功率消耗。

(3) 高效率的开发工具,包括编译/汇编/DEBUG 工具。

(4) 和高频无线收发部分电路的有机结合。

(5) 应用软件的支持。

目前,通常选用有多年历史的 8051 微处理器内核作为无线片上系统的微处理器。

3. 常见的无线单片机简介

(1) 德州仪器收购了 Chipcon 公司的 CC2430,CC2430 是市场上首款 SoC 的 ZigBee 单片机,它把协议栈 Z-Stack 集成在芯片内部的闪存里面,具有稳定可靠的 CC2420 收发器,增强性的 8051 内核,8KB RAM,外设有 I/O 口、ADC、SPI、UART 和 AES128 安全协处理器,三个版本分别是 32KB/64KB/128KB 的闪存。以 128KB 为例,扣除基本 Z-Stack 协议还有 3/4 的空间留给应用代码,即使扣除完整的 ZigBee 协议,还有近 1/2 的空间留给应用代码。无线单片机除了处理通信协议外,还可以完成一些监控和显示任务。无线单片机都支持通过 SPI 或者 UART 与通用单片机或者嵌入式 CPU 结合。

(2) 工业控制领域的另一个芯片巨头——飞思卡尔的单片 ZigBee 处理器 MC1321X 的方案也非常类似,集成了 HC08 单片机核心,16KB/32KB/64KB 闪存,外设有 GPIO、I2C 和 ADC,软件是 Beestack 协议,只是最多 4KB RAM 对于更多的任务显得小了些。但是凭借 32 位单片机 Coldfire 和系统软件方面的经验和优势,飞思卡尔在满足用户应用的弹性需求方面更有特色,它率先能够提供低-中-高各个层面的解决方案。

(3) 以 Wavecom 为代表的 GPRS SoC 无线单片机同时演绎着 GPRS 无线处理器的革命,如 WMP50 是一个带有四频 GSM 网络无线通信工业处理器,内置了 ARM9 CPU,支持 128KB 闪存,128KB RAM,外设有 11 个 GPIO、I2C、SPI、5×5 键盘、两个 UART、USB 2.0 并口、ADC、DAC 等。WMP50 内部有一个可强制的实时多任务操作系统,它支持应用任务工作在比 GPRS 任务高优先级的方式,即能保证控制响应要求。

总之,无论是 GPRS 无线单片机,还是 ZigBee 单片机都在朝着更低成本、更标准化和更高性能的方向发展。2007 年 4 月,后起之秀 Jennic 推出了 5 美元 ZigBee/IEEE 802.15.4 参考设计,这个价格包括 JN513932 位无线单片机 PCB 天线设计和其他辅助器件的 BOM 成本,据称 RF 性能能够达到 1km 的距离。

4. 无线单片机的应用

由于无线单片机具有良好的控制性能和灵活的嵌入形式,在许多领域都获得了极为广泛的应用。下面从几个方面进行介绍。

1) 智能家庭网络

可以将装有无线单片机的节点模块安装在电视、电冰箱、洗衣机、空调、电灯、烟雾感应、报警器和摄像头等设备上,让这些电子设备联系起来组成一个网络,以实现对家庭照明、温度、安全、家电设备的无线控制,甚至可通过网关连接到 Internet 达到远程控制的目的,提供家居生活的自动化、智能化和网络化。

2) 工业控制

在工业生产现场通过装有无线单片机的节点模块组成传感器网络,可对各种信息进行采集,将各种信息反馈到中央系统并进行分析,根据分析结果对生产过程进行控制,加强作业管理,提高生产效率。

3) 精确农业

传统农业主要使用孤立的、没有通信能力的机械设备,主要依靠人力监测作物的生长状况。采用了传感器和装有无线单片机的节点模块组成网络后,农业将可以逐渐地转向以信息和软件为中心的生产模式,使用更多远程控制的设备来耕种。

4) 环境监测

采用装有无线单片机的节点模块组成的环境监控网络,能够有效地克服其他组网方式组网成本高、容易发生故障的缺点,而且还能采用播撒的方式,通过自适应和自组织组网,实现大面积环境数据采集和传输的目的。

5）医疗监护

医疗监护是近年来一个研究热点，可以通过传感器准确而且实时地监测病人的血压、体温和心跳速度等信息，还可以在医疗仪器上安装有无线单片机的节点模块监控装置，以实现病人治疗的远程监控，从而减少医生查房的工作负担，有助于医生做出快速的反应，特别是对重病和病危患者的监护和治疗。

4.5.1　无线单片机的结构

微控制器（Micro Controller Unit，MCU），俗称单片机（Single Chip Microcomputer），它将组成微型机所必需的部件——CPU、RAM、ROM、I/O、定时/计数器、串行端口等集成在一个芯片上，如图 4-24 所示。

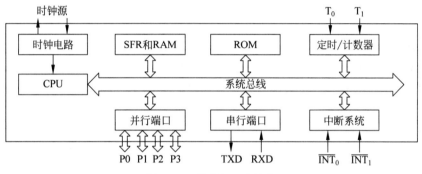

图 4-24　单片机基本结构

1. 微处理器

微处理器（Micro Processor Unit，MPU）又称为中央处理单元（Central Processing Unit，CPU），是由算术逻辑部件（Arithmetic Logic Unit，ALU）、控制部件（Control Unit，CU）和寄存器（Registers，R）等组成的计算机核心部件。在 CPU 基础上添加程序存储器（ROM）、数据存储器（RAM）、输入/输出（I/O）接口电路和系统总线即构成了计算机，如图 4-25 所示。

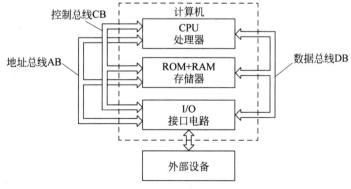

图 4-25　微型计算机组成

(1) 算术逻辑部件。ALU 是对传送到微处理器的数据进行算术运算或逻辑运算的电路,如执行加法、减法运算,逻辑与、逻辑或运算等。

(2) 控制部件。CPU 包括时钟电路和控制电路——时钟电路产生时钟脉冲,用于计算机各部分电路的同步定时;控制电路产生完成各种操作所需的控制信号。

(3) 寄存器组。CPU 中有多个工作寄存器,用来存放操作数及运算的中间结果等。

2. 存储器

存储器是微型计算机的重要组成部件,计算机有了存储器才具备记忆功能。存储器由许多存储单元组成,在 8 位微机中,每个存储单元存放 8 位二进制代码。在计算机中,8 位二进制数又称 1 字节,所以 8 位微机的存储单元存放 1 字节(Byte)。

存储器的一个重要指标是容量。假如存储器有 256 个单元,每个单元存放 8 位二进制数,那么该存储器容量为 256 字节,或 256×8 位。在容量较大的存储器中,存储容量都以 KB 为单位,1KB 容量实际上是 $2^{10}=1024$ 个存储单元。

计算机工作时,CPU 将数据码存入存储器的过程称为"写"操作,CPU 从存储器中取数据码的过程为"读"操作。写入存储单元的数据码取代了原有的数据码,而且在下一个新的数据码写入之前一直保留着,即存储器具有记忆数据的功能。在执行读操作后,存储单元中原有的内容不变,即存储器的读出是非破坏性的。

为了便于读、写操作,要对存储器所有单元按顺序编号,这种编号就是存储单元的地址。每个单元都拥有相应的唯一地址,地址用二进制表示,地址的二进制位数 N 与存储容量 Q 的关系是:$Q=2^N$。

3. 输入/输出接口电路

I/O 接口是连接 CPU 与外围设备的不可缺少的重要部件。外围设备种类繁多,其运行速度、数据形式、电平各不相同,常常与 CPU 不一致,所以要用 I/O 接口作为桥梁,起到信息转换与协调的作用。

4. 总线

所谓总线,就是在微型计算机芯片之间或芯片内部各部件之间传输信息的一组公共通信线。微型计算机采用总线结构后,芯片之间不需单独走线,这大大减少了连接线的数量。同时还可以提高计算机扩展存储器芯片及 I/O 芯片的灵活性。

将微处理器、存储器、I/O 接口电路及简单的输入输出设备组装在一块印制电路板上,称为单板微型计算机,简称单板机。将微处理器、存储器、I/O 接口电路集成在一块芯片上,称为单片微机系统。

4.5.2　无线单片机模块介绍

由于无线通信技术的发展,无线单片机模块也在不断发展,功能更加齐全,种类也不断增加,各种公司开发的无线单片机模块特征各不相同。本书将就 TI 公司开发的 CC2430 及 CC2530 系列的基于 ZigBee 协议的无线单片机模块进行介绍。

1. CC2430 简介

CC2430 是一个真正的系统芯片（SoC）CMOS 解决方案。这种解决方案能够提高性能并满足以 ZigBee 为基础的 2.4GHz ISM 波段应用，及对低成本、低功耗的要求。它结合一个高性能 2.4GHz DSSS（直接序列扩频）射频收发器核心和一个工业级小巧高效的 8051 控制器。CC2430 的设计结合了 8KB 的 RAM 及强大的外围模块，并且有三种不同的版本，它们根据不同的闪存空间 32KB、64KB 和 128KB 来优化复杂度与成本的组合。

CC2430 的主要特点有：

（1）高性能和低功耗的 8051 微控制器内核。

（2）集成符合 IEEE 802.15.4 的 2.4GHz 的 RF 无线电收发机。

（3）优良的无线接收灵敏度和强大的抗干扰性。

（4）在休眠模式时仅 0.9μA 的流耗，外部的中断或 RTC 能唤醒系统；在待机模式时少于 0.6μA 的流耗，外部的中断能唤醒系统。

（5）硬件支持 CSMA/CA 功能。

（6）较宽的电压范围（2.0～3.6V）。

（7）数字化的 RSSI/LQI 支持和强大的 DMA 功能。

（8）具有电池监测和温度感测功能。

（9）集成了 14 位模数转换的 ADC。

（10）集成 AES 安全协处理器。

（11）带有两个强大的支持几组协议的 USART，以及一个符合 IEEE 802.15.4 规范的 MAC 计时器，一个常规的 16 位计时器和两个 8 位计时器。

（12）强大和灵活的开发工具——作为无线单片机模块，CC2430 只需要很少的外围电路即可实现信号的收发功能，其典型的应用电路如图 4-26 所示。

电路使用一个非平衡天线，链接非平衡变压器可使天线性能更好。R221 和 R261 为偏置电阻，电阻 R221 主要用来为 32MHz 的晶振提供一个合适的工作电流。用一个 32MHz 的石英谐振器（XTALI）和两个电容（C191、C211）构成一个 32MHz 的晶振电路。用一个 32.768kHz 的石英谐振器（XTAL2）和两个电容（C441、C431）构成一个 32.768kHz 的晶振电路。电压调节器为所有要求 1.8V 电压的引脚和内部电源供电，C241 和 C421 电容是去耦电容，用来实现电源滤波，提高芯片稳定性。

2. CC2530 简介

CC2530 是用于 IEEE 802.15.4、ZigBee 和 RF4CE 应用的一个真正的片上系统（SoC）解决方案。它能够以非常低的总的材料成本建立强大的网络节点。CC2530 结合了领先的 RF 收发器的优良性能，业界标准的增强型 8051 CPU，系统内可编程闪存，8KB RAM 和许多其他强大的功能。CC2530 有 4 种不同的闪存版本：CC2530F32/64/128/256，分别具有 32/64/128/256KB 的闪存。CC2530 具有不同的运行模式，使得它尤其适应超低功耗要求的系统。运行模式之间的转换时间短进一步确保了低能源消耗。

CC2530F256 结合了德州仪器的业界领先的黄金单元 ZigBee 协议栈（Z-Stack），提供了一个强大和完整的 ZigBee 解决方案。CC2530F64 结合了德州仪器的黄金单元 RemoTI,更好地提供了一个强大和完整的 ZigBee RF4CE 远程控制解决方案。

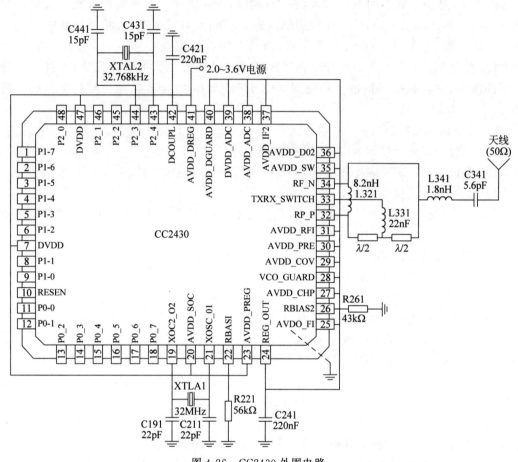

图 4-26 CC2430 外围电路

CC2530 的特点有：

(1) 高性能、低功耗的 8051 微控制器内核。

(2) 适应 2.4GHz IEEE 802.15.4 的 RF 收发器。

(3) 极高的接收灵敏度(−97dBm)和抗干扰性能。

(4) 32/64/128/256 KB Flash 存储器。

(5) 8 KB SRAM,具备在各种供电方式下的数据保持能力。

(6) 强大的 DMA 功能。

(7) 电流消耗小(当微控制器内核运行在 32MHz 时,RX 为 24mA,TX 为 29mA)。

(8) 功耗模式 1 电流为 0.2mA,唤醒系统仅需 4μs；功耗模式 2 电流为 1μA,睡眠定时器运行；功耗模式 3 电流为 0.4μA,外部中断唤醒。

(9) 硬件支持避免冲突的载波侦听多路存取(CSMA-CA)。

(10) 电源电压范围宽(2.0~3.6V)。

(11) 支持数字化的接收信号强度指示器/链路质量指示(RSSI/LQI)。

（12）电池监视器和温度传感器。

（13）具有 8 路输入 8～14 位 ADC。

（14）高级加密标准（AES）协处理器。

（15）两个支持多种串行通信协议的 USART。

（16）一个 IEEE 802.15.4 媒体存取控制（MAC）定时器；一个通用的 16 位和两个 8 位定时器。

（17）一个红外发生电路。

（18）21 个通用 I/O 引脚，其中两个具有 20mA 的电流吸收或电流供给能力。

CC2530 的典型应用电路如图 4-27 所示。

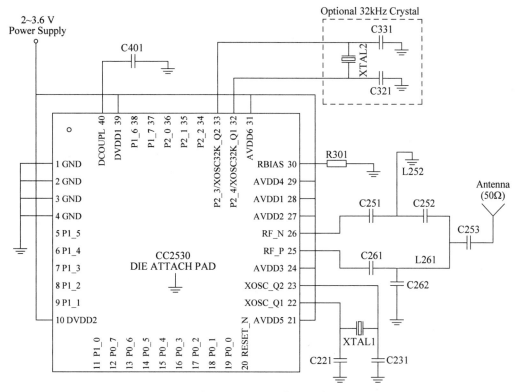

图 4-27　CC2530 外围电路

3. CC2430 与 CC2530 比较

CC2430 与 CC2530 性能参数比较见表 4-1。

表 4-1　CC2530 与 CC2430 性能参数对比

项　　　目	CC2530	CC2430	备　　　注
引脚	48	40	
封装	QLP48	QFN40	
电压/V	2.0～3.6	2.0～3.6	
大小	7mm×7mm	6mm×6mm	

续表

项　　目	CC2530	CC2430	备　　注
微控制器	增强型 8051	增强型 8051	
Flash	32/64/128KB	32/64/128/256KB	
RAM	8KB SRAM, 4KB data	8KB	
频段	2.4G	2.4G	
支持标准	ZigBee 04/06/simpliciTI	ZigBee 07/pro/RF4CE/simpliciTI	
软件平台	IAR	IAR	
射频 RF	CC2420	CC2520	
接收灵敏度/dBm	−90	−97	典型值：802.15.4 要求为−85dBm
输出功率	0(最小为−3)dBm	4.5(最小为−8,最大 10)dBm	典型值
自带传感器	温度	温度	
功耗	Rx：27mA Tx：25mA	RX：24mA TX：29mA	
低功耗	掉电：0.9μA 挂起：0.6μA	掉电：1μA 挂起：0.4μA	
抗干扰	CSMA/CA	CSMA/CA	
DMA	支持	支持	
RSSI/LQI	支持	支持	
AES 处理器	有	有	
I/O	21 个	21 个	
定时/计数器	4(2 个 16 位,2 个 8 位)	4(2 个 16 位,2 个 8 位)	
串口	2 个	2 个	
802.15.4 定时器	有	有	
中断源	18 个	18 个	
ADC	8～14 位	7～12 位	
开发工具	C51RF-3-PK	C51RF CC22530 PK	

　　CC2530 是在 CC2430 的基础上对实际应用中的一些问题做了改进,加大了缓存,存储容量最大支持 256KB,不用再为存储容量小而对代码进行限制,CC2530 的通信距离可达400m,不用再用 CC2430 外加功放来扩展距离。

　　从 CC2430 移植到 CC2530 只需要少量修改,CC2530 支持最新的 2007/pro 协议栈。

4.5.3　IAR 简介

　　针对 CC2430 和 CC2530 无线单片机,厂商提供的开发平台是一套 IAR Systems 软件。因为 IAR Systems 的 C/C++ 编译器可以生成高效可靠的可执行代码,并且应用程序规模越大,效果越明显;与其他的工具开发厂商相比,系统同时使用全局和针对具体芯片的优化技术;连接器提供的全局类型检测和范围检测对于生成目标代码的质量是至关重要的。

IAR Embedded Workbench(IAR EW)的 C/C++交叉编译器和调试器对不同的微处理器提供同样直观的用户界面。目前,EW 已经支持 35 种以上的 8 位、16 位、32 位 ARM 的微处理器。EW 包括嵌入式 C/C++优化编译器、汇编器、连接定位器、库管理员、编译器、项目管理器和 C-SPY 调试器,能生成最优化、最紧凑的代码,从而节省硬件资源,最大限度地降低产品费用。

小结

人工智能是指应用机器实现人类的智能。它是在计算机科学、控制论、信息论、神经科学、心理学、哲学、语言学等多种学科研究的基础上发展起来的一门综合性很强的边缘性学科。

智能化处理技术主要是通过嵌入式技术实现的,即把感应器或传感器嵌入和装备到电网、铁路、公路、桥梁、隧道、建筑、大坝、油气管道和供水系统等各种物体中,形成物与物之间可以进行信息交换的物联网,并与现有的 Internet 整合起来,形成一个强大的智能系统或充满“智慧”的生活体系。

云计算作为一种新兴的计算模型,能够提供高效的、动态的和可以大规模扩展的计算处理能力,在物联网中占有重要的地位。物联网的发展离不开云计算的支撑,物联网也将成为云计算最大的用户,为云计算的更广泛应用奠定基石。

数据融合也称信息融合,是指多传感器的数据在一定准则下加以自动分析、综合以完成所需的决策和评估而进行的信息处理过程。

M2M 技术是物联网实现的关键,是无线通信和信息技术的整合,用于双向通信,适用范围较广,可以结合 GSM/GPRS/UMTS 等远距离传输技术,同样也可以结合 WiFi、蓝牙、ZigBee、RFID 和 UWB 等近距离连接技术,应用在各种领域。实现 M2M 的关键技术是传感器技术、传感器网络技术、通信网络技术、专用芯片、模块、终端技术、M2M 平台技术,以及它们之间的结合。

练习与思考

1. 什么是人工智能? 其特点是什么?
2. 什么是信息融合? 其结构和常用的基本方法有哪些?
3. 简述信息融合在物联网中的重要性。
4. 简述云和云计算的基本概念。
5. 简述私有云、公用云和混合云的基本概念。
6. 简述云计算与并行计算的关系。
7. 简述分布式计算的基本原理,并指出云计算与分布式计算的关系。
8. 简述云计算与网格计算的关系。
9. 论述云计算与物联网的关系。

10. 简述云计算服务的三个层次。

11. 简述 M2M 技术的定义。

12. 为什么说 M2M 技术是物联网核心技术?

13. 简述 M2M 的系统架构。

14. 简述 WMMP 的作用。

15. 请介绍 M2M 典型行业应用。

第 5 章
CHAPTER 5 | 应用案例

5.1 智慧城市

智慧城市起源于"数字地球"。美国前副总统戈尔 1998 年 1 月在一次演讲中首次提出了"数字地球"的概念。戈尔指出：我们需要一个"数字地球"，即一个以地球坐标为依据的、嵌入海量地理数据的、具有多分辨率的、能三维可视化表示的虚拟地球。智慧城市是新一代信息技术支撑、知识社会下一代创新（创新 2.0）环境下的城市形态，也是城市信息化发展到更高阶段的必然产物。

1. "数字地球"和数字城市

随着城市的数量和城市人口的不断增多，城市被赋予了前所未有的经济、政治和技术的权力，从而使城市发展在世界中心舞台起到主导作用。2020 年，全球有超过一半的人口居住在城市，对资源的需求将不断上升，对生态环境的影响将进一步加剧。"数字地球"就是在城市的生产、生活等活动中，利用数字技术、信息技术和网络技术，将城市的人口、资源、环境、经济、社会等要素，以数字化、网络化、智能化和可视化的方式加以展现，实现智慧技术高度集成、智慧产业高端发展、智慧服务高效便民、以人为本持续创新，完成从数字城市向智慧城市的跃升。

"数字地球"是以地球为对象，以地理坐标为依据，具有多源、多尺度海量数据的融合，能用多媒体和虚拟现实技术进行多维的表达，具有数字化、网络化、智能化和可视化特征的虚拟地球。"数字地球"发展至今，经历了数字化、信息化、智能化三个阶段。

"数字城市"是"数字地球"的重要组成部分，是"数字地球"在城市的具体体现，是传统城市的数字化形态。数字城市是应用计算机、Internet、3S、多媒体等技术将城市地理信息和城市其他信息相结合，数字化并存储于计算机网络上所形成的城市虚拟空间。

数字城市发展的第一阶段是数字化。在这一阶段，数字城市将实现无纸化、自动化办公，同时网络基础设施建设完成。城市中关于政府、企业和市民的数据实现了计算机存储，但是这只是初级阶段，因为数据没有得到有效的分类和管理，还不能称之为信息，更不可能成为有效的资源。

数字城市发展的第二阶段是信息化。信息论把数据中有意义的内容称之为信息。在这一阶段,数据实现有效的分类、检索与存储,使之成为真正有意义的信息。这些信息基础设施又称为"信息高速公路",同时网络系统,如 Web、Grid、有线网络、无线网络、局域网和广域网将加快建设,形成合理的布局。政府信息化、产业信息化、领域信息化和社会信息化发展迅速,各个部门内部形成有效的信息系统。

政府信息化是指运用现代信息通信技术,超越传统政府行政机关的组织界限,改变集中管理和分层结构,建立新型的扁平化网络结构的电子化政府管理系统,使人们从电子化支撑的不同渠道获得政府的信息及服务。政府间的信息系统包括电子法规政策系统、电子公文系统、电子司法档案系统、电子财务管理系统等。政府信息化过程中形成的基础数据库,包括自然资源和空间地理数据库、人口基础信息库、法人单位信息库以及宏观经济数据库,是数字城市的重要基础,是信息共享及运营管理的核心数据库。经过近二十年的发展,除了不断完善上下级政府部门、不同政府部门的信息交互(G2G)之外,政府信息化还在不断完善政府对企业的电子政府(G2B)以及政府对公民的电子政务(G2C)。

产业信息化是指企业的全部基础设施(包括地上、地面及地下的)和功能(生产、销售、原料采购、售后服务、企业管理等)都由计算机及网络进行处理。以信息化带动工业化,带动传统产业升级,能够有效扩大生产规模,提高生产效率。管理信息技术包括 ERP、CRM、SCM等在企业管理中的重要性毋庸置疑,与此同时,空间技术的应用也受到越来越多的关注,如GPS、GIS 以及 RS 技术等,通过空间分析可实现资源的最优配置。此外,数字服务业包括电子商务、电子金融和电子物流等,也是企业信息化的重要组成部分。

领域信息化主要是指不以营利为目的的事业部门的信息化,又称为事业信息化,主要涉及测绘、气象、水文、海洋、土地和环保部门等。这些部门的信息化成果也是核心数据库的重要组成部分。

社会信息化是以计算机信息处理技术和传输手段的广泛应用为基础和标志的新技术革命,主要涉及教育、科技、文化、医疗卫生、社会保障等方面,是数字城市中与市民切身利益相关的最直观、最前端的信息化,是改变居民生活方式、改善居住环境的直接体现。

2. 智慧城市

随着传感器网络等互连互通的新技术与应用,城市信息化正向着智能化演进。随着传感器网络技术的发展,可以预期,未来城市中,传感器网络无处不在,并成为和移动通信网络、无线互联网一样重要的基础设施。它们将作为智能城市的神经末梢,解决智能城市的实时数据获取和传输问题,形成可以实时反馈的动态控制系统。同时,通过网络对传感器网络进一步组织管理,形成具有一定决策能力和实时反馈的控制系统,将物理世界和数字世界连接起来,为智能城市提供普适性的信息服务给予了必要支撑。因此,在可以预见的将来,从目前社会过渡到网络社会之后,城市也将从目前的工业城市和数字城市走向智慧城市。图 5-1 展示了智慧城市的几个基本应用。

智慧城市是充分利用数字化及相关计算机技术和手段,对城市基础设施与生活发展相关的各方面服务进行全方位的信息化处理和利用,具有对城市地理、资源、生态、环境、人口、经济、社会等复杂系统的数字网络化管理、服务与决策功能的信息体系。智慧城市能够充分运用信息和通信技术手段感测、分析、整合城市运行核心系统的各项关键信息,从而对于包括民生、环保、公共安全、城市服务、工商业活动在内的各种需求做出智能的响应,为人类创

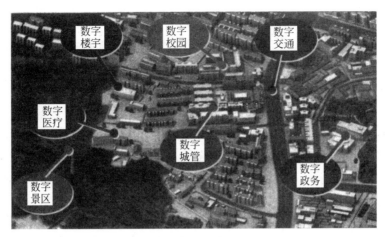

图 5-1 智慧城市概况

造更美好的城市生活。智慧城市并不是数字城市简单的升级,智慧城市的目标是更透彻的感知,更全面的互连互通和更深入的智能。

(1) 更透彻的感知——物联化。通过城市宽带固定网络、无线网络、移动通信网络、传感器网络把属于城市的组件连接起来,从而帮助用户从全局的角度分析并实时解决问题,使得工作、任务的多方协同共享成为可能,城市资源更有效地得到分配,并彻底改变城市管理与运作的方式。

(2) 更全面的互连互通——互连化。通过管理体制的改善,确立信息系统的层次性,从而促进分布在城市不同角落的海量数据的流转、交换和共享,为应用提供良好的协同工作环境。通过数据的交换共享,使得城市各职能部门不再是信息孤岛,将更高效地协同运作,从而推动城市管理的良性循环。

(3) 更深入的智能——智能化。以城市海量的信息资源为基础,通过全面的物联和高效的共享,运用先进的智能化技术实现识别、预测和实时分析处理,使得城市运行管理中的人为因素降低,在提高城市资源利用效率的同时,保障了信息的公开和管理的公平。

智慧城市不但广泛采用物联网、云计算、人工智能、数据挖掘、知识管理、社交网络等技术工具,也注重用户参与、以人为本的创新 2.0 理念及其方法的应用,构建有利于创新涌现的制度环境,以实现智慧技术高度集成、智慧产业高端发展、智慧服务高效便民、以人为本持续创新,完成从数字城市向智慧城市的跃升。

概括起来说,智慧城市与数字城市的主要区别是:①关注点不同。在数字城市阶段,人们关注的是信息的采集和传递;在智慧城市阶段,人们更多关注的是信息的分析、知识或规律的发现以及决策反应等。②目标不同。数字城市以电子化和网络化为目标,智慧城市则以功能自动化和决策支持为目标。③实质不同。数字化的实质是用计算机和网络取代传统的手工流程操作,智慧化的实质则是用智慧技术取代传统的某些需要人工判别和决断的任务,达到最优化。④结果不同。数字化的结果是数据的积累和传递,智慧化的结果是数据的利用和开发,用数据去完成任务,去实现功能。如果说数据是信息社会的粮食,那么智慧技术则是将粮食加工成可用食品的工具。

5.1.1 什么是智慧城市

什么是智慧城市?人们对智慧城市的认识是一个逐步渐进的过程,智慧城市经常与数字城市、感知城市、无线城市、智能城市、生态城市、低碳城市等区域发展概念相交叉,甚至与电子政务、智能交通、智能电网等行业信息化概念发生混杂。对智慧城市概念的解读也经常各有侧重,有的观点认为关键在于技术应用,有的观点认为关键在于网络建设,有的观点认为关键在人的参与,有的观点认为关键在于智慧效果,一些城市信息化建设的先行城市则强调以人为本和可持续创新。总之,智慧不仅是智能。智慧城市绝不仅是智能城市的另外一个说法,或者说是信息技术的智能化应用,还包括人的智慧参与、以人为本、可持续发展等内涵。综合这一理念的发展源流以及对世界范围内区域信息化实践的总结,《创新 2.0 视野下的智慧城市》一文从技术发展和经济社会发展两个层面的创新对智慧城市进行了解析,强调智慧城市不仅是物联网、云计算等新一代信息技术的应用,更重要的是通过面向知识社会的创新 2.0 的方法论应用。

智慧城市通过物联网基础设施、云计算基础设施、地理空间基础设施等新一代信息技术的应用,实现全面透彻的感知、宽带泛在的互联、智能融合的应用以及以用户创新、开放创新、大众创新、协同创新为特征的可持续创新。伴随网络帝国的崛起、移动技术的融合发展以及创新的民主化进程,知识社会环境下的智慧城市是继数字城市之后信息化城市发展的高级形态。

智慧城市的总体目标是以科学发展观为指导,充分发挥城市智慧型产业优势,集成先进技术,推进信息网络综合化、宽带化、物联化、智能化,加快智慧型商务、文化教育、医药卫生、城市建设管理、城市交通、环境监控、公共服务、居家生活等领域建设,全面提高资源利用效率、城市管理水平和市民生活质量,努力改变传统落后的生产方式和生活方式,将城市建成为一个基础设施先进、信息网络通畅、科技应用广泛、生产生活便捷、城市管理高效、公共服务完备、生态环境优美、惠及全体市民的智慧城市。

智慧城市包含着智慧技术、智慧产业、智慧(应用)项目、智慧服务、智慧治理、智慧人文、智慧生活等内容。对智慧城市建设而言,智慧技术的创新和应用是手段和驱动力,智慧产业和智慧(应用)项目是载体,智慧服务、智慧治理、智慧人文和智慧生活是目标。具体说来,智慧(应用)项目体现在智慧交通、智能电网、智慧物流、智慧医疗、智慧食品系统、智慧药品系统、智慧环保、智慧水资源管理、智慧气象、智慧企业、智慧银行、智慧政府、智慧家庭、智慧社区、智慧学校、智慧建筑、智慧楼宇、智慧油田、智慧农业等诸多方面。

智慧城市的构建涵盖了智慧基础设施、智慧政府、智慧公共服务、智慧产业和智慧人文等 5 个方面。

(1) 智慧基础设施。智慧基础设施包括信息、交通和电网等城市基础设施。现代化的信息基础设施就是要不断夯实信息化或智能化发展的基础设施和公共平台,让市民充分享受到有线宽带网、无线宽带网、5G 移动网以及智能电网等带来的便利。此外,还要整合城市周边交通环境资源,实现出行更低廉、更便捷,形成智慧交通框架。

(2) 智慧政府。政府要逐步建立以公民和企业为对象、以 Internet 为基础、多种技术手段相结合的电子政务公共服务体系。重视推动电子政务公共服务延伸到街道、社区和乡村。加强社会管理,整合资源,形成全面覆盖、高效灵敏的社会管理信息网络,增强社会综合治理能力,强化综合监管,满足转变政府职能、提高行政效率和规范监管行为的需求,深化相应业务系统建设。要加快推进综合政务平台和政务数据中心等电子政务重点建设项目,完善城市管理、城市安全和城市应急指挥等若干与维护城市稳定和确保城市安全运行密切相关的信息化重点工程,使城市政府的运行、服务和管理更加高效。

(3) 智慧公共服务。完善、高效的城市公共服务是智慧城市的出发点和落脚点。智慧城市公共服务涉及智慧医疗、智慧社区服务、智慧教育、智慧社保、智慧平安和智慧生态等方面。其中,智慧医疗是构建智慧城市关注民生的重要内容。它是一个依托现代电子信息技术和 Internet,以信息丰富完整、跨服务部门为基础、面向患者的系统工程,它使整个社会的医疗资源得到更充分、更合理的利用,为城市医疗带来革命性变化。此外,要全面推进市民卡、食品药品安全监管、社会治安综合治理智能化、绿色生态智慧化等一系列惠民的智慧手段的实施。营造一个安全、和谐、便捷的智慧型人居环境。

(4) 智慧产业。智慧城市孕育智慧产业,智慧产业托起智慧城市。对于城市而言,智慧产业当数软件和信息服务业。要坚持政府引导、企业为主体、市场为导向的发展原则,重点支持软件和信息服务为主的智慧产业发展,将智慧产业作为智慧城市的战略推进器,引领城市的创新发展。此外,还应大力发展包括电子信息、现代物流、金融保险、咨询顾问等在内的先进制造业和现代服务业,形成智慧城市完整的智慧产业群。全球互联网技术正在不断升级,传感器网络和物联网方兴未艾。要力争突破传感器网络、物联网的关键技术,超前部署后 IP 时代相关技术研发,使信息网络产业成为推动产业升级、迈向信息社会的“推进器”。

(5) 智慧人文。提高城市居民的素质,造就创新城市的建设和管理人才,是智慧城市的灵魂。要充分利用城市各高校、科研机构和大型骨干企业等在人才方面的资源优势,为构建智慧城市提供坚实的智慧源泉。要完善创新人才的发现、培养、引进和使用机制,切实营造“引得进、育得精、留得住、用得好”的人才环境。同时,要通过有效举措,鼓励市民终身学习,通过各种形式,营造学习型城市的良好氛围,树立城市特有的智慧人文的良好形象。要努力挖掘和利用城市历史文化底蕴,梳理并开发现实文化资源禀赋,增加智慧城市的文化含量,把创新、创业、创优的现代城市市民精神与智慧城市加以整合,突出大文化、大智慧,丰富智慧城市的内涵。

智慧城市的全景如图 5-2 所示。从智慧城市愿景来说,就是城市的信息化和一体化管理,利用先进的信息技术随时随地感知、捕获、传递和处理信息,并付诸实践,进而创造新的价值。智慧城市平台主要由数字政务、数字产业和数字民生三个基础部分组成。在三个重要组成部分基础上,分支出了多种应用,涵盖了 e-Home(电子家庭)、e-Office(电子办公)、e-Government(电子政务)、e-Health(电子健康)、e-Education(电子教育)、e-Traffic(电子交通)等方面。从范围上讲,智慧城市可以是开发商开发的一个小区,城市中的一个经济开发区,也可以是一座城市,甚至一个国家;可以是新城新区,也可以是经过信息化改造的旧城区。

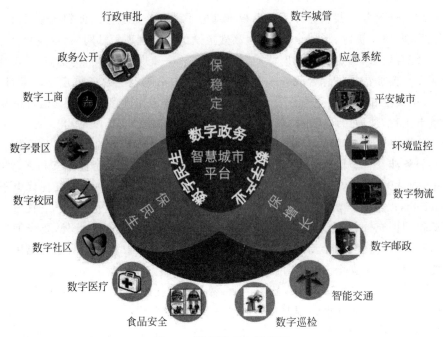

图 5-2　智慧城市全景规划

5.1.2　智慧城市的架构

如图 5-3 所示,智慧城市的构架可以分为感知层、网络层、平台层、应用层 4 个部分。可以用一个人体的模型来比喻智慧城市的整体架构,如图 5-4 所示。智慧城市就好比站立在地球上的一个人,整体构架可以分为 4 个层次。

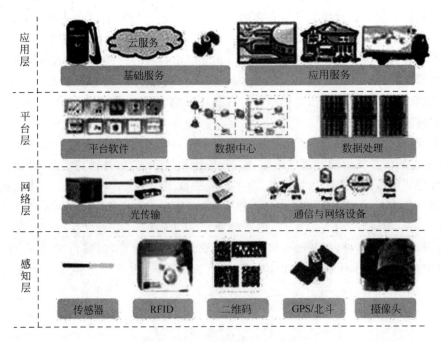

图 5-3　智慧城市整体框架

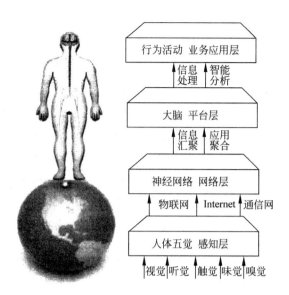

图 5-4 基于人体模型的智慧城市架构

第一个层次是感知层。它相当于人体五觉,人体通过五觉感知变化和刺激,而智慧城市通过感知层收集各类信息。智慧城市的感知层主要通过无线传感器网络实现,因此,无线传感网(WSN)是智慧城市的神经末梢,是智慧城市的最后一千米。无线传感网是指把随机分布的集成有传感器、数据处理单元和通信单元的微小节点,通过自组织的方式构成无线网络。无线传感网主要通过遥感、地理信息系统、导航定位、通信、高性能计算等高新技术对城市各方面的信息进行数据采集和智能感知,将得到的信息通过网络传递到高性能计算机中进行处理,如图 5-5 所示。然而,并不是所有的信息都需要汇集到高性能计算机中,某些情

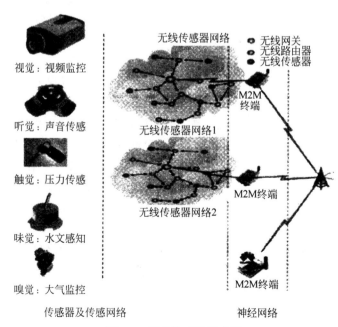

图 5-5 无线传感网示意图

况下需要对信息做出快速反应,就像人体的膝跳反射一样。所以,在无线传感网中建立一些能够处理各种应急情况的神经元是智慧城市建设的关键。感知层中神经元的搭建主要是通过 M2M 终端、网关来完成的。

第二个层次是网络层。它相当于人体的神经网络,如图 5-6 所示。网络层主要实现更广泛的互连功能,能够把感知层感知到的信息无障碍、高可靠性、高安全性地进行传送。网络层由通信网、Internet 和物联网组成,与神经网络的层次相符合。通信网主要是指目前各城市使用的移动通信网,如手机、视频电话、呼叫中心等使用的网络。Internet 则是指基于 Internet 以及云的网络。物联网则是指以 M2M 技术为基础的网络。通过这三张基础网络以实现智慧城市中 anytime(任何时候)、anyone(任何人)、anywhere(任何地方)、anything(任何东西)的连接,为大脑的处理提供了稳定的传输环境。

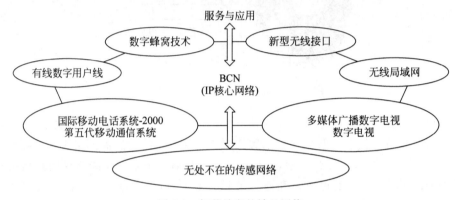

图 5-6　智慧城市的神经网络

第三层是平台层。它相当于人的大脑,智能城市的大脑是 IDC(Internet Data Center,互联数据中心)和 VAE(Vertical Application Environment,垂直应用环境)平台。IDC 的任务是完成智慧城市中各种信息的汇聚。信息的汇聚主要涉及统一网络接入、智能数据处理和高效信息共享三个方面。网络的接入主要是指"大脑"和网络层的信息交换。由于网络层中传输的网络分为三张大网,为了能使"大脑"能从网络层中获取信息,就需要针对三种网络提出统一的接入方式。从网络层得到了信息,就需要对信息进行智能数据处理。智能数据处理主要包括数据分析、数据处理和数据存储。简单地讲,智能数据处理就是将原始数据通过数据汇聚、信息分析,形成有价值的信息,并将其存储在数据仓库中,为城市的智能化提供支撑。高效的信息共享主要实现数据仓库中数据的分层、分级安全共享。平台层为智慧城市的数据支撑,可为业务应用层提供真实的基础数据支持。VAE 平台对智慧城市的应用进行集成,形成统一的框架系统,智慧城市中的各个系统围绕着框架系统展开,从而实现了智慧城市的有序规划。应用集成包括规模应用聚集、快速应用协同和全面应用整合。

第四层就是业务应用层。行业活动即业务应用层通过大脑的信息处理和智能分析,形成对智慧城市各领域应用的具体解决方案。业务应用涵盖了应急指挥、数字城管、平安城市、政府热线、数字医疗、环境监测、智能交通和数字物流等方面。这些应用领域主要是智慧城市全景中的内容,是智慧城市运作的具体体现。

智慧城市平台的一般架构如图 5-7 所示。

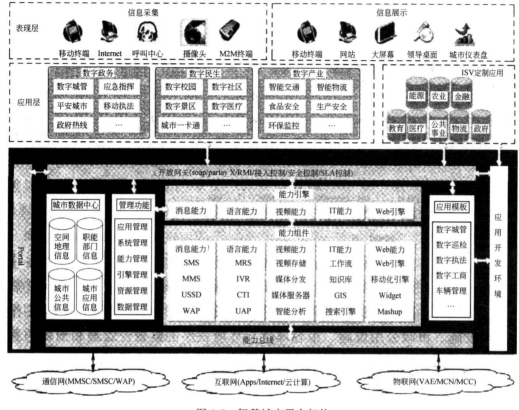

图 5-7　智慧城市平台架构

智慧城市平台主要基于面向服务（SOA）的 ICT（Information Communication Technology，信息与通信技术）集成框架来实现智慧城市。ICT 就是通过信息与通信技术，用以满足客户综合信息化需求的一揽子解决方案，包括通信、信息收集、发布、传感、自动化等各个方面。

智慧平台主要具备以下核心能力。

（1）快速的应用提供能力：通过应用模板、能力引擎，基于工作流引擎的开发环境，提供应用快速交付能力。

（2）数据统一分析能力：城市仪表盘可为决策者提供统一的城市数据分析视图。

（3）第三方系统集成能力：定义标准接口，支持多层次集成——数据集成、能力集成、应用集成。

（4）系统资源共享能力：通过对数字城市应用所使用系统资源的虚拟管理，提高系统资源的利用率。

（5）统一硬件/存储/安全方案：硬件采用具有高安全性，高可用、可靠集群，高可扩展性，易管理易维护，低环境复杂度，低整合难度的方案；应用各种存储技术搭建统一的存储平台，同时采用高性价比的存储整合技术；网络安全方案对业务系统网络基础架构进行分析优化，按结构化、模块化、层次化的设计思路进行结构调整优化，以增加网络的可靠性、可扩展性、易管理性、冗余性。

（6）系统平滑演进能力：架构的平台能够在硬件、能力以及应用上实现自由扩展。同时，智慧城市平台支持分期建设，系统可成长、可持续发展。

5.1.3　物联网与智慧城市

智慧城市是一个有机结合的大系统，涵盖了更透彻的感知、更全面的互联、更深入的智能。其中，物联网是智慧城市中非常重要的元素，它支撑着整个智慧城市系统。

物联网为智慧城市提供了坚实的技术基础。物联网为智慧城市提供了城市的感知能力，并使得这种感知更加深入、智能。通过环境感知、水位感知、照明感知、城市管网感知、移动支付感知、个人健康感知、无线城市门户、跟踪定位感知、智能交通的交互式感知等，智慧城市才能实现市政、民生、产业等方面的智能化管理。物联网的主要目标之一是实现智慧城市，许多基于物联网的产业和应用都是服务于智慧城市的主流应用的。换句话说，智慧城市是物联网的靶心。

物联网与智慧城市的关系如图 5-8 所示。

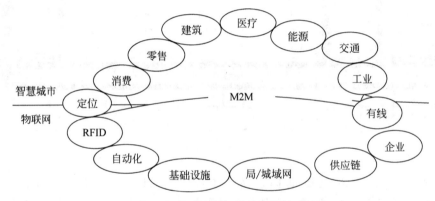

图 5-8　物联网与智慧城市的关系

物联网与智慧城市最直观的联系就是 M2M。M2M 是一种以机器智能交互为核心的、网络化的应用与服务。简单地说，M2M 是指机器之间的互联互通。广义上来说，M2M 可代表机器对机器、人对机器、机器对人、移动网络对机器之间的连接与通信，它涵盖了所有实现在人、机器、系统之间建立通信连接的技术和手段。M2M 技术综合了数据采集、GPS、远程监控、通信、信息等技术，能够实现业务流程的自动化。M2M 技术使所有机器设备都具备联网和通信能力，它让机器、人与系统之间实现了超时空的无缝连接。

M2M 技术在智慧城市最典型的应用就是 M2M 终端。M2M 终端构成了智慧城市的神经元。智慧城市的神经元包括感觉神经元、运动神经元和中间神经元。图 5-9 描述了智慧城市中 M2M 终端的应用。感觉神经元完成信息的感知，并将信息传递给城市神经网络。运动神经元将通过智慧城市神经网络传递来的信息传递给终端执行单元。中间神经元介于感觉神经元和运动神经元之间。中间神经元的信息来源主要有两部分：感觉层信息和大脑传来的信息。中间神经元对感觉层的信息进行过滤，一部分传递给大脑，另一部分经处理直接传递给运动神经元；大脑传来的信息则直接传递给运动神经元。

物联网的支撑技术融合了 RFID（射频识别）、WSN/ZigBee、以 MEMS 为代表的传感器技术、智能服务等多种技术。它有三个层次：物联网感知层、物联网网络层、物联网应用层。而 IBM 公司在多年的研究积累和实践中提炼出了 8 层的物联网参考架构：①传感器/执行器层；②传感网层；③传感网关层；④广域网络层；⑤应用网关层；⑥服务平台层；⑦应用层；⑧分析与优化层。

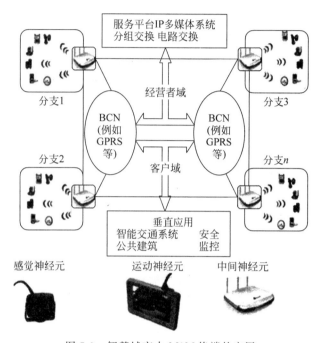

图 5-9　智慧城市中 M2M 终端的应用

除此之外，一个信息化网络的建立必须要有一定的技术支持，物联网的技术支持就包括RFID 技术、WSN 技术、组网技术、MEMS 技术等，这些技术构成了物联网智能空间技术和网络终端技术两大技术范畴。

5.1.4　数字城管呼叫中心

数字城市管理是智慧城市建设中的重要环节。数字城市管理系统是基于移动通信网络、行业终端(含数字城管终端应用软件)和政府内部办公系统，通过地理空间框架数据、单元网格数据、管理部件数据、地理编码数据等多种数据资源的信息共享、协同工作，实现对城市市政工程设施、市政公用设施、市容环境与环境秩序的监督、管理和预警的系统。

呼叫中心受理子系统是数字城市管理系统的重要组成部分。受理来自城市监督员、社会公众的城市管理问题，然后对问题进行审核记录，立案后传递给城市管理监督指挥中心工作人员。主要功能包括业务受理、登记、立案、咨询、投诉、建议、定位和转发等功能。呼叫中心的主要技术见表 5-1。

1. 系统需求分析

城管业务系统是应急联动系统中的一个子系统，提供全国统一号码 96111 公众服务和应急联动中相关工作。在大力推进城镇化和信息化建设的今天,在群众对热线期望值不断增大的情况下,完善96111便民服务热线,实现与110、120、119的呼叫联动,可最大限度地满足社会各阶层群众的要求,提高城市应急处置能力,真正做到为群众排忧解难。城管呼叫子系统根据需求,使用计算机、电话集成技术、数据库技术、网络通信技术等计算机信息技术,实现了通信服务子系统二级中心、数字录音子系统、子系统一级中心和控制中心子系统工作的一体化,转变了城市管理的服务方式,使得城管工作迈上了一个新的台阶。

表 5-1　呼叫中心的主要技术

结　　构	硬 件 组 成	软 件 组 成	协　　议
感知层	电话、手机、GPS、个人数字助理(PDA)、移动终端及其他终端	各终端软件技术	私有协议
传输层	PSTN(公用电话交换网)/PLMN(公用陆地移动电话网)、虚拟个人网(VPN)(Internet)、物联网、PBX(程控交换机)设备、IP-PBX设备		TCP/IP、交换机中的协议
应用层	云平台、应用服务器、数据服务器、CTI服务器、IVR服务器、录音服务器、监控服务器等	数据库管理、数据仓库和数据挖掘、云计算、可扩展标记语言(XML)、超文本标记语言(HTML)、基于J2EE的移动虚电路(MVC)架构	CSTA(计算机支持通信应用)协议、超文本传送协议(HTTP)

1) 城管呼叫子系统需求分析

城管呼叫子系统实行物理集中、统一接处警的工作模式,将96111的接处警工作集中在城管执法局96111指挥中心。在城管执法局指挥中心设立综合接处警座席,统一接收和处理96111电话呼叫,在分局和直属大队分别设置处警座席。中心通过有线电话和800M集群进行调度处警工作。接处警方式为市局96111指挥中心接处警座席接听电话,填写工作单,并将工作单分别派发给分局和直属大队处理,分局和直属大队处理人员填写办理情况,并反馈给市局96111指挥中心座席。目前机构设置有城管执法局96111指挥中心、多个分局和一个直属大队。城管96111系统中需全球信息系统(GIS)作为决策支持的一部分,本子系统不涉及GIS设计,仅为其提供接口。应急系统容量是每天接警3000个以内,城管需要接警量峰值是300,整个系统同时支持60路电话呼入,城管设置4个座席,支持4路电话呼入。从系统处理的流程出发,将系统需求分为投诉受理需求和处理反馈需求。

城管呼叫子系统的用户主要有两类,系统的主要角色如下。

(1) 投诉受理调度席:完成投诉实时受理全过程,包括投诉电话的受理、性质识别、辅助决策、预案、指挥调度,根据警力分布情况合理下达出动命令,三方通话,打印相关资料、事件转移等,受理、调度席可以按需要分离。

(2) 指挥调度席:指挥调度席主要处理重要投诉,具备调度、查询、管理等功能。

2）城管呼叫子系统业务流程

城管呼叫子系统业务在城市应急联动与综合服务系统中，与 110、120、119 互连互通，联动处警。市民拨打热线电话 96111 进行求助，一级指挥中心的接线员接听电话，了解详细的求助内容以及留下求助人的联系方法后，立即把该信息传给二级指挥中心的接线人员（领导人员）。二级指挥中心随即确定是否需要联合处警，以及及时派出处理人员解决市民反映的情况。待情况解决完毕，二级指挥中心再把处理的结果反馈给一级指挥中心，由一级指挥中心告知求助市民处理的结果。

2. 系统功能

1）呼叫子系统的基本组成

由于使用的行业和用途不同，呼叫子系统的组成也各有特点，这里城管呼叫子系统由以下单元组成：自动呼叫分配（ACD）系统、交互式自动语音应答（IVR）系统、人工座席服务系统（Agent）、数据库管理系统（DBMS）、数据仓库和分析系统、呼叫管理系统。

2）呼叫子系统各部分功能

（1）自动呼叫分配（ACD）系统。自动呼叫分配系统又称为自动排队机，主要功能是对呼叫进行排队，并对其进行话务分配，以便于人工座席的应答服务。ACD 的算法是 ACD 设计的核心，对于所有的呼叫如何分配从而服务更加有效是 ACD 系统的主要性能指标的体现，对于基于交换机的大型呼叫中心而言，ACD 是整个系统的核心单元。

（2）交互式自动语音应答（IVR）系统。IVR 系统是呼叫中心的重要组成部分，主要用于为用户电话来访提供语音提示，引导用户选择服务内容和输入电话事务所需的数据，并接受用户在电话拨号键盘输入的信息，实现对计算机数据库等信息资料的交互式访问。IVR 可以取代或减少话务员的操作，达到提高效率、节约人力、实现 24h 服务的目的。同时也可以方便用户，减少用户等候时间，降低电话转接次数。无线电答复（WR）服务器存储两种语音：一种是固定的语音；另一种是实时的语音。一般情况下，IVR 语音采用固定的语音，如需要更新或增加，则通过专用的录音程序录制，同时 IVR 在程序的控制下具有 TTS 的简单合成转换功能，以适应业务的需求。此外，IVR 服务器还可以起到充当传真（FAX）服务器的功能，实时或定时收发传真。

（3）人工座席服务系统（Agent）。人工座席是为客户提供服务的业务代表，由座席业务处理软件、数字话机、微机终端和送话器等组成。数字话机与自动呼叫分配（ACD）系统交换机配合，实现业务代表与客户进行语音交互，通过座席管理软件，可以同时显示有关客户信息，受理各种相关业务，同时可以控制通话行为，包括电话转接、电话会议、呼叫等待、呼叫终止等电话功能。座席业务处理软件包括交易客户身份验证、业务查询、业务处理、业务处理结果查询、客户服务登记/注销、话务统计、业务统计以及话务控制等功能。

（4）数据库管理系统（DBMS）。数据库管理系统是呼叫中心的数据中心，以及提供各种业务信息资源数据库。数据从数据库中间件获取，能够处理客户从委托到查询等多种业务。对于实时系统，呼叫中心必须实时由数据库管理系统读取数据，对于多层数据库应用而言，呼叫中心是数据库系统的一个特定的客户端用户。

（5）数据仓库和分析系统。数据仓库和分析系统主要是对客户数据的集中抽象和分析，以供管理层及有关人员使用。

3. 系统整体框架

1) 城管呼叫子系统方案

在本系统设计与研究中,由于城管呼叫子系统为城市应急联动与社会服务综合系统的一部分,对安全性和稳定性要求高,且全部系统要求座席数大,所以采取基于交换机的呼叫中心模式。本书所实现的城管呼叫子系统的结构体系如图 5-10 所示。

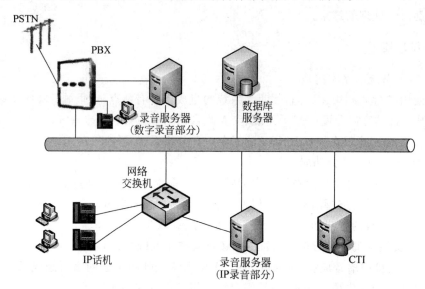

图 5-10　城管呼叫子系统结构体系

采用基于交换机的解决方案可方便后续系统的升级维护,系统通过计算机冗余技术提高系统的稳定性,采用基于两层结构模式。系统分为 ACD 接入部分(包括 CTI 服务器)、自动语音应答服务、人工座席系统和后台数据库系统等。

2) 城管呼叫子系统总体结构

城管呼叫子系统作为城市应急联动与社会综合服务系统的子系统,根据相应的需求和总系统设备资源,提出以下系统设计方案,如图 5-11 所示。

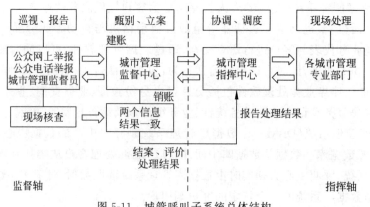

图 5-11　城管呼叫子系统总体结构

　　整个系统在应用层面分为座席和浏览-服务器(B-S)应用,座席应用通过 HTTP 和 XML 技术访问中间件完成对数据库的操作,B-S 应用通过 HTTP 和 HTML 访问.NET 平台完成数据库操作(见图 5-12)。

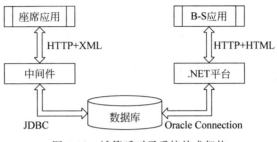

图 5-12　城管呼叫子系统技术架构

　　通过 CTI 软件与 PBX 设备的交互,完成对于呼叫话务的控制功能,而实现通信设备与计算机系统的数据通信,此系统中采用 CSTA(计算机支持通信应用)协议,因此 CTI 软件需要支持 CSI 标准协议,并能够和 PBX 设备进行呼叫数据的交互,并完成 CTI 软件对于 PBX 设备的呼叫控制。同时对于 PBX 设备而言,需要具备和计算机系统之间进行数据交互的、支持 CSTA 协议的通信板卡。为有效地监督座席的工作,可以增加统一电话录音及座席桌面录屏系统及相应的服务器,在 CTI 软件的控制下,通过录音录屏调用界面,普通座席能够及时地查看留言并进行处理,而呼叫中心领导,可更好地监督监控座席的工作情况。系统平台以物联网技术为基础,通过对程控电话交换机的控制和数据交互,从而实现对呼叫的统计、调度、分发、录音、监听等功能。

5.2　农业园林

5.2.1　精细农业

　　物联网可以广泛地应用于农业生产和农产品加工,打造信息化农业产业链。通过传感技术实现智能监测,可以及时感知土壤成分、水分和肥料的变化情况,动态跟踪植物的生长过程,为实时调整耕作方式提供科学依据。在食品加工各个环节,通过物联网可以实时跟踪动植物产品生长、加工、销售过程,检测产品质量和安全。物联网还可以在森林砍伐和防火管理、水资源管理、牧业管理及动物跟踪和保护中发挥重要作用。

　　智能农业产品通过实时采集温室内温度、湿度信号,以及光照、土壤温度、二氧化碳浓度、叶面湿度、露点温度等环境参数,自动开启或者关闭指定设备。可以根据用户需求,随时进行处理,为设施农业综合生态信息自动监测、对环境进行自动控制和智能化管理提供科学依据。

1. 在区域农田土壤墒情监测方面的应用

　　精准农业是 21 世纪世界农业主要发展方向。在美国、加拿大等农业发达国家,精准农业已经形成一种高新技术与农业生产相结合的产业,成为农业可持续发展的重要途径。

农业灌溉是我国的用水大户,其用水量约占总用水量的 70%。据统计,因干旱造成我国粮食每年平均受灾面积达两千万公顷,损失粮食占全国因灾减产粮食的 50%。长期以来,由于技术、管理水平落后,导致灌溉用水浪费十分严重,农业灌溉用水的利用率仅 40%。土壤水分是作物生长的关键性限制因素,土壤墒情信息的准确采集是进行农田的节水灌溉、最优调控的基础和保证,这对于节水技术有效实施具有关键性的作用。对土壤墒情信息,从宏观到微观的监测预测和动态分析,传统获取手段已很难实现。如果根据监测土壤墒情信息,实时控制灌溉时机和水量,可以有效提高用水效率。快速有效地描述影响作物生长的田间信息,成为目前开展精细农业实践迫切需要解决的基础问题之一。

物联网为农田信息获取提供了一个崭新的思路。物联网是通过射频识别、全球定位系统、激光扫描器等信息传感设备,按约定的协议,把任何物品与 Internet 连接起来,进行信息交换和通信,以实现智能化识别、定位、跟踪、监控和管理的一种网络。将传感节点布设于农田等目标区域,网络节点大量实时、精确地采集温度、湿度、光照、气体浓度等环境信息,这些信息在数据汇聚节点汇集,网络对汇集的数据进行分析,帮助生产者有针对性地投放农业生产资料等,从而更好地实现耕地资源的合理高效利用和农业现代化精准管理,推进农业生产的高效管理,提升农业生产效能。应用物联网重要组成的无线传感器网络进行农田土壤墒情信息获取可以满足快速、精确、连续测量的要求。无线传感器网络作为一种全新的信息获取和处理技术,凭借其低功耗、低成本、高可靠性等特点,已逐渐渗透到农业领域。

随着物联网的出现,对于实施农田精准作业过程,农田环境信息的采集则要求更加精确、及时。当前,农田信息获取的主要方式有:手持设备的人工获取方式、基于 GPRS 监测方式和基于 WLAN 监测方式等。

由此设计的系统主要针对物联网无线传感器网络系统在农田土壤墒情信息采集方面开展研究工作。该系统主要由低功耗无线传感网络节点通过 ZigBee 自组网方式构成,实现土壤墒情的连续存线监测。系统主要包含两个重要部分,即环境区域内的无线网络部分及实现远程数据传输的通信网络部分。无线网络选择星状网络连接拓扑;远程数据传输采用 Internet 实现,采用嵌入式 Internet 接入技术实现无线网络与 Internet 通信;以土壤的温度、湿度等参数采集为模型完成监测区域内环境参数采集。从而满足精准农业作业对农田信息精确度、实时性等要求。

系统中每个 ZigBee 终端连接传感器完成数据采集,数据采集作为 ZigBee 应用层应用对象以端口形式与协议栈底层进行通信,数据从应用层传输到物理层。之后,物理层进行能量和空闲信道扫描检测空闲信道,当得到空闲信道,物理射频模块将数据以无线电波形式发送。协调器射频模块接收到数据包,物理层通知上层接收到数据,数据从物理层逐层向上层传输,每向上一层就去掉下层的包头,包尾以这种形式将数据包解包。当数据传输到协调器应用层,数据通过串口发送到网络模块,网络模块采用网络协议与 Internet 连接,实现无线网络与 Internet 的对接。

本系统中传感器节点具有端节点和路由的功能。一方面实现数据采集和处理;一方面实现数据融合和路由,对本身采集的数据和收到的其他节点发送的数据进行综合,转发路由到网关节点。传感器网络节点由处理器单元、无线传输单元、传感器单元和电源模块单元 4 部分组成。处理器单元是无线传感器节点的核心,与其他单元一起完成数据采集、处理和收发;无线传输单元完成数据包的收发;传感器单元完成环境数据的采集转换;电源模块为整个节点系统提供能源支持。

此处以微处理器加无线射频模块的节点模型为例进行说明,无线传输技术采用 802.15.4(ZigBee)技术。系统处理器采用 CC2431 芯片。系统采用 ZigBee 无线网络与 Internet 连接形式实现数据远程传输。将 TCP/IP 扩展到嵌入式设备,由嵌入式系统自身 实现 Web 服务器功能。通过无线网络的协调器节点与 Internet 接入模块或服务器相连,无 线 ZigBee 协议在协调器上实现,TCP/IP 在网络接入模块上实现。该方式将 ZigBee 数据帧 在协调器中由协议栈解包,通过串口 RS-232 将数据发送到 Internet 接入模块,网络模块将 数据简单处理融合重新采用 TCP/IP 打包,实现 Internet 接入。该 Internet 模块硬件采用 ARM9 处理器。

微功耗无线传感器技术指标如下所示。

(1) 功率为 10kW。

(2) 接收时电流<18mA,发射电流小于或等于 40mA。

(3) 多信道模块标准配置提供 4 个信道。

(4) 组网功能,达 128 只无线传感器的网络。

(5) 接口波特率为 1200/2400/4800/9600/19 200b/s,可设置。

(6) 电池选配 450mA·h。无线传感器节点网络设计采用 ZigBee 协议,采用星状拓扑 结构。

该无线传感器网络监测系统在开发成功后,除区域农田土壤墒情信息监测之外,还可以 广泛应用于粮食储备仓库及蔬果、蛋肉存储仓库的温度、湿度控制;厂房环境的温度、湿度 控制;实验室环境的温度、湿度控制等方面,随着物联网应用范围的扩大,其市场应用前景 十分广阔。

物联网农田土壤墒情信息采集系统的建立,对农业种植户而言,可以摆脱传统农业生产 依赖天气、凭经验生产的方式,使现代农业走上工厂化生产和精细化生产的道路,农业产量 与质量得到提高。

总之,在推进农业信息化建设实践中,物联网信息采集技术成为不可缺少的重要环节。 如何将低成本、高效率、智能化设备应用于农田信息采集,有效降低人力消耗,获取精确的作 物环境和作物信息成为当前精准农业研究的一个重要方向。

2. 在现代农业信息化中的应用

快速发展的物联网技术在实现农业集约、高产、优质等方面都有极其重要的影响,也为 农业信息化提供坚实的发展基础,值得大力推广应用。图 5-13 是农业生产智能管理系统的 总体设计流程图。

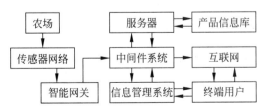

图 5-13　农业生产智能管理系统设计流程图

通过在各个农作物领域应用传感器,例如土壤水肥含量传感器、动物养殖芯片、农产品质量追溯标签、农村社区动态监控等各种传感器,实现数据自动采集,为进行科学预测和管理提供依据。运用RFID技术读取传感器中采集的数据,使用现有的一些信息管理系统和中间件系统,借助互联网络,实现各级政府管理者、农业科技人员和农民之间的互联,并拓展到与土、作物、仓储和物流等相连,最终实现农业数字控制,自动温室控制,自然灾害监测预警等智能化农业管理。

图5-14是农业生产智能管理系统结构图。农业生产智能管理系统有以下功能模块:实时传感数据采集模块、智能分析模块、联动控制模块、质量监控模块等。实时传感数据采集模块能实现实时数据采集和历史数据存储,能够摸索出农作物生长对温、湿、光、土壤的需求规律,提供精准的实验数据;智能分析模块和联动控制模块能够及时精确地满足农作物生长对环境各项指标的要求,例如通过光照和温度的智能分析和精确干预,能够使植物,特别是名贵花卉的花期完全遵循人工调节等高效、实用的农业生产效果。质量监控模块以现有的产地管理、生产管理和检测管理等各种信息系统为管理平台,以产品追溯码为信息传递工具,以产品追溯标签为表现形式,以查询系统为服务手段,实现农产品从生产基地到零售市场的全过程质量监管。

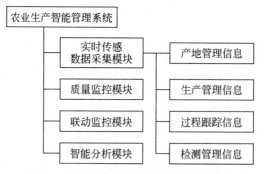

图5-14　农业生产智能管理系统结构图

3. 在区域粮食流通管理中的应用

国家发展改革委员会首批国家信息化试点项目"基于RFID的区域粮食流通管理试点应用"主要在粮食收购、粮食仓储、粮食物流等环节完成基于RFID的区域粮食流通应用,实现粮食流通信息化管理。在粮食收购环节建设农户结算卡系统,及时、准确地采集全社会商品粮收购情况,为农发行封闭资金管理、农产品收购发票稽核、按商品粮数据发放种粮补贴等提供准确依据,以便国家掌握粮食经纪人、外资企业对商品粮的控制情况,更好地进行粮食宏观调控。农户结算卡系统在常州市建设。在粮食仓储环节,建设粮库信息集成系统,及时、准确地采集粮食出入库、日常保管的信息,并与粮库管理系统集成,实现粮库业务、财务、税务的集成。粮库信息集成系统在常州现代粮食物流中心、无锡粮食科技物流中心等粮库建设。在粮食物流环节,建设区域粮食物流公共信息平台,通过车载终端、RFID电子标签等获得运粮车船的在途信息,实现粮食运输的监管和调度,并且在粮食流通相关企业之间共享信息,减少车船空返率,提高粮食运输效率。区域粮食物流公共信息平台在江苏省建设。在上述系统的基础上,形成粮食流通RFID及其他信息系统应用行业标准,促进粮食流通信息化建设,保障国家粮食安全。如图 5-15 所示为基于 RFID 的区域粮食流通管理系统。

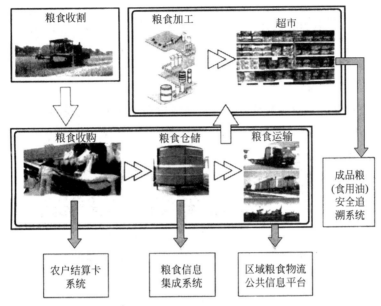

图 5-15 基于 RFID 的区域粮食流通管理系统

1）农户结算卡系统

农户结算卡系统运用射频及信息化技术,实时自动采集粮食收购交易、粮食收购流量、粮食收购流向、粮食价格、粮食质量、资金投放及管理等信息,创立了收购资金管理信息共享、粮食质量可追溯信息平台,完善了粮食直补政策,充分调动农民种粮和出售商品粮的积极性;降低粮食流通行政管理成本;整合和共享行政资源,提高粮食流通行政管理效率;准确掌握粮食宏观调控基础数据;建立粮食质量可追溯体系;有效规范粮食经纪人和经营者行为;创新了适应粮食市场化要求,适应国家粮食宏观调控需要,有效保障国家粮食数量和质量安全的粮食流通行政管理方式。

农户结算卡系统解决了粮食行政管理部门没有办法准确获得全社会的商品粮流通数据问题;通过该系统,财政部门可以准确获得种粮农民销售商品粮的数量和质量;解决了国家税务局无法准确、有效地实现粮食收购发票虚开虚抵的问题;可协助中国农业发展银行有效落实《粮食收购资金贷款封闭运行管理办法》;规范对粮食经纪人的管理。

2）粮库信息集成系统

通过粮库信息集成系统能够实现接卸自动化、作业信息化、管理智能化、服务社会化。规范粮食出入库作业管理,解决粮库自动化程度低,效率低下,特别是地磅环节容易出现营私舞弊的问题;解决了仓储日常保管靠人工工作,难以准确获知通风、熏蒸的时间、用电量等关键信息的问题;定义了环流熏蒸及仓储保管的主流形式,解决了低温绿色储粮技术应用较少的问题;解决了粮食收购发票开票工作量大,大部分粮库采用手工方式开粮食收购发票,在粮食收购高峰季节,工作量特别巨大的问题;解决了数据二次录入工作量大的问题,在粮食收购发票开票环节,即使粮食采用了开票软件,由于没有实现与粮库业务系统的集成,需要人工二次录入数据,工作量很大,在农发行数据上报过程中也存在类似问题。

粮库信息集成系统的优势主要体现在如下几方面。

（1）提高粮库管理效率。

该系统将业务、财务、税务、作业信息采集系统集成在一起，避免了不同系统之间相同数据的重复录入，提高了粮库作业效率。粮库作业数据的初始录入也采用了自动数据采集技术手段，提高了数据录入的效率和准确性。

（2）保证数据的准确性。

由于粮库信息系统中的数据都是通过自动数据采集技术获得的，没有人工的干预，因此大大提高了数据的准确性和及时性。

3）区域粮食物流公共信息平台

（1）解决了区域范围内的粮库、粮食加工企业、粮食经纪人等粮食采购主体单独在粮食主产区采购粮食的问题，使其可以获得团体采购的谈判优势以及较为便捷的请车等物流服务。

（2）解决了粮食物流运输成本较高的问题，降低运粮车辆空返率，降低粮食物流成本。

（3）可以让粮食加工企业突出自身的优势，可不必保持完整的仓储生产体系，建立自己的仓储设施，从而节约生产成本。

（4）解决粮食仓储保管技术水平较低的问题。

（5）有效解决粮食企业融资难度较大（中国农业发展银行对政策性粮食收购资金贷款除外）的问题。

（6）为粮食企业向粮食流通的高端产业发展提供捷径。

通过物流公共信息平台，整合社会运输资源，提供多式联运、质押融资、仓单交易等物流信息化服务，实现了"数字化粮库、信息化物流、社会化平台"的现代粮食物流模式。

5.2.2　园林绿化

物联网在森林防火中的作用主要体现在林火监控与林火扑救方面。物联网能构建面向应急联动系统的临时性、突发性基础信息采集环境。通过无线传感器网络对复杂环境和突发事件的精确信息感知能力，建设基于无线传感器网络的信息采集、分析和预警体系。

一方面可以实现对突发森林火警的精确监测。传统的森林火灾监控系统主要使用前端摄像系统采集林火信息，并由视频采集模块不间断接收摄像系统的视频数据并存入服务器中，视频解码模块利用视频采集模块采集的视频信息，通过视频解码算法把视频信息转换成预定格式的图像，以便进行火警图像的识别。火警图像识别子模块根据火焰烟雾的行为特征，运用图像处理技术和识别算法，对视频解码模块生成的图像进行智能分析，判断图像上是否有疑似火点。这种监控方式的缺点是信息传输时需占用大量带宽；视频解码与火警图形识别的效率低下；对雾、热气等干扰的分辨率差；林火预警的自动化和智能化程度低；不能大面积应用等。利用物联网技术可在监测区域遍布感烟、感温等传感器，传感器将周围信息通过无线网络反馈到监控中心，监控中心根据接收的信息判断是否出现火警，并通过各种方式（如手机）通知到监控人员。从上述过程可知，相比传统林火监控系统，物联网技术监测区域要大得多，传输的数据量小，火警识别更加精确快捷。

另一方面,可利用网络中具有 GPS 定位和 GPRS 通信模块的多模移动信息采集终端,提供全网节点定位和林火扑救人员的实时定位跟踪;同时,还可以结合 GIS,将现场动态信息与应急联动综合数据库和模型库的各类信息融合,依据现场环境及林火蔓延模型,形成较为完备的事件态势图,对林火蔓延方向、蔓延速率、危险区域、发展趋势等进行动态预测,进而为辅助决策提供科学依据,提高应急联动系统的保障能力,最大限度地预防和减少森林火灾及其造成的损害。

古树名木有重要的科学价值、历史价值和生态价值。经济的高速发展伴随而来的是城市规模的急剧扩大。古树名木的生长环境受到了不同程度的破坏。传统的古树名木保护与养护模式越来越不能适应现代城市发展与规划的需要。物联网技术的出现,为古树名木的管理找到了新的方向。古树名木管理人员可以把带有识别信息(ID 号码)和相关属性、养护等信息的电子标签植入植物的特定位置。通过阅读器可以将标签中的信息识别出来,并将数据传输到古树名木管理信息系统,借此可实现对古树名木的全程追踪,以便及时发现异样状况,及早处理。同时,它还将帮助护理人员进行古树名木的防虫、防盗、防火等。例如,某株古树一旦生病,专家足不出户,便可完成以下工作:在计算机上对树木的外部形态进行一次全方位的观察,然后查阅其过往资料,如何时浇的水、施过什么肥、生过什么病、是否"搬"过"家",最后给出诊断结果和治疗方案。当遭到人为破坏时,"电子园丁"不但能立即报警,还能不动声色地记录下肇事者的蛛丝马迹,与单一的人工维护相比,"电子园丁"的更新更加及时,浇水、施肥的同时,档案就会自动更新;记录更精准,维护时间、施肥类型绝无"笔误"。

世界各国对将物联网技术应用于动物养殖、保护特别重视。欧盟早在 1998 年就开始动物的电子身份证的研究。中国政府也于 2006 年 10 月发表了国家标准 GB/T 20563—2006《动物射频识别代码结构》。目前,用于动物识别的电子标签形式主要有耳钉式、项圈式、植入式和药丸式,各有自身特点和适用范围。电子标签的芯片寿命一般超过 30 年,每个动物芯片又都有一个全球唯一识别码(UID),所以存于芯片的识别码可作为动物终生的电子身份识别码。通过对每一野生动物个体进行电子标识,建立电子谱系档案,有利于加强对野生动物的谱系管理,明晰其家族史,避免野生动物的近亲繁殖,促进野生动物的物种优化。同时,通过物联网可以清楚地记录野生动物当前的生存状况,例如体貌状态记录、食料记录、交配记录、生育记录、交换记录、疫病状况等,详尽了解相关记录有利于研究人员进行科学保护与喂养,便于有关人员适时掌握野生动物的生存状态,有效地实施濒危物种保护措施。

欧盟要求木产品出口国遵守一套规则,确保产品原木的合法砍伐符合环境可持续发展,要求控制和监控流程实现透明性。一旦这些控制和流程实施到位,政府不但可授权发布符合欧盟标准的出口证,同时也打击了非法砍伐。其中,协议的一个要求是采用一套全国木材追踪系统,提高木材供应链的透明性和可追溯性。目前,当地林管部门主要通过肉眼读取树身标识上的识别码,手工清点树木。然而,手工系统不但操作复杂,而且很难追溯每一块加工后的木材,尤其是无法在整个供应链中保持完整的书面记录,确保所有税款的交付及原木的合法砍伐。为此,当地政府引入物联网技术,开发了木材追踪管理系统。通过该系统,可迅速查找到产品的历史,高速识别圆木;自动生产 RFID 报表,如库存、堆场报告等。同时,这套系统还支持森林库存和管理活动,如种植计划等;可以管理森林相关文件、树木加工、运输和出口等信息；支持警报系统；自动计算和收集税款，从而提高账面透明性，识别非法活动。

通过实时传感采集和历史数据存储，能够摸索出植物生长对温、湿、光、土壤的需求规律，提供精准的科研实验数据。通过智能分析与联动控制功能，能够及时精确地满足植物生长对环境各项指标的要求，达到大幅增产的目的。通过光照和温度的智能分析与精确干预，能够使植物完全遵循人工调节而产生高效、实用的农业生产效果。在中国台湾，物联网技术被用于蝴蝶兰培养体系，物联网全程控管温室栽培过程与资料追溯，有效地提高了供应链资讯的透明度，增加了资料收集的速度与正确性，利用物联网现场即时收集的资料，作为立即改善作业流程的依据，提升管理效率与附加价值，极大地提高了中国台湾蝴蝶兰的国际竞争力。

随着相关理论、技术的进一步成熟，物联网必将深入社会的各个行业和角落，在林业信息化中的应用也将超出上述范围。林业信息化是现代林业科学发展的支柱和目标。物联网技术的应用，将极大提高林业信息化的水平和程度。

5.2.3 食品溯源

1. 加强食品安全监管的意义

信息产业作为国家的先导、支柱与战略性产业，要努力服务于国家经济与社会发展，要为全面建设小康社会、和谐社会做贡献。"为三农服务"是我们的首要任务。为贯彻落实中央关于建设社会主义新农村的要求，信息产业全行业正积极行动起来，努力开发适合"三农"发展需要的新技术、新产品和新的应用领域。

目前，在国际上已广泛应用在物流、防伪、实时定位、动物防疫等诸多领域。采用的电子标签技术是目前国际上的成熟技术，动物饲养、屠宰、流通全程监控系统能够确保牲畜饲养、屠宰、流通环节信息透明可追溯。防疫和产品质检部门通过这套系统可对生猪种群品种及饲料、防疫、检疫过程进行全程监督。消费者可以通过计算机全面查询生猪饲养、屠宰、流通所有信息，一旦发生疫情等非常事件，可进行有效追溯并确定污染源，控制污染链，快速有效采取措施，减少损失，让人民群众真正吃到"放心肉"。

国家金卡办结合电子标签应用试点这项重点工作，决心把金卡工程从城市应用推向生产第一线和广大农村，把 RFID 技术推广应用到煤矿安全生产、名优产品防伪和现代物流，以及农业产业化、牲畜养殖业与食品加工业等领域，直接面向市场急需，服务于"三农"。通过自主创新解决农村重大牲畜防疫和食品安全问题，在使百姓吃上"放心肉"的同时，有效控制疫情范围，减少损失，努力提高农民的收入，促进农村经济的发展。这是一项利国、利民的信息技术应用示范，也是国家金卡工程在农业领域应用的新突破。

2. 项目技术架构

四川是我国生猪生产的重要基地，优选在四川建设牲畜、食品产业链电子标识管理系统具有重要意义。在全国首次应用 RFID 技术对生猪饲养、屠宰、流通环节进行全程信息管理，根据项目的总体需求，系统结构分为三层，即终端数据工作站、企业数据中心、中心数据中心,如图 5-16 所示。终端数据工作站与企业数据中心使用 ADSL 建立 VPN 连接,与企业数据中心做数据交换。企业数据中心与中心数据中心使用 DDN 专线定期将数据传输到数据中心。消费者及顾客通过 Internet 上的 Web Server 和移动通信网的增值业务,能够方便地查询到所需要的食品安全数据信息。

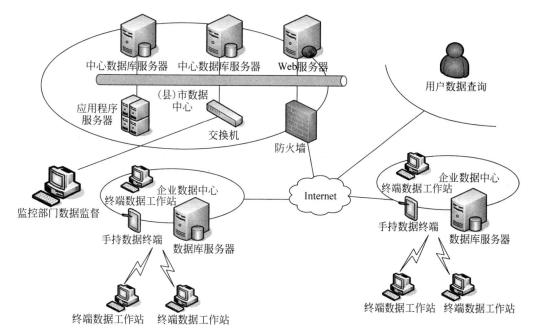

图 5-16 项目技术构架配置图

3. 系统功能

通过为每一头生猪佩戴 RFID 电子标签,建立生猪电子身份证和生命周期档案,利用 RFID 技术的特性,充分地将 RFID 应用到生猪食品生产全过程的管理和信息追溯中。如图 5-17 所示为该项目 RFID 电子标签应用图示。

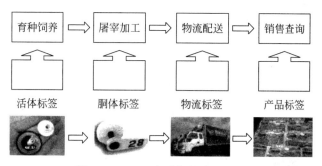

图 5-17 RFID 电子标签应用图示

在项目具体实施中,将生猪在每个环节中的数据通过电子标签采集,发送到数据中心,及时与相关各方信息化管理系统进行信息交互,并对数据信息跟踪挖掘,进而实现每个生猪食品个体生命周期信息和流通业务管理过程信息的完整结合,从而建立起真正的全方位的生猪食品流通安全监控体系。如图 5-18 所示为项目技术系统信息管理流程图。

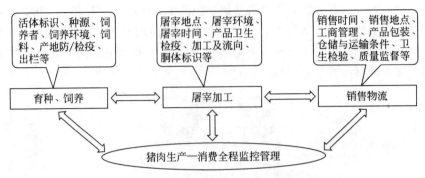

图 5-18　项目技术系统信息管理流程

（1）繁育环节：记录种猪来源、品种、生产及繁殖等信息，实现生猪品种改良等管理，便于企业对生猪种群的管理，便于防疫部门及时、准确地掌握生猪种群防疫信息。

（2）养殖环节：记录生猪养殖过程中饲料、防疫、生病治疗、兽药、消毒产品等信息，建立生猪电子档案，为生猪后续加工屠宰等提供基础信息。

（3）屠宰环节：对出栏基础信息合格生猪进行屠宰。记录生猪在屠宰过程中所涉及的检疫、质检以及加工过程与办法等信息。建立产品生产档案，实现对猪肉检验、存储以及运输信息的管理和监控，保障生猪食品安全。

（4）销售环节：查询信息平台，为消费者提供生猪产品的安全信息，同时也为政府相关部门提供生猪信息溯源管理，加强政府部门的监管力度，为生猪防疫免疫提供了支持，并为产业的宏观调控提供科学、可靠的依据。

（5）信息管理平台：建立企业网络数据中心和信息管理平台，由各养殖场和屠宰场通过 Internet 或者移动通信网将生猪养殖和屠宰等信息上传到数据中心服务器，由数据中心对其进行分析、管理，为企业的生猪销售提供信息查询、信息溯源，如图 5-19 所示，并与政府数据中心连接，起到疫病预警和产业调控的作用。

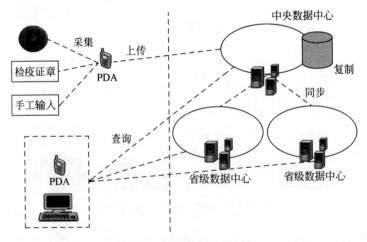

图 5-19　动物溯源系统方案

为保障数据的真实性，在相应的生产第一线应用远程监控系统对现场实施视频监控，并配合企业和政府的随机检查，实现过程的真实性控制管理。

5.3　智能电网

　　物联网与智能电网作为具有战略意义的高新技术和新兴产业,已引起世界各国的高度重视。我国政府不仅将物联网、智能电网上升为国家战略,并在产业政策、重大科技项目支持、示范工程建设等方面进行了全面部署。应用物联网技术,智能电网将会形成一个以电网为依托,覆盖城乡用户及用电设备的庞大的互联网络,成为"感知中国"的最重要的基础设施之一。物联网与智能电网的相互渗透、深度融合和广泛应用,能有效整合通信基础设施资源和电力系统基础设施资源,进一步实现节能减排,提升电网信息化、自动化、互动化水平,提高电网运行能力和服务质量。物联网与智能电网的发展可促进电力工业的结构转型和产业升级,更能够创造一大批原创的具有国际领先水平的科研成果,打造千亿元的产业规模。

　　智能电网主要是通过终端传感器在客户之间、客户和电网公司之间形成即时连接的网络互动,实现数据读取的实时、高速、双向效果,从而整体提高电网的综合效率。国家电网公司智能电网实现电力流、信息流、业务流高度一体化的前提,在于信息的无损采集、流畅传输、有序应用,各个层级的通信支撑体系是智能电网信息运转的有效载体。通过充分利用智能电网多元、海量信息的潜在价值,可服务于智能电网生产流程的精细化管理和标准化建设,提高电网调度的智能化和科学决策水平,提升电力系统运行的安全性和经济性。智能电网的核心,在于构建具备智能判断与自适应调节能力的多种能源统一入网和分布式管理的智能化网络系统,可对电网与客户用电信息进行实时监控和采集,且采用最经济与最安全的输配电方式将电能输送给终端用户,实现对电能的最优配置与利用,提高电网运行的可靠性和能源利用效率。智能电网的本质是能源替代和兼容利用,它需要在开放的系统和共享信息模式的基础上,整合系统中的数据,优化电网的运行和管理。

　　面向智能电网,从技术方案的角度来讲,物联网的网络功能仍集中于数据的采集、传输、处理三个方面。一是数据采集倾向于更多新型业务。由于宽带接入技术的支持,物联网应用不局限于数据量的限制,在未来的大规模应用中可以提供更多的数据类型业务,如重点输电线路监测防护、大规模实时双向用电信息采集。二是网内协作模式的数据传输。以网内节点的协作互助为基本方式,解决数据传输问题;以各种成熟的接入技术为物理层(MAC层)基础,从 MAC 层以上,通过多模式接入、自组织的路由寻址方式、传输控制、拥塞避免等技术实现节点协作数据传输模式。三是网内数据融合处理技术。物联网不仅是一个向用户提供物理世界信息的传输工具,同时还在网络内部对节点采集的数据进行融合处理,是一个具有高度计算能力和处理能力的云计算信息加工厂,用户端得到的数据是经过大量融合处理的非原始数据。

5.3.1　智能电网基本架构

　　面向智能电网应用的物联网主要包括感知层、网络层和应用服务层,如图 5-20 所示。

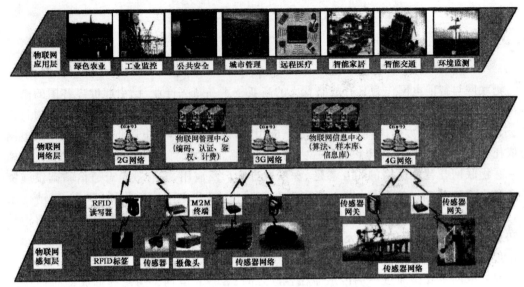

图 5-20　融合智能电网应用的物联网三层体系架构

感知层包括感知控制子层和通信延伸子层,主要通过无线传感器网络、RFID 等技术手段实现对智能电网各环节电气量、非电气量、微环境等信息的采集,并通过通信延伸子层接入物联网的网络层。

网络层包括接入网和核心网。网络层以电力光纤网为主,辅以电力线通信网、无线宽带网,实现感知层各类电力系统信息的广域或局部范围内的信息传输。鉴于智能电网对数据安全、传输可靠性及实时性的严格要求,物联网的信息传递、汇聚与控制主要依托电力专用通信网实现,在不具备条件或特殊条件下也可借助公网。

应用层包括应用基础设施/中间件和各种应用。应用层通过先进的信息分析处理技术实现智能电网智能化的决策、控制和服务,主要采用智能计算、模式识别等技术实现电网信息的综合分析和处理,实现智能化的决策、控制和服务,从而提升电网各个应用环节的智能化水平。

面向智能电网的物联网将具有多元化信息采集能力的底层终端部署于监测区域内,利用各类仪表、传感器、RFID 射频芯片对监测对象和监测区域的关键信息和状态进行采集、感知、识别,并在本地汇集,进行高效的数据融合,将融合后的信息传输至中间层的网络接入设备;中间层网络接入设备负责底层终端设备采集数据的转发,负责物联网与智能电网专用通信网络之间的接入,保证物联网与电网专用通信网络的互联互通。

物联网应用于智能电网用户服务的网络架构如图 5-21 所示。

物联网作为智能电网末梢信息感知不可或缺的基础环节,在电力系统中具有广阔的应用空间,物联网将渗透到电力输送的各个环节,从发电环节的接入到检测、变电的生产管理、安全评估与监督,以及配电的自动化、用电的采集、营销都要采用物联网,在电网建设、生产管理、运行维护、信息采集、安全监控、计量应用和用户交互等方面将发挥巨大作用,可以说智能电网 80% 的业务与物联网相关。

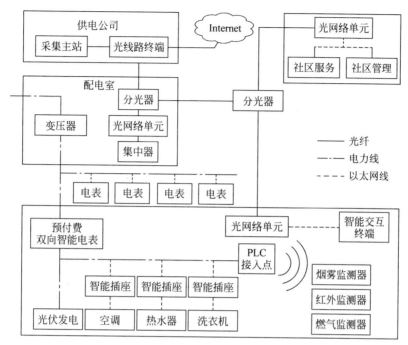

图 5-21　面向智能电网用户服务应用的物联网架构

5.3.2　智能用电关键技术

利用现代通信技术、信息技术和营销技术,建设智能用电服务体系是智能电网的重要内容之一。采用智能用电技术可以将各种分布式再生能源迅速接入电网,对环境安全具有重要的促进作用。智能用电,或称智能用电服务,依托坚强电网和现代管理理念,利用高级量测、高效控制、高速通信、快速储能等技术,实现市场响应迅速,计量公正准确,数据实时采集,收费方式多样,服务高效便捷,构建智能电网与电力用户电力流、信息流、业务流实时互动的新型供用电关系。将供电端到用户端的所有设备通过传感器连接,形成紧密完整的用电网络,并对信息加以整合分析,实现电力资源的最佳配置,达到降低用户用电成本、提升可靠性、提高用电效率的目的。

如图 5-22 所示,智能用电在发电系统节电、用电节电和输配电节电三个方面的基础上集成了通信、电力电子、人工智能等先进的信息化技术手段,并实现了其高度一体化的融合。在环境问题日益突出的当今世界,研究智能用电有着非常重要的意义,它对优化资源配置、实现低碳经济有着重要作用,同时能够显著地提高能源可持续利用率和能源系统稳定性。

智能用电集成了多个信息及功能模块,通过跨平台的数据/信息管理,实现更多、更高级的应用。例如通过削峰填谷,通过有效转移负荷,合理分配电力资源,满足日益增长的电力需求,而不是单纯增加基建投资;通过全网的无功/电压管理,降低线损;将实时负荷预测与气象、分布式能源联系起来,结合分时电价,引导客户消费,充分提高现有发电机组的平均小时利用率,而不是单纯增加新机组以满足无计划的峰值需求;提升电网自身的危机处理能力。

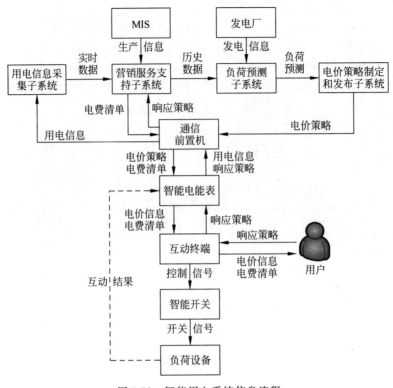

图 5-22　智能用电系统信息流程

　　智能用电是多学科交叉的新技术,它包含实时高速通信、智能采集与智能电表、交互式需方响应等方面。

1. 通信技术

　　高速通信技术是实现智能用电的关键组成。目前在智能用电领域的通信技术主要有大容量光纤、无线通信和组网、公网通信(包括 3G/4G/5G)和电力线载波技术。其中,光纤到户可以提供宽带及可靠的通信性能,但具有布线施工以及维护成本高等缺点。RF 无线具有无须布线的优点,但需要进行频率规划,RF 无线电频谱资源有限,信号穿透性不强,存在通信盲点,信号易受干扰。相比较而言,电力线载波由于具有一系列的优点而被广泛采用。

2. 智能电表

　　智能电表是智能用电的一个关键部分,也是智能家居系统的前提。应用智能电表能够实现远程自动抄表、自动计量和管理。智能电表系统能够对浮动电价进行自动响应和结算,对异常用电进行监控。它主要具有以下功能:①数字化多功能电能表,可以实现窃电和漏电检测功能;②网络预购功能,可以通过网上银行系统自动实现电表本地扣减电费;③网络通信功能,通过电力线载波实现与电网通信;④引导消费功能,通过显示峰谷电价时段、用电量和阶梯电价时段信息,引导客户更改用电时段,进行智能家电用电信息监测。

3. 智能采集

　　智能采集模块能够对用户的用电信息进行实时采集,主要针对大用户专用变压器、公用变压器和居民低压用电信息。采集系统在采集数据的同时还能够完成在线诊断功能。智能采集的主要功能为：①实时采集电力用户侧电能量信息；②根据主站设置的超限定值，对采集的用电信息进行统计、分析，自动执行本地功率闭环控制、本地电量闭环控制，引导用户合理有序用电；③进行变压器、开关、电源分配箱等设备数据的采集，进行在线设备故障诊断和分析，提高设备使用的安全性；④采集终端间支持快速通信，可设置成在线分析用电异常情况，必要时提供无功补偿和谐波治理方案。

4. 智能终端

智能终端是智能用电的用户端设备，利用智能采集系统的信息，将用电信息、报警信息、用电模式和相关政策信息发送给用户。用户可以通过智能终端接收和查询各类信息，通过使用智能用电终端，用户与电力企业建立了一个互动的连接平台，对于实现智能电网提供了保障，同时智能终端也是电力企业进行优化管理和资源配置的一个重要手段。

5. 需方响应

需方响应技术是一种信息互动。电力用户通过接收电力企业发布的用电信息，可以及时对用电负荷变化的措施发生响应，采取相应措施，遵循循环经济与可持续发展的规律从而达到削峰填谷、减少负荷波动的目的。需方响应技术的主要特征是通过用电户主动改变自己的用电方式或者主动采取不同的用电措施来参与市场竞争，从而获得相应的经济利益。以往电力用户是被动地按所定价格行事，完全对电网供电没有响应和互动。电力生产和输送企业用基于电力负荷特征的方法来通知用户接入或切出分布式电源，制定一套用电客户参与的需方响应补偿结算机制。通过采用需方响应技术，用户可得到电力负荷信息、电价浮动信息和用户电量的使用计量信息。

采用智能用电技术，充分发挥智能电网的安全性、适应性、高配置效率和互动性优势。同时，对于新能源，例如风能、太阳能等随机性或间歇性能源，智能用电技术可以进一步发挥它们的清洁、无污染特性等环保特性。通过智能用电技术，同时结合微电网配置技术，将清洁能源转化为电力集中输送，提高能源利用率和电能占终端能源消费的比例，同时带动风能产业、太阳能产业、电动汽车产业、智能家电产业的开发和建设，推动低碳经济发展。采用智能用电，构建智能电网，将分布式能源的优势充分利用，构建分布式能源模式。通过智能用电技术中的智能采集模式构建微电网来整合分布式发电，减小分布式发电对电网的冲击，可以进一步提高能源的利用率。

综上所述，智能电网和物联网的发展，必将实现对用户可靠、经济、清洁、互动的电力供应和增值服务，促进电力工业的结构转型和产业升级，创造一大批原创的具有国际领先水平的科研成果，打造千亿元的产业规模。

5.3.3 分布式发电与微电网技术

电力需求的快速增长与电网规模的不断扩大使构建大电网建设成本高、运行难度大，并且在适应电力用户的高要求、高可靠性和供电需求方面，也还存在诸多瓶颈问题。近些年来一些发达国家发生的大面积停电事故，已经暴露出大电网的脆弱。

分布式发电也称分散式发电或分布式供能,一般指将相对小型的发电装置(一般 50MW 以下)分散布置在用户(负荷)现场或用户附近的发电(供能)方式。分布式电源位置灵活、分散的特点极好地适应了分散电力需求和资源分布,延缓了输、配电网升级换代所需的巨额投资,同时,它与大电网互为备用也使供电可靠性得以改善。

由图 5-23 可知,微电网包括光伏发电、风能或者燃料电池等微电源,有的微电源还连接热负荷,同时为当地用户提供热源。

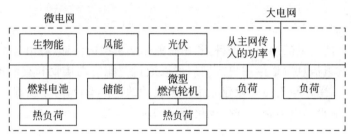

图 5-23　微电网结构方框图

微电网与传统集中式能源系统相比具有许多优势。

(1) 微电网接近负荷,线损显著减少,建设投资和运行费用较省。

(2) 分布式能源具备发电、供热、制冷等多种服务功能,可实现更高的能源综合利用效率。

(3) 有利于各类可再生能源(太阳能发电、风力发电、生物质发电等)的利用,减少了排放总量、征地、电力线路走廊用地和高压输电线的电磁污染,缓解了环保压力。

(4) 可以解决部分调峰和备用问题,做到与季节性和地域性的电力需求变化相适应,使得电力系统的经济性和安全性达到最佳平衡。

(5) 可以提高供电可靠性、供电质量和电网的安全性。

(6) 发展微电网技术可形成和谐多元化的电网格局。

微电网的最大优势是提高了电力系统面临突发灾难时的抗灾能力。大电网中超大型电站与微电网中分散微型电站的结合,可以减少电力输送距离,降低输电线路的投资和电力系统的运营成本,确保电力系统的运行更加安全和经济。

微电网目前存在许多需要进一步研究和攻克的技术难题,主要包含新能源和可再生能源发电技术、电力电子控制装置、储能技术和通信技术等。微电网作为大电网的有效补充,与分布式能源的有效利用形式已引起广泛关注,中国微电网的发展能够提高供电可靠性,促进可再生能源的利用,对建设抗灾型电网具有重要意义。

5.3.4　物联网在智能电网中的应用

以电力应用为例,物联网网关在电力系统中的应用包括电力传输线路监控和抄表系统。

无线传感器网络产品可用于监测大跨距输电线路的应力、温度和震动等参数。每个传感器节点部署在高压输电线上,而网关固定在高压输电塔上,这样就克服了超高压大电流环境中在线监测装置的电磁屏蔽、工作频率干扰、电晕干扰、在线监测装置的长期供电等技术难题,解决了导地线微风振动传感技术、无线数据传输、多参数信息监测与集成等关键技术问题。无线传感器网络的优良特性能为电力系统提供更加广泛和完善的解决方案,同时灵活、开放、可配置的无线传感器网络技术平台能够满足电力行业开发与应用的特殊需求,使及时、准确、低成本的电力系统监测控制成为可能。用于监控的传感器节点包含多个传感器,如应力、温度、震动传感器,如果按照传统方式,每个传感器配置一个远距离移动通信模块,这不仅功耗大,增加了人力维护检修的成本,而且需要占用大量的网络资源,降低了网络使用的效率。采用物联网网关设备,将数个相邻的传感器节点通过同一个网关传输数据,这样大幅度减少传感器占用的网络空号和资源数,也使节点可以使用耗电更小的短距传输的 WSN 协议。同时延长了人工更换电池的周期,可实现物联网网关的远程管理,监控节点的能源消耗,提供故障预警、远程诊断等管理功能,帮助电力系统节省大量的人力维护成本。

在电力大量应用的远程无人抄表系统中,传统做法是为每个电表配备一个 GSM/GPRS 或 CDMA 数据模块,这样不仅设备部署的成本高,而且需要大量的运营商的号码资源,但是每个号码资源又都是短时小数据流量的应用,无形中增加了网络运营的负担,有可能对正常的语音和数据服务造成影响。对电力系统而言,这些号码资源的使用也是不小的成本支出。使用物联网网关后,可以在一幢大楼甚至几幢大楼部署一个网关。电表信息汇聚到网关后由网关通过运营商网络传送到电力系统的管理平台,这样大大减少了电力系统的成本支出,同时也减轻了运营商网络的运营压力,提高了效率。除了抄表功能本身,通过物联网网关强大的管理能力,还可以监控每个抄表终端节点的运行状态,远程维护数量庞大的末梢节点,节省了人力维护成本。

如图 5-24 所示,无线电力远程抄表系统由位于电力局的配电中心和位于居民小区的电表数据采集点组成,利用运营商的无线网络,电表数据通过运营商的无线网络进行传输。电

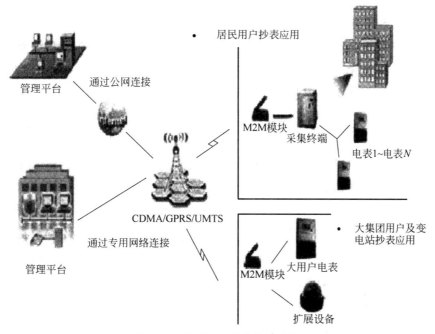

图 5-24　无线电力远程抄表系统

表直接通过 RS-232 口与无线模块连接或者首先连接到电表数据采集终端,数据采集终端通过 RS-232 口与无线模块连接,电表数据经过协议封装后发送到运营商的无线数据网络,通过无线数据网络将数据传送至配电数据中心,实现电表数据和数据中心系统的实时在线连接。

运营商无线系统可提供广域的无线 IP 连接。在运营商的无线业务平台上构建电力远程抄表系统,实现电表数据的无线数据传输,具有可充分利用现有网络,缩短建设周期,降低建设成本的优点,而且设备安装方便、维护简单。

一个完整的无线抄表系统可以具体分为如下几部分。

(1) 数据采集部分:负责采集电表数据。

(2) 传输部分:传输数据的通道。

(3) 管理及业务平台。

5.4 智能交通

5.4.1 智能交通系统概述

物联网可以很好地应用到诸多领域,智能交通领域即是其中之一。智能交通系统(Intelligent Transportation System,ITS)是指将先进的信息处理技术、定位导航技术、数据通信传输技术、自动控制技术、图像分析技术以及计算机网络等有效地综合运用于整个交通管理体系中,从而建立起的大范围内、全方位发挥作用的实时、准确、高效的运输管理系统。

目前的智能交通系统主要包括以下几个方面:先进的交通信息服务系统、先进的交通管理系统、先进的公共交通系统、先进的车辆控制系统、先进的运载工具操作辅助系统、先进的交通基础设施技术状况感知系统、货运管理系统、电子收费系统和紧急救援系统。

智能交通是作为继计算机产业、Internet 产业、通信产业之后的又一新兴朝阳产业,其与物联网的结合是必需的,也是必然的,智能交通行业已被公认为是物联网产业化发展落实到实际应用的最能够取得成功的优先行业之一。

智能交通物联网总体架构如图 5-25 所示。

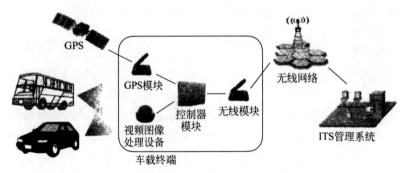

图 5-25　智能交通物联网总体架构图

智能交通的发展,将带动智能汽车、导航、车辆远程信息系统、RFID、交通基础设施运行状况的感知技术(如智能道路、智能铁路、智能水运航道等)、运载工具与交通基础设施之间的通信技术、运载工具与同种运载工具或不同种运载工具之间的通信技术、动态实时交通信息发布技术等多个产业的发展,具有很广泛的应用需求。

随着车载导航装置的发展和手机的普及,在北京、上海、广东珠海等比较发达的地区已经出现了基于车载导航装置和手机的动态交通信息服务(如珠海的"安捷通"系统),这些发布方式必将随着城市智能交通的发展进一步得到普及。可以说,随着交通信息发布系统的进一步建设,广大交通参与者将能够越来越方便、越来越及时地获得各种交通信息,从而更好地帮助其出行。

ITS 作为一个信息化的系统,它的各个组成部分和各种功能都是以交通信息应用为中心展开的,因此,实时、全面、准确的交通信息是实现城市交通智能化的关键。从系统功能上讲,这个系统必须将汽车、驾驶者、道路及相关的服务部门相互连接起来,并使道路与汽车的运行功能智能化,从而使公众能够高效地使用公路交通设施和能源。其具体的实现方式是:该系统采集到的各种道路交通及各种服务信息经过交通管理中心集中处理后,传送到公路交通系统的各个用户,出行者可以实时选择交通方式和交通路线;交通管理部门可以自动进行交通疏导、控制和事故处理;运输部门可以随时掌握所属车辆的动态情况,进行合理调度。这样,路网上的交通经常处于最佳状态,能够改善交通拥挤,最大限度地提高路网的通行能力及机动性、安全性和生产效率。

现有的交通管理基本上都是自发进行的,车上的每个驾驶者都是根据自己的判断来选择自己的行车路线,交通信号灯仅起到静态的、有限的指导作用。这导致城市道路资源不能够得到有效的利用,由此产生不必要的交通拥堵甚至瘫痪。而智能的城市交通基础设施可以将整个城市内的车辆和道路信息实时收集起来,并通过超计算中心动态地计算出最优的交通指挥方案和行驶路线。例如在机动车辆发生事故时,车载设备就可以向交通管理中心发出信息,便于及时处理以减少道路拥堵;同样,后方行驶的车辆也可以及时得到信息,绕开拥堵的路段。当然,如果违章行驶,也会在第一时间得到处罚。

基于无线传感器网络的智能交通,在交通信息采集方面,其终端节点通过采用非接触式地磁传感器定时收集和感知区域内车辆的速度、车距等信息。当车辆进入传感器的监控范围后,终端节点通过磁力传感器来采集车辆的行驶速度等重要的信息,并将信息传给下一个定时醒来的节点。当下一个节电感应到该车辆时,结合车辆在两个传感器节点间的行驶时间估计,就可以估算出车辆的平均速度。多个终端节点将各自采集并初步处理后的信息通过汇聚节点汇聚到网关节点,进行数据融合,获得道路车流量与车辆行驶速度等信息,从而为路口交通信号控制提供精确的输入信息。通过给传感器节点安装湿度、光照度、气体检测等多种传感器,还可以进行路面状况、能见度、车辆尾气污染等检测。

综上所述,基于物联网的 ITS 以先进的交通动态基础信息采集技术为核心,利用多种高精度传感器设备,可准确采集道路车辆信息、流量信息、道路的时间与空间占有率、车头时距、排队长度、车速信息、违章信息、停车位信息、气象信息、道路基础设施状态信息等,并依靠自有网络对信息进行实时传送,为交通信号控制系统、交通动态诱导系统提供必需的检测信号;可以提供城市路口的交通参数、车辆动态运行参数、车辆违章行为判选等信息,为整个城市的交通管理、安全管理提供基础数据。

目前,物联网发展还处于初级阶段,物联网在 ITS 领域方面的应用今后会更全面、更先进。物联网的产业化发展将大力促进我国 ITS 的发展。ITS 行业现在已被公认为是物联网产业化实际应用的最能够取得成功的优先行业之一,必将创造出更大的应用空间和市场价值。

5.4.2 智能交通系统的体系框架

ITS 作为一个信息化的系统,它的各个组成部分和各种功能都是以交通信息应用为中心展开的,因此,实时、全面、准确的交通信息是实现城市交通智能化的关键。

从系统功能上讲,这个系统必须将汽车、驾驶者、道路以及相关的服务部门连接起来,并使道路与汽车的运行功能智能化,从而使公众能够高效地使用公路交通设施和能源。其具体的实现方式是:该系统采集到各种道路交通及各种服务信息,经过交通管理中心集中处理后,传送到公路交通系统的各个用户,出行者可以进行实时的交通方式和交通路线选择;交通管理部门可以自动进行交通疏导、控制和事故处理;运输部门可以随时掌握所属车辆的动态情况,进行合理的调度。这样,路网上的交通经常处于最佳状态,能够改善交通拥挤,最大限度地提高路网的通行能力、机动性、安全性和生产效率。

针对目前交通信息采集手段单一、数据收集方式落后和缺乏全天候实时提供现场信息能力的实际情况,以及道路拥堵疏通和车辆动态诱导手段不足,突发交通事故实时处置能力有待提升的工作现状,基于物联网架构的智能交通体系综合采用线圈、微波、视频、地磁检测等固定式的交通信息采集手段,结合出租车、公交车及其他勤务车辆的日常运营,采用搭载车载定位装置和无线通信系统的浮动车检测技术,可实现路网断面和纵剖面的交通流量、占有率、通行时间、平均速度等交通信息要素的全面全天候实时获取。通过路网交通信息的全面实时获取,利用无线传输、数据融合、数学建模、人工智能等技术,结合警用 GIS,可实现交通堵塞预警、公交优先、公众车辆和特殊车辆最优路径规划、动态诱导、绿波控制和突发事件交通管制等功能。通过路网流量分析预测和交通状况研判,可为路网建设和交通控制策略调整以及相关交通规划提供辅助决策和反馈。

物联网架构下的智能交通体系框架如图 5-26 所示。从图中可以看出,这种架构下的智能交通体系通过路网断面和纵剖面交通信息的实时全天候采集和智能分析,结合车载无线定位装置和多种通信方式,实现了车辆动态诱导、路径规划和信号控制系统的智能绿波控制和区域路网交通管控,为新建路网交通信息采集功能的设置提供规范和标准,便于整个交通信息系统的集成整合,为大情报平台提供服务。

在图 5-26 中,由浮动车式交通信息采集系统、固定式交通信息采集系统、交通信号控制系统、快速路交通管理系统、卡口系统、非现场执法系统、车辆和警员定位系统等子系统组成了交通指挥中心信息平台。该平台与 GIS 数据信息平台无缝对接,通过智能分析系统对各种交通数据流进行情报化分析处理后,对外提供公共交通信息服务和交通诱导信息服务。

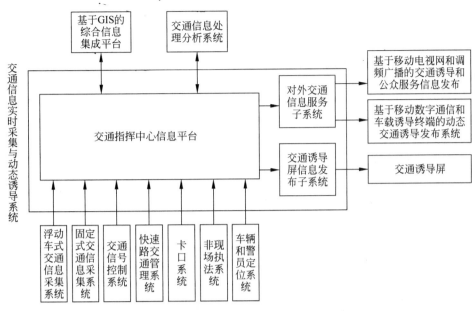

图 5-26　物联网架构下的智能交通体系框架

交通指挥中心信息平台在动态交通信息诱导系统中起到交通信息的会聚融合、智能处置、情报分析提取和信息分发等作用,可为指挥决策和交通信息发布,以及区县级交通指挥分中心提供数据支持。

交通指挥中心信息平台的主要功能如下。

(1) 完成浮动车式交通信息采集系统、固定式交通信息采集系统、车辆和警员定位系统等 7 个系统信息的汇集和标准化处理。

(2) 完成对汇集后的交通信息的质量管理,对道路交通状态信息的判别和评估,并在信息平台内进一步加工处理,形成统一的交通状态信息。

(3) 实现对外交通信息服务子系统、交通诱导屏信息发布子系统和交通信息处理分析系统之间的交通信息共享和反馈。

交通指挥中心信息平台的建设应立足物联网整体情报大平台的需求,设计应满足远期海量终端接入和平台间的数据交换及按需共享的要求。

5.4.3　交通控制系统的结构框架和层次结构

城市交通控制系统应具备的功能包括:①通过各种检测手段和计算机信息处理技术,获取城市路网的实时交通信息;②分析交通路况信息,及时作出交通管理宏观控制决策,以最优化的路网运行并处理事故等意外情况;③将有关控制决策转化为各级控制策略,以此设计信号配时方案并予以执行;④保持与交通信息显示、动态路线诱导等其他交通管理控制系统的通信与协作等。

智能交通系统是将人工智能的理论和方法用于解决交通问题的一套综合系统。人工智能理论的快速发展为智能交通系统的研究提供了智能方法,利用这些方法可以解决交通控制领域中很多过去无法解决的问题。本节介绍利用 RFID、嵌入式、模糊控制等物联网相关技术,按照多智能体系统结构对交通系统进行设计的思路。

1. 智能交通控制系统的结构框架

通常,城市道路交通控制系统可以从不同的角度进行分类。从空间关系这一角度,可以把城市交通系统划分为"点、线、面"三个层面,即单交叉口、交通干线和区域网络。由于所采用的技术方法的不断发展,城市交通控制可分为定时控制、感应控制和智能控制等。

多智能体(Multi-Agent,MA)系统是分布式人工智能的一个重要分支,其目标是将复杂的大系统构造成小的子系统,而各子系统之间为便于管理,能够相互通信和相互协调。通过子系统的自治和相互协调可以解决复杂系统的控制问题。由于城市交通网络的复杂性和实时性,比较适合应用多智能体系统结构进行智能控制。按照该结构设计的智能交通控制系统结构框架如图 5-27 所示。在图 5-27 中,利用 RFID 技术进行车流量信息检测,利用嵌入式技术设计和开发交通信号控制机,智能算法采用模糊控制方式。

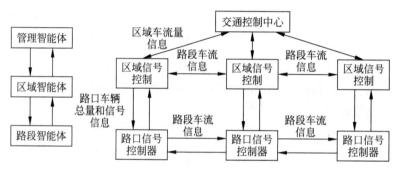

图 5-27　智能交通控制系统结构框架

在该交通系统结构框架中,路段智能体能够实时更新单个路段的流量数据,并将交通流数据提供给相连接的路口用于信号配时;区域智能体通过分析区域交通流信息来协调路段之间交通流的动态平衡;位于交通控制中心的管理智能体统一协调各区域的交通运行。

2. 智能交通控制系统的层次结构

在城市交通控制系统中,智能集成与信息共享要求整个系统应具备统筹协调和灵活调整控制策略的能力,以确保在任何时候、任何地点均能正确地选取恰当的控制组织体系及控制对策,最终达到优化系统总体效益的目的。交通信号控制作为城市交通的直接控制手段和主要管理措施,在城市交通控制系统中始终起着举足轻重的作用,因此城市交通信号控制系统一直是智能交通所研究与实施的重点所在。根据城市交通控制系统分层系统结构的定义,可将交通控制系统划分为决策层、战略控制层、战术控制层和执行层,其体系结构如图 5-28 所示。其中,决策层主要由城市交通控制决策系统构成,战略控制层由若干区域协调控制系统构成,战术控制层由若干路口控制系统构成,执行层由检测器、信号控制器和信号灯等设备构成。

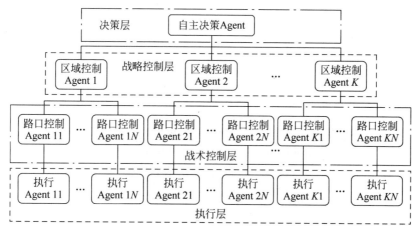

图 5-28 智能交通控制层次结构

5.4.4 应用举例——交通诱导

1. 交通诱导的概述

交通诱导系统指在城市或者高速公路的主要交通路口,布设交通诱导屏,为出行者指示下游道路的交通状况,让出行者选择合适的行驶道路,既为出行者提供了出行诱导服务,同时调节了交通流的分配,改善交通状况。

交通诱导系统由以下 4 个子系统构成。

1) 交通流采集子系统

城市安装自适应交通信号控制系统是实现交通诱导的前提条件。这个子系统包括两个关键部分:一个是交通信号控制应是实时自适应交通信号控制系统,另一个是接口技术研究,即把获得的网络中的交通流传送到交通流诱导主机,利用实时动态交通分配模型和相应的软件进行实时交通分配,滚动预测网络中各路段和交叉口的交通流量,为诱导提供依据。

2) 车辆定位子系统

车辆定位子系统的功能是确定车辆在路网中的准确位置。车辆定位技术主要有以下几种方法:地图匹配(Map Matching)定位、推算(Dead-Recking)定位、全球定位系统(GPS)、惯性导航系统(INS)、路上无线电频率(TRF)定位。

3) 交通信息服务子系统

交通信息服务子系统是交通诱导系统的重要组成部分,它把主机运算出来的交通信息(包括预测交通信息)通过各种传播媒体传送给公众。这些媒体包括有线电视、联网的计算机、收音机、路边的可变信息标志和车载信息系统等。

4) 行车路线优化子系统

行车路线优化子系统的作用是根据车辆定位子系统所确定的车辆在网络中的位置和出行者输入的目的地,结合交通数据采集子系统传输的路网交通信息,为出行者提供能够避免交通拥挤、减少延误及高效率达到目的地的行车路线。在车载信息系统的显示屏上给出车辆行驶前方道路网状况图,并用箭头线标示建议的最佳行驶路线。

2. 诱导信息发布

交通诱导屏信息发布子系统主要利用城区主干道的户外大屏,采用区域诱导策略对驾驶员提供诱导,即信息板实时发布对应交通节点下游的部分路网的交通状态,对道路使用者进行实时诱导,对交通管理措施提供跟踪反馈。交通诱导信息发布流程如图5-29所示。

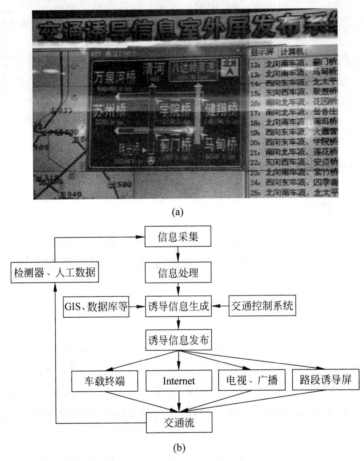

(a)

(b)

图 5-29　交通诱导信息发布系统及流程图

交通诱导屏信息发布子系统的主要功能包括:

1)提供在线车辆诱导和紧急事件的通告信息

交通诱导信息包括道路拥堵信息、快速路出口匝道拥堵信息,以及根据天气状况、路面和路面设施检修状况、特殊情况需要封闭道路等各种交通警示信息等,通过将这些信息及时地通知给驾驶员,提高驾驶员的警觉性,实现车流的合理导向,缓解车流分配不均对交通造成的影响,保障车辆的安全行驶。

2)系统的自动/手动控制

该系统具有自动和手动两种控制模式。通过系统内部设置的控制策略,系统可以自由地在自动和手动两种模式之间切换。在自动情况下,系统自动向交通诱导屏发出显示道路交通状况的信息:红色表示堵塞,黄色表示拥堵,绿色表示畅通;在手动情况下,系统向交通诱导屏发出的显示道路交通状况的信息须经操作员手工确认方可发布,同时操作员也可手工向交通诱导屏发送文字信息。

3）可变的动态文字警示信息显示

如果交通信息标志牌完全依靠固定不变的文字信息,那么在进行交通诱导时就具有一定的局限性。作为功能的进一步完善,为了更好地发布重要的路况信息和警示信息,可在所设计的标志板下方增加全点阵显示部分,进行单行汉字显示,增强交通诱导屏的可读性。

3. 技术突破点

在实际应用中,智能交通有以下几个关键技术突破点。

（1）先进的检测、感知、识别技术和车载设备。通过采用射频识别技术、传感器技术获取人与物的地理位置、身份信息等,实现物物相通,包括新一代车载电子装置、车辆自动驾驶设备、驾驶员驾驶能力和精神状态自动检测仪表的研制和开发使用。

（2）建立信息网络。信息网络需要收集的信息包括交通基础设施的现行自然状态,设计、施工、使用与维护档案,环境状况,有关的天气条件和预测的天气变化等信息。

（3）先进的交通管理调度系统。需要具备智能地、自适应地管理各种地面交通的能力,实时地监视、探测区域性交通流运行状况,快速地收集各种交通流运行数据,及时地分析交通流运行特征,从而预测交通流的变化,并制定最佳措施和方案,例如车辆-道路自动化协作系统和车联网系统。

5.5 智能物流

5.5.1 智能物流概述

物流随商品生产的出现而出现,也随商品生产的发展而发展。物联网的发展离不开物流行业。早期的物联网叫作传感网,而物流业最早就开始有效应用了传感网技术,如 RFID 在汽车上的应用,都是最基础的物联网应用。中国电信的翁昌亮在 2010 年增值电信业务合作发展大会上表示:"物联网目前以交流物流和公共事业为主要发展方向,从应用来讲,在公共事业监控及交流物流信息采集、定位方面取得了一定的进展。"可以说,物流是物联网发展的一块重要的土壤。

一般物联网运用主要集中在物流和生产领域。有观点称,物流领域是物联网相关技术最有现实意义的应用领域之一。特别是在国际贸易中,由于物流效率一直是整体国际贸易效率提升的瓶颈,是提高效率的关键因素,因此物联网技术(特别是 RFID 技术)的应用将极大地提升国际贸易流通效率,且可以减少人力成本和货物装卸、仓储等物流成本。

智能物流打造了集信息展现、电子商务、物流配载、仓储管理、金融质押、海关保税等功能为一体的物流信息服务平台。其以功能集成、效能综合为主要开发理念,以电子商务、网上交易为主要交易形式,建立了高标准、高品位的综合信息服务平台,并为金融质押、海关保税等功能预留了接口,还可以为物流客户及管理人员提供一站式综合信息服务。

由 RFID 等软件技术和移动手持设备等硬件设备组成物联网后,基于感知的货物数据便可建立全球范围内货物的状态监控系统,提供全面的跨境贸易信息、货物信息和物流信息跟踪,帮助国内制造商、进出口商、货代等贸易参与方随时随地掌握货物及航运信息,提高国际贸易风险的控制能力。实践证明,物流与物联网关系十分密切,通过物联网建设,企业不但可以实现物流的顺利运行,城市交通和市民生活也将获得很大的改观。

在具体应用中,目前人们对条形码比较熟悉,它被广泛应用在商品流通、邮政管理、图书管理、银行系统等许多领域。而人工读取一个条形码需要的时间大约是 10s,用机器读取条形码花费的时间大概是 2s。如果采用电子标签及射频技术读取,那么只需要 0.1s 就可以完成识别。试想这种技术如果在企业物流中推广开来,那将为企业解决的不单单是时间问题,包括人员、管理、安全等一系列的问题都迎刃而解了。

在集装箱及货物物流运输过程中,客户要求能掌握货物的签封状态以及货物物流中转口岸地理位置信息,从而进行货物跟踪;港口工作人员也需要获取这些货物基本信息,从而保证货物能按正确物流路线进行中转,快速而高效地完成客户任务;同时工作人员负责货物安全状态检查及中转信息录入工作,保证货物安全责任归属。为了实现集装箱货物物流提出的以上要求:集装箱公司在发货口岸负责将货物基本特征属性信息以及货物收发双方信息预存到标签中,再将标签安装到与货物对应的集装箱上;中转港口工作人员将集装箱所到港口地理位置、港口名称、货物的安全状态、港口货物负责人等信息录入标签,并将这些数据发送到港口管理中心并存储;在港口管理中心对货物进行信息查询,客户通过网络验证密码后可查询货物信息。

下面来看一个物联网在物流运输中的应用案例。假如一家第三方物流公司是做冷链业的,拥有自己的冷藏车队和冷藏库,每辆车都安装有 GPS/GIS(全球卫星定位系统/地理信息系统定位系统),此时接到了一家公司的长期物流运输业务,需要经常将原料由一家国外工厂运到国内该公司。这时,物流公司首先同原料厂和雇主方实现信息共享。然后,公司下达原料订单后,物流公司在每份原料包装中嵌入 RFID 芯片,芯片具有温湿度感知功能。原料装入安有 RFID 芯片的冷冻集装箱,经海船到达国内港口以后,装有原料的冷冻柜经过海关检验,由港口车辆存放到临时仓库,因海关和港口采用了 RFID 技术,不但实现了通关自动化,物流公司和雇主还可以随时了解货物的位置和环境温湿度。根据雇主的要求,物流公司用配备有 RFID 读取设备的冷藏车辆将一部分原料送入仓库,另一部分原料送往生产基地。然后,送往仓库的原料,卸货检验后,由叉车用嵌有 RFID 的托盘,经过具有 RFID 读取设备的通道,放置到同样具有 RFID 读取设备的货架。这样,物品信息自动记入信息系统,实现了精确定位。由于使用了 RFID 技术,仓库内的包装加工、盘货、出库拣货同样高效无误。而且当冷库中货架上的试剂数量降低到安全库存以下时,系统也会自动发出补货请求。如果是陆运,由于高速公路沿途设有 RFID 读取器,不但可以实时监控货物位置,也可以防止物品的遗失、掉包、误送。从原料出厂,到运输、跟踪货物、检验、导入库等,整个供应链上的任何一家企业通过计算机查询都一目了然。

通过上述物流案例的介绍,可以看到贯穿全覆盖的物联网,整个供应链呈现了透明、高效、精准的特点,实现了传统物流可望而不可即的目标。另外,通过物联网,仓库的管理变得高效、准确,人力需求大大减少。

RFID 技术大规模应用于物流领域。物流领域包括商品零售供应链、工业和军事物流。工业物流管理主要包括航空行李、航材、钢铁、烟草、酒类等领域的物流管理及海关通关车辆

(集装箱)的监管。我国已成为世界制造大国,大中型企业的信息化管理水平不仅是改变传统产业的锐利武器,还是企业集聚优势、提高自身竞争力、融入经济全球化的战略选择,而RFID技术正是提高企业物流信息化管理水平的重要手段。

物联网给RFID产业带来很大的市场空间,但是,我国RFID产品在物流领域的应用市场并不理想。据统计,RFID系统成本的60%～70%在标签,特别是UHF-RFID标签的价格是制约它在物流市场大规模应用的瓶颈。价高难以形成规模市场;反过来,没有规模市场又难以降低产品成本,这是一对矛盾。有专家认为,价格的底线是标签的价格应小于所安装物品价格的1%。对于车辆或武器装备,这个底线不是门槛,但是对于物流中的普通商品,它就是难以逾越的高台阶。

5.5.2　物流车辆管理系统

在物流运输的过程中,由于运输途中的意外情况很多,企业对其在途中的货物很难跟踪和联系。目前往往依靠运输司机的电话告知或企业打电话询问,这样的信息反馈往往导致信息的缺失、成本高昂、效率不高及信息的跟踪、整理和统计分析困难。为此,将物联网技术应用于物流车辆管理,使其能在任何地方管理和控制车辆。快速、准确地掌握流动过程中所发生的信息流、资金流,高效可靠地完成物流配送。

将物联网应用于物流车辆管理系统中,系统由物流车辆管理平台、无线网络接入和车载终端组成。系统结构图如图5-30所示。将具有物联网应用、具备无线移动网络通信的物联网终端嵌入车辆中,在车辆通过车载终端接入物流车辆管理系统中后,相关的信息,如速度、行驶方向、经纬度、车辆状态和闲置时间等,将会定时传送到系统中。利用这些信息,将可更好地管理车队,提高效率,增加使用率及增强安全性。

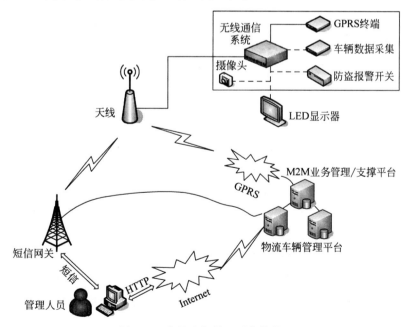

图 5-30　物流车辆管理系统结构图

该系统的特点是:

(1) 实时车辆监控。实时监控车辆的位置、速度、行驶线路等,对超速、越界车辆进行报警。

(2) 行驶轨迹回放。可查询车辆的行驶轨迹,在车辆被盗、被投诉或发生事故等情况下提供参考依据。

(3) 综合信息管理。实现车辆信息、驾驶员信息、车辆维修情况的综合信息管理,实现车辆营运情况的统计分析。

5.5.3　物流配送管理系统

物流配送几乎包括所有的物流功能要素,是物流的一个缩影或在某小范围中物流全部活动的体现。配送的主要操作包括备货、存储、分拣及配货、配装和配送运输,通过这一系列活动完成将货物送达目的地。配送往往是客户需要什么送什么,所以就必须在一定中转环节筹集这种需要,从而使配送必然以中转形式出现,这使得物流配送中心成为一个非常重要的管理中心。

将物联网技术应用于物流配送系统中,不仅能够全方位地管理物流信息,而且为智能决策提供支持,能够根据采集、接收到的数据为物流配送中的库存优化、配货、运输线路等决策提供支持,实现智能配送。系统一方面实现库存、运输等物流信息的管理,另一方面能够实现潜在客户的发现、货物的摆放、库存量及出入库周期的择优选择及运输路线、配货方式决策等,能够按条目对每种货物、每个分仓库进行出入库预测,还能够对运输工具、货物等进行实时跟踪并动态调度,从而帮助经营者及时准确地做出决策。将物联网技术应用于物流配送系统中将降低运输车辆空载率,降低运输成本,降低仓储成本,减少储运损耗,极大提高物流管理水平和服务质量。

目前国外发达国家的物流配送系统已经发展得非常完善,经验丰富,技术成熟,有一定的市场占有率和行业经验,如美国的沃尔玛连锁超市的物流配送系统已覆盖全世界大部分地区。我国物流业尚处于发展初期,与发达国家和地区相比还存在不小的差距。企业普遍存在货物积压、物流网点失控、信息反馈不及时、运输规划不合理等问题。物流基础设施和装备虽初具规模,但是管理及运作效率亟待提高。开发一整套高效、合理的适合国情的智能物流配送系统必将具有非常广阔的市场前景。

物流配送中心系统结构图如图 5-31 所示。物流配送中心系统是物流配送的核心,有较强的综合性,主要目的是向各配送点提供配送信息,根据订货查询库存及配送能力,发出配送指令,发出结算指令及发货通知,汇总及反馈配送信息等。

在物流配送中,信息系统越来越强化物流企业和货主之间的连接,以实现高品质服务和低成本的运作。物联网通过实现人与人、人与机器、机器与机器的通信,通过其所提供的统一网络平台可以最大限度实现数字化城市信息资源共享和数据资源共享,推动移动信息化的发展。将物联网技术应用在物流配送系统中,既可以实现高质量的配送管理,又可以对配送中心的货物进行随时动态追踪管理,并可以根据所获知的数据进行市场分析和市场预测等方面的信息支持。这将极大提高配送效率,使得配送更合理、高效。

物流配送系统由配送中心、企业货物中心和用户组成。由企业货物中心提供货源,用户根据需求选择货源,由配送中心整合用户需求及企业货物资源情况进行物流配送。物流配送是综合的物流管理,配送的决策是全面综合的决策,影响配送的决策有资源筹措、库存决策、价格因素和运输因素。如不综合考虑,往往会导致配送不合理。

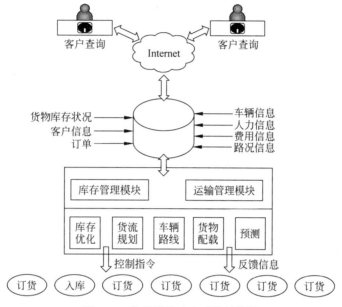

图 5-31　物流配送中心系统结构图

物流配送系统主要用于为企业和第三方物流公司解决库存管理与运输调度等问题,给出物流领域信息管理和智能管理的全面解决方案。

将物联网技术应用于该系统,在物流配送的车辆中嵌入具有移动网络通信能力的物联网硬件终端,通过网络传输车辆信息给车辆管理中心,中心根据收到的信息进行整合,综合决策,管理车辆调度。在配送仓储中心,给物品贴上识别表示,如条形码技术、射频识别技术等,通过无线网络,将物品信息传送到管理中心,实现业务管理、库存分析、库存管理等系列物流管理。

将物联网应用于物流配送中的货仓管理如图 5-32 所示。系统由物品身份识别模块、网络接入模块、物流管理模块组成,物品身份识别模块利用条码扫描或 RFID 标签结合掌上计算机或移动终端形式,自动识别配送物品。网络接入模块由运营商提供无线系统,在运营商的无线业务平台上构建物流配送系统,实现物流配送物品信息、管理信息的无线数据传输,提供广域的无线 IP 连接。物流管理模块通过接收的物品配送、物品存储、物品监控等信息,准确显示物品位置,进行物品出入验证,实现自动化货仓管理。

物流配送货仓管理系统的特点:

(1) 进行业务管理,主要用于物流配送中心的入库、验收、发货、出库、输入进(发)货数量等。

(2) 进行库存分析,主要用于物流配送中心的库存货物结构变动的分析,各种货物库存量、品种结构的分析,便于分析库存货物是否积压和短缺问题。

(3) 进行库存管理,主要用于物流配送中心的库存货物的管理。用于对库存货物的上下限报警、库存呆滞货物报警、货物缺货报警及库存货物保质期报警等。

(4) 进行货位调整,主要用于物流配送中心对库存货物的货位进行调整,进行货位查询,以便仓库管理人员掌握各种货物的存放情况,便于仓库及时准确地查找在库货物。

(5) 进行账目管理,主要用于物流配送中心核算某一时间段的每种货物明细账、每类货物的分类账和全部在库货物的总账,便于仓库实行经济核算。

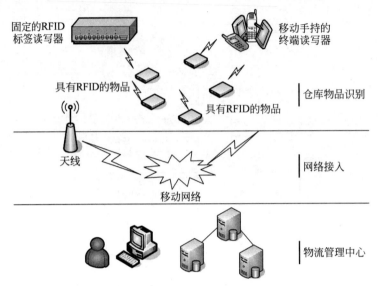

图 5-32　物流仓库管理系统组成图

5.5.4　物联网技术在粮食物流中的应用

粮食物流作为基础流通产业,承载着国家粮食安全、农村发展与农民增收等重要职能。虽然我国粮食物流运作随着现代物流管理理念及科学技术的发展不断提升,但目前总体水平还比较落后,信息化程度不高,供应链之间协同不够,并由此造成较高的运作成本。物联网的提出及实现,如果能在粮食物流领域中广泛应用,必将使我国粮食物流的运作水平大大提升,同时也将为政府进行粮食调控、保障粮食安全创造条件。

随着物联网技术的发展与成熟,其在粮食物流中的应用将成为现实。关于物联网对粮食物流的影响,下面从物流运作与物流供应链主体两个角度加以探讨。

从物流运作角度来看,粮食物流指粮食从收购、储存、运输、加工到销售整个过程中的实体运动及在粮食流通过程中的一切增值活动,涵盖粮食运输、仓储、装卸、包装、配送、加工增值和信息应用等环节。物联网技术将使粮食物流的各运作环节得到提升。

把物联网技术应用于粮食仓储领域,通过感应器对在储粮食进行感知,并实现各储粮仓库及储粮点的互联,就可以动态掌握在储粮食的基本性状状态,以做出相应的控制。

物联网的应用可以有效提高粮食仓储保管水平。首先,通过感知可以对粮食的质量做到动态的监控并实现粮食保管条件的自动调节,如感知粮库的温度、湿度状况及粮食的霉变状况等,并通过相应的自动调节系统来实现仓储条件的自动调节;其次,可以对在储粮食的数量实现动态的感知,如在粮库地面设置感应秤,就可以感知到粮仓内粮食数量的变化,为合理地控制库存创造条件;再次,可以提高粮食仓储安全系数,通过物联网红外感应等技术手段,感知人员的进出及虫鼠等生物的入侵,从而实现粮库的安全管理。总之,物联网的应用将使整个仓库实现可视化,最大程度上提高保管质量,实现仓储安全,并能实现仓储条件的自动调节,提高仓储作业管理效率。

粮食运输是粮食物流的主要环节之一。物联网技术在粮食运输工具之间的应用,可以极大地提高粮食运输效率。首先,可以实现运输过程的可视化,做到粮食运输车辆的及时、准确调度,从而提高运输效率;其次,把粮食运输车辆纳入物联网,实现对车载粮食的动态感知,动态监控在途粮食的质量与安全,以降低粮食运输中的损失;再次,物联网用以实现对各供需粮点库存情况和在途运输量情况的动态掌握,科学地做出运输决策,从而从根本上提高运输的合理性,实现粮食物流的有效流通。

装卸搬运是粮食物流必要的衔接环节,也是影响粮食物流运作效率与减少粮食浪费的关键环节。物联网在装卸搬运环节中应用后,首先,可以实现粮食装卸搬运的连续性,通过对粮食质量、数量的感知,减少装卸搬运过程中的检验环节,真正做到粮食物流中的不间断式作业,大大提高粮食物流的速度;其次,可以降低粮食装卸搬运过程中的浪费,在我国的传统粮食流通过程中,粮食浪费现象严重,其中装卸搬运过程中的损失占到很大的比重,通过物联网的感知,对装卸搬运过程中粮食的损失过程可以进行动态的监控,进而进一步改进作业工艺,减少浪费。

现代粮食物流主要包括大流通和小配送两个过程。随着经济的发展和城镇化的进程,人们对粮食的购买模式也发生着变化,突出表现在粮食购买的小批量与多品种,这就要求有粮食配送体系作支撑。粮食配送主要包括企业对零售领域的配送与对居民的直接配送。对于粮食配送来说,最重要的就是快速、准确,通过在粮食配送车辆、包装之间实施物联网技术,可以实现对整个配送过程的动态掌握,配送车辆中小包装粮食的品种信息也可以一目了然,大大提高了粮食配送的效率与准确率。另外,通过物联网技术的应用,粮食配送中心还可以实现对零售商粮食的货架、库存情况动态监控,对粮食存放条件、销售状况都可以远距离地感知,从而做出合理的配送决策。

从政府层面来看,为了保障粮食安全,我国政府从宏观上对粮食进行调运与战略储备。物联网技术在粮食物流中的应用可以提高我国粮食安全保障能力与水平。首先,通过把全国各大粮食仓储单位纳入物联网,可实现粮食质量、数量等信息的有效集并,使政府能更好地掌握国家粮食储备情况,既节约了粮库普查的人力与物力,又为国家的粮食调拨提供了可靠的信息支持;其次,通过物联网,实现各规模仓储、加工、销售点粮食进出数据的动态监控,真实掌握各地区粮食物流状况并进行合理供需预测,为政府进行储粮的管理提供数据支持,更好地平抑我国粮价,提高粮食安全水平;再次,通过对各粮食节点的监控与感知,可以清楚地了解我国粮食物流的真正流量流向,从而为粮食物流基础设施的投资提供有效的依据,减少浪费,降低政府对粮食物流与粮食安全保障的投资成本。

从企业层面来看,随着我国粮食流通体制的改革,企业已经成为我国粮食物流中最主要的主体,物联网在粮食物流中的应用,企业是最大的实施者与承担者,由其所带来的影响也会直接表现在企业的管理运作与效益中。物联网技术在粮食物流企业间的应用,可以使企业间真正做到信息动态共享,使整个粮食供应链实现可视化,有效协调粮食仓储企业、加工企业、运输企业、批发零售企业之间的一体化运作,减少供应链上的无效储存,消除"牛鞭效应",提高运作效率,降低运作成本,为粮食物流企业带来较好的收益。

从农户及消费者层面来看,对农户来说,物联网在粮食物流中的应用,农户可以通过由物联网感知的数据信息，了解到真正的粮食供求与流通状况，从而克服了在粮食销售中的信息不对称现象，另外，通过对本地区甚至我国粮食基本信息的了解，可以指导农户合理种植，减少"谷贱伤农"的情形，提高农民种粮的收益，这也在一定程度上解决了我国粮食物流中不同品种粮源波动性的问题。从消费者的角度来看，消费者可以通过粮食包装上的电子标签，利用物联网的溯源功能，了解到粮食的产地、流通环节及质量等问题，从而保证了食品安全。

物联网技术的发展及实施将给物流行业带来革命性的变革，粮食物流也将因此受益，但由于其产品的特性、流通形式等存在着一定的独特性，因此，粮食物流在应用物联网技术的过程中，也会存在着一定的制约因素。

粮食产品具有散货性，不可能做到每粒粮食的物物相联，在粮食物流中应用物联网技术，首先要解决的就是物联网中"物"的问题，也就是确定基本物联单元的问题。随着现代粮食物流的发展，"四散"化被证明是一种较好的粮食物流模式，这就在某种层面上增加了物联网实施的难度，在散粮物流过程中，强调规模仓储与运输，由于粮食的流动性，使不同品种、品质、产地的粮食很容易混合在一起，增加了对某特定粮食的感知与追溯的难度。

粮食产品的低值性，为物联网技术的实施带来一定的成本压力，费用问题也将是制约物联网技术在我国粮食物流领域中应用的主要因素之一。相对工业品来说，粮食属于低值产品，成本分摊能力差。另外，作为传统的流通产业，粮食物流运作主体的利润非常低，而物联网技术作为新兴的信息化技术，投入较大，这必然会给粮食物流企业带来较大的成本压力，特别是在物联网技术尚未完全成熟的初期，粮食物流企业应用物联网技术的动力将不足。

粮食物流主体的复杂性，为物联技术的实施带来一定的难度。随着我国粮食流通体制的改革，目前粮食物流已经市场化，粮食物流主体存在着多体制、多层次的特点，规模差异巨大，有些先进国有粮库信息水平较高，而有些小的民营企业还在从事着原始的经营，在如此复杂的领域实施物联网工程，必定会是一个漫长的过程。只有更多的粮食企业实施物联网技术，才能真正达到应有的效益，为国家的粮食流通调控带来条件，但主体的多样性与复杂性，使物联网的全面实现难度增加。

全面实现物联网技术的措施如下：

（1）探索物联网技术与粮食现代物流模式的协调发展。

针对粮食的散货性及粮食的"四散"化物流，要研究物联网实施的载体单元，可以考虑把运输工具、装卸设备及仓储设施作为基础物联单元，间接实现对粮食的感知与粮食物流条件的控制，使物联网技术为粮食的"四散"化物流服务。另外，要探索新的粮食物流模式，如发展粮食集装箱运输等，使粮食物流单元化，以集装箱为物联单元，从而更好地应用物联网技术，促进粮食物流的发展。

（2）充分发挥政府在物联网技术推广过程中的主体性。

粮食物流不仅是简单的商业行为，还存在一定的社会性与外部性，所以在物联网技术的推广与应用过程中，政府应充分发挥其主导作用，促进物联网技术在粮食物流中的实施。首先，加大物联网在粮食物流中适用性的研发力度，政府可以组织相关科研机构，以课题的形式开展物联网技术应用的研发，尽快把物联网技术引入粮食物流中来；其次，针对民营企业资金压力较大的现实，政府可以对实施物联网技术的企业，给予一定的资金支持，以促进其对物联网技术的应用，这也有利于政府的粮食物流信息的收集与调控；再次，建立统一的物联网粮食物流数据库，对由物联网感知收集的数据进行统一集并，以供决策参考，发挥物联网的价值。

（3）分步实施，重点推进。

考虑到粮食物流主体的多样性与复杂性对物联网技术实施的影响，政府应引导，促进物联网技术的分步实施。首先是国有重点粮库与粮食运输企业；其次，再引导民营粮食物流企业对物联网技术的应用，特别是利用政策手段把物联网技术的应用作为考核民营代储粮企业的指标之一，并以资金支持的方式，逐步推进粮食物流行业的物联网进程。在实施过程中，要充分认识到粮食物流的管理水平与企业的能力，使之与技术的发展水平相适应，做到相互促进；另外，要充分发挥粮食大企业的作用，以其在粮食供应链中的主体地位，促进物联网在粮食物流中的实施。

总之，物联网作为一项新的应用技术，将给众多的传统行业带来变革，粮食物流也应及早谋划这一新技术的应用，以提升我国的粮食物流运作水平，为粮食物流主体带来效益，为国家进行粮食调控提供条件。但我们也应清楚地认识到，在其应用的过程中还存在很多技术上、管理上与运作上的问题，需要进一步研究和探讨。

5.5.5　物联网技术在铁路运输中的应用

早在 2001 年，RFID 技术就已经运用在铁路车号自动识别系统中，成为物联网目前在我国铁路运输领域运用最早的成熟典范。该系统主要由车辆标签、地面 AEI 设备、车站 CPS 设备、列检复示系统、铁路局 AEI 监控中心设备、标签编程网络等部分组成。其工作流程是：先将车号信息及车辆的技术参数信息输入车辆标签内部存储器；由地面 AEI 设备实时准确地完成对列车车辆标签信息的采集，并将采集的信息进行处理，通过专线传至车站 CPS 设备；CPS 管理设备完成 AEI 采集数据的处理，并向列检复示系统转发数据，为车辆管理和设备维护提供可靠信息。在此期间，由铁路局 AEI 监控中心设备实时监测每台地面 AEI 的工作状态，协调、指挥 AEI 设备维护，确保 AEI 设备良好运用，并实时接收 AEI 采集的列车、车号数据和每台 AEI 产生的故障信息和设备状态信息，通过对故障信息和设备状态信息进行分析，及时了解地面 AEI 设备的工作状态，对故障及时处理，同时还可以监测货车标签的工作状态。标签编程网络的主要功能是在标签安装前，将车辆信息写入标签内存的网络系统，防止出现错号、重号车，并对丢失损坏的标签进行补装。

该系统的投入使用，不仅实现了对列车车次、车号的自动识别、实时跟踪和故障车辆的准确预报、动态管理等主要功能，大大提高了车辆利用水平和运输组织效率，同时也为我国铁路探索更加科学化、现代化、智能化的管理模式提供了有益的实践经验，为物联网技术在我国铁路运输领域的广泛应用奠定了良好基础。

近年来，随着我国高速铁路、客运专线建设步伐的加快，对铁路信息化水平的要求越来越高，铁路通信信息网络也正朝着数据化、宽带化、移动化和多媒体化的方向发展，各方面的条件已经基本满足了物联网在铁路运输领域的推广和应用。其中，在以下几个方面尤为值得关注和期待。

1. 客票防伪与识别

如果铁路客票采用 RFID 电子客票，其电子芯片的内部数据是加密的，只有特定的读写器可以读出数据,这将给造假者以沉重打击。同时车站及车上的检票人员只需通过便携式的识读器对车票上的 RFID 电子标签进行读取,并与数据库中的数据进行比对就可以辨别车票的真伪,大大加快了旅客进出站的速度,为方便车站组织旅客乘车提供了便利。

2. 站车信息共享

目前铁路在站车信息共享方面还很不成熟,造成的经济损失以及旅客列车资源浪费的现象还比较严重。如果利用 RFID 技术的网络信息共享性,可以及时将车站的预留客票发售情况反馈给车上,同时将车上的补票情况反馈给车站,这样就可以清楚地知道有哪些车站的预留车票是没有发售完的,从而方便车上的旅客及时补票。此外,通过该系统中乘坐人员的信息与车站售出车票信息对比,还可以查看是否有用假票乘坐列车的现象。

3. 集装箱追踪管理与监控

集装箱运输是铁路货物运输的发展方向,是提高铁路服务质量非常有效的运输方式,蕴藏着巨大的增长空间,具备很强的发展优势。目前国际上集装箱的管理基本都是使用箱号图像识别,即通过摄像头识别集装箱表面的印刷箱号,通过图像处理形成数字箱号并采集到计算机中,这种方法识别率较低,而且受天气及集装箱破损的影响较大。如果将 RFID 技术应用到铁路集装箱,开发出信息化集装箱,不仅能够随时观测到集装箱在运输途中的状态,防止货物丢失和损坏,还能大大提高铁路集装箱利用的效率和效益。

4. 仓库管理

在铁路的货运仓库管理方面,RFID 也可充分发挥其电子标签穿透性、唯一性的特点,借助嵌在商品内发出的无线电波的标签所记录的商品序号、日期等各项目的信息,让工作人员不用开箱检查就可知道里面有几样物品,同时也可以防止货物在仓库被盗、受损等情况的发生。

5.6　智慧校园

5.6.1　智慧校园概述

智慧校园是多域融合共享和泛在的智慧服务,它能实现多域间资源及其业务的融合和共享,并能实现无所不在的信息服务综合化和智慧化。

随着高校信息化建设的不断推进,信息服务在学校教学、科研与管理中的作用越来越大,我们生活的校园也在不断地发生变化,数字化校园的历程也在不断前进。智慧校园依托现有网络信息化环境,充分利用先进的感知、协同、控制等信息化前沿技术,优化基础资源配置,获得互动、共享、协作的学习、工作和生活环境,提高校园信息服务和应用的质量与水平,实现教育信息资源的有效采集、分析、应用和服务。为广大师生提供便捷的信息化服务,为管理人员提供高效的信息化手段,为领导决策提供科学的依据,实现绿色节能、平安和谐、科学决策和便捷的校园综合服务环境。

在教学设备方面,多媒体中控机(见图 5-33)的出现简化了多媒体设备的使用,提高了设备使用寿命,增强了教学效果,加快了多媒体教学的发展。

电动幕布、投影机　电动幕布、投影机　全时防盗报警探头　IP电话　射频读卡器　LAN

视频展台　拾音器　摄像机　多媒体讲台　笔记本电脑　麦克风　功放　音箱　教室PC

图 5-33　多媒体中控机

多媒体中控机的应用促进了多媒体教学的发展,特别是网络中控技术。将传统的单一控制转变为网络协控,将个体控制转变为集中控制,并且节省了人力,共享了资源,具有及时维护、全面统计和远程诊断协助的功效,既方便又快捷。

此外还有校园一卡通的发展,以及网络电视技术、安防报警系统、网络多媒体教学系统、排课系统以及网络录播系统等都是现阶段的数字化校园的成果。但是当前数字校园在建设过程中不同程度地出现了信息系统集成难度大、用户信息采集与更新不方便、学生一卡通丢失较多且难以进行跟踪追回等问题。因此我们还期望寻找到一种更加直观、简单、智能、方便的技术来将以上取得的技术应用联系起来。

随着传感器网络技术的发展,以及 Internet 技术与移动通信网络的不断深入发展,促使了新一代网络技术——物联网的形成。这将促进新一代智能校园的研究与建设,从而为高校数字化资源与信息化系统的高效整合提供了有利的条件,更好地为广大师生的工作、学习和日常生活服务。

可以预期,未来校园中传感器网络无处不在,它将成为和移动通信网络、无线 Internet 一样重要的基础设施。它将作为智能校园的神经末梢,解决智能校园的实时数据获取和传输问题,形成可以实时反馈的动态控制系统。同时,经过对传感器网络进一步组织管理,形成具有一定决策能力和实时反馈的控制系统,将物理世界和数字世界连接起来,为智能校园提供普适性的信息服务提供了必要支撑。因此,在可以预见的将来,从目前社会过渡到网络社会之后,城市也将从目前的工业城市和数字城市走向智慧城市。从而,校园也将从数字化校园走向智慧校园。

综上所述,智慧校园是以物联网为基础,以各种应用服务系统为载体而构建的教学、科研、管理和校园生活为一体的新型智慧化的工作、学习和生活环境。利用先进的信息技术手段,实现基于数字环境的应用体系,使得人们能快速、准确地获取校园中人、财、物和学、研、管业务过程中的信息,同时通过综合数据分析为管理改进和业务流程再造提供数据支持,推动学校进行制度创新、管理创新,最终实现教育信息化、决策科学化和管理规范化。通过应用服务的集成与融合来实现校园的信息获取、信息共享和信息服务,从而推进智慧化的教学、智慧化的科研、智慧化的管理、智慧化的生活,以及智慧化的服务的实现进程。

智慧校园是信息技术的高度融合、信息化应用深度整合、信息终端广泛感知的网络化、信息化和智能化的校园。

5.6.2 智慧校园的架构

智慧校园的最初设想是由校园一卡通、校园交通、校园水电、校园多媒体教学、校园安全监控、校园设备感知管理等构成的。通过校园宽带固定网络、无线网络、移动通信网络、传感器网络把属于校园的这些组件连接起来,从而帮助用户从全局的角度分析并实时解决问题,使得工作、任务的多方协同共享成为可能,校园资源更有效地得到分配,并彻底改变校园的管理与运作方式。

智慧校园的架构分为三个方面:一是无处不在的、便捷的上网环境;二是要拥有一个数据环境,就是云计算环境、存储环境;三是要拥有一个系统(物联系统)接入——支持各种智能终端、设施、设备联网的环境。

1. 智慧校园的网络环境

智慧校园的网络环境主要分为:接入网,方便师生上 Internet;教学网,支撑教学活动;科研网,支撑科研活动;资源网,支撑资源汇聚和传播活动;智能网,支持和谐、生态校园建设。

接入网的特点是无线为主、有线专用,移动网络作为补充。

教学网的特点主要是高速、QoS、支持高清多媒体传输。

科研网的特点则是技术先进、专用网络、灵活可控。

资源网的特点是大容量、高带宽、安全、冗余可靠,总体功能是为海量资源存取提供高速、稳定、安全的网络环境。

智能网的特点是覆盖广泛、接入灵活。

2. 智慧校园的数据环境

智慧校园的数据环境主要采用云计算环境,因为云计算服务平台可使量化、科学的决策成为可能。作为一种信息服务模式,云计算可以把大量的高度虚拟化的计算和存储资源管理起来,组成一个大的资源池,用来统一提供服务。

3．智慧校园的物联环境

物联感知系统是整个智慧校园中最可见的一部分,该系统利用传感器、采集器、RFID、二维码、视频监控等感知技术和设备来实现校园环境管理的数字化。首先,部署传感器等数据采集设备并联网;其次,利用 RFID、二维码等技术标识校园环境;再次,构建校园环境信息数据库和应用平台,面向各种校园智能物联网络应用。

5.6.3　智慧校园的技术方法

信息应用系统是一个提供全面信息服务的人机交互系统,信息应用系统的功能是通过服务来体现的。与智慧校园相关的外部实体主要是人和物件。人是面对智慧校园的服务请求者或服务受用者,物件是智慧校园的管理对象和信息对象。

智慧校园的技术方法主要有以下几个方面。

1．信息规范与标准

信息化标准是智慧校园建设的基础内容,用以支撑教育资源共享,保证各种系统之间进行信息交换和互操作能力。智慧校园中由于编码对象复杂,单一的一个编码方法无法支持整个智慧校园的运行,因此,必须建立一套行之有效的编码标准体系,研究针对不同应用的最为科学的编码方案。智慧校园的标准化工作主要包含:基于国标、部标,形成全校的编码标准和各种编码策略的互联互通,实现统一的编码解析机制;确定权威数据来源,分析并制定全校的数据交换策略规则,形成数据交换标准;制定校内应用系统的开发技术标准、数据标准、接口标准、性能标准、安全标准等,形成应用系统规范;基于对学校管理和服务流程的分析和梳理,确定信息化的作业流程,形成业务流程规范;配套管理工具为完善管理能力提供支撑,为高校信息标准的建设提供管理保障。

2．统一的基础设施平台

智慧校园需要解决 T2T、H2T 和 H2H 之间的相互通信与信息交互,无线的末端接入手段是必要条件。建立有线/无线双覆盖的网络环境,是实现泛在的感知信息接入和多源信息互联的前提,也是智慧校园的重要基础设施。

3．共享数据库平台

建立共享数据库平台的主要任务是建设统一身份认证平台和综合信息服务平台。建立安全高效、统一共享的数据中心,规范信息从采集、处理、交换到综合利用的全过程,逐渐形成有效的信息化管理的运行机制,为学校领导和有关部门的信息利用、分析决策提供支持。统一身份认证平台通过提供统一的授权机制与方便安全的口令认证方法,让用户使用单一用户名和口令就可以使用校园网络上所有授权使用的信息服务,实现网络单点登录或手机认证登录。信息门户是将校内分散、异构的应用和信息资源进行聚合,实现各种应用系统的无缝接入和集成,提供一个支持信息访问、传递以及协作的集成化环境,实现个性化业务应用的高效开发、集成、部署与管理。向用户展现智慧校园的服务信息,有效地整合各类应用之间的缝隙,使用户获取相互关联的数据,进行相互关联的事务处理。

4. 基于多网融合的新型网络监控与管理系统

现有的校园网络环境是多样化的,各个网络提供专业化的服务,面向专门的用户群体,服务环境是分割的。从面向服务的角度出发,可通过建立网络融合平台,在应用层面上融合服务,实现异构信息资源的高度共享、统一监控与管理。

5. IC 卡与手机融合的综合校园卡应用系统

运用一卡通和智能 SIM 卡技术将各个系统应用与移动终端及校园 IC 卡结合起来,实现身份标识、身份认证与消费等功能为一体的智慧校园卡服务扩展平台,实现手机终端以及校园信息服务系统的融合,以手机作为独立服务终端来请求服务或受用服务,支持泛在的感知与泛在的服务机制。校园卡授权用户可以"一键式"的方式完成身份识别和认证,申请和获得智慧校园的融合服务。

6. 面向信息服务的各类应用系统

应用系统建立在数据库之上,数据库是面向应用领域的。面向领域的主题数据库由各个领域内的数据构成,反映该领域内的数据属性和数据之间的关系。主题数据库的数据责任制由该领域的管理者负责。重要的一点是,主题数据库是稳定的,主题数据库内的数据由两个数据集组成,一个数据集为解决领域内需求的数据集,另一个数据集为领域外需求服务的数据集,而且这两个数据集是相交的,也是缺一不可的。应用系统设计应该面向教师、学生和管理流程。主动信息服务机制提供了新的主动服务模式,通过规则的预定义,能够有效地解决面向物件的信息推送服务,真正发挥信息系统的不可或缺作用。

7. 物联网应用体验项目

体验物联网应用技术对高校学习、研究、管理与生活等的积极影响。目前已经实现或正在研发的主要应用项目有:结合 RFID 和 WiFi 技术,实现了固定物件或移动物件的标识与跟踪定位;采用 GPS 和 SmartThings 技术,实时感知仪器设备的状态,提供远程控管的能力;采用 GPRS 技术,实时感知校车内外场景和移动定位;采用视频技术,感知教学场景;采用 WSN 手段,实现低碳、绿色的校园环境等。

8. 三维可视化虚拟校园

虚拟现实是复制、仿真现实世界,构造近似现实世界的虚拟世界,用户可通过与虚拟世界的交互来体验现实世界,甚至影响现实世界。虚拟校园建设的目的是提供一个感知环境,来体验校园、体验教学环境和体验教学设施,将虚拟世界与现实世界融为一体,在网络环境下置身处地感受学校,并在此基础上实施虚拟教学环境与虚拟实验室。用户可以在虚拟环境中获取其在真实环境中的部分或者全部功能,实现一个无疆域的虚拟大学。

另外,智慧校园的技术还具有支持信息相关性分析挖掘,改变信息传送机制,支持多媒体教学管理、观摩及即时评估,支持系统可扩展框架,支持多种教学资源,支持多种设备,支持位置感知敏感性等特点。

5.6.4 智能教育管理体系

智能教育管理体系主要用于实现用户管理与自动身份识别、图书借阅、校内消费、学生信息管理等功能,应用于人员考勤、图书管理、设备管理等方面。例如,带有 RFID 标签的学生证可以监控学生进出各个教学设施的情况,以及行动路线;将 RFID 用于图书管理,可通过 RFID 标签方便地找到图书,并且可以在借阅图书的时候方便地获取图书信息,而不用把书一本本地拿出来扫描;将物联网技术用于实验设备管理可以方便地跟踪设备的位置和使用状态,方便管理。

智能教育管理系统是由数据服务系统、网络通信系统以及智能终端系统共同构成的。数据服务系统包括用户信息数据库和用户信息管理服务器以及图书借阅管理、校内消费管理等各类应用服务器及其相应的应用数据库、数据备份服务器,主要用于智能校园系统中用户基本信息的存放与管理,师生学习和工作中相关信息的管理及其处理,以及用户基本信息、用户个人账户信息、图书借阅信息、多媒体教室和实验室使用信息、校内消费信息等数据的备份;网络通信系统包括 Internet、校内无线通信网和移动通信网,主要用于智能数字校园相关数据信息的交换与实时通信等;智能终端系统包括具有 SIM 卡的智能终端、标签识别器,主要用于实时采集存储在手机 SIM 卡中的用户信息,这样通过师生手机 SIM 卡提供的统一用户识别机制,可方便地实现智能终端校园系统内各类数据信息的高效管理与校内共享,以及现有各类信息管理系统、数字化办公系统的集成。

结合 RFID 和 WiFi 技术,实现了固定物件或移动物件的标识与跟踪定位;采用 GPS 和 SmartThings 技术,实时感知仪器设备的状态,提供远程控管的能力;采用 GPRS 技术,实时感知校车内外场景和移动定位;采用视频技术,感知教学场景;采用无线传感器网络技术,实现低碳绿色的校园环境等。如为师生手机 SIM 卡、校园卡、学生证或教工证上贴上 RFID 电子标签,当师生携带具有 RFID 电子标签的手机或校园卡通过标签识别器时,电子标签被标签识别器自动感应并通过无线网络将电子标签中的信息传送到信息处理中心,经过处理之后再将处理结果发送到标签识别器上,从而实现灵活、高效的自动身份识别和信息管理。如图 5-34 所示为智能终端数字校园体系。

5.6.5 智能化教学环境

智能化的教学环境是指物联网在校园内用于校内交通管理、车辆管理、校园安全、师生健康、智能教学楼、学生生活服务、智能后勤等领域。其功能是对大学校园建筑物内的能源使用、环境、交通及安全设施进行监测、控制等,以提供一个既安全可靠,又节约能源,而且舒适宜人的学习、工作或居住环境。

在校园里如果运用无线传感器网络,将可以实现校园楼宇智能化和安防智能化,达成节能减排、绿色低碳的目标。

楼宇智能化系统是指包括教学楼、实验楼、图书馆、体育馆、办公楼、食堂以及宿舍楼等的综合智能化系统,该系统以计算机为核心,并带有各种传感器和执行器的综合监控系统,用于对楼宇内电力、空调、照明、电梯和给排水等设施进行集中检测,分散操作控制、管理,以达到安全、节能、经济和舒适的综合目标。

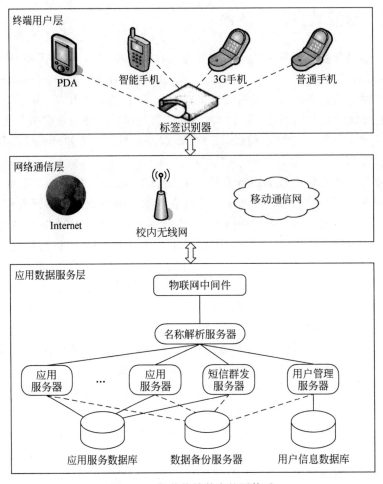

图 5-34　智能终端数字校园体系

安防智能化系统包括消防智能化系统（自动检测、自动报警、自动喷淋等）和安防智能化系统（闭路电视监控系统、防盗报警系统等）。

1. 实训室设备管理

实训室设备管理通常被监控设备分为四大类：场地固定配套设备，如空调、照明设施、投影仪等；仪器仪表，如示波器、电源、信号发生器等；智能产品，如计算机等；场地环境参数，如温/湿度、门禁系统等。仪器设备感知管理包括设备运行状态监测、设备使用管理、设备维护管理、设备移位提醒及远程辅助控制等。

2. 无线设备管理

无线设备管理是指实训设备以外的其他教学设备管理，包括各职能部门的办公设备、多媒体教室的设备以及图书馆的设备等。该管理平台具有设备离位提醒、设备追踪、设备巡回提醒、设备状态检视、设备维护管理、设备使用统计等多个功能。

3. 校园一卡通

所谓校园一卡通,即在学校内,凡有现金、票证或需要识别身份的场合均采用卡来完成。此种管理模式代替了传统的消费管理模式,为学校的管理带来了高效、方便与安全。一卡通系统是数字化校园建设的重要组成部分,是为校园信息化提供信息采集的基础工程之一,具有学校管理决策支持系统的部分功能。如图 5-35 所示为校园一卡通系统。

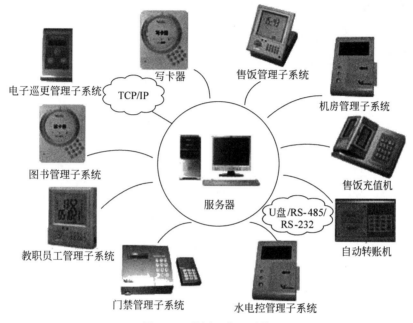

图 5-35　校园一卡通系统

随着校园的数字化、信息化建设的逐步深入,校园内的各种信息资源整合已经进入全面规划和实施阶段,校园一卡通已结合学校正在进行的统一身份认证、人事、学工等管理信息系统和应用系统等建设。通过共同的身份认证机制,实现数据管理的集成与共享,使校园一卡通系统成为校园信息化建设有机的组成部分。通过这样的有机结合,可以避免重复投入,加快建设进度,为系统间的资源共享打下基础。

校园一卡通网络系统网络结构一般分为两层:第一层是以数据库服务器为中心的一卡通主干网,采用 TCP/IP 通信,该层可连接各个子系统的工作站、前置机、圈存机及多媒体查询机;第二层是由各子系统工作站控制的 RS-485 通信网络,该层网络使用 PC 作为工作站,通过 RS-485 通信卡实时控制各个终端机运行,采集交易记录并上报至一卡通服务器。通常校园卡系统需要提供稳定的工业计算机平台作为工作站,提供稳定的一体化工业计算机作为前置机(冗余)。通过多串口服务器连接串口电力仪表,并实现前置机冗余切换功能,以及遥信量采集装置、遥控操作装置。同时校园一卡通系统最根本的需求是“信息共享、集中控制”,从统一网络平台、统一数据库、统一的身份认证体系、数据传输安全、各类管理系统接口、异常处理等软件总体设计思路的技术实现考虑,使各管理系统、各读卡终端设备综合性能的智能化达到最佳系统设计。在.NET 架构下建立基于 Web 的多层架构数字化校园一卡通系统,通过基于 Web 的全方位应用,无缝接入数字化校园先进的 I/O 子系统和极大的内存容量。校园一卡通系统具有高可用性：高速缓存、内存 ECC(错误检查和纠正)技术、内存故障恢复、CPU 故障分析、出错登记、冗余电源等，以及完全的数据保护能力，并支持 RAID(独立冗余磁盘阵列)技术和热插拔技术。如图 5-36 所示为校园一卡通系统结构图。

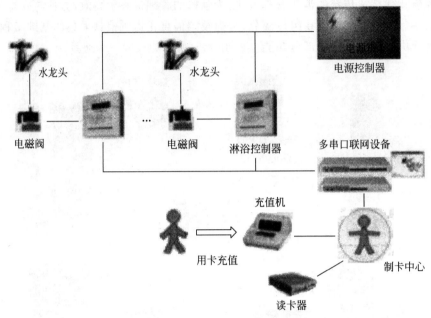

图 5-36　校园一卡通系统结构图

5.7　医疗保健

无线传感器网络技术、短距离通信技术(IEEE 802.11 a/b/g、ZigBee、WiFi)、蜂窝移动通信网(GPRS/CDMA/3G/4G/5G)、Internet 技术等先进通信技术的发展，为实现基于物联网的医疗保健应用方案提供了坚实的技术基础。物联网在医疗保健上的应用，将会带动医疗设备的微型化和网络化，同时促进医疗模式向以预防为主的方向发展。

5.7.1　基于物联网的智能医院建设

基于物联网的医院信息化建设是未来发展的趋势。通过面向物联网的智能医院建设，将医疗技术和 IT 技术完美结合，优化和整合业务流程，提高工作效率，增加资源利用率，控制医疗过程中的物耗，降低成本，减少医疗事故发生，提高医疗服务水平。

引入物联网技术，可以对患者、医疗设备进行自动识别，优化医院现有的信息系统(HIS)，有效解决临床路径中重要的节点问题，如医疗行为时限、贵重药品、医疗耗材、不合理变更等情况，构建一个实时监控和预警反馈有机结合的临床路径管理模式。

在医院内部运行 RTLS 是医院物联网建设的一个基础平台，通过 RTLS 可延伸很多与人、设备等相关的医院物联网应用。目前比较有代表性的解决方案有基于 WiFi 技术和基于 ZigBee 技术,RTLS 主要可实现以下应用。

1. 临床路径管理

利用医院现有的 HIS、LIS 等系统和网络,并在此基础上完成对患者、器械及药品的管理,系统由硬件及软件组成。硬件由 RFID 标签、RFID 天线及阅读器、RFID 系统服务器、终端及网络设备组成,各组成部分通过网络构成一个整体。软件是指运行于 RFID 服务器及各个终端的应用软件,用于实现对 RFID 标签携带者跟踪定位,对其位置信息进行采集、分析、存储、查询、预警,主要由标签维护、权限认证、实时监控与显示、数据查询、数据统计等功能模块组成。

在医疗过程中,身份识别功能是重要的基础步骤。使用物联网技术的目的就是要在正确的时间、正确的地点、对患者给予正确的处理,同时要将环境进行准确记录。

患者以身份证作为唯一的合法身份证明在特定的自动办卡机(读写器)上进行扫描,并存入一定数量的备用金,几秒钟后自动办卡机就会生成一张 RFID 就诊卡(也可使用专用的医保卡),完成挂号。患者持卡可直接到任何一个科室就诊,系统自动将该患者信息传输到相应科室医生的工作站上,在诊疗过程中,医生开具的检查、用药、治疗信息都将传输到相应的部门,患者只要持 RFID 就诊卡在相关部门的读写器上扫描一下就可进行检查、取药、治疗了,不再需要因划价、交费而往返奔波。就诊结束后,可持卡到收费处打印发票和费用清单。

办理住院的流程是:患者到住院处办理住院手续→住院处建立患者基本信息→信息建立完成后,系统打印出 RFID 腕带→交付 RFID 腕带给病人或家属→患者到病房护士站交付 RFID 腕带给护士→护士确认身份后,对 RFID 腕带进行加密→护士将加密后的 RFID 腕带佩戴在患者的手腕上→完成患者身份信息的确定。

RFID 就诊卡和 RFID 腕带中包括患者姓名、性别、年龄、职业、挂号时间、就诊时间、诊疗时间、检查时间、费用情况等信息。患者身份信息的获取无须手工输入,而且数据可以加密,确保了患者身份信息的唯一来源,避免手工输入可能产生的错误,同时加密维护了数据的安全性。

如图 5-37 所示的 RFID 腕带以不影响诊疗为前提,采用特殊固定方式佩戴在患者的手腕上,使其不易脱落。由于 RFID 腕带还包括患者所在科室、床位的信息,并能够主动向外界发出信号,当信号被病房附近装设的读写器读到后,通过无线传输方式将信号传到护士站,从而达到实时监控、全程跟踪及区域定位的目的。

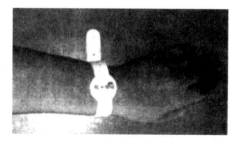

图 5-37　RFID 电子腕带

在诊疗过程中,对患者进行的如检验、摄片、手术、给药等工作,均可以通过 RFID 腕带确认患者的信息,并记录各项工作的起始时间,确保各级各类医护及检查人员执行医嘱到位,不发生错误,从而对整个诊疗过程实施全程质量控制。

患者可通过 RFID 腕带在指定的读写器上随时查阅医疗费用的发生情况,并可自行打印费用结果,以及医保政策、规章制度、护理指导、医疗方案、药品信息等内容,从而提高患者获取医疗信息的容易度和满意度。

患者拥有的具有唯一标识的 RFID 可以实时存储就医服务的全过程,就医过程中所有的生化及影像学的检查结果,就医过程中发生的费用及其他就医过程中的重要信息数据,并可以通过无线数据传输技术进行打印或者数据刻录。在医疗过程及医疗费用透明化的前提下,所存储的信息将为医患双方、第三方在医疗过程中的争议的客观分析与处理提供准确的依据。

当有人强制拆除 RFID 腕带或患者超出医院规定的范围时,系统会进行报警;佩戴带有监控生命体征(呼吸、心跳、血压、脉搏)的并设定危急值的 RFID 腕带,可 24h 监控生命体征变化,当达到危急值时系统会立即自动报警,从而使医护人员在第一时间进行干预。

基于物联网技术的临床路径模型以"信息采集-数据传输-数据处理"为基础架构。相对于信息采集与数据传输,获取医疗健康信息后的数据处理已经在数十年的医疗信息化过程中得到了有效解决。电子病历和电子健康档案的逐渐普及,以及数据挖掘技术在医疗健康领域的深入应用,为基于物联网技术临床路径的发展奠定了应用基础。

生理、病理信息采集主要通过人体生理信息传感器(sensor node)或促动器进行,它由各种生理传感器组成,分布于人体并完成特定生理信号的采集和特殊功能。小型化、智能化、高精度、低功率的各类传感器是传感网应用于医疗健康领域的基础条件,这些传感器甚至具有利用人体组织热量转换电能的能力。

基于物联网技术临床路径的网络架构分为短距信息收集和无线数据传输,主要以患者健康信息收集器和医务人员医疗信息服务器为终端。利用目前比较成熟的短距无线通信技术,如 UWB、ZigBee、蓝牙等,使应用于人体的各项传感器采集的信息集中到类似于 PDA 的手持装置形成的传感器局域网控制单元,即个人健康信息收集器。

利用我国自主研发的 3G 标准,通过传感网和 TD 移动通信网络的融合,可将个人健康信息通过现有无线通信网传输到远程记录系统、分析系统,即医疗数据中心服务器。

医疗数据中心服务器主要有以下几种功能。

(1) 对医疗行为时限要求的实时监控与预警反馈。在现有临床路径线路图的基础上,根据目前对于医疗服务、病案管理的要求筛选出最具代表性的对于医疗行为时限要求的关键性指标,如每日患者应接受的检查、治疗和护理项目,主任医师、主治医师查房时间,书写手术记录人员资格等,根据完成情况通过物联网实时输入医疗数据中心服务器,医疗服务器对比设定参数后,将没有按时完成的项目通过无线通信技术反馈到医护人员类似 PDA 或者智能手机的手持终端中。

(2) 对临床路径执行的不合理变更进行监控。医院医疗数据中心服务器对进入临床路径中可能出现的变更按照预设的编码进行分类。RFID 对于临床路径执行过程中的变更(尤其是与医疗服务程序、服务过程相关的变更)上传至医疗数据中心服务器,医疗数据中心服务器进行分析、评估、监控与预警,将初步的分析结果以类似短信的方式实时反馈到职能部门与科室主要负责人的手持终端设备,督促其进行整改或采取必要的弥补措施。

(3) 对临床路径中各类危机值的监控与预警。医院对于患者病理状态下的各类检查数据以 RFID 技术整合入医疗数据中心服务器,系统对偏离正常值比较大的、需要紧急处理的病理检查数据,或者不适合进行下一步操作、手术的检查数据进行预警,即时主动反馈结果的同时,系统主动拒绝如手术医嘱的开出,以保障医疗安全。

(4) 拥有相应权限的职能部门可以用手持终端设备在医疗数据中心服务器下载相关数据。对患者就医流程、各病种的治疗费用、住院时间、院内感染、门诊等候时间等数据信息进行综合分析,可以优化服务流程,推动医院医疗质量的提高。

基于以上的物联网技术应用研究基础,采用非接触式信息采集处理,实现对患者、医疗设备自动识别,再优化医院现有的信息系统(HIS)应用于临床路径的管理,能够实现对临床路径中重要的节点问题,如医疗行为时限、贵重药品、医疗耗材、不合理变更等情况实时监控、预警反馈,真正做到及时高效管理的同时又节约人力成本,优化服务流程,提高医疗质量。因此,基于物联网技术的临床路径在医疗质量管理中有广阔的应用前景。

2. 特殊药品监管

特殊药品监管是指对温度、湿度等要求较高的特殊药品,以及药品失效日期的监控,通常需要耗费大量人力。通过电子标签内置或外接传感器,可实时采集药品所在环境的温度、湿度、时间等参数并上传至定位服务器。在定位服务器端设置参数值,当实际数值超标时,标签就会触发告警提示,管理人员可根据提示信息及时实施药品的有效管理,避免浪费。

特殊药品监管还可以对贵重药品、特殊医疗耗材进行实时监控与预警反馈。医院中每个医生拥有一个唯一的 RFID,对应相应的权限,并整合入个人的手持终端中。医生开取需要审批的处方药物或高质耗材时,医疗数据中心服务器即时将数据以类似短信的方式反馈给上级医师或职能部门负责人的手持终端设备中进行审批,审批结束以后仍然通过无线通信技术反馈给医疗数据中心服务器并最终到达个人手持终端。

3. 急救急诊管理

急救时在第一时间找到急救医疗设备至关重要,这对医疗设备管理工作提出极高要求。在医疗设备上放置电子标签,在后端服务器输入需要查找的医疗设备,即可在界面上显示出设备的实时存放位置,避免因寻找医疗设备而影响急救进度。

通过医生佩戴电子标签,管理人员可在后端定位服务器界面看见医生的实时位置信息。当有急诊时,可通过定位服务器发出指令信息到标签,方便医生实时收到信息,马上回到诊室。另一方面,当医护人员遇到紧急状况,如被病人袭击或因急事不能回到诊室等,医生可按标签上的告警按钮,告知后端管理中心。

4. 医院特殊重地管理

医院有很多禁止病人入内的区域,需要严格监控和管理,如带有标签的病人闯入此区域,会触发后端定位服务器的报警功能,提醒管理人员即时处理。为更好地维护特殊病人安全,医院可根据实际状况安排其在安全区域内,如病人走出安全区域,所携标签即会向后端定位服务器发出告警信息,管理人员可实时安排医护人员前去处理。

5. 特殊病人管理

特殊病人群体包括精神病人、残疾病人、突发病患者和儿童病人。这类群体自我管理能力较差,需更加完善、细致的照顾。给病人佩戴电子标签,可在后端定位服务器上查到病人在医院的实时位置信息,以确定病人处于安全环境中。当病人遇到紧急情况,可立即按所戴标签告警按钮,后端定位服务器即刻出现告警提示,管理人员马上做出反应,实现准确定位,及时援救。

6. 母婴管理

实时定位系统可解决母婴配对及婴儿防盗问题,实现母婴的安全保障,避免持有无源标签的人偷盗或掉包婴儿。此外,在新生婴儿的脚腕戴上定位电子标签,在出院前无特殊情况不允许打开标签。母亲也佩戴电子标签,医院管理人员在母亲入院和婴儿出生时就在标签内输入其个人信息,医护人员手持 PDA 实时读取标签,成功比对婴儿和母亲信息,避免抱错婴儿。

5.7.2　远程医疗监护系统

随着我国人口老龄化问题的日益严重,家庭医疗监护将成为普遍的社会需求。智能医疗系统可以借助简易实用的家庭医疗传感设备,对家中病人或老人的生理指标进行自测,并将生成的生理指标数据通过网络传送到护理人或有关医疗单位。

用传感技术和现代通信技术将病人的监护范围从医院内扩展到通信网络可以到达的任何地方,从而实现病人与诊所、诊所与医院或医院间医疗信息的传送。医生通过网络全程监护患者的病程(包括突发病变),并给予他们必要的指导和及时处理,而患者则通过网络在家里、公共场所或社区医院得到大医院的救治和指导。远程监护提供一种通过对被监护者生理参数进行连续监测、研究远地对象生理功能的方法,缩短了医生和病人之间的距离,医生可以根据这些远地传来的生理信息为患者提供及时的医疗服务。远程监护系统不仅能提高老人的生活质量,而且能够及时捕捉老人的发病先兆,结合重要生理参数的远程监控,可以提高老年人的家庭护理水平。这对于患者获得高水平的医疗服务及在紧急情况时的急救支援,具有重要意义。

1. 远程医疗监护系统的特点

远程医疗监护物联网系统应该具有如下特点。

(1) 实时采集传输。实时采集病人的心电、呼吸、体温、心率等医用信息,并将其传输和存储到数据库。

(2) 实时监控报警。实时数据自动分析和预警,为预防和治疗提供参考,紧急情况及时传递到远程医疗中心,并通知病人家属和主治医生,为突发事件赢得宝贵的抢救时间。

(3) 无线数据传输。提供可选的多种无线通信方式,为病人提供 24h 连续的生理信息的监护,患者可以自由移动。

(4) 实时诊断分析。医护人员可以实时调取病人医疗数据,结合电子病历,对病情做出分析和诊断。医生的指令可以发回到监护仪,指导治疗和救助。

(5) 紧急求助服务。病人主动请求定位最近的医护人员为患者提供及时的救助服务。

(6) 辅助医疗管理。提供辅助的医疗管理手段,记录病人请求、医护人员提供服务的相关工作记录。

2. 应用前景

由于无线监测系统技术的先进性和应用模式的独特性,将给医疗服务带来巨大的变化,临床无线监护和个人远程监护将成为最先实现的应用模式。无线远程医疗系统的适用范围很广,包括远程急救、远程心脏病学、远程放射学、远程心理学、远程监护(包括偏远地区的医疗中心、家庭监护及远程或孤立点的个人监护)。监护的信号包括生物信号如 ECG、血压、温度、CO_2、医学图像或视频信号、电子病历(EPR)及音频信号等。

在医院临床无线监护应用模式中,系统可用于各种心律失常、缺血性心脏病、传导障碍及各科病人的手术中监护和手术后观察等各项监测,提供实时无线的监测手段,为医疗安全提供新的保障,缓解 ICU 的资源紧张;系统也可用于危重症患者的长、短途转运过程中的监护;另外,对心律失常患者在院外观察药物疗效及病情监测也具有临床意义。

在个人远程监护应用模式中,系统可预防和减少某些病恶性事件的发生,它对几类人群具有重要意义:一是对亚健康人群的心脏日常监护和保健护理具有积极作用,是日常工作繁忙、工作高度紧张、精神压力较大、缺少运动的各界人士(企业高层人士、高科技工作者、政府重要公职人员)自我监护的理想工具;二是有助于疾病患者的长期病情监测;三是随时及频繁就医有困难的患者和中老年患者;四是从事特殊行业并患有心律失常且伴有临床症状的人群。

当无线远程医疗系统发展成为一个成熟的医疗产品时,传统的医疗模式将被打破,一种全新的基于 Internet 的医疗监护体系将会形成——它以医院为核心,面向社区、家庭与个人,通过 Internet 联系组成一个有机整体,保证人们无论在医院内、院外甚至偏远地区均能得到及时、有效、专业的医疗诊断和治疗,从而大大提高医疗水平,使人们的生活质量越来越好。

3. 系统架构

远程医疗监护系统由监护终端设备和无线专用传感器节点构成了一个微型监护网络。医疗传感器节点用来测量各种人体生理指标,如体温、血压、血糖、血氧、心电、脑电、脉搏等,传感器还可以对某些医疗设备的状况或者治疗过程情况进行动态监测。传感器节点将采集到的数据,通过无线通信方式发送至监护终端设备,再由监护终端上的通信装置将数据传输至服务器终端设备上,如通过网络可以将数据传输至远程医疗监护中心,由专业医护人员对数据进行观察,提供必要的咨询服务和医疗指导,实现远程医疗。图 5-38 中描述了一种可扩展的多层次网络式远程医疗监护系统结构。

一个完整的远程医疗监护物联网系统可以具体分为如下几部分。

(1) 传感器部分。负责对病人生理参数,如心电图、心跳、呼吸、脉搏等进行采集。

(2) 传输网络部分。传输数据的通道,包括数据在传感器和个人终端间的传输通道及个人终端和服务器间的传输通道。

(3) 远程医疗业务平台。

(4) 远程医疗业务提供方。

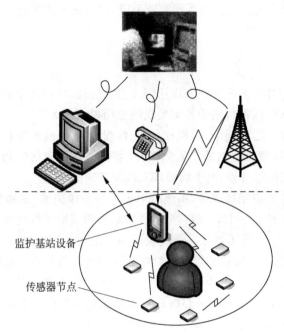

图 5-38　远程医疗监护系统

　　根据不同应用场景的需求,可以对传感器节点进行不同设置并采用不同覆盖范围的网络技术,逐级形成家庭社区医疗监护网络、医院监护网络,乃至整个城市和全国的医疗监护网络。

　　基于物联网技术的患者健康管理,既是 RFID 技术在诊疗过程中应用的起点,又是患者健康管理在整个诊疗过程中应用的新平台。诊疗过程中的检查、诊断、治疗及治疗完成后的随访,物联网技术都可以大显身手,特别是在改善就医流程、提高医疗质量、保障患者安全等方面都可能会彻底颠覆现有的医疗模式,从而打造患者基本健康指标感知体系,患者主要指标感知体系,患者医疗健康时点和动态感知、预警、监控、就诊指导体系,患者就诊导航、身份识别、费用结算、病案信息查询服务体系,用物联网技术创新患者医疗健康管理。

4. 应用方案

1) 家庭社区远程医疗监护系统

　　家庭社区远程医疗监护系统以前期预防为主要目的,对患有心血管等慢性疾病的病人在家庭、社区医院等环境中进行身体健康参数的实时监测,远程医生随时可对病人进行指导,发现异常时进行及时的医疗监护。这样一方面节省了大型专科医院稀缺的医疗资源,减少庞大的医疗支出费用,同时又在保证个人的生命安全的基础上,为病人就医提供了便利。

　　一个适用于家庭社区环境的典型远程医疗监护物联网系统如图 5-39 所示。系统分为以下几部分。

　　(1) 用户便携终端,包括客户端。用户便携终端一般为 PC、便携计算机、手机等,具有采集、存储、显示、传输、预处理、报警等功能,其中 PDA 和手机是目前最有发展潜力的个人终端。

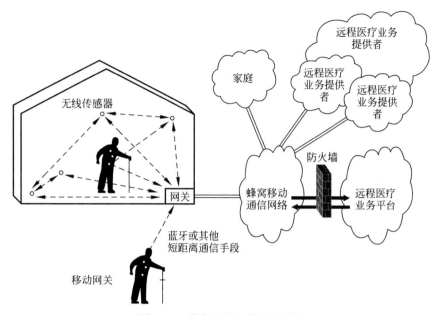

图 5-39　家庭远程医疗监护系统

（2）服务器端。服务器端为设于医院监护中心或家庭护理专家处的专业服务器,可提供详细的疾病诊断及分析,并提供专业医疗指导,反馈最佳医疗措施。

（3）网络部分。其中,病人便携终端负责数据采集、本地监测、病人定位和数据发送,其工作方式可以是无线或有线,电源方式为有线或电池供电。医院终端由信息采集服务器、数据库服务器及监控管理终端等组成。信息采集服务器负责接收远程发来的心电数据和位置数据,实现对病人的远程监控,同时以 Web 服务的标准格式为医生提供一个历史数据检索、查看和诊断的平台。医生在医生工作站和医生终端上通过标准的浏览器即可实现对病人数据的实时访问。

网络各部分通过移动网络与其他网络互联。移动网络在其中起到了枢纽和控制的功能。其中,用户便携终端包含常见的传感器,主要用于测量身体参数和室内外环境,除了人体参数外,还可以实现如体重、人体和环境温度等参数的测量,并自动通过无线网络技术,上传到终端,实现参数的实时监测。另外,家庭社区主要针对慢性疾病进行监护,个人监护设备不应对病人的日常生活进行限制,因此要求很好的便携性。

家庭社区远程医疗监护系统通过现有的通信技术,在家庭环境中对人体和环境参数进行综合测量,从而实现护理和保健的统一。

2）医院临床无线医疗监护系统

医院临床无线监护系统在医院范围内利用各种传感器对病人的各项生理指标进行监护、监测。系统可以采用先进的传感器技术和无线通信技术,替代固定监护设备的复杂电缆连接,摆脱传统设备体积大、功耗大、不便于携带等缺陷,使得患者能够在不被限制移动的情况下接受监护,满足当今实时、连续、长时间检测病人生命参数的医疗监护需求。

在该应用模式下,系统仍旧可以沿用通用的远程医疗系统模型,利用无线数据传输的方式,传递医疗传感器与监护控制仪器之间的信息,减少监护设备与医疗传感器之间的联系,使得被监护人能够拥有较多的活动空间,获得准确的测量指标,满足病人的日常生活需要。同时,在医院病房内建立无线检测网络,很多项测试可以在病床上完成,极大地方便了病人就诊过程,并加强了医院的信息化管理和工作效率。

系统需要同时支持床旁重患监护和移动病患监护。系统可分为以下几部分。

(1)生理数据采集终端,具有采集、存储、显示、传输、预处理、报警等功能,根据病人病情的需要,可分为固定型和移动型终端两种。

(2)病房监护终端,作为病房内数据采集的中心控制和接入节点,收集病人的生理数据,支持本地监测,同时将数据发送至远程服务器端。

(3)远程服务器端,为设于医院监护中心的专业服务器,可提供详细的疾病诊断及分析,并提供专业医疗指导,反馈最佳医疗措施。

(4)网络部分。

其中生理数据采集终端和病房监护终端构成病房范围内的数据采集传输网络,可根据移动性的需求,采用无线或有线的方式进行连接,实现病房内多用户数据采集和病人定位,同时也方便医生和护士在病房内对病人的情况进行检查和监测。医院终端由信息采集服务器、数据库服务器及监控管理终端等组成。信息采集服务器负责接收远程发来的心电数据和位置数据,实现对病人的远程监控,同时以 Web 服务的标准格式为医生提供一个历史数据检索、查看和诊断的平台。医生在医生工作站和医生终端上通过标准的浏览器即可实现对病人数据的实时访问。

5.8　智能家居

智能家居也叫数字家庭,或称智能住宅,在英文中常用 Smart Home 表示,在中国香港、中国台湾等地区还有数码家庭、数码家居等叫法。通俗地说,智能家居是利用先进的计算机、嵌入式系统和网络通信技术,将家庭中的各种设备(如照明系统、环境控制、安防系统、网络家电)通过家庭网络连接到一起。一方面,智能家居能使用户以更方便的手段来管理家庭设备,如通过无线遥控器、电话、Internet 或者语音识别方式控制家用设备,更可以执行场景操作,使多个设备形成联动;另一方面,智能家居内的各种设备相互间可以通信,不需要用户指挥也能根据不同的状态互动运行,从而给用户带来最大程度的高效、便利、舒适与安全。此外,智能家居还是以住宅为平台,兼备建筑、网络通信、信息家电、设备自动化,集系统、结构、服务、管理为一体的高效、舒适、安全、便利、环保的居住环境。

5.8.1　智能家居概述

智能家居是以住宅为平台,利用综合布线技术、网络通信技术、安全防范技术、自动控制技术、音视频技术将家居生活有关的设施集成,构建高效的住宅设施与家庭日程事务的管理系统,提升家居安全性、便利性、舒适性、艺术性,并实现环保节能的居住环境。

智能家居可以定义为一个过程或者一个系统。利用先进的计算机技术、网络通信技术、综合布线技术可将与家居生活有关的各种子系统有机地结合在一起,通过统筹管理,让家居生活更加舒适、安全、有效。与普通家居相比,智能家居不仅具有传统的居住功能,提供舒适安全、高品位且宜人的家庭生活空间,还由原来的被动静止结构转变为具有能动智慧的工具,提供全方位的信息交换功能,帮助家庭与外部保持信息交流畅通,优化人们的生活方式,帮助人们有效安排时间,增强家居生活的安全性,甚至节约各种能源费用。

随着时代的发展,智能家居将会不断地普及。智能家庭网络系统和产品即将开始走进普通居民的家居中。在国内,智能家居的概念进入我国以来已有近十年的发展,但作为产业的智能家居在国内尚处于蓄势待发的状态,产品普及度低,相关产业链没有带动起来,远没有渗透进普通人的日常生活。智能家居作为物联网的一种应用,物联网的规范化和产业化发展将为智能家居行业提供强劲的动力。

目前,移动通信网络正由 4G 向 5G 过渡,网络的作用正在被充分地挖掘和发挥。以往的发展注重计算机之间的互联和人与人之间的通信,忽略了大量存在于我们周围的普通机器,这些机器的数量远远超过人和计算机的数量,其中数据最大的要数普通消费者联系最密切的家庭设备。

在国外,家庭设备联网已经逐渐普及并渗透到千家万户。越来越多的信息智能型家居产品如雨后春笋般涌现,智能家庭局域网、家庭网关、信息家电等这些与智能家居密切相关的名词已经几乎是家喻户晓。相对于其他的行业应用来说,社区、家庭、个人应用领域拥有更广大的用户群和更大的市场空间。如何建立一个高效率、低成本的智能家居系统已经成为当前社会的一个热点问题。我国一部分高档和中档的住宅小区和私人住宅在控制和管理上实现一般意义上的智能化,宽带进入一般居民的住宅和小区,为智能家庭网络功能的完善辅以一定的条件。国内一些公司的网络产品逐渐进入市场,一些国外的系统和产品也在开始较大规模进入我国市场,开始在市场上与我国产品接触。

移动运营商在物联网产业领域具有天然的优势,如随时随地接入网络的能力和成熟的运营体系;智能家居业务为移动运营商进一步挖掘个人应用市场并向家庭、社区领域拓展提供增长空间。未来运营商主导业务的运营和推广将成为智能家居业务的重要发展方向,同时也能进一步扩大运营商的收益和市场。

5.8.2　智能家居的常见系统

智能家居是一个多功能的技术系统。它的主要子系统有家居布线系统、家庭网络系统、智能家居(中央)控制管理系统、家居照明控制系统、家庭安防系统、背景音乐系统、家庭影院与多媒体系统、家庭环境控制等控制系统。

下面以可视对讲、安防报警、视频监控、家居控制、家居通信、照明控制、背景音乐、家居综合布线、一卡通等系统进行介绍。

1. 可视对讲系统

家庭智能信息终端可以通过与楼宇可视对讲门口机的连接,实现用户与来访客人的视频对讲、录像、开锁等功能,并且能直接连接住宅小区管理中心主机,随时与小区管理中心取得联系。

2. 安防报警系统

智能化安防系统终端能够外接各种安防探测器(如烟感、红外、门磁等),一旦发生警情,报警信息立即通过小区局域网络发送给小区管理中心监控主机,同时报警系统会将报警信息传给业主或 110,并按系统设置拨打优先级较高的号码,直到被应答为止。

3. 无线遥控功能

有一类万能遥控器,它可以学习家庭中所有具有红外遥控的功能,可方便地控制管理家中所有的照明、空调和电器等设备,它可以发射射频和红外两种无线信号,射频信号能够穿透墙体,所以不论在家中的哪个房间都能对家居的各智能子系统进行控制。

4. 远程电话控制功能

通过拨打家中的电话,实现对家庭中所有的安防探测器进行布防操作,远程控制家用电器、照明设备等。

5. Internet 远程控制功能

通过登录 Internet,轻点鼠标,即可实现对家庭中所有的安防设备进行布防和撤防,远程控制家用电器、照明设备,通过摄像头实时监控家庭情况。

6. 智能综合布线功能

智能布线箱把家庭内的视频线、音频线、电话线、电视线、网络线、防盗报警信号线、控制线等线路组建起基础的智能家居布线系统,这样既可方便应用,也可将智能家居中其他系统融合进去,功能强大。

7. 一卡通功能

一卡通系统一般应用于智能住宅小区或各种智能建筑(如写字楼、机关大楼、宾馆等)中,通过一卡通系统可以实现对相关人员的考勤管理、门禁管理、内部电子消费管理、停车管理等功能的综合管理,形成完整的一卡通用解决方案。

智能家居系统主要功能有以下几个方面。

(1) 系统基于 TCP/IP 通信协议,以家庭智能网关为控制核心,将对讲、家电、照明、安保、娱乐等设备通过网络集成于一体,实现可视对讲、实时监视控制、灯光控制、电动窗帘控制、智能插座控制、红外电器控制、远程计算机控制、电话控制、门禁控制、安防报警、信息发布、背景音乐及多媒体娱乐等强大功能,综合布线简单,有效降低成本。

(2) 系统采用红外无线遥控、GPRS 技术,引入人性化理念,赋予用户更多、更智能的操控方式,外观设计典雅、精致、大方;实时监控梯口、门口状况,防护房屋周界安全。

(3) 远程监视功能,确保时时获悉家中安全状况,并可监视小区其他活动区域,一键布防,守护全家;创新的防区智能化算法有效减少误报;提供多防区的安防报警方案,允许用户根据自身需要连接红外、烟感、紧急按钮、门磁、窗磁等设备;提供警笛、短信、电话、管理中心呼叫等多种报警输出方式,报警记录自动生成方便查看。

（4）智在生活，随心而控，带有实际状态反馈的家电控制技术，通过家庭控制终端或远程控制网页，可以真实反馈当前家电的工作状态，一目了然。

（5）人性化的图形用户界面设计，独特的图形化报警与家电控制用户界面设计，支持多层户型图，支持多种控制操作界面，所有控制状态闭环反馈，确保控制指令有效执行。

（6）场景幻化，随心而动，允许设置多处场景模式，在每一个场景模式中均包含连接到系统的各个灯光家电设备，用户可调节不同的亮度状态并将状态组合，即成为一个场景模式。用户可以通过触摸屏、遥控器、电话远程控制等方式自由切换不同场景。

5.8.3 智能家居的体系结构

实现智能家居必须满足三个条件：具有家庭网络总线系统；能够通过这种网络（总线）系统提供各种服务功能；能与住宅外部相连接。通过总结各类智能家居系统，可以得出如图 5-40 所示的体系结构图。从图可知，整个系统通过家庭网络和外部网络来连接家庭设备、家庭网关/家庭服务中心和远程终端三类设备，以便实现智能家居的功能。

下面将重点介绍家庭内部的家庭网关和家庭网络。

家庭网关是一种将外部宽带网络与家庭内部网络连接的设备。Parks Associates 公司认为家庭网关应是连接一个外部网络或多个接入网络，通过某种类型的家庭网络分配服务给一个或多个设备的设备，即一个集中式整个家庭的网关才能视为一个真正的网关。

家庭网络不同于纯粹的家庭局域网/家庭内部网络。人们常提到的家庭局域网/家庭内部网络是指连接家庭里的 PC、各种外设及与 Internet 互连的网络系统，只是家庭网络的一个组成部分。中国通信标准化协会（CCSA）"家庭网络总体研究课题组"研究报告认为，家庭网络概念是一个变化的概念，它随着用户的需求、政策、技术、标准的发展而发展。目前不同行业（包括 IT/家电业、通信业、小区物业）对家庭网络的不同理解都是根据不同的用户需求而来的。家庭网络包含 4 个要素：用户需求、设备、网络、业务与应用，每个要素对不同用户、不同时期是不同的。家庭网络从广义上理解是指在家庭内部通过一定的传输介质（如电力线、双绞线、同轴电缆、无线电、红外等）将各种电气设备和电气子系统连接起来，采用统一的通信协议，对内实现资源共享，对外能通过网关与外部网（如以太网、综合业务数字网、异步传输模式网等）互连进行信息交换。家庭网络作为家庭信息基础设施，将构筑以下三种网络，如图 5-41 所示。

（1）家庭高速娱乐网络：用于连接各种娱乐性家用电器，如高清晰电视机、DVD、家庭影院等。

（2）家庭数据通信网络：用于传递数据信息，如电话、计算机等，包括电子邮件的收发、Web 浏览器、网上购物等。

（3）家庭低速控制网络：用于实现家用电器的远程监视和远程控制，以及家庭安防控制。

家庭网络最终的发展目标是：家庭网络不仅是一个为了完成家庭内部各种设备资源共享、协同工作的网络，还能通过与外部网络（电信网/Internet/社区网）的连接，实现家庭内部设备与外部网络信息交流的目的，通过丰富多彩的业务和应用使用户享受到舒适、便利、安全的新的生活体验。

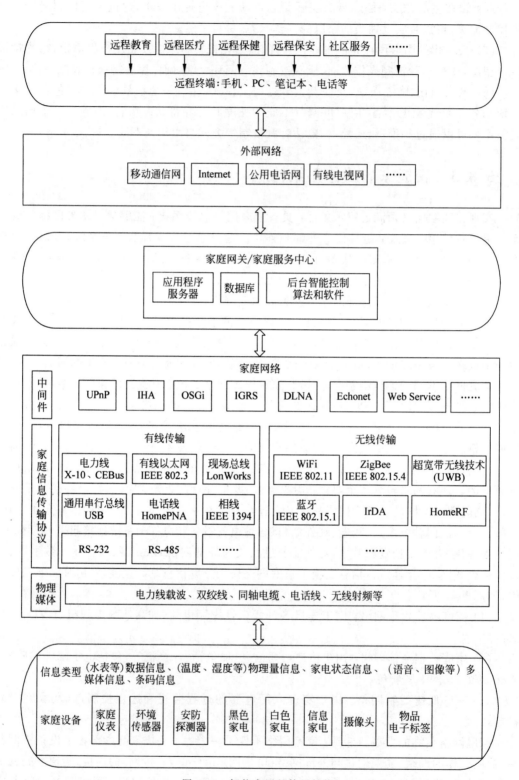

图 5-40　智能家居的体系结构

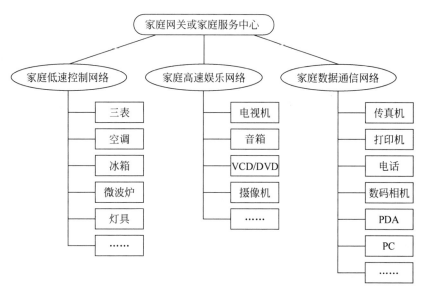

图 5-41　家庭网络系统

家庭网络应该具备以下一些功能。

（1）信息共享功能：共享 Internet 访问，共享微机外设，共享文件和应用。

（2）家庭娱乐功能：对内实现多媒体设备之间的视频音频信号传输，对外实现可视电话、视频会议和视频点播等视频音频信息交流。

（3）信息采集功能：收集住户家庭运行的各种参数，包括水表、电表、煤气表的计量数据以及居室温度、湿度等，实现自动抄表，提高住宅档次和物业管理水平。

（4）信息服务：住户可以了解自己家庭运作的各种参数，如房间温度、湿度，各种计量表读数，被控家电状态等。

（5）安全防范：通过住宅室内安装的各种报警探测器和禁忌按钮进行防盗、防火和防灾监控，能够及时处理各种警情。

（6）智能化控制：根据周围环境的变化对家用电器进行智能化控制，从而建立舒适健康的生活环境。

（7）其他增值功能：如家庭电子商务、申请社区服务等功能。

现今家庭网络向三大技术趋势发展：网络化发展、领先的无线移动和脱离 PC。而推进这个发展趋势的正是网络技术、无线通信技术以及嵌入式系统的广泛应用。网络化的嵌入式无线智能家居控制系统是未来智能家居的发展方向，它能够提供标准化接口和无线网络互联功能，而且可以通过嵌入式通信协议使得系统能够脱离传统 PC，从而智能家居行业也将跨入后 PC 时代。正如计算机摆脱大型机进入 PC 才开始大发展，脱离了 PC 独立状态的智能家居才能有更大发展。未来家庭的数字设备将会通过无线技术连接起来，从而实现了家庭内每一个家用电器和设备都能上网和互操作。通过无线技术构建独立的家庭局域网，让无线自在的舒适生活成为现实，并通过 Internet 或 GPRS 连接到外网，进而实现通过计算机、手机或 PDA 来远程监测和控制家庭中的各种设备，真正实现家庭设备的信息化、网络化和智能化。

5.8.4　智能家居的关键技术

1. 家庭网络内部组网技术

家庭网络内部组网主要解决各种信息家电之间的数据传输,能把外部连接传入的数据传输到相应的家电上去,同时可以把内部数据传输到外部连接。当前在家庭网络所采用的传输技术可以分为有线和无线两大类。有线方案主要包括双绞线或同轴电缆连接、电话线连接、电力线连接等;无线方案主要包括红外线连接、无线电连接、基于 RF 技术的连接和基于 PC 的无线连接等。家庭网络相比起传统的办公网络来说,加入了很多家庭应用产品和系统,如家电设备、照明系统,因此相应技术标准也错综复杂。

2. 家庭网络中间件技术

家庭网络必须是一个动态的环境,新设备加入到家庭网络里,可以被其他在网络中的设备识别,同时它也可以发现其他设备,并能相互协调工作;同时,以后将会出现专门开发家庭网络应用程序的公司,必须保证同一应用程序可以在采用不同的嵌入式操作系统的信息家电上运行。解决这些问题并不简单,因为家庭网络环境中的资源构成非常复杂,不仅有采用不同操作系统和硬件体系的设备,还有存在网络中的可以被使用的软件成员,甚至人也可以成为网络资源的一部分,这样就对设计信息家电以及家庭网络成员的开发人员造成了很大的困难;如何使开发人员可以忽略各种不同设备的底层信息,如何在设计家庭网络分布式应用时使用通用接口,这就必须在家庭网络应用的开发中引入中间件技术。根据 IDC 的表述,中间件是一种独立的系统软件或服务程序,分布式应用软件借助这种软件在不同的技术之间共享资源,中间件位于客户机和服务器的操作系统之上,管理计算资源和网络通信。IDC 对中间件的定义表明,中间件是一类软件,而非一种软件;中间件不仅实现互连,还要实现应用之间的互操作;中间件是基于分布式处理的软件,最突出的特点是其网络通信功能。

可以这样来定义面向家庭网络应用的中间件技术,它是运行在信息家电的操作系统之上,使用操作系统提供的功能,从各种信息家电产品的不同硬件体系结构、操作系统和网络接入中抽象出一种逻辑上的通信能力,它设计 APIS 接口为上层的家庭网络应用程序提供一系列服务,用于帮助建立和配置家庭网络中的分布式应用,它也是家庭网络的重要组成成员之一。如果与 OSI 7 层网络模型相对应,中间件技术一般对应着包括会话层及以上的表示层和应用层。利用中间件技术,信息家电的开发人员可以自由地选择底层通信技术和操作系统,信息家电产品可以选择电力线、无线、IEEE 1394 等网络技术实现通信。

采用中间件设计信息家电可以完成如下功能:首先可以使信息家电具有在家庭网络中宣布自身存在的能力,信息家电可以自动发现网络中存在的设备;其次,信息家电可以相互描述自身所独具的功能,信息家电可以相互之间查询、理解所具有的功能,家庭网络无须人工参与,可以自动完成网络设置,信息家电之间可以进行无缝互操作。

3. 智能家居远程控制技术

智能家居控制系统从结构上来说严格分为两部分:一是在家庭内部的控制系统,即内部控制系统；二是离家之后在异地环境下的控制系统，也即远程控制系统。内部控制系统与各种相关的家用电器和安保装置通过家庭网络连接起来，方便家居的集中控制和监视，并保持这些家庭设施与住宅环境的和谐与协调。内部控制系统的不足之处在于其应用范围只能在家庭内部控制家电设备，而远程控制系统则扩展了智能家居控制系统的应用范围，真正让家居的控制走出了家门。通过各种不同的远程控制技术，人们可以随心所欲地控制家电设备，以及监视家里的情况。特别是随着现代家庭中家电设备的增多和通信线路的发展，利用现有的通信设备和线路对家电和仪表进行远程控制，已经成为未来家居发展的趋势。远程控制系统的出现使得人们可以通过手机或者 Internet 在任何时候、任意地点对各种家电进行远程控制，也可以在下班途中，预先将家中的空调打开，热水器提前烧好热水。客观地说，正是因为有了远程控制系统，才让智能家居真正变得方便、自由、舒适，成为真正意义上的遥控。

远程控制系统是现代智能家居控制系统中必不可少的一部分。远程控制终端可以通过不同的网络方式连入家居的控制中心，并实施控制命令。下面主要介绍一些远程控制技术。

1）智能家居有线远程控制技术

有线远程控制技术即对目标的控制，是基于可见的各种线路传输。目前，有线网络控制一般分为三种：第一种是 Internet 控制；第二种是有线电话网络控制；第三种是电源线控制。

（1）Internet 控制。

随着网络技术的发展以及个人计算机的普及，Internet 可谓是走入了家家户户，一般的居住小区或者家庭都已经提供了 Internet 接口。将 Internet 引入控制系统，打破了控制信息进行传递和交换时在时间和空间上的限制，Internet 传输速率相当高，可达到 10Mb/s 或100Mb/s，能够传输各种家电控制信息、视频、图像等信息。通过 Internet 进行远程控制的模型图如图 5-42 所示。

图 5-42　Internet 远程控制模型

（2）有线电话网络控制。

基于 Internet 的远程控制技术，组网成本较高而且复杂，技术难度大，对维护者的技术水平要求也较高，它适用于新建的中高档住宅。电话网络是一种技术成熟并且具有普及性的通信网络，利用公用电话网对家电进行控制，可以不用重新铺设线路，方便旧宅的改造。

利用电话的远程控制主要通过按键传送控制信息，通过语音提示返回相应的信息或进行操作的提示。家居控制器通过对按键信息的解释形成相应的控制信息，并传送给家里的各控制单元，从而实现远程控制。电话按键控制方式实现简单，控制灵活方便。

（3）电源线控制。

采用电源线联网方案的好处是不需要在家里重新布线，可利用现有的电源插座，因此也是家庭网络研究开发的方向之一。目前这种方式采用的通信协议主要是 X-10。

电源线控制又称电力载波通信(Power Line Communication,PLC),它是利用电力线传输高速数据、语音、图像等多媒体业务信号的一种通信方式,如图 5-43 所示。该技术将载有信息的高频信号加载到电力线上进行数据传输。它的最大特点是不需要重新架设网络,只要有电线,就能进行数据传递。

同时,PLC 信号可以通过 PLC 控制终端或者所谓的家庭网关实现与外部网络以及智能家电控制信号之间的相互转换,如图 5-44 所示。

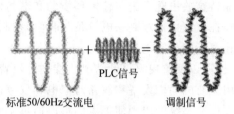

图 5-43　电力载波技术

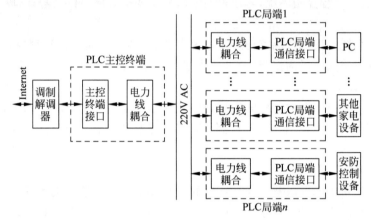

图 5-44　PLC 家庭网络控制系统

调制解调器是已有的 ADSL 或有线电视同轴电缆、GSM 等外部网络的 Modem(或者可以理解为未来的一种家庭网关),PLC 主控终端接收到 Modem 解调出来的网络信号后,将其转换为电力线通信的数据包,并进行加密、OFDM 调制(正交频分多路复用)、D/A 转换、放大等处理,然后通过耦合电路将电力线差分信号耦合到家庭的 220V 交流电力线的相线和中线上。这样,在家庭的任何一个电源插座处,均可通过耦合电路获得电力线差分信号;接着通过 PLC 局端通信接口对电力线信号进行滤波、A/D 转换、增益调整、OFDM 解调等处理;再将数据还原为标准的网络信息送到 PC 网卡,或者直接根据接收的信息内容,通过 PLC 局端的微处理器控制其他家电设备和安防控制设备。

2) 智能家居无线远程控制技术

一般来说,对家居的无线远程控制,有以下几种方式。

(1) GPRS 控制。

GPRS 控制技术是通过手机 GPRS 无线网络实现无线远程控制的控制方式。该方式基于 GPRS 和 Java 技术,是目前控制距离最远的一种方式。只要是在有 GPRS 网络覆盖的环境下,就可以为用户提供基于 GPRS 手机终端的无线远程控制功能。

GPRS 是 General Packet Radio Service(通用分组无线业务)的简称,它是现在 GSM 网络的扩展。随着 Internet 以及移动接入技术的发展,移动网络接入 Internet 已经成为一种需求,但是 GSM 为基于电路交换系统的网络,它阻碍了移动接入 Internet 的发展,因此必须由基于分组交换系统的 GPRS 网络来扩展它。GPRS 可以简单地被描述为优化接入

Internet 的服务。目前我国已经基本实现 GPRS 的网络覆盖,为采用该技术的控制方式提供了传输平台,各种基于 GPRS 网络的工程应用层出不穷,应用范围也在不断扩展。

Java 技术是一个开放、标准、通用的网络运算平台,由于其强大的兼容性,已经成为在 Internet 技术领域被广泛采用的一个成熟的技术平台。通过 Java 技术,手机能够实现 UI 界面显示和众多增值功能,能够直接从服务器上使用大量应用程序,这些应用程序包括娱乐(如游戏、屏幕保护及养宠物等)、股票、导游地图等。目前很多手机都支持 GPRS 及 Java 技术,因此为这项远程控制技术奠定了技术基础。

(2) WiFi 控制。

WiFi 全称 Wireless Fidelity,是在无线局域网市场上符合 IEEE 802.11 协议产品的商业上的名称。它工作在 2.4GHz 的 ISM 频段,所支持的速度最高达 54Mb/s,传输速度比蓝牙快得多,并为用户提供了无线的宽带 Internet 访问,能够在数百千米范围内支持 Internet 接入的无线电信号。WiFi 主要在搭建有 WiFi 无线局域网的环境下应用,例如机场、车站、咖啡店、图书馆、写字楼、体育馆等场所。只要在这些人员较密集的地方设置 AP(无线接入点),并通过高速线路将 Internet 接入上述场所。这样,由于 AP 所发射出的电波可以达到距接入点半径数十米至 100m 的地方,用户只要将具有 IEEE 802.11b/g 无线局域网技术的笔记本电脑或 PDA 拿到该区域内,即可高速接入 Internet。用户控制终端上也要预先安装控制程序,然后通过 AP 接入局域网或 Internet,与网络型主控机实现各种远程控制功能。

小结

本章介绍了物联网的典型应用实例,让读者能够切身感受到物联网的魅力和未来的美好生活。

智慧城市是充分利用数字化及相关计算机技术和手段,对城市基础设施与生活发展相关的各方面服务进行全方位的信息化处理和利用,具有对城市地理、资源、生态、环境、人口、经济、社会等复杂系统的数字网络化管理、服务与决策功能的信息体系。

物联网可以广泛地应用于农业生产和农产品加工,打造信息化农业产业链。通过传感技术实现智能监测,可以及时感知土壤成分、水分和肥料的变化情况,动态跟踪植物的生长过程,为实时调整耕作方式提供科学依据。在食品加工各个环节,通过物联网可以实时跟踪动植物产品生长、加工、销售过程,检测产品质量和安全。

智能电网主要是通过终端传感器在客户之间、客户和电网公司之间形成即时连接的网络互动,实现数据读取的实时、高速、双向效果,从而整体提高电网的综合效率。物联网在电力系统中的应用包括电力传输线路监控和抄表系统。

智能交通系统主要包括先进的交通信息服务系统、先进的交通管理系统、先进的公共交通系统、先进的车辆控制系统、先进的运载工具操作辅助系统、先进的交通基础设施技术状况感知系统、货运管理系统、电子收费系统和紧急救援系统等方面。

物流领域是物联网相关技术最有现实意义的应用领域之一。智能物流打造了集信息展现、电子商务、物流配载、仓储管理、金融质押、海关保税等功能为一体的物流信息服务平台。

智慧校园是以物联网为基础,以各种应用服务系统为载体而构建的教学、科研、管理和校园生活为一体的新型智慧化的工作、学习和生活环境。利用先进的信息技术手段,实现基于数字环境的应用体系,使得人们能快速、准确地获取校园中人、财、物和学、研、管业务过程中的信息,实现教育信息化、决策科学化和管理规范化。

通过面向物联网的智能医院建设,将医疗技术和 IT 技术完美结合,优化和整合业务流程,提高工作效率,增加资源利用率,控制医疗过程中的物耗,降低成本,减少医疗事故发生,提高医疗服务水平。临床无线监护和个人远程监护将成为最先实现的应用模式。

智能家居是利用先进的计算机、嵌入式系统和网络通信技术,将家庭中的各种设备(如照明系统、环境控制、安防系统、网络家电)通过家庭网络连接到一起。一方面,智能家居能使用户以更方便的手段来管理家庭设备;另一方面,智能家居内的各种设备相互间可以通信,不需要用户指挥也能根据不同的状态互动运行,从而给用户带来最大程度的高效、便利、舒适与安全。

练习与思考

1. 简述智慧城市的起源和发展。
2. 什么是智慧城市?
3. 简要介绍智慧城市的架构。
4. 简述数字城管呼叫中心的总体结构。
5. 智能电网的三层体系架构及各层功能分别是什么?
6. 简述微电网的定义以及基本架构。
7. 简述交通诱导系统 4 个子系统的构成。
8. 什么是智慧校园?
9. 智慧校园的架构有哪几方面? 它们分别是什么?
10. 智能化教育环境是怎样的?
11. 什么是智能家居?
12. 智能家居实现的功能有哪些?
13. 分析智能家居的体系结构。

第6章

CHAPTER 6

物联网实验

物联网是新一代信息技术的重要组成部分,被称为继计算机、Internet 之后世界信息产业发展的第三次浪潮。它通过射频识别、红外感应器、全球定位系统、激光扫描器等信息传感设备,按约定的协议把任何物品与 Internet 连接起来,进行信息交换和通信,以实现智能化识别、定位、跟踪、监控和管理的一种网络。顾名思义,物联网就是物物相连的 Internet,其最根本的技术仍是网络技术。本章通过物联网相关实验帮助读者更好地了解物联网技术,并掌握应用的方法,使读者真正能够接受物联网系统的实际训练。

6.1 RFID 系统的基本实验

射频识别(RFID)系统是把内置微芯片的标签(Tag)、标记(Label)、卡(Card)等储存的数据,通过无线电频率,在阅读器中自动识别。RFID 系统的基本目的是通过阅读器(Reader)识别存储在标签中的 ID,并利用各种方法把获取的 ID 使用在适当的目标对象上。RFID 系统主要由三部分组成:电子标签(Tag)、读写器(Reader)和天线(Antenna)。其中,电子标签芯片具有数据存储区,用于存储待识别物品的标识信息;读写器是将约定格式的待识别物品的标识信息写入电子标签的存储区中(写入功能),或在读写器的阅读范围内以无接触的方式将电子标签内保存的信息读取出来(读出功能);天线用于发射和接收射频信号,往往内置在电子标签或读写器中。

RFID 技术的工作原理是:电子标签进入读写器产生的磁场范围后,接收解读器发出的射频信号,凭借感应电流所获得的能量发送存储在芯片中的产品信息(无源标签或被动标签),或者主动发送某一频率的信号(有源标签或主动标签);解读器读取信息并解码后,送至中央信息系统进行有关数据处理。

RFID 按应用频率的不同,可分为低频(LF)、高频(HF)、超高频(UHF)和微波(MW),相对应的代表性频率分别为:低频 135kHz 以下、高频 13.56MHz、超高频 860～960MHz、微波 2.4～5.8GHz。目前,实际 RFID 应用以低频和高频产品为主,超高频标签因其具有可识别距离远和成本低的优势,未来将有望逐渐成为主流。RFID 系统主要频段标准与特性如表 6-1 所示。

表 6-1　RFID 系统主要频段标准与特性

	低　频	高　频	超　高　频	微　波
工作频率	125～134kHz	13.56MHz	860～960MHz	2.4～5.8GHz
读取距离	1.2m	1.2m	4m(美国)	15m(美国)
速度	慢	中等	快	很快
潮湿环境	无影响	无影响	影响较大	影响较大
方向性	无	无	部分	有
全球适用频率	是	是	部分	部分
现有 ISO 标准	11784/85,14223	14443 18000-3 15693	18000-6	18000-4/555

6.1.1　RFID 读写器设备介绍

1. RFID 读写器底板

RFID 读写器底板支持低频读写器模块、高频读写器模块和超高频读写器模块,支持串口、WiFi、以太网口三种通信方式,如图 6-1 所示。

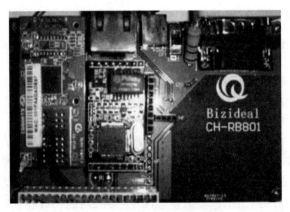

图 6-1　RFID 读写器通用底板

2. RFID 读写模块和标签

1) 低频读写模块与 LF ID 卡标签

RFID 低频读写模块如图 6-2 所示,支持 ID 卡标签与动物标签。

2) 高频读写模块与 HF IC 卡标签

RFID 高频读写模块如图 6-3 所示,支持 ISO 14443 和 ISO 15693,主要技术参数见表 6-2。

3) 超高频读写模块与 UHF Metal 标签

RFID 超高频读写模块如图 6-4 所示,支持标准 ISO 18000-6C。

3. RFID 读写器

1) RFID 低频读写器

RFID 低频读写器模块如图 6-5 所示,主要技术参数见表 6-3。

图 6-2　低频读写器与 ID 卡标签

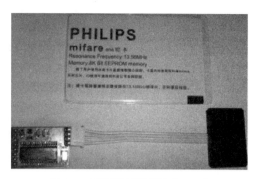

图 6-3　高频读写器模块与 IC 卡

表 6-2　高频读写模块主要技术参数

项　　目	参　　　数
规格型号	Philips Mifare1 S50
存储容量	8KB，16 个扇区，每区 4 块，每块 16B，以块为存取单位，每个扇区有独立的一组密码及访问控制，有 32b 全球唯一序列号
工作频率	13.56MHz
通信速度	106kb/s
读写距离	2.5～10cm
制作标准	ISO 14443

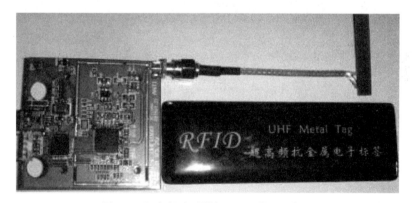

图 6-4　超高频读写器与 UHF 抗金属标签

图 6-5　RFID 低频读写器模块

表 6-3 低频读写模块主要技术参数

项　目	参　数
底板芯片	STC89C516RD＋　存储容量：64KB
读写器模块芯片	C8051F330　存储容量：8KB
支持标准	EM ID、ISO 11784/85(FDX-B)
工作频率	125kHz
读卡距离	0～7cm
读卡时间	约 32.768ms
数据输出格式	十六进制
通信方式	RS-232、以太网、WiFi
工作电压	DC 6～15V,典型 9V
耗电功率	＜1W
供电方式	电源适配器
外形尺寸	100mm×70mm
工作温度	0～60℃
工作湿度	30％RH～80％RH

2) RFID 高频读写器

RFID 高频读写器模块如图 6-6 所示,表 6-4 是其主要技术参数。

图 6-6　RFID 高频读写器模块

表 6-4 高频读写模块主要技术参数

项　目	参　数
底板芯片	STC89C516RD＋　存储容量：64KB
读写器模块芯片	STC89C58RD＋　存储容量：32KB
支持标准	ISO 14443A、ISO 14443B、ISO 15693
工作频率	13.56MHz
读卡距离	0～6cm
读卡时间	1～2ms
数据输出格式	十六进制
通信方式	RS-232、以太网、WiFi
工作电压	DC 6～15V,典型 12V
耗电功率	＜1W
供电方式	电源适配器
外形尺寸	100mm×70mm
工作温度	0～60℃
工作湿度	30％RH～80％RH

3）RFID 超高频读写器

RFID 超高频读写器模块如图 6-7 所示，表 6-5 是其主要技术参数。

图 6-7　RFID 超高频读写器模块

表 6-5　超高频读写模块主要技术参数

项　　目	参　　数
底板芯片	STC89C516RD＋　存储容量：64KB
读写器模块芯片	C8051F340　存储容量：64KB
支持标准	ISO 18000-6C
工作频率	840～960MHz
读卡距离	0～20cm
读卡时间	1～2ms
数据输出格式	十六进制
通信方式	RS-232、以太网、WiFi
工作电压	DC 6～15V，典型 12V
耗电功率	＜1W
供电方式	电源适配器
外形尺寸	100mm×70mm
工作温度	0～60℃
工作湿度	30％RH～80％RH

6.1.2　低频 LF 读写实验

1. 串口读写实验

1）实验目的

（1）了解实验模块的特征。

（2）掌握串口读写数据的方法。

2）实验设备

（1）低频读写模块。

（2）LF ID 卡标签。

3）实验步骤

（1）设置串口工作方式。

设置串口工作方式并启动低频，如图 6-8 所示。

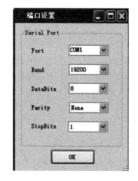

图 6-8　设置串口工作方式

（2）读卡操作。

打开串口模块低频选项卡，选择正确的标签类型，单击"开始"按钮，开始读卡操作，如图 6-9 所示。

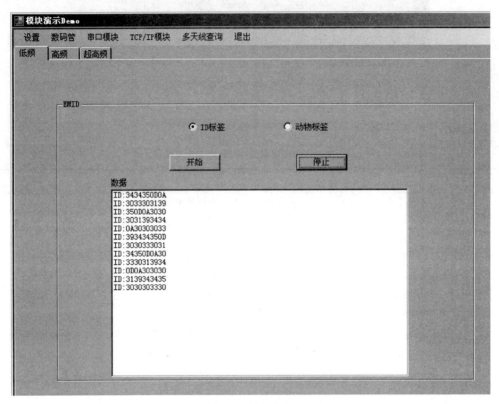

图 6-9　低频读卡

2. WiFi 与 RJ-45 以太网口读写实验

1）实验目的

（1）了解实验模块的特征。

（2）掌握读写数据的方法。

2）实验设备

（1）低频读写模块。

（2）LF ID 卡标签。

3）实验步骤

注：WiFi 与以太网口工作方式相同。

（1）设置 TCP/IP 工作方式。

如图 6-10 所示，IP 地址栏中输入 WiFi 模块或以太网模块 IP 地址。

（2）读卡操作。

打开 TCP/IP 模块低频选项卡，选择正确的标签类型，单击"开始"按钮，开始读卡操作，如图 6-11 所示。

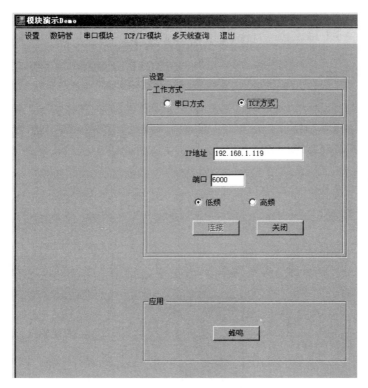

图 6-10　设置 TCP 方式

图 6-11　TCP 低频读卡

6.1.3 高频 HF 读写实验

1. 串口读写实验

1) 实验目的

(1) 了解实验模块的特征。

(2) 掌握串口读写数据的方法。

2) 实验设备

(1) 高频读写模块。

(2) HF ID 卡标签。

3) 实验步骤

(1) 设置串口工作方式。

设置串口工作方式并启动高频,如图 6-12 所示。

图 6-12　设置串口工作方式

(2) 读写卡操作。

打开串口模块高频选项卡,选择正确的标签类型,进行读写卡操作,如图 6-13 所示。

2. WiFi 与以太网口读写实验

1) 实验目的

(1) 了解实验模块的特征。

(2) 掌握串口读写数据的方法。

2) 实验设备

(1) 高频读写模块。

(2) HF ID 卡标签。

WiFi 与以太网口工作方式相同,WiFi 模块与底板如图 6-14 所示。

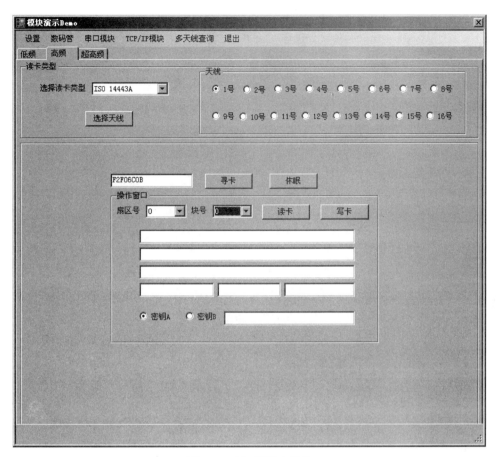

图 6-13　HF 读写卡操作

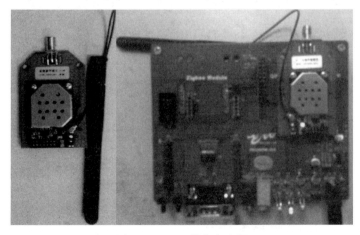

图 6-14　WiFi 模块与底板

3）实验步骤

（1）设置 TCP/IP 工作方式。

如图 6-15 所示，在"IP 地址"文本框中输入 WiFi 模块或以太网模块 IP 地址。

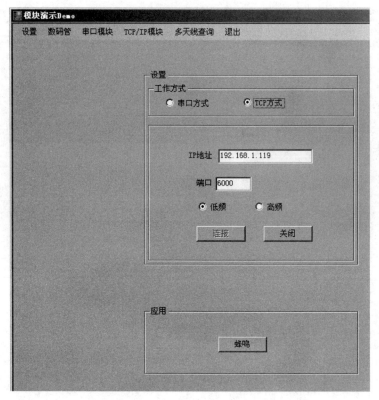

图 6-15　设置 TCP 方式

① 设置 WiFi 方式,如图 6-16 所示。

图 6-16　设置 WiFi 方式

② 输入用户名与密码,如图 6-17 所示。

图 6-17　输入用户名与密码

③ 打开串口,表明 WiFi 无线模块已经与服务器连接成功,如图 6-18 所示。

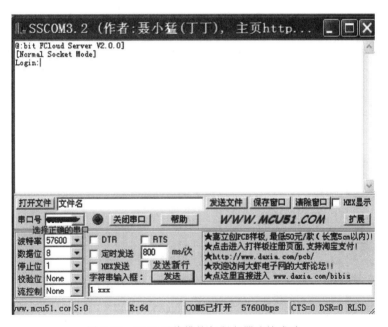

图 6-18　WiFi 无线模块与服务器连接成功

(2) 读写卡操作。

打开 TCP/IP 模块低频选项卡,选择正确的标签类型,可以进行读写卡操作,如图 6-19 所示。

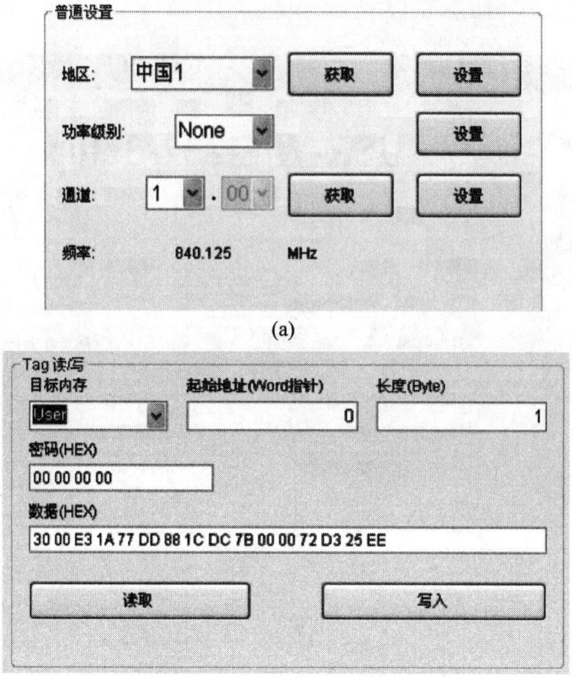

图 6-19　TCP 高频读写卡

6.1.4　超高频 UHF 读写实验

1. 实验目的

(1) 了解实验模块的特征。

(2) 掌握读写数据的方法。

2. 实验设备

(1) 超高频读写模块。

(2) UHF ID 卡标签。

3. 实验步骤

打开串口模块超高频选项卡,进行卡的识别、读取与写入等操作,如图 6-20 所示。

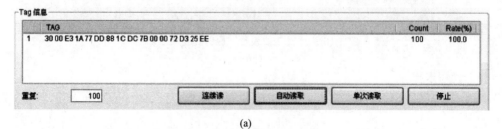

(a)

图 6-20　超高频读写卡

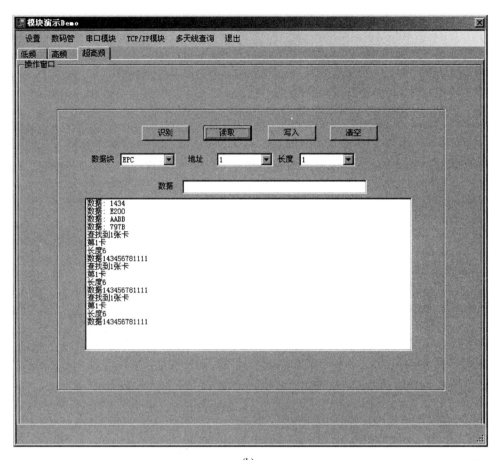

(b)

图 6-20 （续）

6.2 无线传感器网络仿真实验

无线传感器网络（Wireless Sensor Network，WSN）是由密集部署于监控区域内的微型传感器节点组成的一种无中心节点的全分布系统。这些低成本、低功耗，具有感知、数据处理和通信能力的节点通过无线信道相连，自组织构成了网络系统。传感器节点借助于其内置的形式多样的传感器，探测包括温度、湿度、噪声、光强度等众多人们感兴趣的物理现象。由于每个传感器节点都可以直接嵌入到相应的设备或环境中，所以它们具有很强的灵活性和移动性。节点之间的通信采用多跳、对等的方式，可以有效地避免信息在长距离无线传播的过程中遇到干扰和自身信号衰减等问题。通过相应的网络设备，无线传感器网络还可以与现有的网络基础设施相连，将采集到的信息通过 Internet 或移动通信网络发送至远程终端。

典型的无线传感器网络一般包括传感器节点（Sensor node）、汇聚节点（Sink node）和任务管理节点。

针对无线传感器网络节点系统资源有限和运行特点，美国加州大学伯克利分校科研人员在设计 TinyOS（微型操作系统）的过程中，引入轻量线程、主动消息、事件驱动模式、基于组件编程、硬件抽象层和并行处理的研究成果,更好地满足了无线传感器网络节点运行的特点。

6.2.1　TinyOS 介绍

TinyOS 是一个开源的、嵌入式的并且专门为无线传感器网络设计的事件驱动的操作系统。它是美国加州大学伯克利分校专门为 WSN 开发的一种微型操作系统,主要应用于无线传感器网络。确切地说,TinyOS 是一个适用于网络化嵌入式系统的编程框架,通过在这个框架内链接一组必要的组件,就能方便地编译出面向特定应用的操作系统,这对于存储资源极为有限的系统来说非常重要。针对 WSN 内节点众多,以及多并发操作的工作方式,该操作系统采用事件驱动的体系结构。

TinyOS 本身提供了一系列的组件,可以很简单、方便地编制程序,用来获取和处理传感器的数据并通过射频模块来传输信息。TinyOS 的组件库包括网络协议、分布式服务、传感器驱动和数据获取工具。可以把 TinyOS 看成是一个可以与传感器进行交互的应用程序接口(API),它们之间可以进行各种通信。TinyOS 在构建无线传感器网络时,有一个用外部电源供电的基地控制台,主要用来控制各个传感器子节点,并聚集和处理它们所采集到的信息。TinyOS 通过控制台发出管理信息,然后由各个节点通过无线网络互相传递,最后达到协同一致的目的。

TinyOS 采用基于组件(Component-Based)的架构方式,能够快速实现各种应用。TinyOS 的程序采用模块化设计,所以它的程序核心往往都很小(一般来说,核心代码和数据在 400B 左右),能够突破传感器节点存储资源少的限制,这能够让 TinyOS 很有效地运行在无线传感器网络上并执行相应的管理工作。

基于 TinyOS 的上层应用程序的开发使用 NesC 语言,用组件-接口的模型和设计方法来快速便捷地搭建部署应用。但底层基于硬件设备驱动的开发还是使用 C 语言或者汇编语言,然后通过系统组件的方式封装,以提供给其他开发者使用。

6.2.2　NesC 语言介绍

由于 C 语言不能有效、方便地支持面向传感器网络的应用和操作系统的开发,于是加州大学伯克利分校在 C 语言的基础上进行了一定的扩展,开发了支持组件化编程的 NesC 语言。TinyOS 以及基于 TinyOS 的应用程序都是用 NesC 编写的。

NesC 语言定义了两种不同功能的组件:配件(Configuration)和模块(Module)。配件描述程序中用到的所有组件接口之间的关系;而组件提供的接口中的函数功能专门在被称为模块的组件文件中描述其实现过程。理解接口、组件、模块、配件的含义和相互之间的关系是掌握 NesC 语言的关键所在。

NesC 语言是一个提供了包含组件机制、事件驱动机制和并发型等特征的编程模式,满足了面向传感器网络的操作系统和应用程序的设计要求,并降低了复杂度。应用程序由一组可重用的系统组件和专门的应用程序代码组成,不明确区分软硬件界线,随应用程序和硬件平台而变化。用 C 语言实现的目标代码比较长,而使用 NesC 语言产生的目标代码相对较短。一个 NesC 语言的应用程序只使用相关的组件，而不需要操作系统的整体运行，所以只要连接需要使用的组件就可以完成功能，生成的代码短且高效。

TinyOS 以及基于 TinyOS 的应用程序是由许多功能独立且相互联系的组件（Component）组成的。一个 NesC 程序由一个或多个组件组合（Assembled）或连接（Wired）而成。NesC 语言定义了两种组件：配置（Configuration）和模块（Module），配件定义了程序使用的组件以及组件间的连接关系，模块则是组件的具体实现。一个组件使用（Use）或者提供（Provide）若干接口（Interface），组件的接口是实现组件间联系的通道，如果组件实现的函数没有在它的接口中说明，就不能被其他组件使用，这实际上也是组件化编程的一个重要特征。接口的使用者需要实现的一组功能函数称为事件（Event），接口的提供者需要实现一组功能函数，称为命令（Command）。可以说接口是一系列声明的有名函数集合，同时接口是连接不同组件的纽带。

NesC 的应用程序概括为以下三种类型。

（1）接口定义文件——app.ncc。

（2）模块文件——app_P.nc 或 app_M.nc。

（3）配置文件——appC.nc。

NesC 模块调用关系如图 6-21 所示。配置文件中"ModuleA a—＞ModuleB a"，即表示模块 A 中的接口 a 调用了模块 B 中的接口 a，格式为"调用者—＞提供者"。接口定义文件中定义了接口的成员，但成员的具体实现还需在模块文件的 implementation 里完成，同时模块中设置了接口类型，以便使用。

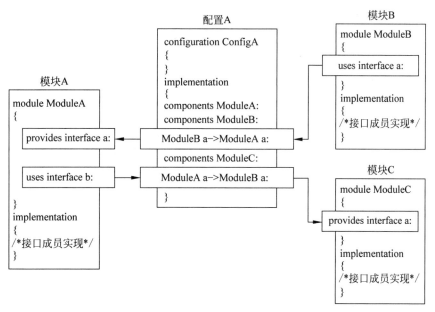

图 6-21　NesC 模块调用关系

6.2.3　TinyOS 安装

安装 TinyOS 有两种方式：一种是使用光盘镜像，直接同时安装 Linux 和 TinyOS（将

TinyOS 与 Linux 打包好,直接安装系统即可,使用 XubunTOS 操作系统);另一种是直接在现有的操作系统上进行安装,包括 Windows 和 Linux。本节主要介绍在 Windows 上安装 TinyOS 2.1 的过程。

1. 安装 Java 1.6 JDK

从 Java 官方网站上下载 Java 1.6 JDK,安装在 D:\Program Files\Java(安装目录可任选)。安装完成之后,配置环境变量。配置步骤如下:

(1) 新建系统变量 JAVA_HOME。指向 JDK 的安装路径,在该路径下找到 bin、lib 等目录,JAVA HOME=DAProgram Files\Java\jdk1.6 0_10。

(2) 在系统变量中找到 Path。将%JAVA _HOME%kbin;和%JAVA _HOME%\jre\bin;添加到最前面即可。

(3) 新建系统变量 CLASSPATH。

设置类的路径为:

CLASSPATH =. ;%JAVA HOME%\jre\libLrt. jar;%JAVA _HOME%\lib\tools. jar;%JAVA_HOME%\libkdt. jar。

至此安装过程结束,可以自行编写一个测试程序。

在 D 盘根目录下新建文件夹 javatest,然后创建文本文件,将下面的代码复制并保存成 Test. java 文件,注意文件名要与类名相一致。

```
public class Test
{
    public static void main(String[ ]args)
    {
            System. out. println("Hello World!"):
    }
}
```

然后在 CDM 中进入该目录下,使用命令:

```
javac Test. Java
javaTest
```

如果屏幕上会打印出"Hello World!",则表示 Java 1.6 JDK 安装成功。

2. 安装 Cygwin

在 Windows 下运行 TinyOS 需要基于 Cygwin 这个软件平台。从网站上下载 tar 格式的 Cygwin 安装包。在 Windows 下解压后,双击 setup. exe 文件。然后在选择需要安装的工具时全部选中,单击 default 变成 install,然后安装。

注意:安装完成后,可以对安装后的 Cygwin 进行更新,推荐不要进行升级,打开网页 http://www.cygwin.com/,单击 Install or updatenow! 按钮下载一个 setup. exe 文件,然后双击打开,过程与上面的安装相似,只是将文件来源由本地改为网络。

3. 安装 NesC 和 tinyos-tool

NesC 的版本为 nesc-1.2.8b-1. cygwin. i386. rpm,其他的版本在安装的时候会产生如

下的错误：

package nesc-1. 2. 8a-1 is intended for a cygwin operating system

tinyos-tool 的版本为 tinyos-tools-1. 2. 4-2. cygwin. i386. rpm,使用 rpm-ivh 安装,在遇到错误的时候使用 rpm-ignoreos-ivh 安装。由于可能会对后面的安装和开发产生潜在的影响,尽量不要使用-ignoreos 参数。

4. 安装 TinyOS 2. 0. 2

TinyOS 的版本为 tinyos-2. 0. 2-2. cygwin. noarch. rpm,用 rpm-ivh rpmname 进行安装。

```
$ : rpm -- ignoreos - ivh tinyos - 2.0.2 - 2. cygwin. noarch. rpm
```

5. 安装 Graphviz 配置环境变量

下载 graphviz-1. 10,安装即可。

注意：版本一定要为 1. 10,否则在 tos-check-env 的时候会报错。

安装完成后要配置环境变量。在 D：\cygwin\etc\profile. d 路径下新建一个 tinyos. sh 文件(可以复制一个别的. sh 文件过来修改),然后将下面两段内容中的其中一个保存在该文件中(具体哪个更好将在后面的测试中给出)。

```
# script for profile. d for bash shells, adjusted for each users
# installation by substituting/opt for the actual tinyos tree
# installation point
export TOSROOT = "/opt/tinyos - 2. X"
export TOSDIR = " $ TOSROOT/tos"
export CLASSPATH = 'cygpath - W $ TOSROOT/support/sdk/java/tinyos. Jar'
export CLASSPATH = " $ CLASSPATH; ."
export MAKERULES = " $ TOSROOT/support/make/Makemles"
export PATH = "/opt/msp430/bin: $ PATH"
# Extend path forjava
type java >/dev/null 2 >/dev/null || PATH = '/usr/local/bin/locate - jre—java': $ PATH
type javac >/dev/null 2 >/dev/null ||PATH = '/usr/local/bin/locate - jre—javac': $ PATH
echo $ PATH | grep - q/usr/locaYbin || PATH = /usr/local/bin: $ PATH
```

或者

```
# scriptforprofile. dfor bash shells, adjustedforeachusers
# installation by substituting/opt for the actual tinyos tree
# installation point
TOSROOT = "/opfftinyos - 2. X"
export TOSROOT
TOSDIR = " $ TOSROOT/tOS"
export TOSDIR
CLASSPATH = " $ TOSROOT/suppoWsdk/java/tinyos. jar; ."
exportCLASSPATH
MAKERULES = " $ TOSROOT/support/make/Makerules"
export MAKERULES
```

使用 tos-check-env 检查 TinyOS 2. 0 环境是否搭建好,如果最后出现如图 6-22 所示的画面,表示搭建成功。

图 6-22 tos-check-env 检查

6. 安装本地编译器

安装需要用到的编译器。这一步很多地方推荐在安装完 Cygwin 之后立即安装,但是发现 TI MSP430 Tools 安装有问题,因此放在其他安装完毕,并且 tos-check-env 通过之后安装,可以避免麻烦,同时也是可行的。TI MSP430 Tools 安装时使用 rpm-UVh rpmname,必要的时候使用 rpm-Uvh-ignoreos rpmname。

7. 测试

tos-check-env 测试通过之后,就可以进行 Blink 实例测试。打开 cygwha,进入 cygwin/opt/tinyos.2.x/apps/Blink,然后输入"make micaz sim",如果报错没有找到 PYTHON.h 文件等,则要修改\cygwin\opt\tinyos-2.x\support\makeksim.extra 文件,将下面的内容替换原来的内容。

```
GCC = gcc
GPP = g++
OPTFLAGS = - g - OO
LIBS = - lm - lstdc++
PFLAGS + = - tossim - fnesC - nido - tosnodes = 1000 - fnesc - simulate - fnesc - nido - motenumber = sim_node\(\)
CFLAGS + = - I/path( * 新增加行,原因是 Python.h 不在默认路径"/usr/include",而在 C: \cygwin\usr\include\python2.3)
WFLAGS = - Wno - nesc - data - race
PYTHON_VERSION = 2.3
```

注意:修改默认版本号 2.5,默认的是 2.5,但是实际使用的是 2.3。使用 $ python-V 查看版本号,但并不使用查看结果 2_3_3,而使用 C: \cygwin\usrkinclude\python2-3 中的 2.3。

修改完成后直到出现如图 6-23 所示,表示安装成功。

图 6-23 安装成功

接下来可以对实际的 telosb 节点进行测试了。首先需要安装一个 usb-corn 驱动,版本为 CDM 2.04.06.exe,安装完成后,可以将节点插上,然后在 shell 中输入"motelist"可以看到节点的相关信息(安装完成后一定要插上节点,安装一次驱动之后才能使用 motelist,否则使用的时候会提示"一个注册表项找不到")。如图 6-24 所示为插上节点之后的相关信息。

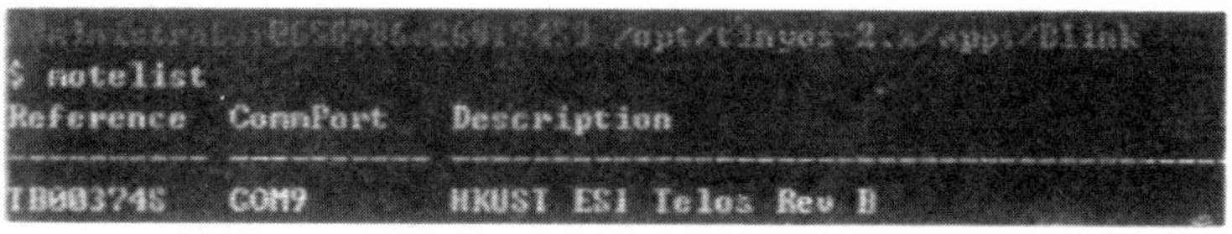

图 6-24　插上节点

然后进入 cygwin/opt/tinyos.2.x/apps/Blink，在 shell 中输入"make telosb"，显示如图 6-25 所示表示编译成功。

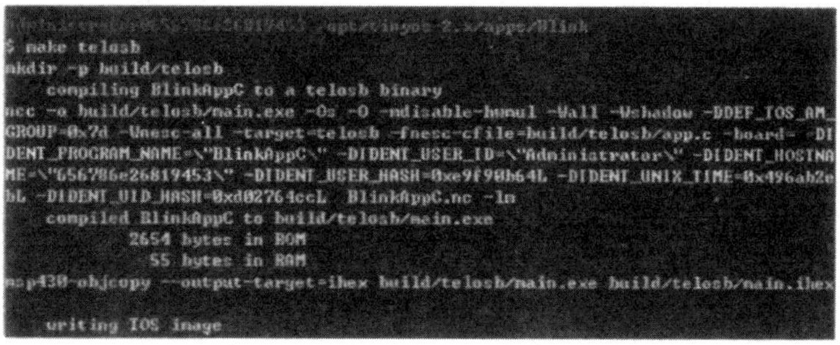

图 6-25　编译成功

然后输入"make telosb reinstall"，可以给节点下载程序，成功后显示如图 6-26 所示。

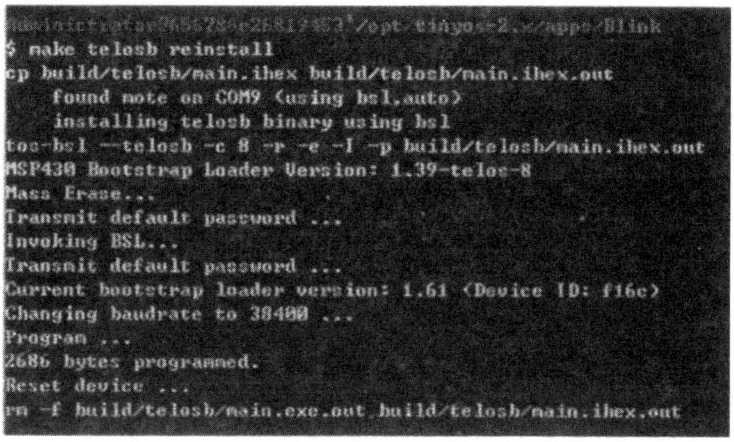

图 6-26　配置成功

至此，整个 TinyOS 开发环境已经配置完成了。

6.2.4　基于 TinyOS 串口控制 LED 实验

1. 实验目的

（1）熟悉传感器网络节点程序结构和编译环境，掌握 NesC 程序编译和上传过程。

（2）掌握 TinyOS 中的定时器组件。

（3）掌握无线传感器的串口通信方法，并能熟练运用于程序调试。

2. 实验内容

用程序实现控制节点 LED 灯,通过串口控制 LED 灯的闪烁或熄灭的周期等。

3. 实验环境

(1) 硬件:一台 PC,SNAP 套件提供了 Telosb 型号的传感器节点和 SnapGate 数据采集和转发网关。

(2) 软件:一套 SnapMonitor 软件(集成了串口调试助手)。

4. 实验原理

在 TinyOS 下,定时器的组件一般为通用组件,可以通过 new 来实例化最多 255 个定时器。Timerl 提供了 TimerMilliC 等组件,这些组件可供用户调用,其命名规则为定时器类型、精度、位数。本实验使用定时器通用组件 TimerMilliC,它由 TimerMilliC 组件提供 Timer < Tmilli >接口。

先看看 Timer 的配置文件。

```
configuration TimerAppC
{
}
implementation
{
    components MainC,TimerC,LedsC;
    components new TimerMilliC()as Timer0;
    TimerC→MainC. Boot;
    TimerC.Timer0→ ,Timer0;
    TimerC.Leds→LedsC;
}
```

关键字 configuration 表明这是一个配置文件。开头的两行

```
configuration TimerAppC
{
}
```

只是简单地声明了该配置名为 TimerAppC。跟模块一样,在声明后的这个花括号内可以指定 Uses 子句和 provides 子句。配置可以提供和使用接口,这一点非常重要。配置的实际内容是由跟在关键字 implementation 后面的花括号部分来实现的。

components 这一行指定了该配置要引用的组件集合,此例中是 MainC、TimerC、LedsC 和 TimerMilliC()。剩余部分将这些组件使用的接口与提供这些接口的其他组件连接起来,即是导通操作。

Main 是在 TinyOS 应用程序中首先被执行的一个组件。确切地说,在 TinyOS 中执行的第一个命令是 Main. StdControl. init(),接下来是 Main. StdControl. start()。因此,TinyOS 应用程序在其配置中必须要有 Main 组件。接口 StdControl 是用来初始化和启动 TinyOS 组件的一个公共(通用)接口,它的源文件位于 tos/interfaces/StdControl. nc,

StdControl 接口定义了三个命令(Command),分别是 init()、start()及 stop()。

当组件第一次初始化时调用 init()命令,启动时调用 start()命令。stop()命令是在组件停止时调用,例如,将其控制的设备的电源断开。init()命令可以被调用多次,但如果调用了 start()命令或 stop()命令以后就再也不能被调用。

Timer 配置中有如下三行。

```
TimerC→MainC.Boot;
TimerC.Timer0→Timer0:
TimerC.Leds→LedsC;
```

NesC 使用箭头(→)来指示和标识接口间的关系,其意义为绑定,即左边的接口绑定到右边的实现上。换言之,使用接口的组件在左边,提供接口的组件在右边。

"TimerC→MainC.Boot;"这一句的意思是将组件 TimerC 所使用的接口 Boot 与组件 MainC 所提供的接口 Boot 导通起来,相当于"TimerC.Boot→MainC.Boot;",TimerC 组件省略了 Boot 接口。箭头左边的 BlinkM.Timer 引用名为 Time 的接口(tos/interfaces/Timer.nc),而箭头右边的 SingleTimer.Timer 则指向 Timer 的实现(tos/lib/singleTimer.Be)。箭头的作用就是将其左边的接口与其右边的实现绑定起来。其作用是将 TimerC 组件的 Boot 接口与 MainC 组件中的 Boot 接口,将 TimerC 中的 Timer0 和 SingleTimer 中的 StdControl 接口导通起来,将 TimerC 中的 Leds 与 LedsC 中的接口导通起来。这里第一行省略了 Boot。再来看看 BlinkM.He 模块:

```
#include"Timer.h"
module TimerC()
{
    uses interface Timer < TMilli > as Timer0:
    uses interface Leds;
    uses interface Boot;
}
implementation
{
    event void Boot.booted()
    {
        call Timer0.startPeriodic(1000);
    }
    event void Timer0.fired()
    {
        call Leds.1ed0Toggle();
    }
}
```

Timer 模块使用了三个接口,分别是 Leds、Timer 和 Boot。这意味着它可能调用这些接口中声明的任何命令以及必须实现这些接口中声明的任何事件。

Leds 接口(tos/interfaces/Leds.nc)定义了多个命令,如 redon()、redoff()等,其作用是将微粒上的 LED(红、绿、黄)灯打开或关闭。由于 TimerC 组件使用 Leds 接口,因此它可调用其中任一命令。请注意,Leds 只是一个接口,其实现由与使用它的组件对应的配置文件指定。此例中,在 TimerAppC.nc 中指定为 LedsC,即是要由 LedsC 来实现 Leds 接口。LedsC 位于 tos/system/Ledsc.nc,与 TimerMilliC.nc 一样,同属于 TinyOS 的系统组件。

可以看出,Timer 接口除了定义了两个命令 start()和 stop()以外,还定义了一个事件 fired()。

应用程序通过 event result_t fired()事件知道定时器时间到,事件是当某个事情发生时接口的实现发出信号(Signal)的函数。在本例中,当指定的时间间隔到达时,fired()事件就被触发。这是一个双向接口的例子,不仅提供被该接口使用者调用的命令,而且触发事件,该事件再调用接口使用者的处理函数。可以认为事件是接口的实现者将会调用的一个回调函数。使用接口的模块必须实现接口使用的事件。

此外,本实验还采用了串口发送数据,因此使用了 PlatformSerialC 组件,该组件提供了串口发送、串口接收功能,从而便于节点和计算机等设备通过串口交互。该组件提供了 UartStream、UartByte 等接口,分别负责发送字符串和字节。具体程序请查看源程序。

5. 实验步骤

(1) 将 PC、SNAP、Telosb 节点和虚拟机正确连接。

(2) 打开软件,并将操作目录切换到文件所在目录下,编译程序。查看 SNAP 使用说明,将节点程序上传到 SNAP 中。

(3) 触发节点,根据菜单显示在串口中的输入命令,查看 LED 灯的变化和串口接收到的信息。

6. 实验结果及分析

触发节点后,会看到 LED 灯闪烁,输入"A"会打开所有的 LED,输入"B"会关闭所有的 LED 灯,输入"C"会有一行提示符,让输入设定定时器的时间,然后控制 LED 灯闪烁的时间,输入"D"会关闭定时器。

6.2.5 基于 TinyOS 点对点无线通信实验

1. 实验目的

学习使用传感器节点的无线模块来进行通信。

2. 实验内容

编写程序,将数据通过无线方式单播、广播发送,其他收到通信数据的节点,点亮自身的 LED 指示灯。

3. 实验环境

(1) 硬件:一台 PC,SNAP 套件提供了 Telosb 型号的传感器节点(两个)和 SnapGate 数据采集和转发网关。

(2) 软件:一套 SnapMonitor 软件。

4. 实验原理

本实验使用 ActiveMessage(活动消息)模型实现点对点通信,ActiveMessage 向上层提供的接口有 AMSend、Receive、AMPacket、Packet、Snoop 等。AMSend 接口实现数据的发送,Receive 接口实现数据的接收,AMPacket 接口用于设置和提取数据包的源节点、目的节点等信息,Packet 接口主要是得到数据包的有效长度、最大有效数据长度、有效数据的起始地址等,Snoop 接收发往其他节点的数据。它们都是参数化接口,参数为一个 8 位的 id 号,类似于传输控制协议/网际协议(TCP/IP)中的端口号。两个节点通信时,发送节点使用的 AMPacket 接口的参数 id 必须与接收节点的 R 接口的参数 id 一致。定义如下:

```
interface AMSend{
command error_t send(am_addr_t addr,message_t * msg,uint8_t len);
                                        //分别为目的地址,发送数据,发送数据的长度
command error_t cancel(message_t * msg);
event void sendDone(message_t * msg,error_t error);
command uint8_t maxPayloadLength();
command void * getPayload(message_t * msg,uint8_t len);
}
interface AMPacket{
  command am_addr_t address();
  command am_addr_t destination(message_t * amsg);
  command am_addr_t source(message_t * amsg);
  command void setDestination(message_t * amsg,am_addr_t addr);
  command void setSource(message_t * amsg,am_addr_t addr);
  command bool isForMe(message_t * amsg);
  command am_id_t type(message_t * amsg);
  command void setType(message_t * amsg,am_id_t t);
  command am_group_t group(message_t * amsg);
  command void setGroup(message_t * amsg,am_group_t grp);
  command am_group_t localGroup();
interface Receive{
  event message_t * receive(message_t * msg,void * payload,uint8_t len);
interface Packet{
  command void clear (message_t * msg);
  command uint8_t payloadI,ength(message_t * msg);
  command void setPayloadL,ength(message—t * msg,uint8_t len);
  command uint8_t maxPayloadLength();
  command void * getPayload(message_t * msg,uint8_tlen);
}
```

5. 实验步骤

(1) 将 PC、SNAP、Telosb 节点和虚拟机正确连接。

(2) 打开软件,并将操作目录切换到文件所在目录下,编译程序。查看 SNAP 使用说明,将节点程序上传到 SNAP 中。

(3) 将一个节点烧入发送程序,另一个烧入接收程序(可以有多个接收节点)。

(4) 触发发送节点。

(5) 观察 LED 指示灯的闪烁情况。

6. 实验结果

可以控制发送节点的复位键,并看到明显的效果。

接收和发送节点同时闪烁,当按发送节点复位键时,接收节点的 LED 指示灯保持同一种状态,不改变,当再次触发发送节点时,两个节点又同时闪烁。在 SnapGate 上有如图 6-27 所示的显示,可直观地看到节点 4 与节点 7 的通信。

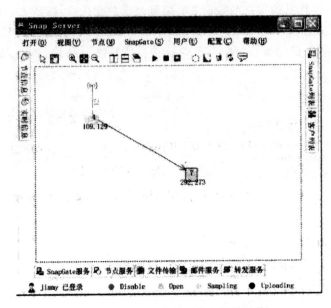

图 6-27 SNAP 上显示节点间的通信

6.2.6 基于 TinyOS 传感器数据采集应用实验

1. 实验目的

利用无线传感器节点采集传感数据,学习 Printf 组件的使用。

2. 实验内容

编写程序,利用无线传感器节点上的亮度、温度、湿度传感器采集节点周围环境的亮度、温度、湿度数据,通过无线传输和串口的方式传送数据。

3. 实验环境

(1) 硬件:一台 PC,SNAP 套件提供了 Telosb 型号的传感器节点和 SnapGate 数据采集和转发网关。

(2) 软件:一套 SnapMonitor 软件。

4. 实验原理

Telosb 的温度、湿度是集中在一个传感器上,该传感器名为 SHT11,是 Sensirion 公司的产品,光照传感器使用的是 Hamamatsu 公司的 S1087。所用到的组件是 SensirionSht11c() 和 HamamatsuS1087Parc(),前者为温度、湿度组件,后者是光照组件。读取传感器数值都是使用 Read() 接口,要读取对应的传感器数值只要将 Read() 线配到相应组件。

在 App 文件中,有下面的语句:

```
components new SensirionShtl1C()as SensorTemHum;
components new HamamatsuS1087ParC()as SensorPAR;
App.Temperature→SensorTemHum.Temperature;
App.Humidity→SensorTemHum.Humidity;
App.PAR→SensorPAR.Read;
```

此外,使用 Printf 组件对传感器变量检测的输出也是比较重要的。因为一味地使用 Leds 来显示程序的执行流程无法直观地看到变量的转化,所以对大型的模块是否程序进入执行,通过使用 Printf 组件对逻辑纠错可能会方便很多。

Printf 库包括 4 个文件:一个模块文件,一个配置文件,一个接口文件和一个头文件,分别为 PrintfP.nc、PrintfC.nc、MainC.nc 和 printf.h。PrintfC.nc 是向 TinyOS 应用提供函数的配置文件,PrintfP.nc 是实现 printf 功能的模块,printf.h 是制定 printf 消息格式和 flush 缓存大小的头文件。

5. 实验步骤

(1) 将 PC、SNAP、Telosb 节点和虚拟机正确连接。

(2) 将编译好的程序烧到板子上,选择场景(参照使用说明编写),让节点采样。

(3) 利用 SNAP 对节点的温度、湿度、光照等进行实时显示。

(4) 利用画线功能对温度等用表的形式显示出来,注意每次只能显示一个传感器量的监测。

6. 实验结果

传感器数据的实时显示如图 6-28 所示。右击实时显示,如图 6-29 所示。

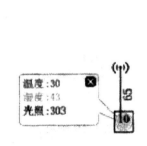

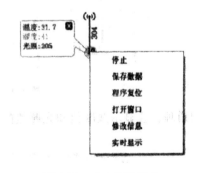

图 6-28　传感器数据的实时显示　　　　图 6-29　右击实时显示

6.2.7　基于 TinyOS 组网协议实验

1. 实验目的

(1) 掌握无线传感器网络中一种按需多跳路由的原理。

(2) 了解 AODV 按需多跳路由算法的原理及实现,并运用该路由进行多跳通信。

(3) 对 AODV 路由有直观的认识,直观、形象、生动地学习无线传感器网络的特点。

2. 实验内容

对 AODV 路由算法的仿真,实现算法的功能编写程序,实现 AODV 路由算法,并运用该路由进行多跳通信,观察节点组网过程。

3. 实验环境

(1) 硬件:一台 PC,SNAP 套件提供了 Telosb 型号的传感器节点和 SnapGate 数据采集和转发网关。

(2) 软件:一套 SnapMonitor 软件。

4. 实验原理

AODV 是一种按需单路径路由协议。它借用了按需路由 DSR 协议中的路由发现和路由维护过程,以表驱动路由 DSDV 协议的逐跳(Hop-by-Hop)路由、顺序编号和路由维护的周期更新机制。只有在需要时才去寻找路由,只有当源节点需要一条通往目的节点的路径时,它才在网络中发起一次路径发现过程。路径建立以后由维护程序进行维护。当网络拓扑结构发生变化时,它能快速收敛,具有断路的自我修复功能,计算量小,存储资源消耗少,对网络带宽占用少。通过使用目的节点序列号,协议实现了无环路由,并且避免了无穷计数的问题。

AODV 路由协议包括两个过程:路由发现过程和路由维护过程。当一个节点需要到目的节点的路由时,它会在全网内开始路由发现过程。一旦检验完所有可能的路由排列方式或找到新的路由后,就结束路由发现过程。路由建立后,在通信过程中由路由维护程序来维护这条路由,直到不再需要或发生链路断开为止。通信完毕后,路由拆除过程将路由取消。

AODV 定义了三种消息格式:RREQ(Route request,路由请求)消息、RREP(Route reply,路由应答)消息、RERR(Route error,路由错误)消息。另外,AODV 还用到一种特殊的 RREP 报文,即 Hello 报文。

AODV 数据传输时主要包括三个步骤:路由探索阶段、信息反馈阶段和数据发送阶段。具体的分析过程请查看相关资料。

5. 实验步骤

(1) 将 PC、SNAP、Telosb 节点和虚拟机正确连接。

(2) 打开软件,并将操作目录切换到文件所在目录下,编译程序。查看 SNAP 使用说明,将节点程序上传到 SNAP 中。

(3) 触发其中一个节点(实验结果选用了 5 个节点,可以多选)。

6. 实验结果

可以得到如下的 AODV 路由算法实验仿真结果,节点路由过程如图 6-30 所示,数据发送如图 6-31 所示。

节点路由结束目的节点收到来自源节点的数据,通过不同的路由选择会有不同的路由。图 6-31 显示了两个路由过程得到的实验结果。

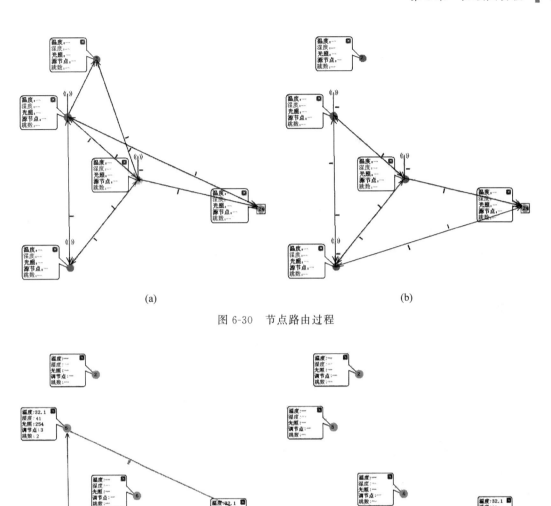

图 6-30 节点路由过程

图 6-31 数据发送

6.3 ZigBee 实验

目前被行业接受的 USN 相关通信标准,定义了 MAC 和 PHY 的 IEEE 802.15.4—2006 和应用层及网络层标准的 ZigBee。IEEE 进行的 Wireless Personal Area Network(WPAN)标准化工作组中,IEEE 802.15.4 组是在与传感器网络相似的环境下处理低功率、近距离通信相关内容的通信标准。因此,有多家机构提出将 IEEE 802.15.4—2006 作为用于传感器网络的国际通信标准。

6.3.1 ZigBee 技术

IEEE 802.15.4 定义了两个物理层标准,分别是 2.4GHz 物理层和 868/915MHz 物理层。两者均基于直接序列扩频(Direct Sequence Spread Spectrum,DSSS)技术。

ZigBee 使用了三个频段,定义了 27 个物理信道,其中 868MHz 频段定义了一个信道;915MHz 频段附近定义了 10 个信道,信道间隔为 2MHz;2.4GHz 频段定义了 16 个信道,信道间隔为 5MHz。具体信道分配如表 6-6 所示。

表 6-6　信道分配表

信 道 编 号	中心频率/MHz	信道间隔/MHz	频率上限/MHz	频率下限/MHz
$k=0$	868.3		868.6	868.0
$k=1,2,3,\cdots,10$	$906+2(k-1)$	2	928.0	902.0
$k=11,12,13,\cdots,26$	$2401+5(k-11)$	5	2483.5	2400.0

其中,在 2.4GHz 的物理层,数据传输速率为 250kb/s;在 915MHz 的物理层,数据传输速率为 40kb/s;在 868MHz 的物理层,数据传输速率为 20kb/s。

6.3.2 ZigBee 网络的形成

首先,由 ZigBee 协调器建立一个新的 ZigBee 网络。一开始,ZigBee 协调器会在允许的通道内搜索其他的 ZigBee 协调器,并基于每个允许通道中所检测到的通道能量及网络号,选择唯一的 16 位 PAN ID,建立自己的网络。一旦一个新网络被建立,ZigBee 路由器与终端设备就可以加入到网络中了。

网络形成后,可能会出现网络重叠及 PAN ID 冲突的现象。协调器可以初始化 PAN ID 冲突解决程序,改变一个协调器的 PAN ID 与信道,同时相应修改其所有的子设备。通常,ZigBee 设备会将网络中其他节点信息存储在一个非易失性的存储空间——邻居表中。加电后,若子节点曾加入过网络,则该设备会执行孤儿通知程序来锁定先前加入的网络。接收到孤儿通知的设备检查它的邻居表,并确定设备是否是它的子节点,若是,设备会通知子节点它在网络中的位置,否则子节点将作为一个新设备来加入网络。而后,子节点将产生一个潜在双亲表,并尽量以合适的深度加入到现存的网络中。

通常,设备检测通道能量所花费的时间与每个通道可利用的网络可通过 ScanDuration 扫描持续参数来确定,一般设备要花费 1min 的时间来执行一个扫描请求,对于 ZigBee 路由器与终端设备来说,只需要执行一次扫描即可确定加入的网络。而协调器则需要扫描两次,一次采样通道能量,另一次则用于确定存在的网络。

6.3.3 ZigBee 设备类型

ZigBee 设备有三种类型:协调器、路由器和终端节点。

1. ZigBee 协调器

它是整个网络的核心,是 ZigBee 网络的第一个开始的设备,它选择一个信道和网络标识符(PAN ID)建立网络,并且对加入的节点进行管理和访问,对整个无线网络进行维护。在同一个 ZigBee 网络中,只允许一个协调器工作,当然它也是不可缺的设备。如图 6-32 所示为 ZigBee 协调器。

2. ZigBee 路由器

ZigBee 路由器的作用是提供路由信息。如图 6-33 所示为一个路由器。

图 6-32　ZigBee 协调器

图 6-33　ZigBee 路由器

3. ZigBee 终端节点

ZigBee 终端节点没有路由功能,它完成的是整个网络的终端任务。如图 6-34 所示为一个 ZigBee 终端节点。

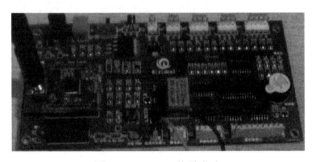
图 6-34　ZigBee 终端节点

6.3.4　简单的星状组网实验

1. 实验目的

(1) 了解 ZigBee 星状网络通信原理及相关技术。

(2) 了解 ZigBee 星状网络组建的基本过程和方法。

2. 实验环境

(1) 一个 ZigBee 协调器、多个 ZigBee 传感控制节点。

(2) 操作台：提供电源、PC、USB 口，以及多种传感器和输入输出控制器件。

(3) 软件：上位机软件。

3. 实验内容

利用一个 ZigBee 协调器、多个传感控制节点组建一个简单的星状网络，并观察射频顶板上 LED 指示灯的变化；利用上位机软件，查看生成的网络拓扑。

首先，打开 ZigBee 协调器，然后依次打开传感控制节点，依次加入协调器所建立的 ZigBee 网络，生成简单的星状网络拓扑结构，如图 6-35 所示。

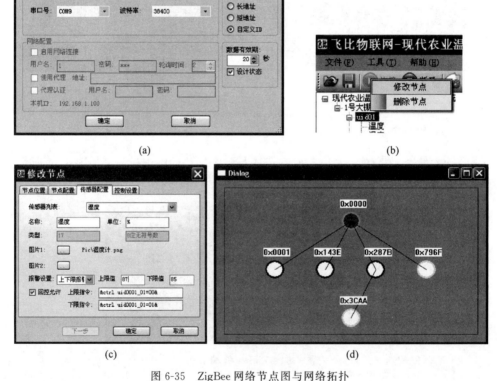

图 6-35　ZigBee 网络节点图与网络拓扑

6.3.5　ZigBee 基础控制与数据采集实验

1. 实验目的

(1) 了解单片机输入输出控制的工作原理。

(2) 了解单片机数据采集的工作原理。

（3）学习和掌握通过 ZigBee 网络通信,利用上位机软件控制各种执行器件和传感数据采集。

2．实验环境

（1）ZigBee 套件：协调器、传感控制节点。

（2）输入输出控制器件：数码管模块、直流电机、步进电机、按键。

（3）传感器：温度、温湿度、光照度、红外人体感应、烟雾、可燃气体、CO_2 等传感器。

（4）操作台：提供电源、PC、USB 口。

（5）软件：上位机软件 ZigBee 基础实验平台。

3．实验拓扑

由协调器和传感控制节点组成的简单星状网络如图 6-36 所示。

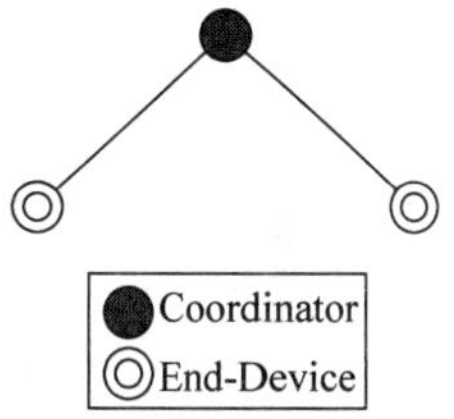

图 6-36　简单星状网络

4．实验内容与方法

1）控制蜂鸣器实验

（1）蜂鸣器控制命令帧格式。

PC 发送数据：

02	08	CB	01	00	D3	42	00	01	01	58

短地址 ADDR：0x0001。

终端节点号：0xD3,表示传感控制节点。

ID：0x0042,表示蜂鸣器控制。

数据负荷有 1 字节,是 0x01。

数据负载 0x01 表示蜂鸣器响,0x00 表示蜂鸣器关闭。

PC 接收数据：

02	08	CB	01	00	D3	42	00	01	01	58

简单地将数据返回给 PC。

（2）蜂鸣器控制实例。

例如,控制蜂鸣器响,如图 6-37 所示。

2）控制 LED 灯实验

（1）LED 灯控制命令帧格式。

LED 灯分为板载和外接两种,用同一条指令控制。

PC 发送数据：

02	08	CB	01	00	D3	41	00	01	01	58

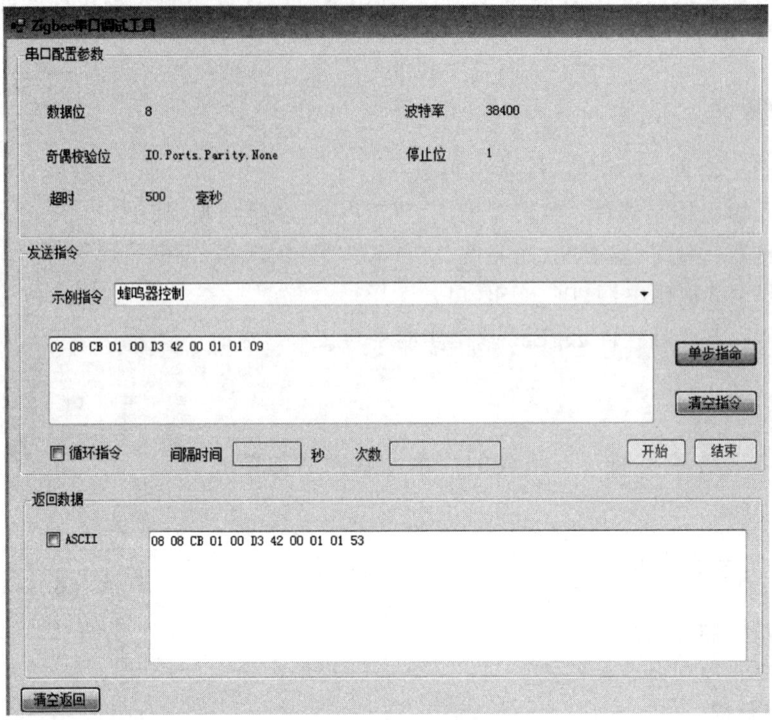

图 6-37 控制蜂鸣器

短地址 ADDR：0x0001。

终端节点号：0xD3，表示传感控制节点。

ID：0x0041，表示 LED 控制。

数据负荷有 1 字节，是 0x01。

LED 控制数据负荷为 1 字节，8 位分别表示 8 个 LED 灯的状态，对应位为 0 表示亮，1 表示灭。0~3 位对应板载 L5~L8，4~7 位对应外接 LED 模块 LED1~LED4。

PC 接收数据：

02	08	CB	01	00	D3	41	00	01	01	58

简单地将数据返回给 PC。

（2）LED 灯控制实例。

如图 6-38 所示为 LED 灯控制实例。

3）ZigBee 传感数据采集实验

（1）温度传感器数据采集实验。

采用板载的 DS18B20 传感器采集节点工作温度。

（2）温度传感器数据采集命令帧格式。

PC 发送温度请求：

02	07	CB	01	00	D3	30	00	00	09

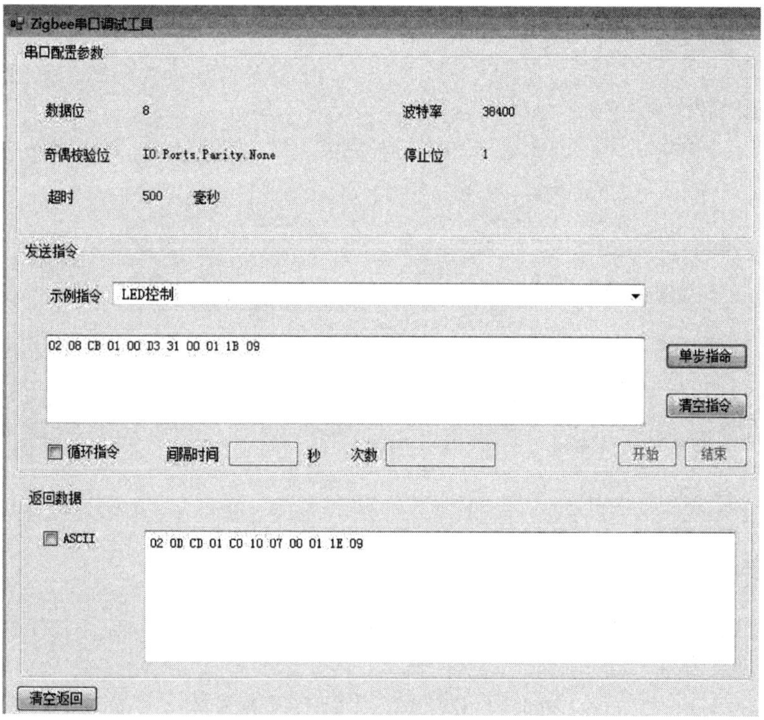

图 6-38 LED 灯控制

短地址 ADDR：0x0001。

终端节点号：0xD3，表示传感控制节点。

ID：0x0030，表示读取温度。

没有数据负荷。

PC 接收温度数据：

02	09	CB	01	00	D3	30	00	02	A2	00	0C

数据：0x00A2，表示＋10.125℃。

温度数据格式参考 DS18B20 格式。

（3）温度传感器数据采集实例。

利用板载的 DS18B20 传感器采集节点工作温度，并对采集结果进行分析，如图 6-39 和图 6-40 所示。具体 DS18B20 采集温度换算方法请参考前面传感器介绍。

4）温湿度传感器采集数据实验

采用 SHT10 温湿度传感器，采集环境温度和湿度。

将 SHT10 温湿度传感器模块 CH-SM-SHT 连接在 ZigBee 传感控制节点温湿度传感器接口上进行数据采集。

（1）温湿度传感器采集温度命令帧格式。

PC 发送温度请求：

02	07	CB	01	00	D3	36	00	00	09

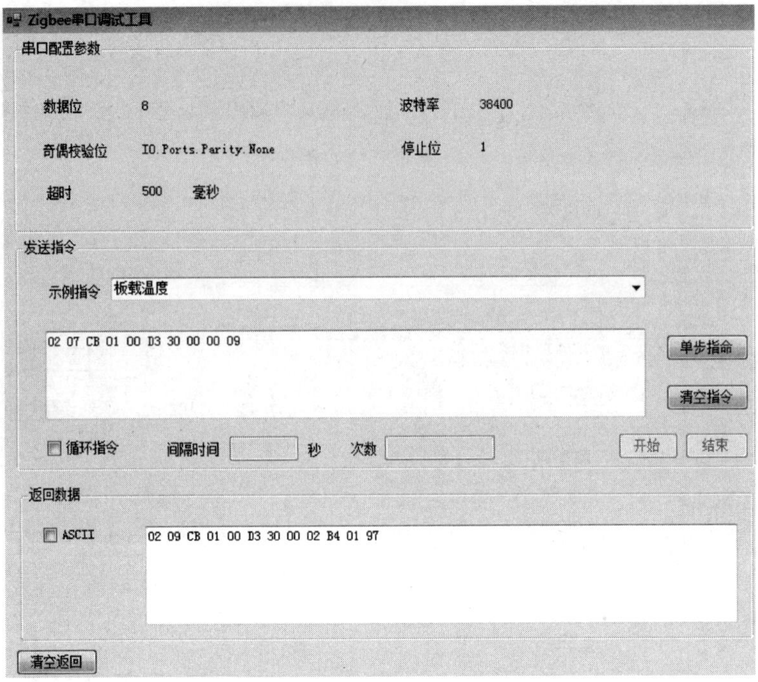

图 6-39　DS18B20 温度传感数据采集

短地址 ADDR：0x0001。

终端节点号：0xD3，表示传感控制节点。

ID：0x0036，表示读取 SHT10 传感器温度。

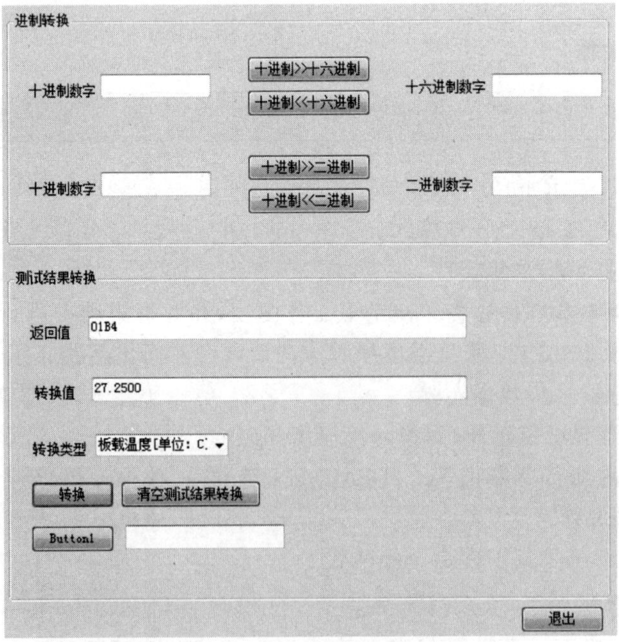

图 6-40　DS18B20 温度采集结果分析

没有数据负荷。

PC 接收温度数据：

02	09	CB	01	00	D3	36	00	02	4B	1A	75

数据：0x1A4B。

温湿度数据格式参考 SHT10 格式。

（2）温湿度传感器采集环境温度实例。

发送温度采集指令，并对采集结果进行分析，如图 6-41 和图 6-42 所示。

图 6-41 SHT10 温度数据采集

（3）温湿度传感器采集湿度命令帧格式。

PC 发送湿度请求：

02	07	CB	01	00	D3	31	00	00	09

短地址 ADDR：0x0001。

终端节点号：0xD3，表示传感控制节点。

ID：0x0031，表示读取 SHT10 传感器湿度。

没有数据负荷。

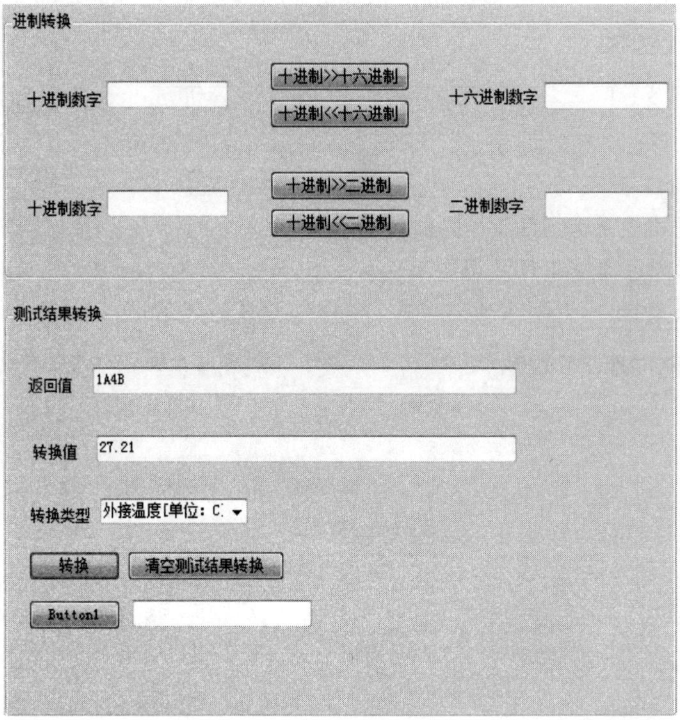

图 6-42　SHT10 温度采集结果分析

PC 接收湿度数据：

02	09	CB	01	00	D3	31	00	02	4B	06	75

数据：0x064B。

温湿度数据格式参考 SHT10 格式。

(4) 温湿度传感器采集湿度实例。

发送湿度采集指令,并对采集结果进行分析,如图 6-43 和图 6-44 所示。

5) 光照度传感器采集数据实验

(1) 板载光照度数据采集命令帧格式。

PC 发送光照度请求：

02	07	CB	01	00	D3	32	00	00	09

短地址 ADDR：0x0001。

终端节点号：0xD3,表示传感控制节点。

ID：0x0032;表示读取板载光照度。

没有数据负荷。

PC 接收光照度数据：

02	09	CB	01	00	D3	32	00	02	8C	32	0C

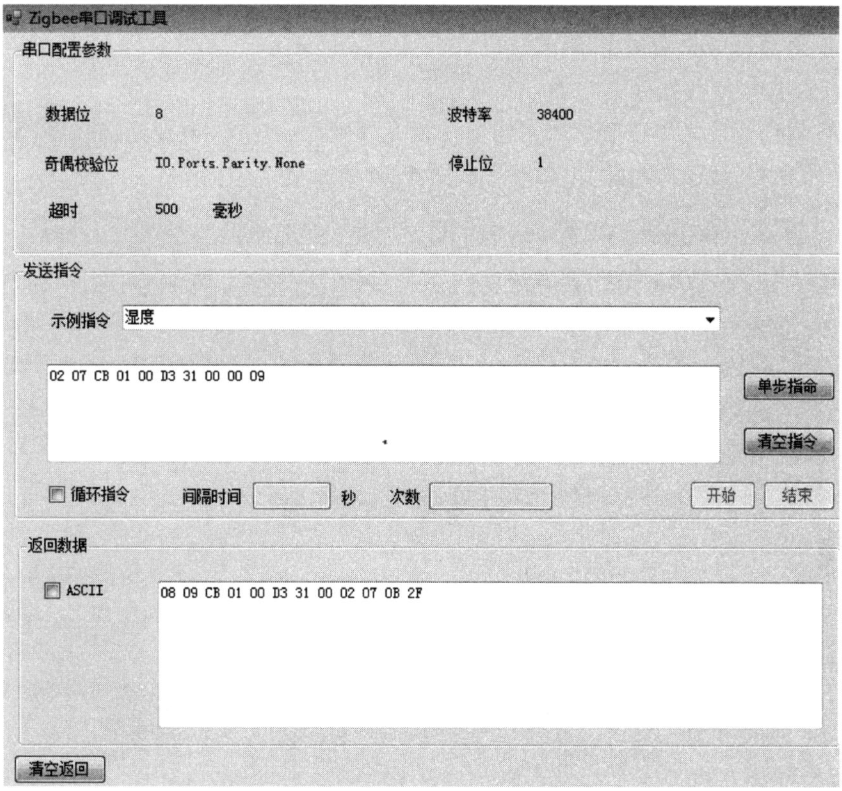

图 6-43　SHT10 温度数据采集

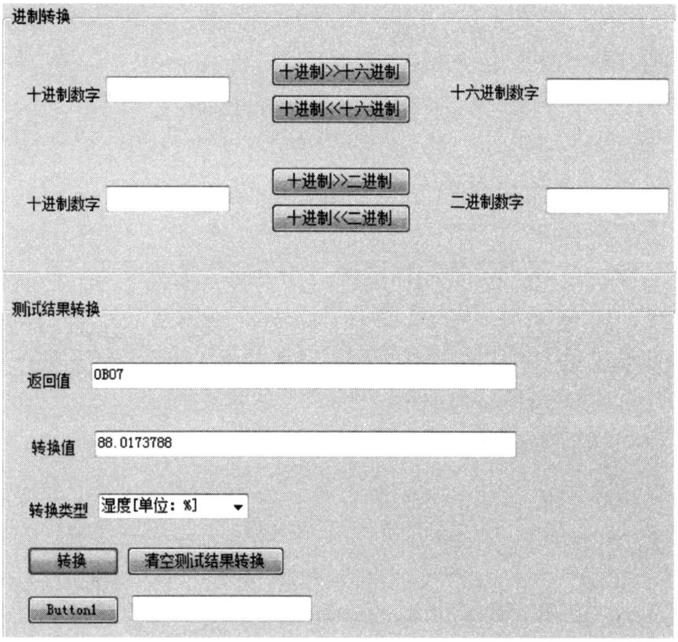

图 6-44　SHT10 湿度采集结果分析

数据：0x318C。

具体光照度参考光敏传感器手册。

(2) 板载光照度数据采集实例。

利用板载或外接光敏传感器采集当前环境光照强度,并尝试改变光线强度,采集光照度数据,并对采集结果进行分析,如图6-45和图6-46所示。

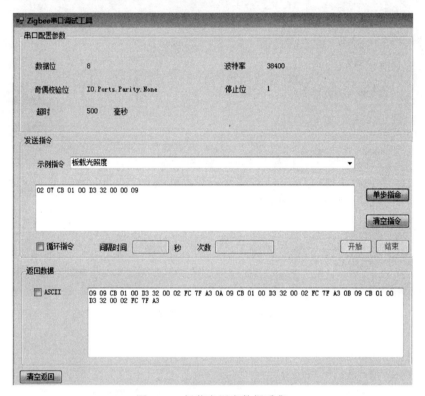

图 6-45　板载光照度数据采集

(3) 外接光敏传感器数据采集命令帧格式。

PC 发送请求:

| 02 | 07 | CB | 01 | 00 | D3 | 34 | 00 | 00 | 09 |

短地址 ADDR：0x0001。

终端节点号：0xD3,表示传感控制节点。

ID：0x0034,表示读取外接光敏传感器或气体传感器。

没有数据负荷。

PC 接收数据:

| 02 | 09 | CB | 01 | 00 | D3 | 34 | 00 | 02 | 8C | 31 | 0C |

数据：0x318C。

具体光照度参考光敏传感器手册。

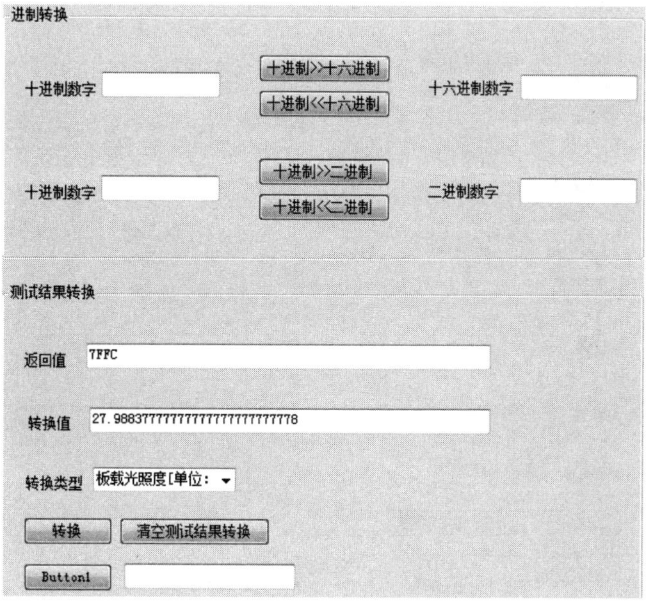

图 6-46 板载光照度结果分析

（4）外接光照度数据采集实例。

将 CH-SM-LS 光敏传感器模块接在 ZigBee 传感控制节点气体传感器接口，进行数据采集，并分析采集结果，如图 6-47 和图 6-48 所示。

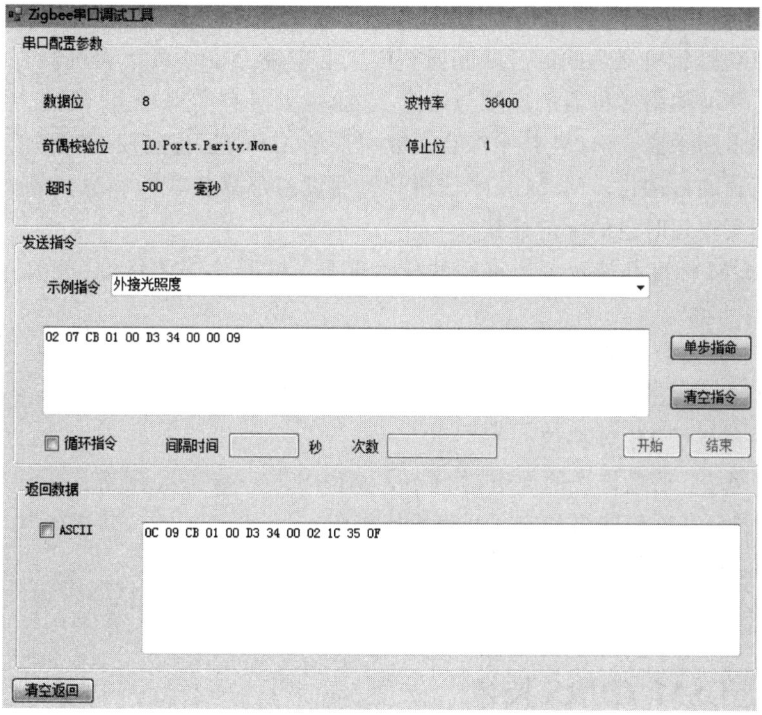

图 6-47 外接光照度数据采集

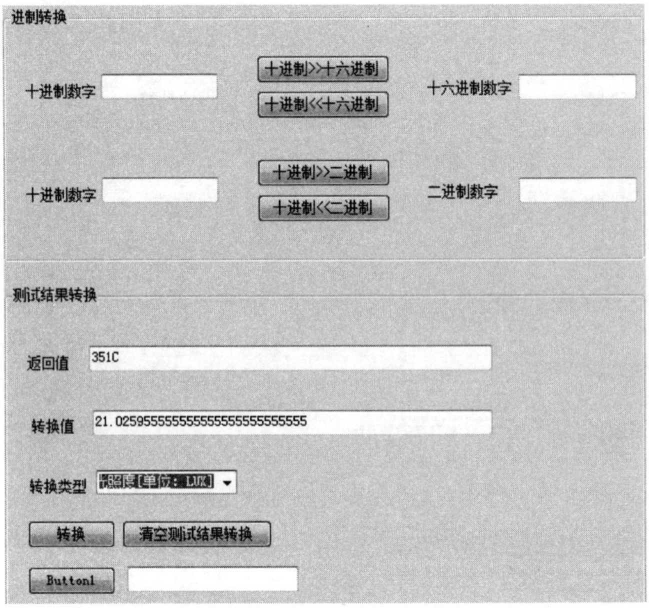

图 6-48　外接光照度采集结果分析

6.4　M2M 实验

M2M(Machine-to-Machine)是一种以机器智能交互为核心的、网络化的应用与服务。简单地说,M2M 是指机器之间的互联互通。广义上来说,M2M 可代表机器对机器、人对机器、机器对人、移动网络对机器的连接与通信,它涵盖了所有实现在人、机器、系统之间建立通信连接的技术和手段。M2M 技术综合了数据采集、GPS、远程监控、通信、信息等技术,能够实现业务流程的自动化。M2M 技术使所有机器设备都具备联网和通信能力,它让机器、人与系统之间实现超时空的无缝连接。

现有的 M2M 标准都涉及 5 个重要的技术部分:机器、M2M 终端、通信网络、中间件、应用。

(1) 机器:机器具备信息感知、信息加工能力,即为 M2M 中的 Machine。

(2) M2M 终端:进行信息的提取,从各种机器/设备那里获取数据,传送到通信网络,有一部分硬件封装了 M2M 协议。

(3) 通信网络:信息传送的通道,如 GSM/GPRS、3G/4G/5G 网络、Internet。

(4) 中间件:在通信网络和应用间起桥接作用。

(5) 应用:对获得数据进行加工分析,实现预期的功能。

本节就是操作 M2M 终端进行数据的传输。

6.4.1　GSM/GPRS 技术

GSM 全名为 Global System for Mobile Communications,中文为全球移动通信系统,

俗称"全球通"，它是一种起源于欧洲的移动通信技术标准，是第二代移动通信技术，其开发目的是让全球各地可以共同使用一个移动电话网络标准，让用户使用一部手机就能行遍全球。目前，中国移动、中国联通各拥有一个 GSM 网。

GPRS 是通用分组无线业务（General Packet Radio Service）的简称，它突破了 GSM 网只能提供电路交换的思维方式，只通过增加相应的功能实体和对现有的基站系统进行部分改造来实现分组交换，这种改造的投入相对来说并不大，但得到的用户数据传输速率却相当可观。GPRS 和以往连续在频道传输的方式不同，是以封包（Packet）方式来传输，因此使用者所负担的费用是以其传输资料单位计算，并非使用其整个频道，理论上较为便宜。

短消息是由欧洲电信标准委员会所制定 ETSI 的一个规范，为了控制 GSM MODEM 实现短消息服务，GSM 协议中提供了三种接口协议，它们分别是 BLOCK 模式、TEXT 模式和 PDU 模式。

BLOCK 模式就是利用二进制数据来控制移动终端设备的短消息功能，但此模式复杂且不直观，实用性差，目前使用较少；TEXT 模式是一种利用文本信息来控制移动终端设备短消息功能的接口协议，它主要用 AT 命令集完成对终端设备的操作，直观易用，但需要多条 AT 命令共同执行来完成一次短消息操作，不方便；PDU 模式也是采用 AT 命令集来控制移动终端设备的短消息功能，但它与 TEXT 模式不同，它是在 AT 命令集的数据段中直接采用协议数据单元（PDU）来完成短消息的控制，只需一条指令就能完成整个短消息的处理过程。

用 PDU 模式发送短消息数据包是以 GSM03.04 规范为标准的，其内容依次为：短消息中心地址、PDU 类型、消息附注、目的地址、协议鉴别符、数据编码表、数据保存期、用户数据长度、用户数据。例如，发送信息"这是测试消息"给手机号码为 13836019325 的用户，其 PDU 字符串为"0891683108401505F011000D91683138069123F50008A90C8fd9662f6d4b8bd56d88606f"，具体分析见表 6-7。

表 6-7 PDU 编码说明

分　　段	说　　明
08	表示短消息中心地址（SCA）长度，共 8 个 8 位字（包括 91）
91	表示地址类型
683108401505F0	表示短消息中心地址（实为＋8613800451500，F 为偶数补位）
11	表示头地址与 TP-RP|TP-UDHI|TP-SRR|TP-VPF|TP-RD|TP-MTI 对应
00	表示对应 TP-MR
0D	表示短消息目标用户长度
91	目标地址格式，用国际式号码（前加"＋"）
683138069123F5	表示目标用户号码（F 为偶数补位）
00	表示协议标志，是普通 GSM 类型，点对点方式
08	表示编码方式，16 位 Unicode 编码
A9	表示短消息有效期
0C	表示用户数据长度
8fd9662f6d4b8bd56d88606f	用户数据 Unicode 编码（"这是测试消息"）

如果用 PDU 模式发送短消息数据包不包含短消息中心地址(SCA),则相应的 PDU 字符串为"0011000D91683138069123F50008A90C8fd9662f6d4b8bd56d88606f",这里短消息中心地址(SCA)长度为 0,意味着使用 AT+CSCA 命令设置 SCA,在这种情况下 PDU 字符串中没有对应 SCA 类型及短消息中心地址的字符串"91683108401505F0"。

6.4.2 常用的 AT 指令

AT 命令是用来控制 TE(Terminal Equipment,如 PC 等用户终端)和 MT(Mobile Terminal,如移动台等移动终端)之间交互的规则。常用的 AT 指令见表 6-8。

表 6-8 常用的 AT 指令

功　　能	AT 指令	说　　明
一般命令	AT+CGMI	给出模块厂商的标识
获得模块标识	AT+CGMM	用来得到支持
网络服务命令	AT+CSQ	信号质量
服务商选择	AT+COPS	服务商选择
网络注册	AT+CREG	获得手机的注册状态
获得模块的序列号	AT+CGSN	获得 GSM 模块的 IMEI 序列号
选择 TE 特征设定	AT+CSCS	报告 TE 用的是哪个状态设定上的 ME
获得 SIM 卡的标识	AT+CCID	使模块读取 SIM 卡上的 EF-CCID 文件
拨号命令	ATD	后面紧跟拨打电话号码
挂机命令	ATH	挂机
重拨	ATDL	重拨上次电话号码
自动拨号	AT%Dn	数据终端就绪(DTR)时自动拨号
自动应答	ATS0	自动应答
短消息格式	AT+CMGF	选择短消息模式(TEXT 或 PDU)
设置地址	AT+CSCA	设置短信服务中心地址
读取短消息	AT+CMGR	读取短消息
新消息提示	AT+CNTI	选择新消息到来时的提示方式
发送短消息	AT+CMGS	发送短消息
删除短消息	AT+CMGD	删除短消息
确认应答	AT+CNMA	新信息确认应答
TCP/UDP 连接初始化	AT+CGDCONT	初始化 TCP/UDP 连接
建立 TCP/UDP 连接	AT+IPSTART	与设定的 IP 建立 TCP/UDP 连接
服务器侦听命令	AT+IPLISTEN	打开服务器侦听功能
TCP/UDP 数据发送	AT+IPSEND	选定链路发送数据
TCP/UDP 接收数据缓存查询	AT+IPGETDATA	查询某链路是否有数据到达
TCP/UDP 数据到达指示	AT+CIPDATA	当有数据到达时可主动上报
关闭 TCP/UDP 连接	AT+CIPCLOSE	关闭指定的连接

6.4.3 实验硬件简介

GSM/GPRS 模块开发板,其外形如图 6-49 所示。

GSM/GPRS 模块开发板包括以下几部分。

（1）GSM/GPRS 模块：内置 TCP/IP、MMS 彩信协议。

（2）音频输入输出端口：包括话筒输入端口和听筒输出端口，可直接连接电话手柄。

（3）电源端口：整个开发板地电源输入，电压范围为 5～20V，电流为 1A。标配的电源适配器规格为 5V,1A。

（4）DB9 RS-232 通信接口：模块开发板如外部系统通信的主要端口，即模块的 Uart 串口。标准 RS-232 口，可直接用配备的串口线连接计算机串口，如图 6-50 所示。

图 6-49　GSM/GPRS 模块

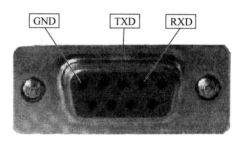

图 6-50　RS-232 接口

（5）天线：模块的外接天线 SMA 接口。

（6）状态指示灯：当开发板正常开机，SIM 正常，网络正常，信号强度在 1 格及以上，该指示灯将以亮 1s、灭 2s 的频率闪烁；否则，该指示灯将一直亮。

（7）SIM 卡：抽屉式 SIM 卡座，GSM 模块正常接入网络，需要插上一个正常的 SIM 卡。

注意：安装或取卸 SIM 卡时，请先断开开发板电源，以免损毁开发板部件。

6.4.4　WiFi 无线传感数据采集与控制实验

1. WiFi 无线实验环境

如图 6-51 所示，可以利用下面的 WiFi 配置命令，设置 WiFi 模块参数（例如 SSID、KEY、信道、IP 地址、子网掩码、网关、DNS、监控服务器的 IP 地址和端口号等，其中，SSID 和 KEY 与无线路由器一致），并利用监控服务器上的软件对 WiFi 传感控制节点进行传感数据采集和控制。

2. WiFi 配置命令

本组命令只能通过 RS-232 接口操作，且所有命令配置后永久保存，直至重新配置为止，配置完成后通过 AT＋RESET 指令重启模块后生效。

1）AT＋SSID 网络名称设置命令

名称一定要和路由器的名称对应，20 个字符以内。

例：AT＋SSID＝TPLINK

返回：＜CR＞＜LF＞AT＋SSID＝TPLINK[空格]OK＜CR＞＜LF＞配置正确

　　　＜CR＞＜LF＞AT＋SSID＝TPLINK[空格]ERROR＜CR＞＜LF＞配置错误

　　　＜CR＞＜LF＞ERROR＜CR＞＜LF＞命令错误

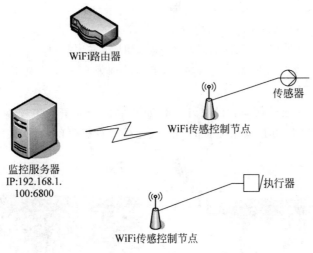

图 6-51　WiFi 无线实验环境

2) AT＋KEY 网络密码设置命令

密码一定要和路由器密码一致,10 个数字。

例：AT＋KEY＝0123456789

返回：＜CR＞＜LF＞ AT＋KEY＝0123456789 ［空格］OK＜CR＞＜LF＞ 配置正确

　　　＜CR＞＜LF＞ AT＋KEY＝0123456789 ［空格］ERROR＜CR＞＜LF＞ 配置错误

　　　＜CR＞＜LF＞ ERROR＜CR＞＜LF＞命令错误

3) AT＋BSSID 指定路由器的 Bssid 地址命令

如果使用该命令指定路由器地址,一定要和路由器地址完全符合(12 位十六进制码),如果不想指定也可以通过该指令取消指定,即 AT＋BSSID＝""(把 BSSID 地址写入一个空字符串)。

例：AT＋BSSID＝001EE3A34455

返回：＜CR＞＜LF＞ AT ＋BSSID＝001EE3A34455 ［空格］OK＜CR＞＜LF＞ 配置正确

　　　＜CR＞＜LF＞ AT＋BSSID＝001EE3A34455 ［空格］ERROR＜CR＞＜LF＞ 配置错误

　　　＜CR＞＜LF＞ ERROR＜CR＞＜LF＞命令错误

4) AT＋IP1 模块 IP 地址设置命令

符合标准的 IP 地址格式。

例：AT＋IP1＝192.168.1.110

返回：＜CR＞＜LF＞AT＋IP1＝192.168.1.110［空格］OK＜CR＞＜LF＞ 配置正确

　　　＜CR＞＜LF＞ AT ＋IP1＝192.168.1.110［空格］ERROR＜CR＞＜LF＞ 配置错误

　　　＜CR＞＜LF＞ ERROR＜CR＞＜LF＞命令错误

5) AT＋IP2 模块掩码地址设置命令

符合掩码标准格式。

例：AT＋IP2＝255.255.255.0

返回：＜CR＞＜LF＞ AT＋IP2＝255.255.255.0 ［空格］OK＜CR＞＜LF＞ 配置正确

<CR><LF> AT+IP2＝255.255.255.0［空格］ERROR<CR><LF> 配置错误

　　<CR><LF> ERROR<CR><LF>命令错误

6）AT+IP3 模块网关地址设置命令

与路由器设置一致。

例：AT+IP3＝192.168.1.1

返回：<CR><LF> AT+IP3＝192.168.1.1［空格］OK<CR><LF> 配置正确

　　　<CR><LF> AT+IP3＝192.168.1.1［空格］ERROR<CR><LF> 配置错误

　　　<CR><LF> ERROR<CR><LF>命令错误

7）AT+IP4 DNS 地址设置命令

与路由器设置一致。

例：AT+IP4＝192.168.1.1

返回：<CR><LF> AT+IP4＝192.168.1.1［空格］OK<CR><LF> 配置正确

　　　<CR><LF> AT+IP4＝192.168.1.1［空格］ERROR<CR><LF> 配置错误

　　　<CR><LF> ERROR<CR><LF>命令错误

8）AT+IP5 服务器 IP 地址设置命令

与服务器 IP 一致。

例：AT+IP5＝192.168.1.10

返回：<CR><LF> AT+IP5＝192.168.1.10［空格］OK<CR><LF> 配置正确

　　　<CR><LF> AT+IP5＝192.168.1.10［空格］ERROR<CR><LF> 配置错误

　　　<CR><LF> ERROR<CR><LF>命令错误

9）AT+PORT 服务器端口设置命令

与服务器分配的端口一致。

例：AT+PORT＝1234

返回：<CR><LF> AT+PORT＝1234［空格］OK<CR><LF> 配置正确

　　　<CR><LF> AT+PORT＝1234［空格］ERROR<CR><LF> 配置错误

　　　<CR><LF> ERROR<CR><LF>命令错误

10）AT+CHL WiFi 信道设置命令

与路由器设置一致。

例：AT+CHL＝6

返回：<CR><LF> AT+CHL＝6［空格］OK<CR><LF> 配置正确

　　　<CR><LF> AT+CHL＝6［空格］ERROR<CR><LF> 配置错误

　　　<CR><LF> ERROR<CR><LF>命令错误

11）AT+MAC 获取模块 MAC 地址命令

例：AT+MAC

返回：<CR><LF> AT+MAC［空格］OK<CR><LF>［12 位 MAC 地址］<CR>
　　　<LF> 操作成功

　　　<CR><LF> ERROR<CR><LF>命令错误

3. 组建 WiFi 网络

1) 设置无线路由器无线网络参数

以 D-Link 无线路由器为例,各项参数设置如图 6-52 所示。

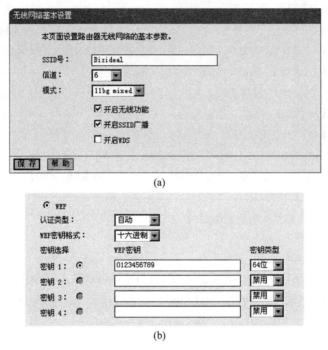

(a)

(b)

图 6-52　无线路由器设置

2) 设置 WiFi 模块参数

利用 AccessPort 通过串口对传感控制节点上的 WiFi 模块进行设置,各项参数设置如图 6-53 所示。

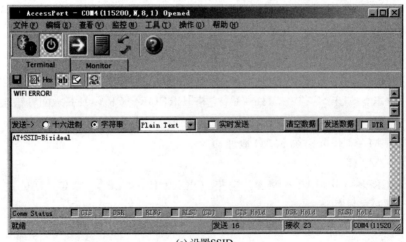

(a) 设置SSID

图 6-53　WiFi 模块设置

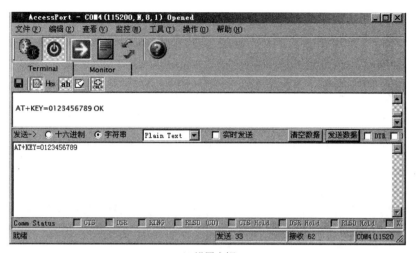

(b) 设置密钥

(c) 设置信道

(d) 设置IP地址

图 6-53　(续)

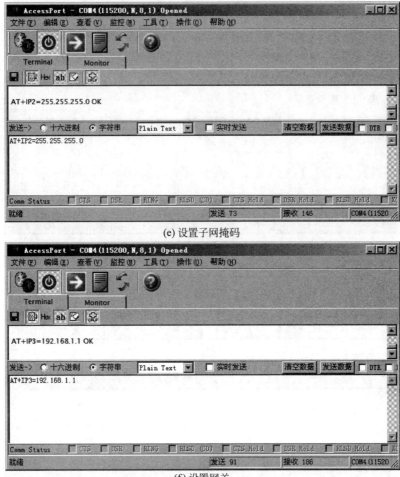

(e) 设置子网掩码

(f) 设置网关

图 6-53 （续）

设置监控服务器 IP 地址和端口号,并保存设置,如图 6-54 所示。

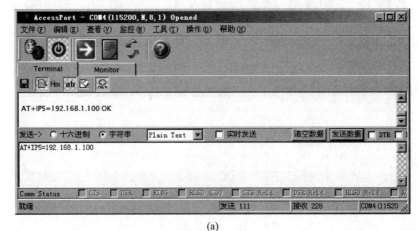

(a)

图 6-54 设置监控服务器 IP 地址和端口号,并保存设置

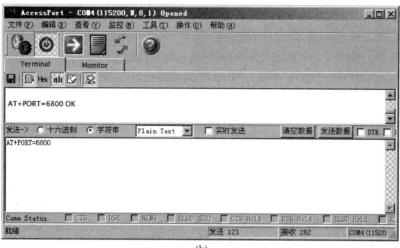

(b)

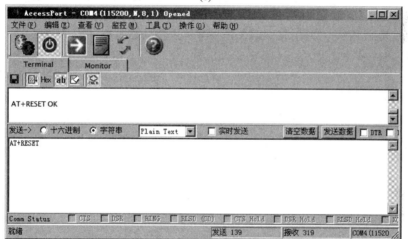

(c)

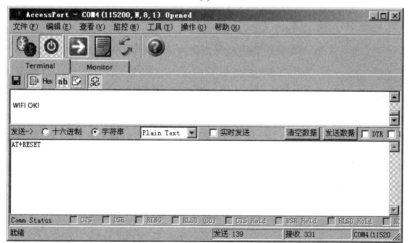

(d)

图 6-54 （续）

查看监控服务器与 WiFi 节点已建立连接,如图 6-55 所示。

图 6-55　监控服务器与 WiFi 节点已建立连接

4. 数据采集实例

下面列举几个 WiFi 无线控制与传感数据采集的例子,其余参考本例的传感数据采集与控制指令进行延伸。

1) 控制 LED

操作界面如图 6-56 所示。

2) 采集板载温度

操作界面如图 6-57 所示。

3) 采集板载光照度

操作界面如图 6-58 所示。

6.4.5　GPRS 无线传感数据采集与控制实验

GPRS 无线实验环境如图 6-59 所示。

可以利用下面的 GPRS 配置命令,设置 GPRS 模块参数(例如指定 Internet 上监控服务器的 IP 地址和端口号等),启动 GSM 和 GPRS 网络,成功后将能够访问到 Internet 上的远程监控服务器,并利用监控服务器上的软件对 GPRS 传感控制节点进行控制和传感数据采集。

图 6-56 控制 LED 操作界面

图 6-57 采集板载温度操作界面

图 6-58　采集板载光照度控制界面

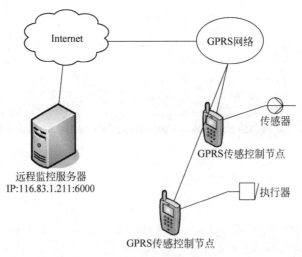

图 6-59　GPRS 无线实验环境

1. GPRS 配置命令

本组命令只能通过 RS-232 接口配置,且所有命令配置后永久保存,直至重新配置为止,配置完成后通过 AT＋RESET 命令重启模块生效。

1) AT＋IP 服务器 IP 地址设置

例:AT＋IP=122.95.118.15

返回:<CR><LF> AT＋IP=122.95.118.15 [空格]OK<CR><LF> 配置正确

　　　<CR><LF> AT＋IP=122.95.118.15 [空格]ERROR<CR><LF> 配置错误

　　　<CR><LF> ERROR<CR><LF>命令错误

2) AT＋PORT 服务器端口设置命令

例:AT＋PORT=1234

返回:<CR><LF> AT＋ PORT =1234[空格]OK<CR><LF> 配置正确

　　　<CR><LF> AT＋ PORT =1234[空格]ERROR<CR><LF> 配置错误

　　　<CR><LF> ERROR<CR><LF>命令错误

3) AT＋CSQ GPRS 网络信号查询命令

例:AT＋CSQ

返回:<CR><LF> AT＋CSQ[空格]31<CR><LF> 操作正确

　　　<CR><LF> ERROR<CR><LF>命令错误

31 表示信号强度,信号强度的范围为 0~32,数字越大,信号越强,99 表示没有信号。

4) AT＋CIMI CIMI 号查询命令

例:AT＋CIMI

返回:<CR><LF> AT＋CIMI [空格]460030916875923<CR><LF>操作正确

　　　<CR><LF> ERROR<CR><LF>命令错误

460030916875923 为 15 位 CIMI 号。

5) AT＋MSM 短信发送命令

例:AT＋MSM=13761226936,MSM Test!

返回:<CR><LF> AT＋MSM[空格]OK<CR><LF> 操作成功

　　　<CR><LF> AT＋MSM[空格]ERROR<CR><LF> 操作失败

　　　<CR><LF> ERROR<CR><LF>命令错误

注:命令参数由 11 位手机号码和信息内容组成,手机号码与信息内容之间用“,”隔开,信息内容只能为数字或字符,不支持中文,信息内容长度在 140 个字符以内,超出部分将不被发送。

系统收到短信后会自动在 RS-232 端口打印出信息内容,格式如下:

```
<CR><LF>+CMGR: "REC UNREAD"," +8613761226936","11/07/29,12:06:15+32"<CR><LF>
Hello!<CR><LF>
```

＋CMGR 为短信标识;“REC UNREAD”表示未查阅过的短信;“＋8613761226936”表示发送短信的手机号码;“11/07/29,12:06:15＋32”表示发送短信的日期时间;“Hello!”为短信内容。

6）AT+GSMON GPRS 网络启用命令

例：AT+GSMON

返回：<CR><LF> AT+GSMON[空格]OK<CR><LF> 模块启用成功

　　　　<CR><LF> AT+ GSMON [空格]ERROR<CR><LF>模块启用失败

　　　　<CR><LF> ERROR<CR><LF>命令错误

7）AT+GSMOFF GPRS 网络禁用命令

例：AT+GSMOFF

返回：<CR><LF> AT+GSMOFF[空格]OK<CR><LF>模块禁用成功

　　　　<CR><LF> AT+ GSMOFF [空格]ERROR<CR><LF>模块禁用失败

　　　　<CR><LF> ERROR<CR><LF>命令错误

注：该指令将关闭整个 GPRS 模块电源,GPRS 连接和短信功能禁用。

8）AT+GPRSON GPRS 网络启用命令

例：AT+ GPRSON

返回：<CR><LF> AT+ GPRSON[空格]OK<CR><LF> GPRS 功能启用成功

　　　　<CR><LF> AT+ GPRSON[空格]ERROR<CR><LF> GPRS 功能启用失败

　　　　<CR><LF> ERROR<CR><LF>命令错误

9）AT+GPRSOFF GPRS 网络停用命令

例：AT+ GPRSOFF

返回：<CR><LF> AT+ GPRSOFF[空格]OK<CR><LF> GPRS 功能禁用成功

　　　　<CR><LF> AT+ GPRSOFF[空格]ERROR<CR><LF> GPRS 功能禁用失
　　　　败

　　　　<CR><LF> ERROR<CR><LF>命令错误

注：该指令只停用 GPRS 连接,GPRS 网络连接禁用,GSM 网络(短信功能)仍可以使用。

2. 组建 GPRS 网络环境

利用 AccessPort 通过串口对传感控制节点上的 GPRS 模块进行设置。

（1）打开 Internet 远程监控服务器端口。

在此注意,192.168.1.7 为局域内一台机器,已在路由器上为其设置了 NAT 映射,其对外的 IP 地址为 116.83.1.211,并打开了 TCP 6000 端口。

（2）设置 GPRS 模块,Internet 远程监控服务器 IP 地址和端口号,如图 6-60 所示。

查看 Internet 远程监控服务器已与 GPRS 节点建立了连接,表明已经为控制和数据采集做好了准备。

3. GPRS 无线数据采集与控制实验

在此仅举几个 GPRS 无线控制与传感数据采集的例子,其余控制与传感数据采集请参考 CH-GWB301 传感数据采集与控制指令。

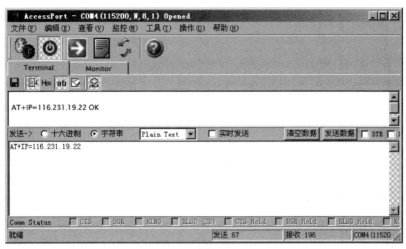

(a)

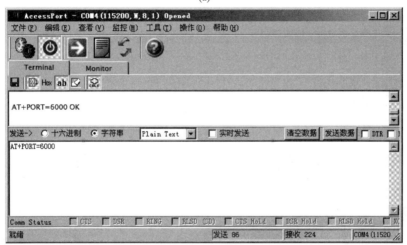

(b)

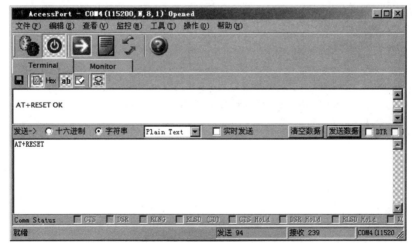

(c)

图 6-60 设置 GPRS 模块

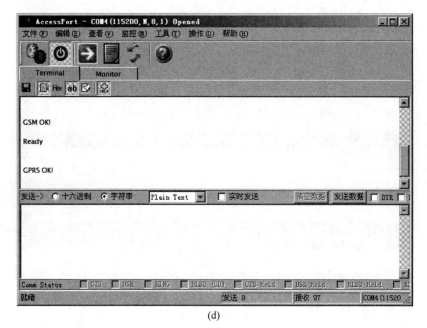

(d)

图 6-60 （续）

1）采集板载温度

操作界面如图 6-61 所示。

图 6-61 采集板载温度操作界面

2) 采集板载光照度

操作界面如图 6-62 所示。

图 6-62　采集板载光照度控制界面

小结

　　本章通过 RFID 基本实验、基于 TinyOS 的无线传感器网络实验、ZigBee 实验、M2M 实验等一系列实验，帮助读者更好地了解了物联网技术，接受物联网系统的实际训练，掌握物联网应用的方法。

参 考 文 献

[1] 王志良,王粉花.物联网工程概论[M].北京:机械工业出版社,2011.

[2] 王志良,石志国.物联网工程导论[M].西安:西安电子科技大学出版社,2011.

[3] 王志良,王新平.物联网工程实训教程:实验、案例和习题解答[M].北京:机械工业出版社,2011.

[4] 张春红,裘晓峰,夏海轮,等.物联网技术与应用[M].北京:人民邮电出版社,2011.

[5] 张新程,付航,李天璞,等.物联网关键技术[M].北京:人民邮电出版社,2011.

[6] 彭力.物联网应用基础[M].北京:冶金工业出版社,2011.

[7] 彭力.物联网技术概论[M].北京:北京航空航天大学出版社,2011.

[8] 刘幺和.物联网原理与应用技术[M].北京:机械工业出版社,2011.

[9] 孙利民,李建中,等.无线传感器网络[M].北京:清华大学出版社,2005.

[10] 解相吾.现代通信网概论[M].北京:清华大学出版社,2008.

[11] 解相吾.移动通信技术与设备[M].北京:人民邮电出版社,2008.

图书资源支持

感谢您一直以来对清华版图书的支持和爱护。为了配合本书的使用，本书提供配套的资源，有需求的读者请扫描下方的"书圈"微信公众号二维码，在图书专区下载，也可以拨打电话或发送电子邮件咨询。

如果您在使用本书的过程中遇到了什么问题，或者有相关图书出版计划，也请您发邮件告诉我们，以便我们更好地为您服务。

我们的联系方式：

地　　　址：北京市海淀区双清路学研大厦 A 座 714

邮　　　编：100084

电　　　话：010-83470236　　010-83470237

客服邮箱：2301891038@qq.com

QQ：2301891038（请写明您的单位和姓名）

资源下载：关注公众号"书圈"下载配套资源。

资源下载、样书申请

书圈

获取最新书目

观看课程直播